全国矿山安全技术培训通用教材

煤矿班组长安全生产知识和管理能力培训教材

（第2版）

王成帅　主编

应急管理出版社
·北　京·

图书在版编目（CIP）数据

煤矿班组长安全生产知识和管理能力培训教材 / 王成帅主编. -- 2 版. -- 北京 : 应急管理出版社，2024.（全国矿山安全技术培训通用教材）. -- ISBN 978-7-5237-0642-8

Ⅰ. TD7

中国国家版本馆 CIP 数据核字第 20248PQ642 号

煤矿班组长安全生产知识和管理能力培训教材　第 2 版

（全国矿山安全技术培训通用教材）

主　　编　王成帅
责任编辑　成联君
责任校对　孔青青
封面设计　解雅欣

出版发行　应急管理出版社（北京市朝阳区芍药居 35 号　100029）
电　　话　010－84657898（总编室）　010－84657880（读者服务部）
网　　址　www. cciph. com. cn
印　　刷　河北赛文印刷有限公司
经　　销　全国新华书店

开　　本　710mm×1000mm 1/16　**印张**　22　**字数**　407 千字
版　　次　2024 年 8 月第 2 版　2024 年 8 月第 1 次印刷
社内编号　20240521　　**定价**　68.00 元

编　委　会

主　编　王成帅

副主编　刘　婕　王正廷　王红贤　左　明

主　审　宁尚根　申国义

前　言

“班组兴，则企业兴；班组安全，则企业安全；班组强健，企业才能更加有力发展。”近年来，随着煤炭工业的高速发展和煤矿智能化建设的大力推进，生产工艺和科技装备水平不断发展，新工艺、新技术、新装备、新材料大量推广应用，煤矿急需一支集安全意识、安全知识、安全技能为一身和管理能力超群的班组长队伍，支撑煤矿这个传统高危行业领域的安全发展和高质量发展。

为认真贯彻落实习近平总书记关于安全生产系列重要指示精神，进一步夯实安全生产工作基础，从根本上消除事故隐患，有效防范遏制重特大生产安全事故，国务院安委会印发了《安全生产治本攻坚三年行动方案（2024—2026年）》（以下简称《方案》）。《方案》中提出开展生产经营单位从业人员安全素质能力提升行动，推动危化品、石油天然气开采、矿山、金属冶炼、烟花爆竹等高危行业生产经营单位从业人员安全技能培训深化提升。此外，为提升高危行业领域本质安全水平、补齐职工安全素质短板，应急管理部等五部委印发了《关于高危行业领域安全技能提升行动计划的意见》，中华全国总工会印发了《关于加强煤矿班组安全生产建设的指导意见》，原国家安全生产监管总局、国家煤监局印发了《关于进一步加强煤矿班组长安全培训工作的通知》。上述政策规定均对煤矿班组长安全生产知识和管理能力提出具体要求。

班组是企业安全生产的基本单位，班组管理是企业安全管理中的基础。而班组长是企业中最基层的负责人，是安全生产一线的“兵头将尾”，在企业安全生产管理中处于承上启下的关键位置。换而言之，班组工作的好坏直接关系着企业安全生产的成败，班组长的管理水平和自身的素质直接影响着煤矿企业的安全生产形势。为加强班组安全建设工作，进一步提高煤矿现场管理水平，我们组织人员编写了本书。在上一版的基础上，增加了新发布或者修改的法律法规、安全生产新技术、班组管理新方法、警示教育新案例等内容。

本书可作为煤矿企业班组长的重要学习资料和培训用书，也可作为煤矿安全生产监管监察有关人员、煤矿企业主要负责人和安全生产管理人员、高等院校和培训机构开展班组建设与管理研究的参考资料。

全书由王成帅负责统稿、定稿，各章撰写分工如下：

第一章（16 千字）：王成帅（山西省能源职业学校（山西省能源职工教育中心）、中国矿业大学（北京））

第二章、第四章、第十章（111 千字）：刘婕（山西省能源职业学校（山西省能源职工教育中心））

第三章（120 千字）：王正廷（晋控煤业集团草垛沟煤业）

第五章（46 千字）：王红贤（山西蓝丰人力资源服务有限公司）

第六章至第九章（102 千字）：左明（山西省煤炭规划设计院（集团）有限公司）

本书修订过程中，虽然各位专家、老师不辞劳苦、辛勤付出，但由于时间和水平有限，书中难免留有遗憾和不足之处，敬请广大读者批评指正。

PPT 课件

编　者

2024 年 4 月

目　　录

第一部分　班组长安全生产知识

第二部分　班组安全建设和管理

第三部分　班组长安全生产管理能力

第一部分　班组长安全生产知识

班组长，是安全生产一线的“兵头将尾”，要遵章守纪，身先士卒，带头示范，把各项规章制度和安全措施落实到现场、落实到岗位、落实到人头，杜绝“三违”行为；要业务精湛，既熟悉工艺流程，掌握操作规程，成为“行家里手”，又善于“传、帮、带”，提升班组整体的安全意识和技术水平；要应急果断，加强应急处置能力，增强危险源识别敏锐度，提升安全生产辨识管控能力，发现事故征兆，及时组织人员撤离，保障班组全员生命安全。

第一章　班组长队伍建设

第一节　班组长地位和作用

班组长是煤矿作业现场管理的第一责任人，是班组安全生产及安全建设的第一责任人。落实煤矿安全生产法律法规，发挥科（区）队和一线操作人员的桥梁和纽带作用，担负上通下达、兵头将尾的关键作用，是班组长地位与作用的具体体现。

一、班组长的地位

（一）班组长是作业现场管理的第一责任人

班组是煤矿企业最基层的组织单元，包括班组长、一线操作人员、班组工会小组群众安全监督员、特聘煤矿安全群众监督员和安全检查人员等。

班组长直接负责班组现场安全生产管理，肩负指挥一线操作人员作业，保障班组安全高效生产的主要责任。

（二）班组长是班组安全生产的第一责任人

班组是煤矿安全生产的前哨，班组长作为前哨的指挥员，要对作业环境、安全设施、生产系统进行巡回检查，对作业过程中的重点环节、关键工序进行风险管控，对现场隐患及时进行治理，做事故发生前的“吹哨人”，保证隐患未消除前不组织生产。

此外，班组长必须监督作业人员严格按照岗位操作标准规范操作，杜绝不安全行为，实现班组岗位操作达标；按照作业规程实施正规循环作业，按照工程质量管理制度、工程质量验收制度巡回检查，实现班组作业达标，保障班组安全生产。

（三）班组长是班组安全建设的第一责任人

班组安全建设是煤矿企业为提高班组安全管理效能，通过制定和实施班组安全管理规章制度、流程和标准，推动实现班组安全生产、质量达标、职业健康绩效目标的管理工程。

班组长作为班组安全建设的第一责任人，必须保障班组管理制度化、作业过程规范化、岗位操作标准化、工作步骤流程化、绩效考核数据化，保证各项制度落实到位，切实提高班组安全建设的质量和水平，加强职工安全健康保护、职工安全教育培训、班组安全文化建设，筑牢煤矿安全生产的第一道防线。

二、班组长的作用

（一）把企业安全生产责任落实到班组

班组长作为班组安全生产与建设的第一责任人，必须不断完善班组岗位安全生产责任制，把企业的安全责任层层传递到班组的每一个岗位作业人员，通过严格考核奖惩确保责任落实不衰减、制度执行不走样、安全监督不弱化。

（二）把各项安全管理措施落实到班组

班组长作为班组现场管理的第一责任人，要充分发挥熟悉现场、掌握实情的优势，加强现场安全管理和监督检查，及时排查发现作业场所和环节的安全隐患，切实做到不安全不生产。

班组长通过建立完善班组自我约束、相互监督、持续改进的现场安全管理机制，坚决抵制“三违”现象，规范安全生产行为。认真开展安全生产标准化岗位达标建设，做到人人上标准岗、个个干标准活，切实把企业达标、专业达标建立在岗位达标的基础之上，确保安全生产规章制度和操作规程落到实处。

（三）要把安全防范技能落实到班组

班组长作为班组安全生产与建设的第一责任人，既要懂业务、会管理，又要有责任心和一定的组织协调能力。通过加强班组应急救援演练，遇到险情时，要第一时间决策和指挥停产撤人。加强班组安全警示教育和全员安全知识培训，做到应知应会、主动防范。大力加强技术培训和职业教育、变招工为招生，从根本上提高职工的安全素质和操作技能，大力培养新一代煤矿职工队伍，适应不断发展的煤矿智能化、数字化需要。

（四）要把企业安全文化建设落实到班组

班组长作为班组安全建设的第一责任人，通过大力倡导“事故可防可控”“企业安全发展、班组安全生产”的理念，多渠道推进具有煤矿特色的班组安全文化建设，不断强化遵章守纪意识和安全价值观念，切实提高全体从业人员自主保安、相互保安和业务保安的自觉性、主动性，做到超前防范。

在日常工作、学习和生活中，班组长要和班组成员处理好人际关系，视班组成员为亲人，带着感情搞生产，凭着良心抓安全，引导班组成员树立正确的安全理念，进而实现管理制度化、作业过程规范化、岗位操作标准化、工作步骤流程化、绩效考核数据化，努力成为班组成员的良师益友。

（五）要把党和政府对煤矿的监管落实到班组

班组长作为班组安全生产与建设的第一责任人，必须带领班组全体成员保质保量地完成生产任务。执行煤矿各项生产指令时，必须严格执行国家安全生产法律、规章、规范性文件及相关标准，把各级监管监察部门关于煤矿安全生产的政策和规定落实到生产一线。

第二节　班组长选聘和任免

为加强煤矿安全生产管理，煤矿（井）应建立班组长的选聘、使用、培养、考核及其相配套的激励制度和机制，明确考核内容、激励项目，并将考核结果作为班组长提拔、评优、任免的重要依据。

煤矿（井）要加强班组长后备队伍建设，择优配备班组长，把班组长纳入区队管理人才培养计划，区队安全生产管理人员原则上要有班组长经历。

一、班组长的选聘

（一）选聘

采取组织推荐、公开竞聘或民主选举等方式选拔班组长；煤矿企业在各类技术比武中成绩优秀者可优先聘任为班组长。

经选拔的班组长，要按规定履行正式聘任手续，形成文件材料，并备档留存。

（二）班组长任职基本条件

1. 思想政治基本要求

服从组织领导，认真贯彻执行党和国家安全生产方针，遵守安全生产法律法规、企业各项规章制度和安全措施。

2. 学历基本要求

必须具备煤矿相关专业中专（技校、职高）以上学历、《班组长安全培训合格证》，并具有3年及以上相关现场工作经验。煤矿（井）已担任5年以上班组长的人员可适当放宽至高中学历。

3. 安全生产知识基本要求

熟练掌握矿井相关专业安全生产知识、灾害预防知识、应急处置知识，具备现场急救技能，满足安全生产基本要求。

4. 安全生产管理能力基本要求

身体健康、爱岗敬业，安全意识强，具有较好的组织管理能力，在班组中有较高的威信，具备职业道德修养、心理素质、执行力等安全生产管理能力基本要求。

5. 安全生产技能操作能力基本要求

熟悉班组生产工艺流程，掌握本岗位安全责任制，熟悉本岗位操作标准；熟悉相近专业岗位安全生产责任制及岗位操作规程。

二、班组长的撤免

班组长撤免应当由区队或者煤矿（井）班组安全建设管理部门提出撤免理由和建议，严格按相应程序办理，不得随意更换班组长。

班组长违反煤矿（井）安全管理规定，发生重大违章指挥、违章作业造成生产安全事故，或生产绩效达不到煤矿（井）规定要求时，区队应当提出撤免班组长建议。

煤矿（井）班组安全建设管理部门每年应对班组长的履职情况进行综合考评，建立班组长业绩档案，对于不能胜任工作的应当提出撤免建议。煤矿（井）相关职能部门有提出撤免班组长建议的权利。

第三节　班组长职权和义务

一、班组长的职责

（一）贯彻各项规章制度措施

班组长是班组安全生产第一责任人，应贯彻落实企业各项管理制度，执行现场安全管理及技术措施，执行安全生产法律法规，监督落实班组岗位安全生产责任制，开展班组安全教育培训、安全生产标准化工作，加强现场安全风险管控和隐患排查治理，推行全员、全过程、全方位动态安全管理，严把安全生产第一道关口。

（二）落实生产任务、搞好精细化管理

细化分解班组安全生产任务，严格按照煤矿安全规程、作业规程和煤矿安全技术操作规程组织生产，科学合理安排生产要素，提高生产效率。

搞好现场精细化管理，生产成本达标，提高生产效率，实现岗位操作达标、班组作业达标、作业动态达标。

（三）开展班组安全生产标准化建设

开展班组作业现场安全风险管控、隐患排查治理、应急处置和职业危害防治工作，推进班组安全文化建设。

（四）推行班组安全生产绩效管理

开展班组生产绩效管理，实行绩效评估、统计、评价和计算，实施班组安全生产绩效考核。

（五）负责班组安全建设及民主管理

负责班组制度、文化和团队建设和规范化管理，落实班组民主管理。

（六）其他职责

煤矿企业及煤矿规定的其他职责。

二、班组长的权利

（一）安全生产决策权和组织指挥权

生产过程中，出现危及现场作业人员安全的险情时，班组长有权第一时间下达停止生产指令，组织人员安全、有序撤离。

煤矿企业不得因此降低班组成员工资、福利等待遇或者解除与其订立的劳动合同。

（二）安全管理权

按规定组织落实安全规程及相关措施；检查现场作业时，对安全生产工作中存在的问题有权提出建议、批评、检举和控告；对违章指挥和强令冒险作业有权拒绝执行；对从业人员违章行为，有权加以制止，并依据规定进行处罚。

（三）生产组织权

根据工作需要和班组实际情况，有权确定目标，制定计划，分配任务，合理调配劳动组织、人员、设备、材料等，现场指挥协调，检查工作情况，调整工作部署。

（四）考核分配权

有权按照“按劳分配”原则和上级规定，对班组成员的工作绩效设定考核标准，检验工作成果，核算指标完成情况，对班组职工合理分配收入，进行物质和精神激励。

（五）学习培训权

享有定期接受培训的权利。根据安全生产需要，有权安排本班组从业人员进行培训。

（六）其他权利

煤矿企业制定安全生产规章制度措施、工资分配、安全奖罚、民主评议时，有知情权、参与权、表达权、监督权。

煤矿企业及煤矿赋予的其他权利。

三、班组长的义务

（一）宣贯安全生产法律法规的义务

有宣传贯彻党和国家安全生产方针、各项安全生产法律法规、企业规章制度和规程措施的义务。

（二）技术帮扶的义务

有安排入井新工人师带徒、交接班技术交底和同职工谈心的义务。

（三）应急避险及自救互救的义务

遇到突发事故第一时间组织职工应急避险、开展自救互救的义务。

（四）整改落实安全问题的义务

有对各级安监部门和班组工会小组群众安全监督员、特聘煤矿安全群众监督员指出的班组安全问题及时整改落实的义务。

（五）维护班组从业人员合法权益的义务

有维护班组从业人员合法权益的义务。

第四节　班组长考核和激励

班组长的考核和激励是科（区）队班组日常管理的主要内容。规范、及时、标准地考核评价班组长工作情况，根据考核结果进行奖惩，能够规范班组长工作行为，促使其全身心投入班组建设工作。

一、班组长考核

（一）考核组织

煤矿企业及煤矿是班组安全建设的责任主体，对于班组长的管理，煤矿企业要明确班组安全建设的管理部门，煤矿（井）要设立班组安全建设专（兼）职管理部门，配备相应管理人员。

在班组长考核工作中，煤矿（井）班组管理部门负责组织班组长日常考核，并将考核结果作为班组长提拔、评优、任免的重要依据。

（二）考核内容

班组长的考核内容是由其所在区队班组的工作内容及本人岗位安全生产责任制决定的，承担不同岗位的班组长，其考核内容截然不同，但总体而言，考核内容主要包括工作任务考核、安全任务考核、团队建设考核和个人能力考核。

（三）考核方式

根据不同的划分标准，对班组长的考核有不同的类型，常用的分类方法是按时间规律和考评主体分类。其中，按时间规律可分为定期考核和不定期考核；按考评主体可分为组织考核、群众评议和相互评议。

二、班组长的激励

考核的目的是对班组长实施有效激励。煤矿企业以考核为依据，采取综合激励措施，公平、公正、公开对班组长实施有效激励。对班组长的激励主要包括精神激励、经济激励和职务晋升三种类型，三种激励可单独实施，也可以同步进行。

（一）精神激励

精神激励是对班组长作出的贡献给予的肯定和认可。煤矿企业应当积极开展班组安全建设创先争优活动，每年组织优秀班组长评选，对在安全生产工作中作出突出贡献的班组长给予表彰、奖励。

（二）经济激励

班组长的经济激励包括提高岗位工资、加大工资分配系数、发放津贴、实行风险抵押、提高福利待遇等。

（三）职务晋升

对于年度优秀班组长，在职务晋升时给予优先考虑。同时把年度优秀班组长纳入区队管理人才培养计划，要求区队安全生产管理人员原则上要有班组长经历。

第五节　班组长岗位作业流程标准化作业

煤矿岗位作业流程标准化是以辨识管控岗位作业风险为前提，以排查治理作业过程隐患为重点，以规范管理员工岗位操作为基本要求，根据不同岗位制定针对性的作业流程标准，在岗位作业过程中实行流程化管理、标准化作业的一种管理模式，也是推动岗位达标的重要方式。岗位达标是专业达标和企业达标的基础，能直接反映出全员安全生产责任制的落实情况，对减少一般事故、控制较大事故发挥着极其重要的作用。

班组长作业流程标准化是煤矿岗位作业流程标准的重要组成部分，班组长作为煤矿现场管理、班组安全生产及安全建设的第一责任人，其岗位达标能够促进专业达标和企业达标的真正实现。

本节以山西煤炭运销集团盛泰煤业有限公司综掘班组长、综采班组长和井下运输班组长为例，介绍班组长作业流程标准化的操作流程、安全（监督）要点、岗位作业流程和班组长风险预控等部分。

一、综掘班组长作业流程标准化

（一）操作流程

（1）现场交接，全面检查。现场交接班，对工作面进行全面检查，包括人员、设备、顶板、通风等。

（2）分配任务，明确要点。现场分配工作任务，要明确重点，指明负责人。

（3）班中巡查，流程监督。班中要经常巡查，监督工人按流程作业。

（4）情况变化，及时调整。遇到工作面情况变化时，要根据现场实际情况及时调整。

（5）异常情况，定点蹲守。遇到异常情况时需定点蹲守监督，保证不出问题。

（6）一般隐患，及时处理。发现一般隐患，第一时间处理。

（7）重大隐患，撤人汇报。遇到重大隐患，立即撤出人员，汇报相关科室。

（二）监督要点

（1）交接检查，签字确认。现场进行交接班，并对顶板、通风、运输、机电设备进行全面检查，确认后当面签字交接。

（2）落实规程，杜绝“三违”。严格落实煤矿安全规程、作业规程、操作规程，杜绝违章指挥、违章作业、违反劳动纪律。

（3）三不伤害，安全第一。做到“不伤害自己、不伤害他人、不被他人伤害”，切实保护自身及矿工的生命安全。

(4) 突发情况，及时处理。工作面发生严重冒顶、停风、瓦斯超限等情况时，立即停止作业，撤出人员，严禁冒险作业。

(三) 岗位作业流程

参加班前会→接受生产任务→施工准备（检查现场管理、工程质量、顶板、支护、瓦斯、设备运行等情况，发现异常及时处理）→班前汇报→组织安全生产（监督各岗位人员按章作业）→各循环检查（工程质量、材料堆放、支护情况、环境卫生、制止“三违”、任务落实情况、排查隐患及安全生产注意事项、发现问题及时处理）→班中汇报→督查当班作业重点（异常情况，安排人员处理或撤人）→班后汇报（向队长汇报当班安全生产情况、填写相关记录）。

(四) 综掘班组长风险预控（表1-5-1）

表1-5-1　综掘队班组长风险预控表

危险因素	存在地点	造成的后果	预防措施	控制措施
人员	本工作面作业人员	1. 工作不负责，思想麻痹，不按流程作业，发生“三违”行为，造成人员伤亡，财产损失 2. 存在思想情绪，“带病”上岗 3. 人员脱岗 4. 未持证上岗或持证人员数量不足，发生安全事故	1. 严禁酒后上班 2. 及时掌握职工思想动态，如发现情绪波动较大人员，严禁上岗作业 3. 发现、制止“三违”，保证按章作业 4. 管理人员随时监督，岗位人员相互监督 5. 未持证上岗或人员无证时，严禁上岗	1. 发现酒后上班人员，严禁入井 2. 发现情绪波动较大的员工，及时与现场负责人联系，要求出井 3. 岗位人员作业过程中发现违章行为，要及时制止，严厉查处 4. 特种人员数量充足，持证上岗
顶板	本工作面	发生顶板事故造成人员伤亡、财产损失，影响正常生产作业	1. 严格执行“四人联合验收顶板控制制度”和“敲帮问顶”制度，严禁空顶作业 2. 工作面有片帮或遇构造时，加强支护，按措施作业 3. 严格按照作业规程要求对顶板进行控制，加强锚杆、锚索、钢梁支护，尤其是在顶板破碎、有构造地段，安排专人进行补强支护，确保顶板安全	发现有冒顶时，要立即撤出人员，及时向调度室、跟班领导报告情况，如出现人员受伤，第一时间对伤员进行急救处理

表1-5-1（续）

危险因素	存在地点	造成的后果	预防措施	控制措施
瓦斯	本工作面	1. 可能引起瓦斯爆炸烧伤人员、损坏设备；引起火灾 2. 瓦斯爆炸会产生有毒气体导致人员伤亡 3. 发生爆炸造成人员伤亡，损坏设备	1. 防止瓦斯超限 2. 严格按程序作业，防止产生电火花，发现异常立即汇报处理	1. 发现瓦斯超限时，要立即停止作业、撤出人员 2. 发生停电停风，撤出人员，汇报调度室 3. 发生瓦斯爆炸事故，要立即撤出人员，进行处理并及时向跟班领导、调度室汇报
火灾	本工作面	1. 可能引起瓦斯爆炸烧伤人员、损坏设备 2. 会产生有毒气体导致人员伤亡	1. 杜绝火源产生 2. 加强可燃物管理	1. 消防器材充足 2. 根据火灾性质采取有效措施灭火，并向跟班领导、调度室汇报 3. 按避灾路线撤退
水灾	1. 工作面煤体内 2. 地表水、含水层渗入采空区；采区（煤矿）边界、断层、裂隙、薄基岩区等	1. 水灾发生导致人员被困或伤亡、设备损坏 2. 可能导致瓦斯积聚、有害气体增加，人员窒息或伤亡 3. 水灾伴随溃泥、顶板垮落，损毁设备	1. 认真学习地测部门编制的地质报告资料 2. 检查工作面安设排水管路、排水泵等排水设施，定期排水	1. 发生透水预兆，要立即撤出所有人员至安全地点，切断灾区电源，并向跟班领导、调度室汇报 2. 发生透水事故，要立即撤出所有人员至安全地点，切断灾区电源，并向跟班领导、调度室汇报 3. 被困人员无法立即撤退，要引导受灾人员躲避在支护完好处，定时敲击管道等金属物，等待救援
设备	本工作面	1. 引发部件损坏，影响生产进度、产量，增加生产成本 2. 造成人身伤害，财产损失	1. 开机前认真检查设备的各类保护装置，保证安全运行 2. 严格按作业程序操作	发生机械、电击事故时，立即切断电源后，立即向调度室和领导汇报，并组织人员进行急救
停电、停风	本工作面	1. 通风不良、瓦斯积聚，发生瓦斯事故 2. 人员“窒息”伤亡 3. 影响生产	加强对工作面通风设施的检查	工作面停风，立即撤出人员，向跟班领导和调度室汇报

表1-5-1（续）

危险因素	存在地点	造成的后果	预防措施	控制措施
环境	行走途中	1. 走动摔伤 2. 设备碰伤 3. 坠物砸伤	1. 巷道清洁，无淤泥，无杂物 2. 设备摆放整齐 3. 登高作业时做好防护工作	1. 立即停止作业，并向上级汇报 2. 管理人员监督 3. 注意躲避

二、综采班组长作业流程标准化

（一）操作流程

（1）现场交接，全面检查。现场交接班，对工作面进行全面检查，包括人员、设备、顶板、通风等。

（2）分配任务，明确要点。现场分配工作任务，要明确重点，指明负责人。

（3）班中巡查，流程监督。班中要经常巡查，监督工人按流程作业。

（4）情况变化，及时调整。遇到工作面情况变化时，要根据现场实际情况及时调整。

（5）异常情况，定点蹲守。遇到异常情况时需定点蹲守监督，保证不出问题。

（6）一般隐患，及时处理。发现一般隐患，第一时间处理。

（7）重大隐患，撤人汇报。遇到重大隐患，立即撤出人员，汇报相关科室。

（二）监督要点

（1）交接检查，签字确认。现场进行交接班，并对顶板、通风、运输、机电设备进行全面检查，确认后当面签字交接。

（2）落实规程，杜绝“三违”。严格落实煤矿安全规程、作业规程、操作规程，杜绝违章指挥、违章作业、违反劳动纪律。

（3）三不伤害，安全第一。做到“不伤害自己、不伤害他人、不被他人伤害”，切实保护自身及矿工的生命安全。

（4）突发情况，及时处理。工作面发生严重冒顶、停风、瓦斯超限等情况时，立即停止作业，撤出人员，严禁冒险作业。

（三）岗位作业流程

班前准备（了解人员思想动态、组织召开班前会、入井宣誓、检身入井）→

交接班→作业前安全检查（顶帮、支护、瓦斯情况）→组织循环作业（开机准备、割煤、移架、推刮板输送机、清煤、联网、端头支护）→班中汇报→班后汇报→交接班→班后应知应会学习。

（四）综采班组长风险预控（表1－5－2）

表1－5－2　综采队班组长风险预控表

工序	危险因素	造成的后果	预防措施	控制措施
组织班前会	未明确当班工作任务及注意安全事项	当班作业不安全	1. 按班前确认卡逐项对职工进行确认 2. 班前会要逐项布置安全生产事项	及时补充任务分配、人员分配
集体入坑	1. 路上滑倒、绊倒受伤 2. 顶板掉渣伤人 3. 机车、矿车撞人、挤人	造成人员人身伤害	1. 入井前查点清人数后由班长带队入井 2. 行走精力集中，注意观察顶板及路面，发现车辆提前闪躲	根据伤害程度选择现场救治方法、汇报调度室、跟班矿长，及时升井治疗
接班开工前安全确认	1. 掉渣、片帮伤人 2. 滑倒、绊倒伤人 3. 设备开动伤人	造成人员人身伤害	1. 工作面瓦斯浓度不大于1% 2. 工作面顶底板、煤壁平整、无空顶 3. 支架部件齐全完好，动作灵敏 4. 设备符合《机电设备完好标准》，搭接合理	立即停机、停止作业，根据伤害程度选择现场救治方法、汇报调度室、跟班矿长，及时升井治疗
巡回检查	1. 掉渣、片帮伤人 2. 滑倒、绊倒伤人 3. 运转设备伤人	造成人员人身伤害	1. 工作面顶底板、煤壁平整、无空顶 2. 支架部件齐全完好，符合质量标准 3. 设备符合《机电设备完好标准》，搭接合理，严禁在运转的机头、机尾附近停留 4. 工作面瓦斯浓度稳定，小于1%	立即停机、停止作业，根据伤害程度选择现场救治方法、汇报调度室、跟班矿长，及时升井治疗
交班	1. 掉渣、片帮伤人 2. 滑倒、绊倒伤人	造成人员人身伤害	1. 工作面顶底板、煤壁平整、无空顶 2. 支架部件齐全完好，动作灵敏 3. 设备符合《机电设备完好标准》要求，搭接合理 4. 工作面瓦斯浓度稳定，小于1%	立即停机、停止作业，根据伤害程度选择现场救治方法、汇报调度室、跟班矿长，及时升井治疗

表 1-5-2（续）

工序	危险因素	造成的后果	预防措施	控制措施
集体升坑	1. 掉渣、片帮伤人 2. 顶板掉渣伤人 3. 矿车挤人、撞人	造成人员人身伤害	1. 升井前查点清人数后由班长带队升井 2. 行走精力集中，注意观察顶板及路面，发现车辆提前闪躲	根据伤害程度选择现场救治方法、汇报调度室、跟班矿长，及时升井治疗

三、井下运输班组长作业流程标准化

（一）操作流程

（1）现场交接，全面检查。现场进行交接班，并对通风、运输、机电设备进行全面检查，确认后当面签字交接。

（2）正常情况，流动巡查。设备正常运转时，按时巡查设备各部件的运转情况。

（3）异常情况，定点蹲守。设备在运转过程中出现异常，要及时汇报调度室，班组长必须现场监督。

（4）一般隐患，及时处理。出现一般隐患，及时汇报调度室，现场监督处理。

（5）重大隐患，撤人汇报。出现重大隐患，及时汇报调度室，撤出作业人员。

（二）安全要点

（1）交接检查，签字确认。现场进行交接班，并对运输、机电设备进行全面检查，确认后当面签字交接。

（2）落实规程，杜绝“三违”。严格落实煤矿安全规程、作业规程、操作规程，杜绝违章指挥、违章作业、违反劳动纪律。

（3）三不伤害，安全第一。作业人员做到“不伤害自己，不伤害他人，不被他人伤害”，切实保护自身及矿工的生命安全

（4）异常情况，及时汇报。巷道内出现机械设备故障，及时汇报调度室，采取措施进行处理。

（5）突发情况，停止作业。班中出现突发情况（停风、瓦斯超限等），必须停止作业、撤出人员，汇报调度室。

（三）班组长岗位作业流程

班前准备（班前会、明确工作任务）→交接班（现场交接，检查设备运转情况，遗留问题配合整改）→班中检查（观察设备运行情况、巷道支护有无变化、文明生产、巡查各岗位工艺作业流程、操作流程）→交班（交接班中遇到的情况及班中设备运行注意事项，填写记录）→班后汇报（向队长汇报当班设备运行情况，并填写记录）。

（四）井下运输队班组长风险预控（表1－5－3）

表1－5－3　井下运输队班组长风险预控表

危险因素	存在地点	造成的后果	预防措施	控制措施
人员	带式输送机运输巷	1. 工作不负责，思想麻痹，不按流程作业，发生“三违”行为，造成人员伤亡，财产损失 2. 存在思想情绪，“带病”上岗 3. 人员脱岗 4. 未持证上岗或持证人员数量不足，发生安全事故	1. 严禁酒后上班 2. 及时掌握职工思想动态，如发现情绪波动较大人员，严禁上岗作业 3. 发现、制止“三违”，保证按章作业 4. 管理人员随时监督，岗位人员相互监督 5. 未持证上岗或人员无证时，严禁上岗作业	1. 发现酒后上班人员，严禁入井 2. 发现情绪波动较大的员工，及时与现场负责人联系，要求出井 3. 岗位人员作业过程中发现违章行为，要及时制止，严厉查处
顶板	带式输送机运输巷	发生顶板事故造成人员伤亡、财产损失，影响正常生产作业	严格检查巷道支护，确保巷道支护质量	发现有冒顶时，要立即撤出人员，及时向调度室、跟班领导报告情况，如出现人员受伤，第一时间对伤员进行急救
火灾	带式输送机运输巷	1. 输送带摩擦可能引起火灾，烧伤人员、损坏设备 2. 会产生有毒气体导致人员伤亡	1. 加强设备巡回检查，保证设备正常运转 2. 消防器材充足	发生火灾事故时，由岗位人员立即采取措施进行灭火，汇报调度室进行处理
设备	带式输送机运输巷	1. 输送带断裂，引发部件损坏，影响工作面生产 2. 运行中检修导致挤伤，造成人身伤害，财产损失	1. 开机前认真检查设备的各类保护装置，保证安全运行 2. 严格按作业程序操作	发生机械事故时，立即切断电源，立即向调度室和跟班领导汇报，并组织人员进行急救

第二章　安全生产理念、形势及法律法规

第一节　煤矿安全生产理念

时代是历史划分的一个重要坐标。党的十八大以来，党中央对国家安全工作高度重视，2013 年至今，习近平同志先后对安全生产工作作出一系列重要指示、批示。2014 年，修订《中华人民共和国安全生产法》。2016 年至今先后制定《中共中央 国务院关于推进安全生产领域改革发展的意见》《地方党政领导干部安全生产责任制规定》，进一步强化地方党委政府的领导责任，部门监管和企业主体责任，“党政同责、一岗双责、齐抓共管、失职追责”的安全生产责任体系日臻完善。2017 年 10 月 18 日，党的十九大报告中提出“树立安全发展理念，弘扬生命至上、安全第一”的思想，健全公共安全体系，完善安全生产责任制，坚决遏制重特大安全事故，提升防灾减灾救灾能力。2018 年，成立应急管理部。国家安全生产工作焕然一新，安全生产重要论述关于安全生产理念的论述另开新篇。2022 年 10 月 16 日，党的二十大报告中提出“推进安全生产风险专项整治，加强重点行业、重点领域安全监管。”

2013 年 6 月 3 日，吉林省长春市宝源丰禽业有限公司发生特别重大火灾爆炸事故，造成 121 人死亡、76 人受伤和直接经济损失 1.82 亿元。6 月 6 日，习近平同志就做好安全生产工作作出重要指示：人命关天，发展决不能以牺牲人的生命为代价，这必须作为一条不可逾越的红线。

2013 年 11 月 22 日，山东青岛黄岛经济开发区中石化黄潍输油管线泄漏引发重大爆燃事故，造成 62 人死亡、136 人受伤。11 月 24 日，习近平同志在听取相关汇报后，发表重要讲话：要把安全责任落实到岗位、落实到人头，坚持管行业必须管安全、管业务必须管安全，管生产经营必须管安全，加强督促检查、严格考核奖惩，全面推进安全生产工作；所有企业都必须认真履行安全生产主体责任，做到安全投入到位、安全培训到位、基础管理到位、应急救援到位，确保安

全生产；“一厂出事故、万厂受教育，一地有隐患、全国受警示”，各地区和各行业领域要深刻吸取安全事故带来的教训，强化安全责任，改进安全监管，落实防范措施。

2015年12月24日，十八届中央政治局常委会第127次会议召开，习近平同志关于对全面加强安全生产工作提出明确要求：坚决遏制重特大事故频发势头，确保人民生命财产安全；重特大突发事件，不论是自然灾害还是责任事故，其中都不同程度存在主体责任不落实、隐患排查治理不彻底、法规标准不健全、安全监管执法不严格、监管体制机制不完善、安全基础薄弱、应急救援能力不强等问题；必须坚决遏制重特大事故频发势头，对易发重特大事故的行业领域采取风险分级管控、隐患排查治理双重预防性工作机制，推动安全生产关口前移，加强应急救援工作，最大限度地减少人员伤亡和财产损失。

2016年7月14日，中共中央政治局常委会会议召开，习近平同志对加强安全生产工作作出重要指示：安全生产是民生大事，一丝一毫不能放松，要以对人民极端负责的精神抓好安全生产工作，站在人民群众的角度想问题，把重大风险隐患当成事故来对待，守土有责，敢于担当，完善体制，严格监管，让人民群众安心放心。各级党委和政府特别是领导干部要牢固树立安全生产的观念，正确处理安全和发展的关系，坚持发展决不能以牺牲安全为代价这条主线。经济社会发展的每一个项目、每一个环节都要以安全为前提，不能有丝毫疏漏。

2017年10月18日，中国共产党第十九次全国代表大会在北京召开。习近平同志在十九大报告中提出：树立安全发展理念，弘扬生命至上、安全第一的思想，健全公共安全体系，完善安全生产责任制，坚决遏制重特大安全事故，提升防灾减灾救灾能力。

2019年1月19日，全国煤矿安全生产工作会议在京召开。会议指出，2019年是新中国成立70周年，是全面建成小康社会关键之年，做好煤矿安全生产工作至关重要。要坚持以人民为中心的发展思想，坚持稳中求进工作总基调，坚持新发展理念，坚持全面从严治党和监管监察执法“两手抓、两手硬”，坚持以防范遏制重特大事故为重点，标本兼治、精准施策，继续推动事故总量、较大以上事故和百万吨死亡率“三个下降”。

会议要求，2019年的煤矿安全生产工作，要深入贯彻落实习近平总书记关于加强安全生产的重要指示批示精神，扎实开展高风险煤矿安全“体检”，督促企业落实安全生产主体责任，协调推进煤炭行业供给侧结构性改革，强化安全风险管控、隐患排查治理和重大灾害治理，推进煤矿安全基础建设，完善煤矿安全法制机制，切实加强全面从严治党和干部队伍建设，为新中国成立70周年营造稳定良好的安全生产环境。

2019 年 11 月，习近平总书记在中央政治局第十九次集体学习时强调，要健全风险防范化解机制，坚决从源头上防范化解重大安全风险，真正把问题解决在萌芽之时、成灾之前。各级党委和政府要切实担负起“促一方发展、保一方平安”的政治责任，严格落实责任制。

2020 年 4 月，习近平总书记对安全生产作出重要指示强调，生命重于泰山。各级党委和政府务必把安全生产摆到重要位置，树牢安全发展理念，绝不能只重发展不顾安全，更不能将其视作无关痛痒的事，搞形式主义、官僚主义。

2020 年 5 月 22 日，国务院总理李克强在政府工作报告中强调要加强重大风险防控，坚决守住不发生系统性风险底线。

2021 年 6 月，习近平总书记在青海考察时强调，要坚持总体国家安全观，坚持底线思维，坚决维护国家安全。要毫不放松抓好常态化疫情防控，有效遏制重特大安全生产事故，推动扫黑除恶常态化，深化政法队伍教育整顿，保持社会大局和谐稳定。

2022 年 4 月，习近平总书记在中央政治局会议上提出，疫情要防住，经济要稳住，发展要安全。

2022 年 10 月，习近平总书记在党的二十大报告中指出，坚定不移贯彻总体国家安全观，把维护国家安全贯穿党和国家工作各方面全过程。要健全国家安全体系，增强维护国家安全能力，提高公共安全治理水平，完善社会治理体系。

2023 年 2 月，习近平总书记对内蒙古阿拉善左旗一露天煤矿坍塌事故作出重要指示指出，各地区和有关部门要以时时放心不下的责任感，全面排查各类安全隐患，强化防范措施，狠抓工作落实，更好统筹发展和安全，切实维护人民群众生命财产安全和社会大局稳定。

第二节　煤矿安全生产形势

煤炭是我国的基础能源和重要原料。煤炭工业是关系国家经济命脉和能源安全的重要基础产业。在我国一次能源结构中，煤炭将长期是主体能源。

根据《2023 煤炭行业发展年度报告》，“十四五”以来，中部地区原煤产量由 13. 1 亿 t 增加到 16. 0 亿 t，占全国的比重增加 0. 5 个百分点；西部地区原煤产量由 23. 2 亿 t 增加到 28. 5 亿 t，占比增加 1. 2 个百分点；东部地区原煤产量下降 3049 万 t，占比下降 1. 4 个百分点；东北地区原煤产量下降 978 万 t，占比下降 0. 2 个百分点。2023 年，原煤产量超亿吨的省（区）共有 7 个，比 2020 年减少

1 个，原煤产量 41.8 亿 t，占全国的 88.7%。晋陕蒙新四省（区）原煤产量 38.3 亿 t，占全国的 81.3%，比 2020 年增加 7.78 亿 t、提高 3 个百分点。陕西、内蒙古、山西原煤产量分别在 7 亿 t、12 亿 t、13 亿 t 的台阶上再创新高；新疆加快释放煤炭先进产能，煤炭产量较 2020 年增长近 2 亿 t，“疆煤外运”突破 1 亿 t，已经成为全国煤炭供应的新增长极。榆林、鄂尔多斯原煤产量分别突破 6 亿 t、8 亿 t 大关，两市原煤产量占全国的比重提高到 30.2%。山西、蒙西、蒙东、陕北和新疆五大煤炭供应保障基地建设加快推进，煤炭与新能源、新材料产业链协同发展持续深化，煤矿先进产能加快释放，煤炭输送通道体系日益完备，全国煤炭资源配置能力显著增强。

2013—2023 年我国煤矿事故起数、死亡人数、百万吨死亡率如图 2-2-1、图 2-2-2 所示。

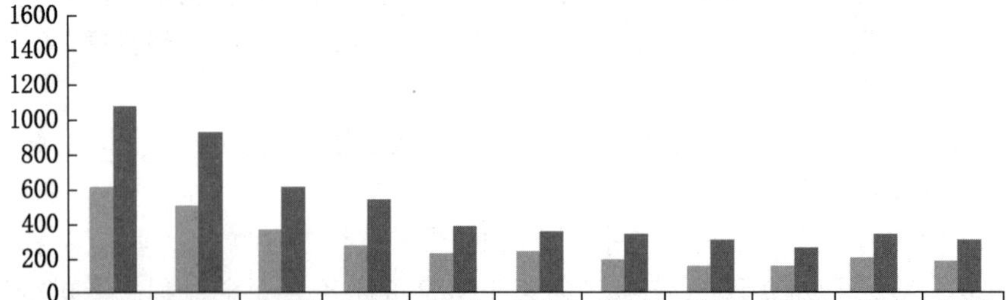

	2013	2014	2015	2016	2017	2018	2019	2020	2021	2022	2023
事故起数	604	509	352	249	220	224	170	123	91	168	99
死亡人数	1067	931	598	526	375	333	316	228	178	245	277

图 2-2-1　2013—2023 年我国煤矿事故起数、死亡人数

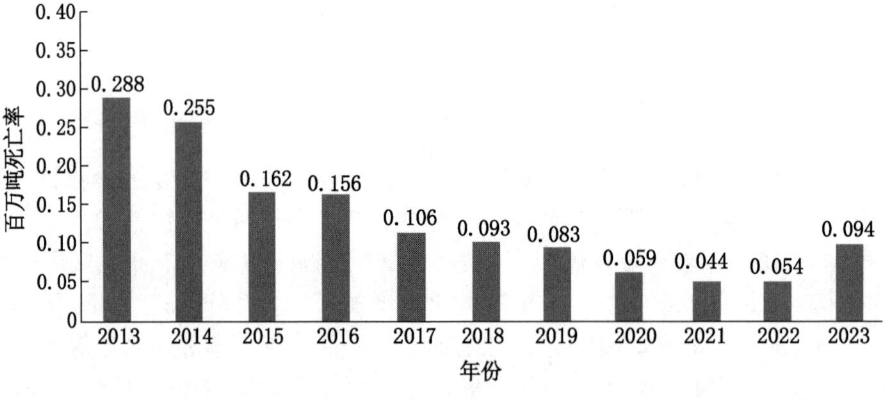

图 2-2-2　2013—2023 年我国煤矿事故百万吨死亡率

分析可知，2013—2023 年，我国煤矿事故起数和死亡人数从 2013 年的 604 起、1067 人降至 2023 年的 99 起、277 人，百万吨死亡率由 2013 年的 0.288 降至 2023 年的 0.094，分别下降 83.6%、74% 和 67.3%。煤矿安全生产形势继续保持总体稳定、持续好转的发展态势。

第三节　煤矿安全生产法律法规

煤矿安全生产法律法规体系包括法律法规、规章、技术标准和行政主管部门的规范性文件等。1993 年以来，《矿山安全法》《煤炭法》《安全生产法》《煤矿安全生产条例》等法律法规陆续出台，煤矿安全生产法律法规体系逐渐完善。目前，我国煤矿安全生产工作初步形成由 15 部法律法规、50 余部部门规章、1500 多项国家标准和行业标准组成的煤矿安全生产法律法规标准体系，为煤矿安全生产提供有力的安全保障。

煤矿企业规章、制度是煤矿根据生产实际情况，结合现行法律法规编制的管理制度、作业规程和操作规程等。

煤矿班组是贯彻落实煤矿安全生产法律法规体系及煤矿企业规章制度最基层的组织单元，煤矿班组长必须全面掌握煤矿安全生产法律法规体系及煤矿企业规章制度对班组的相关规定及要求。

一、安全生产法律

（一）中华人民共和国安全生产法

2002 年 11 月 1 日，我国施行《中华人民共和国安全生产法》(简称《安全生产法》)，2009 年 8 月 27 日、2014 年 8 月 31 日和 2021 年 6 月 10 日，全国人民代表大会常务委员会对其进行修正。

《安全生产法》适用于我国领域内从事安全生产经营活动单位的安全生产，是加强安全生产工作，防止和减少生产安全事故，保障人民群众生命和财产安全，促进经济社会持续健康发展的基本法。

《安全生产法》由总则、生产经营单位的安全生产保障、从业人员的权利和义务、安全生产监督管理、生产安全事故的应急救援和调查处理、法律责任和附则共 7 章 119 条构成。煤矿班组应掌握的安全生产知识包括生产经营单位的主体责任、安全保障和从业人员权责。

1. 生产经营单位的主体责任

生产经营单位必须遵守有关安全生产的法律、法规，加强安全生产管理，建立、健全全员安全生产责任制和安全生产规章制度，加大对安全生产资金、物资、人员的投入保障力度，改善安全生产条件，加强安全生产标准化建设，构建安全风险分级管控和隐患排查治理双重预防体系，健全风险防范化解机制，提高安全生产水平，确保安全生产；必须执行依法制定的保障安全生产的国家标准或者行业标准；应当具备有关法律、行政法规和国家标准或者行业标准规定的安全生产条件；不具备安全生产条件的，不得从事生产经营活动。

生产经营单位的主要负责人是本单位安全生产第一责任人，对本单位的安全生产工作全面负责。应当建立、健全并落实本单位全员安全生产责任制，加强安全生产标准化建设；组织制定本单位安全生产规章制度和操作规程；组织制定并实施本单位安全生产教育和培训计划；保证本单位安全生产投入的有效实施；组织建设并落实安全风险分级管控和隐患排查治理双重预防工作机制，督促、检查本单位的安全生产工作，及时消除生产安全事故隐患；组织制定并实施本单位的生产安全事故应急救援预案；及时、如实报告生产安全事故。

其他负责人对职责范围内的安全生产工作负责。

工会依法对安全生产工作进行监督。依法组织职工参加本单位安全生产工作的民主管理和民主监督，维护职工在安全生产方面的合法权益。生产经营单位制定或者修改有关安全生产的规章制度，应当听取工会的意见。

生产经营单位委托机构提供安全生产技术、管理服务的，保证安全生产的责任仍由本单位负责。

2. 生产经营单位的安全生产保障

生产经营单位应当建立相应的机制，加强对全员安全生产责任制落实情况的监督考核，保证安全生产责任制的落实。

应当具备的安全生产条件所必需的资金投入，有关生产经营单位应当按照规定提取和使用安全生产费用，专门用于改善安全生产条件。安全生产费用在成本中据实列支。

矿山单位应当设置安全生产管理机构或者配备专职安全生产管理人员。安全生产管理机构以及安全生产管理人员应当恪尽职守，依法履行职责：组织或者参与拟订本单位安全生产规章制度、操作规程和生产安全事故应急救援预案；组织或者参与本单位安全生产教育和培训，如实记录安全生产教育和培训情况；督促落实本单位重大危险源的安全管理措施；组织或者参与本单位应急救援演练；检查本单位的安全生产状况，及时排查生产安全事故隐患，提出改进安全生产管理的建议；制止和纠正违章指挥、强令冒险作业、违反操作规程的行为；督促落实本单位安全生产整改措施。涉及安全生产的经营决策，应当听取安全生产管理机构以及安全生产管理人员的意见。不得因安全生产管理人员依法履行职责而降低其工资、福利等待遇或者解除与其订立的劳动合同。矿山单位的安全生产管理人员的任免，应当告知主管的负有安全生产监督管理职责的部门。主要负责人和安全生产管理人员必须具备与本单位所从事的生产经营活动相应的安全生产知识和管理能力。矿山单位的主要负责人和安全生产管理人员，应当由主管的负有安全生产监督管理职责的部门对其安全生产知识和管理能力考核合格。矿山单位应当有注册安全工程师从事安全生产管理工作。

应当对从业人员进行安全生产教育和培训，保证从业人员具备必要的安全生产知识，熟悉有关的安全生产规章制度和安全操作规程，掌握本岗位的安全操作技能，了解事故应急处理措施，知悉自身在安全生产方面的权利和义务。未经安全生产教育和培训合格的从业人员，不得上岗作业。使用被派遣劳动者的，应当将被派遣劳动者纳入本单位从业人员统一管理，对被派遣劳动者进行岗位安全操作规程和安全操作技能的教育和培训。劳务派遣单位应当对被派遣劳动者进行必要的安全生产教育和培训。接收中等职业学校、高等学校学生实习的，应当对实习学生进行相应的安全生产教育和培训，提供必要的劳动防护用品。学校应当协助生产经营单位对实习学生进行安全生产教育和培训。应当建立安全生产教育和培训档案，如实记录安全生产教育和培训的时间、内容、参加人员以及考核结果等情况。采用新工艺、新技术、新材料或者使用新设备，必须了解、掌握其安全技术特性，采取有效的安全防护措施，并对从业人员进行专门的安全生产教育和培训。特种作业人员必须按照国家有关规定经专门的安全作业培训，取得相应资格，方可上岗作业。

新建、改建、扩建工程项目（以下统称建设项目）的安全设施，必须与主体工程同时设计、同时施工、同时投入生产和使用。安全设施投资应当纳入建设项目概算。矿山建设项目应当按照国家有关规定由具有相应资质的安全评价机构进行安全评价。安全设施的设计人、设计单位应当对安全设施设计负责。安全设施设计应当按照国家有关规定报经有关部门审查，审查部门及其负责审查的人员对审查结果负责。施工单位必须按照批准的安全设施设计施工，并对安全设施的工程质量负责。竣工投入生产或者使用前，应当由建设单位负责组织对安全设施进行验收；验收合格后，方可投入生产和使用。负有安全生产监督管理职责的部门应当加强对建设单位验收活动和验收结果的监督核查。

应当在有较大危险因素的生产经营场所和有关设施、设备上，设置明显的安全警示标志。安全设备的设计、制造、安装、使用、检测、维修、改造和报废，应当符合国家标准或者行业标准。必须对安全设备进行经常性维护、保养，并定期检测，保证正常运转。维护、保养、检测应当做好记录，并由有关人员签字。

使用的危险物品的容器、运输工具，以及涉及人身安全和矿山井下特种设备，必须按照国家有关规定，由专业生产单位生产，并经具有专业资质的检测、检验机构检测、检验合格，取得安全使用证或者安全标志，方可投入使用。检测、检验机构对检测、检验结果负责。

对严重危及生产安全的工艺、设备实行淘汰制度。不得使用应当淘汰的危及生产安全的工艺、设备。

对重大危险源应当登记建档，进行定期检测、评估、监控，并制定应急预案，告知从业人员和相关人员在紧急情况下应当采取的应急措施。应当按照国家有关规定将本单位重大危险源及有关安全措施、应急措施报有关地方人民政府应急管理部门和有关部门备案。有关地方人民政府应急管理部门和有关部门应当通过相关信息系统实现信息共享。

应当建立安全风险分级管控制度，按安全风险分级采取相应的管控措施。

应当建立健全生产安全事故隐患排查治理制度，采取技术、管理措施，及时发现并消除事故隐患。事故隐患排查治理情况应当如实记录，并通过职工代表大会或者职工大会、信息公开栏等方式向从业人员通报。其中重大事故隐患排查治理情况应当及时向负有安全生产监督管理职责的部门报告。县级以上地方各级人民政府负有安全生产监督管理职责的部门应当将重大事故隐患纳入相关信息系统，建立健全重大事故隐患治理督办制度，督促生产经营单位消除重大事故隐患。在检查中发现重大事故隐患，依照规定向本单位有关负责人报告，有关负责人不及时处理的，安全生产管理人员可以向主管的负有安全生产监督管理职责的部门报告，接到报告的部门应当依法及时处理。

进行爆破、吊装以及国务院应急管理部门会同国务院有关部门规定的其他危险作业，应当安排专门人员进行现场安全管理，确保操作规程的遵守和安全措施的落实。

应当教育和督促从业人员严格执行本单位的安全生产规章制度和安全操作规程；并向从业人员如实告知作业场所和工作岗位存在的危险因素、防范措施以及事故应急措施。

应当关注从业人员的生理、心理状况和行为习惯，加强对从业人员的心理疏导、精神慰藉，严格落实岗位安全生产责任制，防范从业人员行为异常导致事故发生。

应当安排用于配备劳动防护用品、进行安全生产培训的经费。必须为从业人员提供符合国家标准或者行业标准的劳动防护用品，并监督、教育从业人员按照使用规则佩戴、使用。

安全生产管理人员应当根据本单位的生产经营特点，对安全生产状况进行经常性检查；对检查中发现的安全问题，应当立即处理；不能处理的，应当及时报告本单位有关负责人，有关负责人应当及时处理。检查及处理情况应当如实记录在案。

不得将生产经营项目、场所、设备发包或者出租给不具备安全生产条件或者相应资质的单位或者个人。生产经营项目、场所发包或者出租给其他单位的，生产经营单位应当与承包单位、承租单位签订专门的安全生产管理协议，或者在承包合同、租赁合同中约定各自的安全生产管理职责；生产经营单位对承包单位、承租单位的安全生产工作统一协调、管理，定期进行安全检查，发现安全问题的，应当及时督促整改。

发生生产安全事故时，单位的主要负责人应当立即组织抢救，并不得在事故调查处理期间擅离职守。发生生产安全事故后，生产经营单位应当及时采取措施救治有关人员。

与从业人员订立的劳动合同，应当载明有关保障从业人员劳动安全、防止职业危害的事项，以及依法为从业人员办理工伤保险的事项。必须依法参加工伤保险，为从业人员缴纳保险费。国家鼓励生产经营单位投保安全生产责任保险；属于国家规定的高危行业、领域的，应当投保安全生产责任险。不得以任何形式与从业人员订立协议，免除或者减轻其对从业人员因生产安全事故伤亡依法应承担的责任。不得因从业人员对本单位安全生产工作提出批评、检举、控告或者拒绝违章指挥、强令冒险作业而降低其工资、福利等待遇或者解除与其订立的劳动合同。不得因从业人员在紧急情况下停止作业或者采取紧急撤离措施而降低其工资、福利等待遇或者解除与其订立的劳动合同。

3. 从业人员的安全生产权利和义务

生产经营单位的从业人员有依法获得安全生产保障的权利，并应当依法履行安全生产方面的义务。

生产经营单位的从业人员有权了解其作业场所和工作岗位存在的危险因素、防范措施及事故应急措施，有权对本单位的安全生产工作提出建议；有权对本单位安全生产工作中存在的问题提出批评、检举、控告；有权拒绝违章指挥和强令冒险作业；发现直接危及人身安全的紧急情况时，有权停止作业或者在采取可能的应急措施后撤离作业场所；因生产安全事故受到损害的从业人员，除依法享有工伤保险外，依照有关民事法律尚有获得赔偿权利的，有权提出赔偿要求。对事故隐患或者安全生产违法行为，有权向负有安全生产监督管理职责的部门报告或者举报。

从业人员在作业过程中，应当严格落实岗位安全责任，遵守本单位的安全生产规章制度和操作规程，服从管理，正确佩戴和使用劳动防护用品；应当接受安全生产教育和培训，掌握本职工作所需的安全生产知识，提高安全生产技能，增强事故预防和应急处理能力；发现事故隐患或者其他不安全因素，应当立即向现场安全生产管理人员或者本单位负责人报告；接到报告的人员应当及时予以处理；被派遣劳动者依法享有规定的从业人员的权利，并应当依法履行规定的从业人员的义务。

（二）中华人民共和国矿山安全法

1993年5月1日，我国施行《中华人民共和国矿山安全法》(以下简称《矿山安全法》)，2009年8月27日，全国人民代表大会常务委员会对其进行修正。

《矿山安全法》适用于我国领域和中华人民共和国管辖的其他海域从事矿产资源开采活动，保障矿山生产安全，防止矿山事故，保护矿山职工人身安全，促进采矿业发展的行业法。

《矿山安全法》由总则、矿山建设的安全保障、矿山开采的安全保障、矿山企业的安全管理、矿山安全的监督和管理、矿山事故处理法律责任和附则共8章50条构成。煤矿班组应掌握的安全生产知识包括矿山建设和开采的安全保障及矿山企业的安全管理。

1. 矿山建设的安全保障

矿山建设工程的安全设施必须和主体工程同时设计、同时施工、同时投入生产和使用。每个矿井必须有两个以上能行人的安全出口，出口之间的直线水平距离必须符合矿山安全规程和行业技术规范。

2. 矿山开采的安全保障

矿山设计规定保留的矿柱、岩柱，在规定的期限内，应当予以保护，不得开采或者毁坏；使用的有特殊安全要求的设备、器材、防护用品和安全检测仪器，必须符合国家安全标准或者行业安全标准；不符合国家安全标准或者行业安全标准的，不得使用。

矿山企业必须对机电设备及其防护装置、安全检测仪器，定期检查、维修，保证使用安全；对作业场所中的有毒有害物质和井下空气含氧量进行检测，保证符合安全要求；对冒顶、片帮、冲击地压、瓦斯突出、井喷等危害安全的事故隐患采取预防措施；对使用机械、电气设备，排土场、矸石山、尾矿库与矿山闭坑后可能引起的危害，应当采取预防措施。

3. 矿山企业的安全管理

矿山企业必须从矿产品销售额中按照国家规定提取安全技术措施专项费用。安全技术措施专项费用必须全部用于改善矿山安全生产条件，不得挪作他用。

（三）中华人民共和国刑法

1997 年 10 月 1 日，我国施行《中华人民共和国刑法》(以下简称《刑法》)。《中华人民共和国刑法修正案（十二)》由 2023 年 12 月 29 日中华人民共和国第十四届全国人大常务委员会第七次会议通过，2023 年 12 月 29 日中华人民共和国主席令（第十八号）公布，自 2024 年 3 月 1 日起施行。

《刑法》由总则和分则两部分组成，共 15 章。煤矿班组应掌握的安全生产知识包括重大责任事故罪、强令组织他人违章冒险作业罪、危险作业罪、重大劳动安全事故罪及不报、谎报安全事故罪。

1. 重大责任事故罪

第一百三十四条　第一款　在生产、作业中违反有关安全管理的规定，因而发生重大伤亡事故或者造成其他严重后果的，处三年以下有期徒刑或者拘役；情节特别恶劣的，处三年以上七年以下有期徒刑。重大责任事故罪犯罪构成要件及刑罚如图 2－3－1 所示。

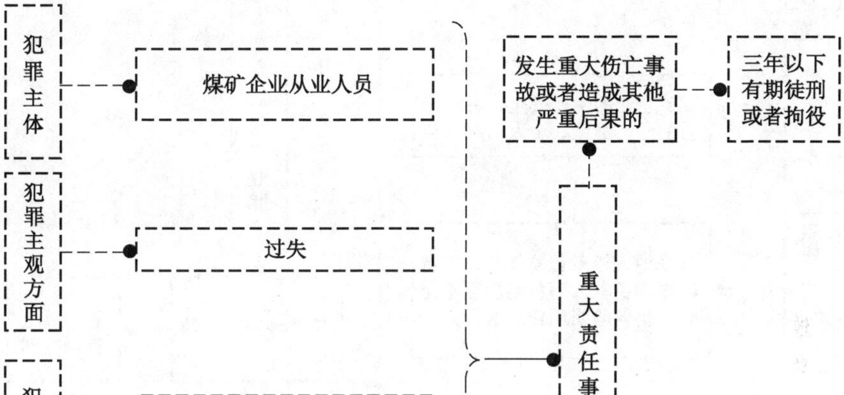

图 2－3－1　重大责任事故罪犯罪构成要件及刑罚

2. 强令组织他人违章冒险作业罪

第一百三十四条　第二款　强令他人违章冒险作业，或者明知存在重大事故隐患而不排除，仍冒险组织作业，因而发生重大伤亡事故或者造成其他严重后果的，处五年以下有期徒刑或者拘役；情节特别恶劣的，处五年以上有期徒刑。强令组织他人违章冒险作业罪犯罪构成要件及刑罚如图 2－3－2 所示。

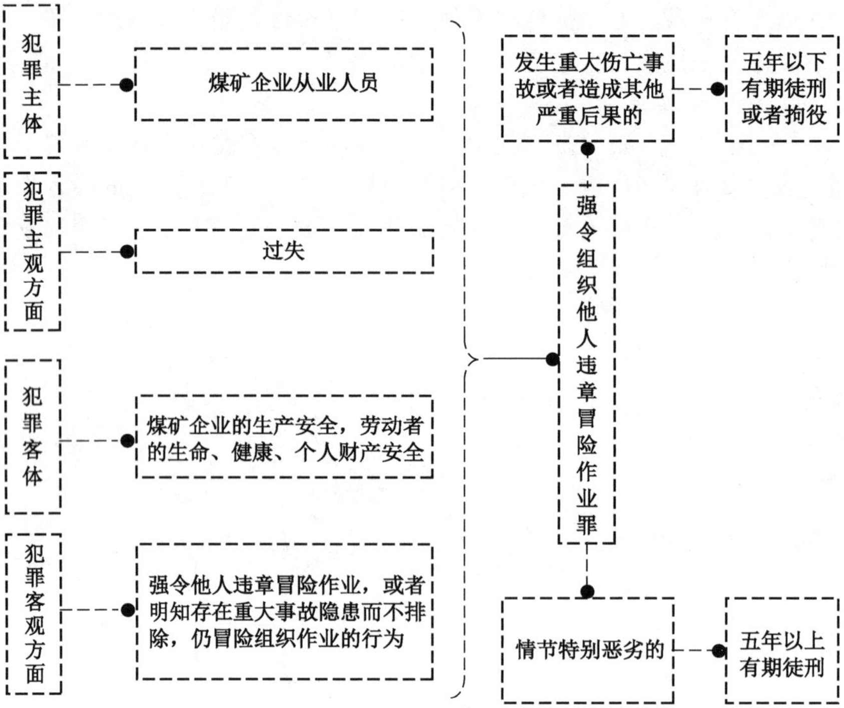

图 2－3－2　强令组织他人违章冒险作业罪犯罪构成要件及刑罚

3. 危险作业罪

第一百三十四条之一　在生产、作业中违反有关安全管理的规定，有下列情形之一，具有发生重大伤亡事故或者其他严重后果的现实危险的，处一年以下有期徒刑、拘役或者管制：

（1）关闭、破坏直接关系生产安全的监控、报警、防护、救生设备、设施，或者篡改、隐瞒、销毁其相关数据、信息的；

（2）因存在重大事故隐患被依法责令停产停业、停止施工、停止使用有关设备、设施、场所或者立即采取排除危险的整改措施，而拒不执行的；

（3）涉及安全生产的事项未经依法批准或者许可，擅自从事矿山开采、金属冶炼、建筑施工，以及危险物品生产、经营、储存等高度危险的生产作业活动的。危险作业罪犯罪构成要件及刑罚如图 2－3－3 所示。

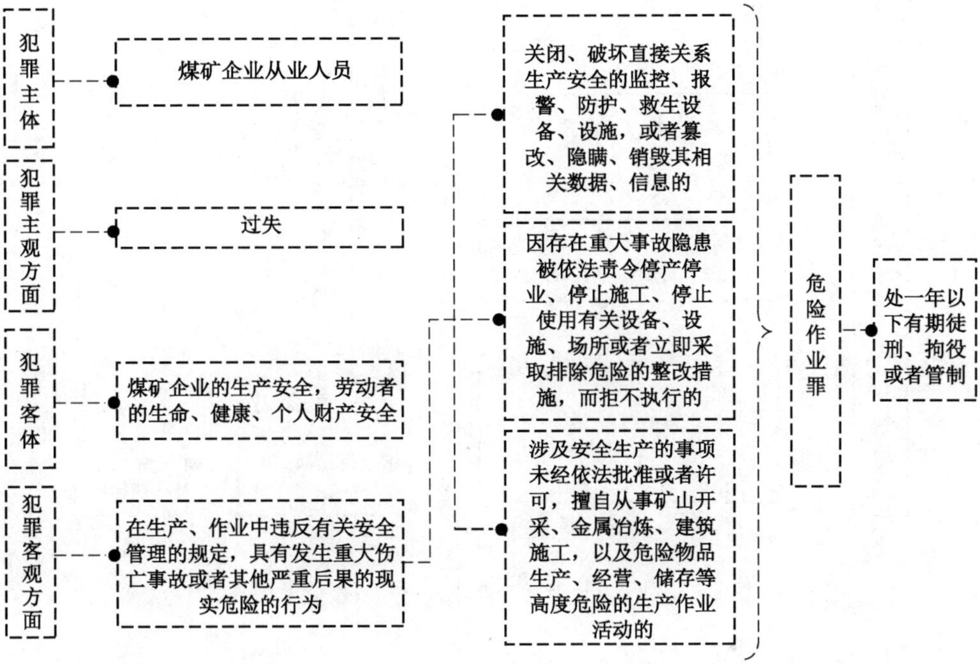

图 2－3－3　危险作业罪犯罪构成要件及刑罚

4. 重大劳动安全事故罪

第一百三十五条　安全生产设施或者安全生产条件不符合国家规定，因而发生重大伤亡事故或者造成其他严重后果的，对直接负责的主管人员和其他直接责任人员，处三年以下有期徒刑或者拘役；情节特别恶劣的，处三年以上七年以下有期徒刑。重大劳动安全事故罪犯罪构成要件及刑罚如图 2－3－4 所示。

5. 不报、谎报安全事故罪

第一百三十九条之一　在安全事故发生后，负有报告职责的人员不报或者谎

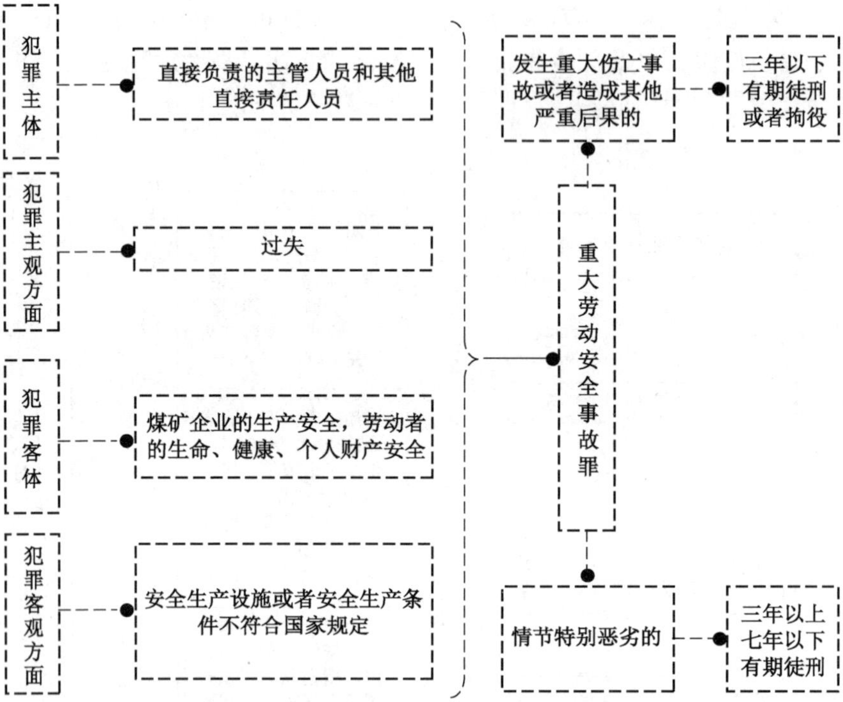

图 2－3－4　重大劳动安全事故罪构成要件及刑罚

报事故情况，贻误事故抢救，情节严重的，处三年以下有期徒刑或者拘役；情节特别严重的，处三年以上七年以下有期徒刑。不报、谎报安全事故罪犯罪构成要件及刑罚如图 2－3－5 所示。

6. 关于情形认定的司法解释

依据《最高人民法院最高人民检察院关于办理危害生产安全刑事案件适用法律若干问题的解释》（法释〔2015〕22 号）有下列相关规定：

（1）实施刑法第一百三十四条第一款、第一百三十五条、第一百三十九条规定的行为，因而发生安全事故，具有下列情形之一的，应当认定为“造成严重后果”或者“发生重大伤亡事故或者造成其他严重后果”，对相关责任人员，处三年以下有期徒刑或者拘役：

① 造成死亡一人以上，或者重伤三人以上的；

② 造成直接经济损失一百万元以上的；

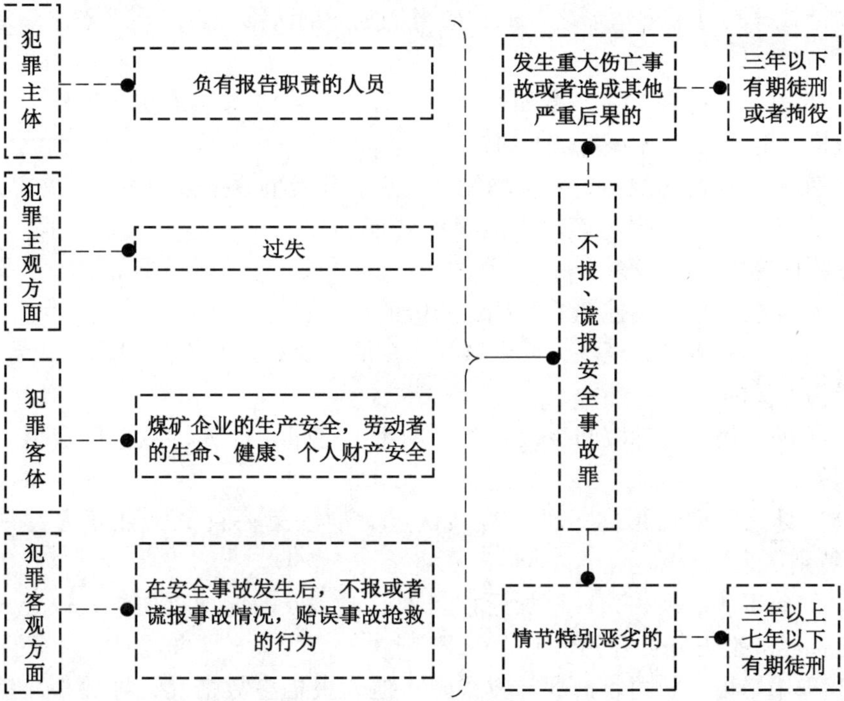

图2-3-5　不报、谎报安全事故罪犯罪构成要件及刑罚

③ 其他造成严重后果或者重大安全事故的情形。

（2）实施刑法第一百三十四条第二款规定的行为，因而发生安全事故，具有本条第一款规定情形的，应当认定为“发生重大伤亡事故或者造成其他严重后果”，对相关责任人员，处五年以下有期徒刑或者拘役。

（3）实施刑法第一百三十四条第一款、第一百三十五条、第一百三十九条规定的行为，因而发生安全事故，具有下列情形之一的，对相关责任人员，处三年以上七年以下有期徒刑：

① 造成死亡三人以上或者重伤十人以上，负事故主要责任的；

② 造成直接经济损失五百万元以上，负事故主要责任的；

③ 其他造成特别严重后果、情节特别恶劣或者后果特别严重的情形。

（4）实施刑法第一百三十四条第二款规定的行为，因而发生安全事故，具有本条第一款规定情形的，对相关责任人员，处五年以上有期徒刑。

（5）在安全事故发生后，负有报告职责的人员不报或者谎报事故情况，贻误事故抢救，具有下列情形之一的，应当认定为刑法第一百三十九条之一规定的“情节严重”：

① 导致事故后果扩大，增加死亡一人以上，或者增加重伤三人以上，或者增加直接经济损失一百万元以上的；

② 实施下列行为之一，致使不能及时有效开展事故抢救的：

a. 决定不报、迟报、谎报事故情况或者指使、串通有关人员不报、迟报、谎报事故情况的；

b. 在事故抢救期间擅离职守或者逃匿的；

c. 伪造、破坏事故现场，或者转移、藏匿、毁灭遇难人员尸体，或者转移、藏匿受伤人员的；

d. 毁灭、伪造、隐匿与事故有关的图纸、记录、计算机数据等资料以及其他证据的；

（6）具有下列情形之一的，应当认定为刑法第一百三十九条之一规定的“情节特别严重”：

① 导致事故后果扩大，增加死亡三人以上，或者增加重伤十人以上，或者增加直接经济损失五百万元以上的；

② 采用暴力、胁迫、命令等方式阻止他人报告事故情况，导致事故后果扩大的；

③ 其他情节特别严重的情形。

（7）实施刑法第一百三十四条至第一百三十九条之一规定的犯罪行为，具有下列情形之一的，从重处罚：

① 未依法取得安全许可证件或者安全许可证件过期、被暂扣、吊销、注销后从事生产经营活动的；

② 关闭、破坏必要的安全监控和报警设备的；

③ 已经发现事故隐患，经有关部门或者个人提出后，仍不采取措施的；

④ 一年内曾因危害生产安全违法犯罪活动受过行政处罚或者刑事处罚的；

⑤ 采取弄虚作假、行贿等手段，故意逃避、阻挠负有安全监督管理职责的部门实施监督检查的；

⑥ 安全事故发生后转移财产意图逃避承担责任的；

⑦ 其他从重处罚的情形。

实施前款第五项规定的行为，同时构成刑法第三百八十九条规定的犯罪的，依照数罪并罚的规定处罚。

（8）实施刑法第一百三十四条至第一百三十九条之一规定的犯罪行为，在安全事故发生后积极组织、参与事故抢救，或者积极配合调查、主动赔偿损失的，可以酌情从轻处罚。

（9）对于实施危害生产安全犯罪适用缓刑的犯罪分子，可以根据犯罪情况，禁止其在缓刑考验期限内从事与安全生产相关联的特定活动；对于被判处刑罚的犯罪分子，可以根据犯罪情况和预防再犯罪的需要，禁止其自刑罚执行完毕之日或者假释之日起三年至五年内从事与安全生产相关的职业。

依据《最高人民法院、最高人民检察院关于办理危害生产安全刑事案件适用法律若干问题的解释（二）》（法释〔2022〕19号）有下列相关规定：

（1）明知存在事故隐患，继续作业存在危险，仍然违反有关安全管理的规定，有下列情形之一的，属于刑法规定的“强令他人违章冒险作业”：

① 以威逼、胁迫、恐吓等手段，强制他人违章作业的；

② 利用组织、指挥、管理职权，强制他人违章作业的；

③ 其他强令他人违章冒险作业的情形。

明知存在重大事故隐患，仍然违反有关安全管理的规定，不排除或者故意掩盖重大事故隐患，组织他人作业的，属于刑法规定的“冒险组织作业”。

（2）因存在重大事故隐患被依法责令停产停业、停止施工、停止使用有关设备、设施、场所或者立即采取排除危险的整改措施，有下列情形之一的，属于刑法规定的“拒不执行”：

① 无正当理由故意不执行各级人民政府或者负有安全生产监督管理职责的部门依法作出的上述行政决定、命令的；

② 虚构重大事故隐患已经排除的事实，规避、干扰执行各级人民政府或者负有安全生产监督管理职责的部门依法作出的上述行政决定、命令的；

③ 以行贿等不正当手段，规避、干扰执行各级人民政府或者负有安全生产监督管理职责的部门依法作出的上述行政决定、命令的。

认定是否属于“拒不执行”，应当综合考虑行政决定、命令是否具有法律、行政法规等依据，行政决定、命令的内容和期限要求是否明确、合理，行为人是否具有按照要求执行的能力等因素进行判断。

（四）中华人民共和国职业病防治法

2001年10月27日，我国施行《中华人民共和国职业病防治法》（以下简称《职业病防治法》），2011年12月31日、2016年7月2日、2017年11月4日和2018年12月29日，全国人民代表大会常务委员会对其进行四次修正。

《职业病防治法》适用于中华人民共和国领域内的职业病防治活动，是预防、控制和消除职业病危害，防治职业病，保护劳动者健康及其相关权益，促进经济社会发展的法律。

《职业病防治法》由总则、前期预防、劳动过程中的防护与管理、职业病诊断与职业病病人保障、监督检查、法律责任和附则共 7 章 88 条构成。煤矿班组应掌握的安全生产知识包括前期预防、劳动过程中的防护与管理和职业病诊断与职业病病人保障。

1. 前期预防

用人单位应当为劳动者创造符合国家职业卫生标准和卫生要求的工作环境和条件，并采取措施保障劳动者获得职业卫生保护。

用人单位应当建立、健全职业病防治责任制，加强对职业病防治的管理，提高职业病防治水平，对本单位产生的职业病危害承担责任。

产生职业病危害的用人单位，应当在醒目位置设置公告栏，公布有关职业病防治的规章制度、操作规程、职业病危害事故应急救援措施和工作场所职业病危害因素检测结果。

2. 劳动过程中的防护与管理

产生职业病危害的用人单位，应当在醒目位置设置公告栏，公布有关职业病防治的规章制度、操作规程、职业病危害事故应急救援措施和工作场所职业病危害因素检测结果。

对产生严重职业病危害的作业岗位，应当在其醒目位置，设置警示标识和中文警示说明。警示说明应当载明产生职业病危害的种类、后果、预防以及应急救治措施等内容。

用人单位与劳动者订立劳动合同（含聘用合同，下同）时，应当将工作过程中可能产生的职业病危害及其后果、职业病防护措施和待遇等如实告知劳动者，并在劳动合同中写明，不得隐瞒或者欺骗。

劳动者在已订立劳动合同期间因工作岗位或者工作内容变更，从事与所订立劳动合同中未告知的存在职业病危害的作业时，用人单位应当依照前款规定，向劳动者履行如实告知的义务，并协商变更原劳动合同相关条款。

用人单位应当对劳动者进行上岗前的职业卫生培训和在岗期间的定期职业卫生培训，普及职业卫生知识，督促劳动者遵守职业病防治法律、法规、规章和操作规程，指导劳动者正确使用职业病防护设备和个人使用的职业病防护用品。

劳动者应当学习和掌握相关的职业卫生知识，增强职业病防范意识，遵守职业病防治法律、法规、规章和操作规程，正确使用、维护职业病防护设备和个人使用的职业病防护用品，发现职业病危害事故隐患应当及时报告。

对从事接触职业病危害作业的劳动者，用人单位应当按照国务院卫生行政部门的规定组织上岗前、在岗期间和离岗时的职业健康检查，并将检查结果书面告知劳动者。职业健康检查费用由用人单位承担。

3. 职业病诊断与职业病病人保障

用人单位应当及时安排对疑似职业病病人进行诊断；在疑似职业病病人诊断或者医学观察期间，不得解除或者终止与其订立的劳动合同。

疑似职业病病人在诊断、医学观察期间的费用，由用人单位承担。

用人单位应当保障职业病病人依法享受国家规定的职业病待遇，按照国家有关规定，安排职业病病人进行治疗、康复和定期检查；对不适宜继续从事原工作的职业病病人，应当调离原岗位，并妥善安置；对从事接触职业病危害作业的劳动者，应当给予适当岗位津贴。

职业病病人的诊疗、康复费用，伤残以及丧失劳动能力的职业病病人的社会保障，按照国家有关工伤保险的规定执行。

职业病病人除依法享有工伤保险外，依照有关民事法律，尚有获得赔偿的权利的，有权向用人单位提出赔偿要求。

劳动者被诊断患有职业病，但用人单位没有依法参加工伤保险的，其医疗和生活保障由该用人单位承担。

二、安全生产法规

（一）煤矿安全生产条例

《煤矿安全生产条例》由总则、煤矿企业的安全生产责任、煤矿安全生产监督管理、煤矿安全监察、法律责任和附则构成，共 6 章 76 条，旨在加强煤矿安全生产工作，防止和减少煤矿生产安全事故，保障人民群众生命财产安全。自 2024 年 5 月 1 日起施行。主要内容如下：

（1）坚持党的领导，确立工作原则。明确煤矿安全生产工作坚持中国共产党的领导，坚持人民至上、生命至上，坚持安全第一、预防为主、综合治理的方针。

（2）强化源头治理，严查风险隐患。要求煤矿企业对风险隐患进行自查自改并按规定报告。监管部门要建立健全督办制度，督促煤矿企业消除重大事故隐患。对“带病生产”的煤矿企业，依法采取责令停产整顿直至关闭的处罚措施。

（3）夯实煤矿企业主体责任。严格准入条件，明确煤矿企业取得安全生产许可证后方可进行生产。落实煤矿企业全员安全生产责任制。要求煤矿企业进行煤矿灾害鉴定并按照灾害程度和类型实施灾害治理。

（4）严格落实监管监察责任。规定煤矿安全生产实行地方党政领导干部安全生产责任制。明确监管部门和监管职责，要求县级以上地方人民政府负有煤矿安全生产监督管理职责的部门，依法对煤矿企业特别是一线生产作业场所进行监督检查。矿山安全监察机构履行煤矿安全监察职责，负责对地方政府煤矿安全生产监管工作进行监督检查，有权进入煤矿现场并采取相应处置措施。

（5）加大惩处力度。对煤矿安全生产违法行为，规定了罚款、行业和职业禁入、责令停产整顿、予以关闭等法律责任。

（6）提高罚款数额下限。《煤矿安全生产条例》在保持与《安全生产法》等法律衔接的基础上，提高了对煤矿企业、企业负责人违法行为的处罚下限。比如，根据《安全生产法》，对发生一般事故、较大事故、重大事故的企业，罚款下限分别为30万元、100万元、200万元。《煤矿安全生产条例》分别提高至50万元、150万元和500万元。

（7）新设较重罚则。对于未按规定配备矿长等人员和机构、主要生产系统和安全设施不符合规程标准、未按规定编制专项设计、未按规定进行灾害等级鉴定、违章指挥或者强令冒险作业等，这些严重威胁生产作业安全的违法行为，《煤矿安全生产条例》规定了较为严厉的处罚。

（8）严格停产整改要求。《煤矿安全生产条例》规定，对存在重大隐患仍然进行生产的，应当停产整顿；存在安全违法行为逾期未改正的，应当停产整顿；存在安全违法行为、重大隐患排除前或者排除过程中无法保证安全的，应当撤出作业人员，暂时停止生产。同时要求，停产整顿煤矿应当制定整改方案，监管部门应当在5个工作日内向社会公告停产整顿煤矿名单，并按规定组织复产验收。

（9）加大关闭力度。将未取得安全生产许可证擅自生产、3个月内2次或者2次以上发现有重大事故隐患仍然进行生产、现有技术条件难以有效防治重大灾害等不具备安全生产条件的煤矿，列入依法关闭的情形。

（二）生产安全事故报告和调查处理条例

2007年4月9日，国务院以第493号令公布《生产安全事故报告和调查处理条例》，自2007年6月1日施行。

根据生产安全事故（以下简称事故）造成的人员伤亡或者直接经济损失，事故等级分为一般事故、较大事故、重大事故和特别重大事故，具体内容见表2－3－1。表中“以上”包括本数，所称的“以下”不包括本数。

表2-3-1 事故等级及分类标准

事故类别	指标		
	人员死亡	人员重伤	直接经济损失
一般事故	3人以下	10人以下	1000万元以下
较大事故	3人以上10人以下	10人以上50人以下	1000万元以上5000万元以下
重大事故	10人以上30人以下	50人以上100人以下	5000万元以上1亿元以下
特别重大事故	30人以上	100人以上重伤(包括急性工业中毒)	1亿元以上

事故报告原则为及时、准确、完整，任何单位和个人对事故不得迟报、漏报、谎报或者瞒报。

报告事故内容包括事故发生单位概况，发生的时间、地点以及事故现场情况，简要经过，已经造成或者可能造成的伤亡人数（包括下落不明的人数）和初步估计的直接经济损失，已经采取的措施和其他应当报告的情况。

事故发生后，有关单位和人员应当妥善保护事故现场以及相关证据，任何单位和个人不得破坏事故现场、毁灭相关证据。因抢救人员、防止事故扩大以及疏通交通等原因，需要移动事故现场物件的，应当做出标志，绘制现场简图并做出书面记录，妥善保存现场重要痕迹、物证。

三、安全生产部门规章

（一）煤矿安全培训规定

2012年5月28日，原国家安全生产监督管理总局以总局令第52号公布《煤矿安全培训规定》。2018年1月11日，原国家安全生产监督管理总局以总局令第92号公布《煤矿安全培训规定》，2018年3月1日施行。

《煤矿安全培训规定》由总则、安全培训的组织与管理、主要负责人和安全生产管理人员的安全培训及考核、特种作业人员的安全培训和考核发证、其他从业人员的安全培训和考核、监督管理、法律责任和附则共8章50条构成。煤矿班组应掌握的安全生产知识包括煤矿企业从业人员分类。

煤矿企业是安全培训的责任主体，应当依法对从业人员进行安全生产教育和培训，提高从业人员的安全生产意识和能力。煤矿企业从业人员是指煤矿企业主要负责人、安全生产管理人员、特种作业人员和其他从业人员。

煤矿企业主要负责人包括煤矿企业的董事长、总经理，矿务局局长，煤矿矿长等人员。

煤矿企业安全生产管理人员包括煤矿企业分管安全、采煤、掘进、通风、机电、运输、地测、防治水、调度等工作的副董事长、副总经理、副局长、副矿长，总工程师、副总工程师和技术负责人，安全生产管理机构负责人及其管理人员，采煤、掘进、通风、机电、运输、地测、防治水、调度等职能部门（含煤矿井、区、科、队）负责人。

煤矿特种作业人员包括煤矿井下电气作业、爆破作业、瓦斯检查作业、安全检查作业、提升机操作作业、采煤机（掘进机）操作作业、瓦斯抽采作业、防突作业和探放水作业十类人员。

煤矿其他从业人员，是指除煤矿主要负责人、安全生产管理人员和特种作业人员以外，从事生产经营活动的其他从业人员，包括煤矿其他负责人、其他管理人员、技术人员和各岗位的工人、使用的被派遣劳动者和临时聘用人员。

从事采煤、掘进、机电、运输、通风、防治水等工作的班组长属于其他从业人员，其安全培训，应当由所在煤矿的上一级煤矿企业组织实施；没有上一级煤矿企业的，由本单位组织实施。

煤矿企业其他从业人员的初次安全培训时间不得少于 72 学时，每年再培训的时间不得少于 20 学时。

煤矿企业或者具备安全培训条件的机构对其他从业人员安全培训合格后，应当颁发安全培训合格证明；未经培训并取得培训合格证明的，不得上岗作业。

煤矿企业新上岗的井下作业人员安全培训合格后，应当在有经验的工人师傅带领下，实习满 4 个月，并取得工人师傅签名的实习合格证明后，方可独立工作。

工人师傅一般应当具备中级工以上技能等级、三年以上相应工作经历和没有发生过违章指挥、违章作业、违反劳动纪律等条件。

企业井下作业人员调整工作岗位或者离开本岗位一年以上重新上岗前，以及煤矿企业采用新工艺、新技术、新材料或者使用新设备的，应当对其进行相应的安全培训，经培训合格后，方可上岗作业。

（二）生产安全事故应急预案管理办法

2016 年 6 月 3 日，原国家安全生产监督管理总局令第 88 号公布《生产安全事故应急预案管理办法》。2019 年 7 月 11 日，应急管理部令第 2 号修正《生产安全事故应急预案管理办法》，自 2019 年 9 月 1 日起施行。

1. 应急预案分类

应急预案分为综合应急预案、专项应急预案和现场处置方案。

综合应急预案是指生产经营单位为应对各种生产安全事故而制定的综合性工

作方案，是本单位应对生产安全事故的总体工作程序、措施和应急预案体系的总纲。

专项应急预案是指生产经营单位为应对某一种或者多种类型生产安全事故，或者针对重要生产设施、重大危险源、重大活动防止生产安全事故而制定的专项性工作方案。

现场处置方案是指生产经营单位根据不同生产安全事故类型，针对具体场所、装置或者设施所制定的应急处置措施。

2. 编制应急预案

编制应急预案前，编制单位应当进行事故风险辨识、评估和应急资源调查。

针对工作场所、岗位的特点，编制简明、实用、有效的应急处置卡。应急处置卡应当规定重点岗位、人员的应急处置程序和措施，以及相关联络人员和联系方式，便于从业人员携带。

3. 预案演练

生产经营单位应当制订本单位的应急预案演练计划，根据本单位的事故风险特点，每年至少组织一次综合应急预案演练或者专项应急预案演练，每半年至少组织一次现场处置方案演练。

（三）煤矿安全规程

1951 年 9 月，燃料工业部制定《煤矿技术保安试行规程（草案）》。1980 年 2 月，煤炭工业部组织修改制定并颁布《煤矿安全规程》。2022 年 1 月 6 日，《应急管理部关于修改〈煤矿安全规程〉的决定》公布，自 4 月 1 日起正式施行。1951 年 9 月以来，《煤矿安全规程》先后经历 9 次全面修改和 5 次部分条文修订，本次修订是 2016 年全面修改后的第一次部分条文修订。

1. 修订的意义

《煤矿安全规程》是安全生产法律法规体系的重要组成部分，在煤炭行业具有极高的权威性，在煤矿安全生产领域居于主体规章地位，是安全生产监管监察执法的重要依据，是规范煤矿安全生产行为的重要准绳。目前，新修改的《安全生产法》对煤矿安全生产工作提出了更严格的规定和要求，《刑法修正案（十一）》加大了安全生产领域违法惩处力度，《煤矿防治水细则》《防治煤与瓦斯突出细则》《防治煤矿冲击地压细则》《煤矿防灭火细则》等煤矿安全规范性文件和相关标准也陆续出台。为衔接协调好新修改的《安全生产法》《刑法》等上位法以及相关规范性文件标准，充分发挥《煤矿安全规程》基础性、引领性作用，形成“一规程五细则”的煤矿安全规范体系，进一步完善《规程》相关条款尤为迫切和重要。

本次修订工作认真贯彻习近平法治思想和习近平总书记关于安全生产工作的重要论述精神，坚持人民至上、生命至上，深刻吸取近年来煤矿领域重特大事故教训，进一步强化了煤与瓦斯突出、冲击地压、透水、火灾等煤矿重大灾害防治要求，提高了煤矿安全生产条件和现场管理标准，是坚决贯彻落实党中央、国务院关于安全生产工作决策部署的具体体现。

2. 修订的背景

（1）深入学习贯彻习近平总书记全面依法治国新理念新思想新战略，坚持人民至上、生命至上，坚持安全第一、预防为主、综合治理的方针，坚持从源头上防范化解煤矿安全重大风险。

（2）认真贯彻落实习近平总书记等中央领导同志关于煤矿安全生产工作的重要指示批示精神，进一步强化煤与瓦斯突出、冲击地压、透水、火灾等煤矿重大灾害防治要求。

（3）深刻吸取近年来事故教训，山东龙郓煤矿“10·20”重大冲击地压事故、山东新巨龙能源有限责任公司“2·22”较大冲击地压事故、黑龙江省龙煤集团东荣二矿“3·9”重大火灾事故、重庆能投渝新能源有限公司松藻煤矿“9·27”重大火灾事故、新疆昌吉州丰源煤矿“4·10”重大透水事故等典型事故案例中，暴露出煤矿安全生产和技术管理方面的一些漏洞和不合理因素，亟须从煤矿冲击地压防治、重要设备材料管理、防治水、防灭火及爆破作业安全等方面对《煤矿安全规程》进行修订。

（4）近年来，随着煤炭工业的高速发展和煤矿智能化建设的大力推进，煤矿生产工艺、科技装备不断发展，新工艺、新技术、新装备、新材料在煤矿领域大量采用，其安全与使用要求亟须在《煤矿安全规程》中予以规范。

3. 修订的主要内容

对2016版规程的修改内容共包括18条，集中在“第一篇总则”和“第二篇井工煤矿”部分，其中设备查验1条、智能化1条、开采3条、突出防治2条、除降尘装置1条、冲击地压防治6条、火灾防治2条、水灾防治1条、井下爆破1条。其中涉及的重要条款包括：

（1）设备查验。涉及第四条。本次修改主要吸取重庆松藻煤矿“9·27”事故教训，增加重要设备材料入矿查验和入井前安全性能检查要求。

（2）智能化。涉及第十条。为认真贯彻执行《关于加快煤矿智能化发展的指导意见》，增加推广自动化、智能化开采要求。

（3）矿井同时生产的采掘工作面个数。主要涉及第九十五条。本次修改增加以下几点要求：

① 一个矿井同时回采的采煤工作面个数不得超过 3 个，煤（半煤岩）巷掘进工作面个数不得超过 9 个。严禁以掘代采。

② 在采动影响范围内不得布置 2 个采煤工作面同时回采。

③ 严禁任意开采非垮落法管理顶板留设的支承采空区顶板和上覆岩层的煤柱，以及采空区安全隔离煤柱。

④ 严禁开采和毁坏高速铁路的安全煤柱。

（4）突出煤层消突后的放顶煤开采。主要涉及第一百一十五条第一款第五项与第二款第四项，包括高瓦斯、突出矿井的容易自燃煤层采取综合防灭火措施与放顶煤开采过程中防治水的要求。本次修改进一步调整完善了相关内容："高瓦斯、突出矿井的容易自燃煤层，应当采取以预抽方式为主的综合抽采瓦斯措施，保证本煤层瓦斯含量不大于 6 m^3/t，并采取综合防灭火措施。""放顶煤开采后有可能与地表水、老窑积水和强含水层导通的。"

（5）除降尘装置。涉及第一百一十九条第二项。本次修改增加以下要求：在内、外喷雾装置工作稳定性得不到保证的情况下，应当使用与掘进机、掘锚一体机或者连续采煤机联动联控的除降尘装置。

（6）开采深度。主要涉及第一百九十条突出矿井开采深度。根据前期调研反馈的意见建议，为提高监管监察的精准性，本次修改细化了不同井型突出矿井的开采深度要求。

（7）突出防治。主要涉及第一百九十四条、第二百零九条。《防治煤与瓦斯突出细则》在区域和局部防突工作等方面增加了诸多新要求，为保持与细则的有序衔接，在第一百九十四条增加防突机构、队伍、安全管理和质量管控的相关要求。第二百零九条对顺层钻孔或者穿层钻孔预抽回采区域煤层瓦斯的区域防突措施钻孔控制区域范围和距离提出了要求。

（8）冲击地压防治。主要涉及第二百二十八条、第二百三十条、第二百三十一条、第二百三十六条、第二百四十一条、第二百四十四条。为进一步贯彻落实习近平总书记等中央领导同志对煤矿冲击地压防治的相关指示精神，同时和《防治煤矿冲击地压细则》做好衔接，第二百二十八条对矿井防治冲击地压（以下简称防冲）工作提出了总体要求。第二百三十条、第二百三十一条、第二百三十六条、第二百四十一条、第二百四十四条分别对防冲原则、冲击地压矿井冲击倾向性鉴定、矿井巷道布置与采掘作业、冲击地压监测、解危措施时人员撤出、支护等提出了要求。

（9）防灭火。主要涉及第二百五十条、第二百七十四条。第二百五十条为井口防火。2017 年 3 月 9 日，黑龙江省龙煤集团双鸭山矿业公司东荣二矿在副井井口运输平台违章电焊作业引发火灾事故。主要事故教训是井口房内进行电焊作业未编制安全技术措施，副井运输平台负一层积聚较多可燃物、易燃物，无防火铁门等安全措施。对此，本次修改进行了完善。第二百七十四条为采空区防灭火安全措施。在密闭墙外进行气体、温度等检查并不能完全了解密闭墙内采空区的真实情况，一旦维护密闭时施工不当或措施不完备，由漏风导致煤炭自燃等原因极易引发瓦斯爆炸事故。因此，增加采空区密闭时制定专项安全措施、对采空区自然发火的风险评估及监测等要求。

（10）水害防治。主要涉及第三百零三条。要求在火成岩、砂岩、灰岩等厚层坚硬岩层下开采受离层水威胁的采煤工作面，应当分析探查离层发育的层位，采取超前疏堵离层水的措施。

（11）爆破安全。主要涉及第三百六十七条。汲取 2017 年“9·13”黑龙江裕晨煤矿瓦斯爆炸事故、2014 年“4·7”云南下海子煤矿重大突水事故、2014 年“11·26”阜新矿业集团煤尘爆炸事故等的教训，进一步细化了爆破作业安全距离的规定。

（四）煤矿重大事故隐患判定标准

2005 年 9 月 26 日，国家安全生产监督管理总局、国家煤矿安监局印发《煤矿重大安全生产隐患认定办法（试行）》（安监总煤矿字〔2005〕133 号）。2015 年 12 月 3 日，国家安全生产监督管理总局令第 85 号公布《煤矿重大生产安全事故隐患判定标准》。2020 年 11 月 20 日，应急管理部公布《煤矿重大事故隐患判定标准》，自 2021 年 1 月 1 日起施行，原国家安全生产监督管理总局 2015 年 12 月 3 日公布的《煤矿重大生产安全事故隐患判定标准》（国家安全生产监督管理总局令第 85 号）同时废止。

为了准确认定、及时消除煤矿重大事故隐患，煤矿班组长应重点掌握的重大事故隐患如下：

（1）超能力、超强度或者超定员组织生产。

（2）瓦斯超限作业。

（3）煤与瓦斯突出矿井，未依照规定实施防突出措施。

（4）高瓦斯矿井未建立瓦斯抽采系统和监控系统，或者系统不能正常运行。

（5）通风系统不完善、不可靠。

（6）有严重水患，未采取有效措施。

（7）超层越界开采。

（8）有冲击地压危险，未采取有效措施。

（9）自然发火严重，未采取有效措施。

（10）使用明令禁止使用或者淘汰的设备、工艺。

（11）煤矿没有双回路供电系统。

（12）新建煤矿边建设边生产，煤矿改扩建期间，在改扩建的区域生产，或者在其他区域的生产超出安全设施设计规定的范围和规模。

（13）煤矿实行整体承包生产经营后，未重新取得或者及时变更安全生产许可证而从事生产，或者承包方再次转包，以及将井下采掘工作面和井巷维修作业进行劳务承包。

（14）煤矿改制期间，未明确安全生产责任人和安全管理机构，或者在完成改制后，未重新取得或者变更采矿许可证、安全生产许可证和营业执照。

（15）其他重大事故隐患。

2023 年 9 月 14 日，国家矿山安全监察局发布《国家矿山安全监察局关于认定露天煤矿重大事故隐患情形的通知》（矿安〔2023〕125 号），根据《煤矿重大事故隐患判定标准》（应急管理部令第 4 号）第十八条第十一项“国家矿山安全监察机构认定的其他重大事故隐患”规定，在《煤矿重大事故隐患判定标准》基础上，认定下列情形为露天煤矿重大事故隐患，露天煤矿班组长应重点掌握：

（1）边坡变形量出现异常变化，未采取措施进行治理，或者出现滑坡征兆，未及时停止作业并撤离人员的。

“边坡变形量出现异常变化”包括边坡明显沉降、严重变形、变形加速等情形。“明显沉降”是指硬岩（岩石饱和单轴抗压强度＞30 MPa）沉降≥10 cm、软岩（岩石饱和单轴抗压强度 5 ~ 30 MPa 之间）沉降≥25 cm、极软岩（岩石饱和单轴抗压强度≤5 MPa）沉降≥40 cm 等情形。“严重变形”是指边坡出现较大裂缝（30 cm 以上），平盘大面积滑落、垮塌或者平盘明显底鼓等情形。“变形加速”是指边坡监测资料显示的边坡位移量在 72 h 内连续出现加速变化的趋势。“滑坡征兆”包括边坡出现大面积滚石滑落或者裂缝增大、贯通等现象。“裂缝增大、贯通”是指采场边坡裂缝长度达到 200 m 及以上且高度超过 3 个台阶，排土场边坡裂缝长度达到 500 m 及以上且高度超过 3 个台阶的情形。

（2）边坡角大于设计最大值，或者台阶高度严重超高、平盘宽度严重不足的。

“台阶高度严重超高”是指采场、排土场单个台阶高度大于设计值的 2 倍及以上。“平盘宽度严重不足”是指正常工作的平盘宽度不足设计值 1/2 的，不包括临时到界平盘和已到界平盘。

（3）边坡监测系统不能正常运行，监测内容不全面，监测范围未做到全覆盖的，或者关闭、破坏边坡监测系统，隐瞒、篡改、销毁边坡监测数据、信息的。

“边坡监测系统不能正常运行”是指边坡监测系统因故障不能发挥应有监控、监测作用，且未采用人工监测等补救措施的。“监测内容不全面”是指缺少表面变形、裂缝、隆起其中任何一项的。“监测范围未做到全覆盖”是指未覆盖采场、排土场全部区域（包括采场端帮和工作帮边坡、排土场到界边坡和工作帮边坡）。

（4）在高温区和自然发火区爆破时未采取措施的。

“未采取措施”是指未采取下列措施中任何一项的：测试孔内温度；有明火的炮孔或者孔内温度在 80 ℃以上的高温炮孔采取有效灭火、降温措施；高温孔降温处理合格后方可装药起爆；高温孔应当采用热感度低的炸药，或者将炸药、雷管作隔热包装。

（5）井工转露天开采的煤矿，未探明老空区情况，或者已探明未制定安全措施的。

（6）将采煤工程作为独立工程发包给其他单位或者个人的，或者将剥离工程发包给 2 家以上单位或者个人的。

“采煤工程”包括坑下煤炭采装、运输全过程，不得作为独立工程对外承包，不得使用劳务派遣工，承包单位完全实现无人驾驶运输的除外。“剥离工程”包括坑下土岩采装、运输、排弃全过程。认定本情形的过渡期至 2024 年 12 月 31 日。

（7）将剥离工程转包或者违法分包的，或者未对剥离工程承包单位的安全生产工作统一协调、管理的，或者未定期进行安全检查的。

“违法分包”是指承包单位将土岩采装、运输、排弃中的任一过程分包给其他单位或个人施工的行为。“未对剥离工程承包单位的安全生产工作统一协调、管理的”，是指未与承包单位签订专门的安全生产管理协议，或者未在承包合同中约定各自的安全生产管理职责，或者与承包单位签订的安全生产管理协议、承包合同中，免除或者转嫁企业安全生产工作统一协调、管理义务的。“未定期进行安全检查”，是指未按照安全生产规章制度或者协议、合同中的要求，定期对承包单位进行安全检查，或者发现安全生产问题未督促整改。

2023 年 12 月 28 日，国家矿山安全监察局发布《关于公开征求〈煤矿重大事故隐患判定标准补充情形（征求意见稿）〉意见的通知》。为进一步加强煤矿安全生产工作，补充完善了煤矿有关重大事故隐患判定情形，形成了《煤矿重大事故隐患判定标准补充情形（征求意见稿）》，向社会公开征求意见以及其他应列入重大隐患的情形的建议。煤矿班组长可以在实际工作中将如下隐患作为认定参考，加强管理，避免发生事故：

（1）在井口房及其连体建筑内违规动火作业的。

（2）井口房与连体建筑之间未安设防火门或防火门不能关闭的。

（3）受河流、湖泊、塌陷坑积水等地表水体威胁的矿井，未查清井田及周边地面裂缝、废弃井筒、封闭不良钻孔等隐蔽致灾因素或者未采取有效治理措施，在井下受威胁区域组织生产建设的。

（4）遇极端天气未及时撤出井（坑）下作业人员的。

（五）煤矿领导带班下井及安全监督检查规定

2010 年 9 月 7 日，国家安全监管总局令第 33 号公布《煤矿领导带班下井及安全监督检查规定》。2015 年 6 月 8 日，国家安全监督管理总局令第 81 号修正。

煤矿领导是指煤矿的主要负责人、领导班子成员和副总工程师，其应当履行的职责包括：

（1）加强对采煤、掘进、通风等重点部位、关键环节的检查巡视，全面掌握当班井下的安全生产状况。

（2）及时发现和组织消除事故隐患和险情，及时制止违章违纪行为，严禁违章指挥，严禁超能力组织生产。

（3）遇到险情时，立即下达停产撤人命令，组织涉险区域人员及时、有序撤离到安全地点。

四、安全生产技术标准

安全生产技术标准主要包括国家标准、行业标准和地方标准。

（一）国家标准

煤矿班组长需要掌握的国家标准包括《煤矿巷道锚杆支护技术规范》（GB/T 35056—2018）、《综采综放工作面超前支护系统技术条件》（GB/T 37611—2019）、《综采综放工作面常规供电系统设计规范》（GB/T 37808—2019）、《综采综放工作面智能降尘系统技术条件》（GB/T 37815—2019）等。

班组长获得国家标准的途径包括：国家标准全文公开系统（网址：http://openstd.samr.gov.cn/bzgk/gb/index）、全国标准信息公共服务平台（网址：http://std.samr.gov.cn）和中国国家标准化管理委员会（网址：http://www.sac.gov.cn/）等。

（二）行业标准

班组长需要掌握的行业标准包括《煤矿职业安全卫生个体防护用品配备标准》（AQ 1051—2008）、《煤矿安全监控系统通用技术要求》（AQ 6201—2019）、

《煤矿安全监控系统及检测仪器使用管理规范》(AQ 1029—2019)、《煤矿许用被筒炸药技术条件》(MT/T 1038—2019)、《矿用涂覆布风筒通用技术条件》(MT/T 164—2019)等。

班组长获得行业标准的途径包括：住房和城乡建设部（网址：http://www.mohurd.gov.cn/bzde/index.html）、国家矿山安全监察局（网址：http://www.chinamine-safety.gov.cn/gk/zcfg/）等。

（三）地方标准

地方标准是各省（直辖市、自治区）根据本行政区域特点结合国家法律法规制定的相关标准。主要产煤省份地方标准及获得的途径为：山西省地方标准（网址：http://bqts.gov.cn/office/show.action?alias=bzhc）、内蒙古地方标准（网址：http://www.imisinfo.org.cn/）、陕西省地方标准（网址：http://219.144.196.28/std/db_std.asp）、河南省地方标准（网址：http://www.hndb41.com/publish/index.jhtml?q=88&publish.stdno=&publish.name=）、贵州地方标准（网址：http://cloud.gzqts.gov.cn/dfbz/index.action）、新疆地方标准（网址：http://www.xjbz.org.cn/）、四川省地方标准(网址:http://118.114.77.13/bzwxup/stdsearch.jsp?CnName=&stdNo=&jingque=1&EnName=&TextualName=&orgType=2&Organization=DB51&IcsClass=&CnClass=&StdStatus=1&isForce=0&StdYear=0&nPageSize=10)等。

五、安全生产规范性文件

安全生产规范性文件是指国家、地方煤矿安全生产监督管理部门为指导煤矿企业一定时期特定领域的决定、通知、规定、要求等文件。

煤矿班组长需要重点掌握的安全生产规范性文件包括国家和地方政府有关安全生产的规范性文件。

（一）国家政府有关安全生产的规范性文件

（1）国务院安全生产委员会印发《关于防范遏制矿山领域重特大生产安全事故的硬措施》的通知（安委〔2024〕1号）。

（2）国务院安全生产委员会关于印发《安全生产治本攻坚三年行动方案（2024—2026年）》的通知（安委〔2024〕2号）。

（3）国务院关于进一步规范和监督罚款设定与实施的指导意见（国发〔2024〕5号）。

（4）《生产安全事故罚款处罚规定》(中华人民共和国应急管理部令第14号，2024年3月1日起施行)。

（5）国家矿山安全监察局关于加强矿山应急救援工作的通知（矿安〔2024〕8号）。

（6）中共中央办公厅国务院办公厅关于进一步加强矿山安全生产工作的意见（国务院公报2023年第26号）。

（7）应急管理部关于进一步加强安全生产举报工作的指导意见（应急〔2023〕106号）。

（8）国家矿山安全监察局关于印发《煤矿地质工作细则》的通知（矿安〔2023〕192号）。

（9）国家矿山安全监察局关于印发《矿山生产安全事故报告和调查处理办法》的通知（矿安〔2023〕7号）。

（10）安全生产严重失信主体名单管理办法（中华人民共和国应急管理部令第11号）。

（11）国家矿山安全监察局关于印发《煤矿单班入井（坑）作业人数限员规定》的通知（矿安〔2023〕129号）。

（12）国家矿山安全监察局关于印发《冲击地压矿井鉴定暂行办法》的通知（矿安〔2023〕58号）。

（13）国家矿山安全监察局关于印发《地下矿山动火作业安全管理规定》的通知

（14）国家矿山安全监察局关于加强煤矿隐蔽致灾因素普查治理工作的通知（矿安〔2022〕132号）。

（15）财政部应急部关于印发《企业安全生产费用提取和使用管理办法》的通知（财资〔2022〕136号）。

（16）国务院安全生产委员会关于印发《"十四五"国家安全生产规划》的通知（安委〔2022〕7号）。

（17）应急管理部国家矿山安全监察局关于印发《"十四五"矿山安全生产规划》的通知（应急〔2022〕64号）。

（18）国务院安委会办公室关于严厉打击盗采矿产资源违法活动和矿山严重违法违规生产建设行为的通知（安委办〔2022〕1号）。

（19）国务院安全生产15条硬措施（2022年3月31日）。

（20）国家矿山安全监察局印发关于进一步强化安全生产责任落实坚决防范遏制矿山重特大事故的若干措施（矿安〔2022〕70号）。

（21）国家矿山安全监察局山西局印发《关于进一步强化安全生产责任落实坚决防范遏制矿山生产安全事故的实施措施》的通知（矿安晋〔2022〕37号）。

（22）应急管理部关于印发《“十四五”应急管理标准化发展计划》的通知（应急〔2022〕34 号）。

（23）国家矿山安全监察局关于加强煤与瓦斯突出防治工作的通知（矿安〔2022〕268 号）。

（24）国家矿山安全监察局关于印发《煤矿防治水“三区”管理办法》的通知（矿安〔2022〕85 号）。

（25）国家矿山安全监察局关于印发《执行安全标志管理的矿用产品目录》的通知（矿安〔2022〕123 号）。

（26）国家矿山安监局财政部关于印发《煤矿及重点非煤矿山重大灾害风险防控建设工作总体方案》的通知（矿安〔2022〕128 号）。

（27）关于印发《国家职业病防治规划（2021—2025 年）》的通知（国卫职健发〔2021〕39 号）。

（28）国家矿山安全监察局关于印发《煤矿防灭火细则》的通知（矿安〔2021〕156 号）。

（29）国家矿山安全监察局综合司关于加强煤矿井下人员位置监测管理工作的通知（矿安综〔2021〕60 号）。

（30）国家煤矿安全监察局关于印发《煤矿安全生产标准化管理体系考核定级办法（试行）》和《煤矿安全生产标准化管理体系基本要求及评分方法（试行）》的通知（煤安监行管〔2020〕16 号）。

（31）《应急管理部 人力资源和社会保障部 教育部 财政部 国家煤矿安全监察局关于高危行业领域安全技能提升行动计划的实施意见》（应急〔2019〕107 号）。

（32）《煤矿整体托管安全管理办法（试行）》（煤安监行管〔2019〕47 号）。

（33）《防治煤与瓦斯突出细则》（煤安监技装〔2019〕28 号）。

（34）《煤矿复工复产验收管理办法》（煤安监行管〔2019〕4 号）。

（35）国家煤矿安监局办公室关于转发《山西省煤矿班组安全建设规定》的通知（煤安监司函办〔2019〕21 号）。

（36）《防范煤矿采掘接续紧张暂行办法》（煤安监行管〔2018〕23 号）。

（37）《煤矿防治水细则》（煤安监调查〔2018〕14 号）。

（38）《防治冲击地压细则》（煤安监技装〔2018〕8 号）。

（39）《煤矿班组安全建设规定（试行）》（安监总煤行〔2012〕86 号）。

（40）《关于加强煤矿班组安全生产建设的指导意见》（总工发〔2009〕15 号）。

（41）《煤矿瓦斯抽采达标暂行规定》（安监总煤装〔2011〕163 号）。

（二）地方政府有关安全生产的规范性文件（以山西省为例）

（1）山西省人民政府关于做好 2024 年安全生产工作的通知（晋政发〔2024〕1 号）。

（2）山西省安全生产委员会关于印发《全省矿山安全生产集中排查整治行动方案》的通知（晋安发〔2024〕4 号）。

（3）山西省应急管理厅国家矿山安全监察局山西局山西省能源局关于开展煤矿“三超”和隐蔽工作面专项整治的通知（晋应急发〔2024〕57 号）。

（4）山西省应急管理厅关于印发《应急管理部门重点监管行业安全生产信用分级分类监管实施办法（试行）》的通知（晋应急发〔2023〕244 号）。

（5）山西省人民政府办公厅关于印发山西省防范瞒报生产安全事故行为规定的通知（晋政办发〔2023〕57 号）。

（6）《山西省安全生产条例》（山西省人民代表大会常务委员会公告第 129 号，2023 年 3 月 1 日起施行）。

（7）《山西省煤炭清洁高效利用促进条例》（山西省人民代表大会常务委员会公告第 127 号，2023 年 1 月 1 日起施行）。

（8）山西省实施《工伤保险条例》办法（2023 年 1 月 16 日省政府令第 302 号）。

（9）山西省人民政府办公厅关于印发山西省矿山安全监管专员制度的通知（晋政办发〔2023〕13 号）。

（10）山西省人民政府办公厅关于印发山西省遏制矿山企业瞒报生产安全事故行为办法的通知（晋政办发〔2023〕41 号）。

（11）国家矿山安全监察局山西局《关于进一步加强矿山企业从业人员安全生产教育和培训工作的通知》（矿安晋〔2023〕182 号）。

（12）山西省应急管理厅山西省地方煤矿安全监督管理局关于强化煤矿采掘接续紧张管控工作的若干措施（晋应急发〔2023〕135 号）。

（13）关于印发《山西省职业病防治规划（2022—2025 年）》的通知（晋卫职健发〔2022〕7 号）。

（14）山西省人民政府安全生产委员会关于印发《山西省“十四五”安全生产规划》的通知（晋安发〔2022〕1 号）。

（15）山西省人民政府安全生产委员会办公室关于进一步加强矿山井下民爆物品安全管理的通知（晋安办发〔2022〕19 号）。

第三章　安全生产技术

第一节　煤矿地质与测量

由于成煤时期条件和受地壳运动影响不同，使得煤层及其赋存条件、地质构造各不相同，煤层倾角、厚度、结构，煤层顶底板岩性、含水性、含瓦斯性和煤的自燃等开采技术条件特征千差万别。为合理利用煤炭资源和指导班组安全生产，了解含煤地层概念，熟悉煤层结构、厚度分类，掌握煤层顶底板及煤层产状是十分必要的。

一、含煤地层

煤是指地质历史时期古植物遗体经复杂的生物、物理和化学作用而形成的一种可燃有机岩。

含煤地层是指含有一套煤层且具有因果联系的沉积岩系，又称为煤系、含煤岩系，包括煤层及其顶、底板。含煤地层的赋存条件直接影响煤矿采掘、运输、通风、提升等一系列生产活动。

二、煤层埋藏特征

（一）煤层结构

煤层结构是指煤层含其他岩石夹层（又称矸石层或夹矸）的情况。夹矸是指煤层中的岩石夹层。

根据煤层中煤层有无夹矸存在，煤层结构可分为简单、较简单、较复杂、复杂4种类型。其中，简单结构是指煤层中不含矸石层或仅局部含有矸石层，如图3－1－1所示；复杂结构指煤层中含有一层或数层连续的矸石层，如图3－1－2所示。

煤层中的矸石层成分常见为黏土岩、炭质泥岩、泥质岩或粉砂岩，有时为硅质岩、油页岩、细砂岩甚至砾岩等。

（二）煤层厚度

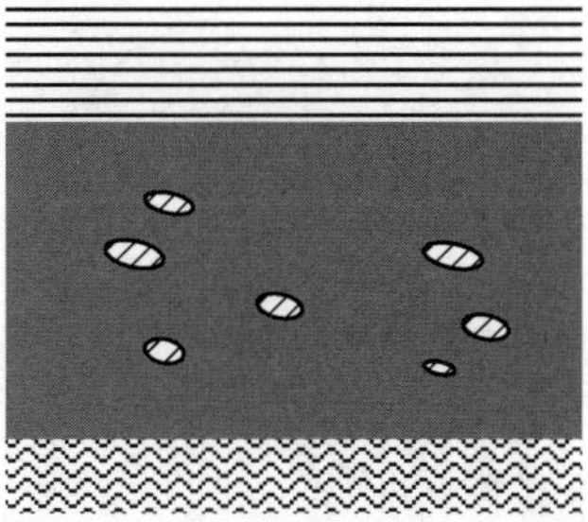

图3-1-1　简单结构

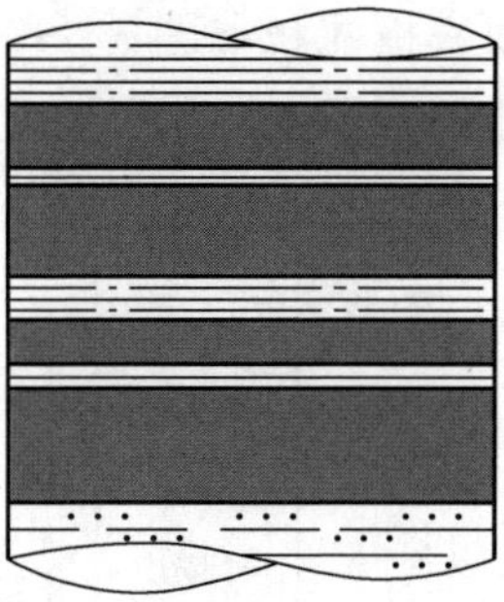

图3-1-2　复杂结构

煤层是沉积岩的重要组成部分。煤层厚度是指煤层底、顶板之间的垂直距离，根据开采技术特点，井工煤矿开采煤层厚度分类见表3-1-1。

表3-1-1　煤层厚度分类

类　别	薄煤层	中厚煤层	厚煤层
煤层厚度 M	$M<1.3$ m	$1.3\leqslant M\leqslant 3.5$ m	$M>3.5$ m

（三）煤层顶、底板

煤层上下一定距离内的岩层称为煤层顶、底板。煤层顶、底板岩层一般由砂岩、粉砂岩、泥岩、页岩、黏土岩等组成。

顶板是指位于煤层上方一定距离的岩层。根据顶板岩层岩性、厚度以及采煤时顶板变形特征和垮落难易程度，将顶板分为伪顶、直接顶、基本顶3种。

伪顶是指直接位于煤层之上，一般为几厘米至十几厘米厚的炭质泥岩或泥岩，富含植物化石。采煤过程中，随采随落，不易维护。直接顶位于伪顶或直接位于煤层（无伪顶时）之上的岩层，一般为数米厚的砂岩、粉砂岩、泥岩及少量石灰岩。采煤过程中，随支护回撤或液压支架移架自行垮落，坚硬顶板需采取强制放顶。基本顶位于直接顶或煤层（无伪顶、无直接顶时）之上的岩层。一般为厚层的粗砂岩、砾岩或石灰岩。工作面回采后，先发生缓慢变形，随后周期性垮落。

底板是指位于煤层下方一定距离的岩层，分为直接底和基本底。

直接底是指直接位于煤层之下的岩层。一般为富含植物根化石的泥岩。基本底直接位于直接底之下，一般为厚层状砂砾岩或石灰岩。

煤层顶底板柱状如图 3 –1 –3 所示。

名称	柱状图	岩性
基本顶		砂岩或石灰岩
直接顶		页岩或粉砂岩
伪顶		炭质泥岩或页岩
煤层		半亮形煤
直接底		泥岩或黏土岩
基本底		砂岩或砂质页岩

图 3 –1 –3　煤矿煤岩柱状图

（四）煤层产状

煤层产状是指煤层在空间的产出形态。煤层产状三要素，即走向、倾向、倾角，如图 3 –1 –4 所示。

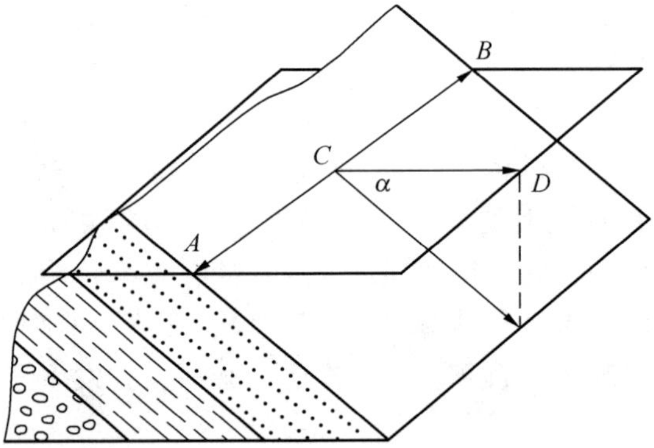

AB—走向；*CD*—倾向；*α*—倾角

图 3 –1 –4　煤（岩）层产状三要素

（1）走向。倾斜煤层层面与水平面的交线称为走向线，走向线的方向称为走向。

（2）倾向。煤层层面与走向线垂直的线称为倾斜线，倾斜线由高向低的水平投影所指的方向称为倾向。

（3）倾角。煤层层面与水平面所夹的最大的锐角称为倾角。

煤层倾角的大小反映煤层的倾斜程度，煤层倾角越大，开采难度越大。煤层厚度是指煤层底、顶板之间的垂直距离，根据开采技术特点，井工煤矿开采煤层厚度分类见表3－1－2。

表3－1－2　煤层倾角分类

类别	近水平煤层	缓倾斜煤层	倾斜煤层	急倾斜煤层
煤层倾角 γ	$\gamma<8°$	$8°\leqslant\gamma<25°$	$25°\leqslant\gamma\leqslant45°$	$\gamma>45°$

三、地质构造

根据构造的几何形态、组合形式、形成机制和演化过程不同，构造可分为褶皱、节理、断层、岩浆岩体构造等。其中，褶皱、断层是班组作业现场常见的构造地质类型，直接影响班组的安全生产。

因此，熟悉作业场所内构造地质的地质特征及其分布规律，科学合理地制定相应安全措施，对班组安全生产具有现实意义。

（一）褶皱构造

1. 褶皱构造基本单位及基本形态

岩层或岩体在各种应力长期作用下形成波状弯曲，但仍然保持其完整的连续性称之为褶皱构造。褶皱构造中每一个弯曲部分称为一个褶曲，为褶皱的基本单位。

实际工作中，对于煤岩层凸起向上的弯曲称之为背斜；煤岩层向下凹的弯曲称之为向斜。褶皱、褶曲、背斜和向斜关系如图3－1－5所示。

2. 褶皱构造对班组安全生产的影响

大中型褶曲主要影响井田或采区的划分、大巷位置选择；小型褶曲主要影响工作面生产。

（1）对掘进的影响。褶曲发育时，煤岩层产状变化大，掘进巷道定向困难，易造成至煤层距离忽近忽远，不易控制石门的合理长度。

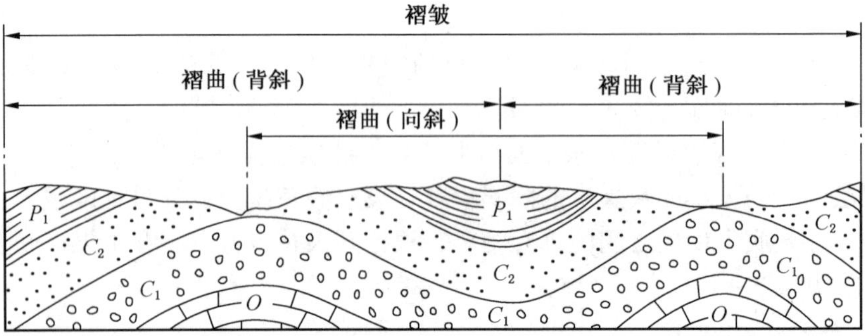

图3－1－5　褶皱、褶曲、背斜和向斜关系

实际生产中，需重点关注煤岩层走向、倾向和倾角变化，及时调整掘进方向，确保巷道净宽、净高、坡度、水沟等误差符合要求。

（2）对开采的影响。褶曲发育时，工作面顶底板起伏较大，煤层局部松软破坏，易造成工作面煤壁片帮、端面距超出作业规定、顶板出现伞檐、支架接顶不实、初撑力低、发生挤架和出现错茬等。

实际生产中，应根据地质测量部门的预测预报和生产部门制定的预测预报措施提前挑顶或卧底，使得工作面顶底板变化在合理范围内，确保工作面“三直一平”、端面距、伞檐、初撑力等符合要求。

（3）褶皱构造对安全管理的影响。褶曲的形成使得煤层节理、裂隙发育，完整性和连续性差，给水及瓦斯富集创造条件。尤其是褶曲向斜轴部，多为水源富集区域；褶曲背斜轴部，多为瓦斯富集区域，实际工作中应重点关注，预防事故发生。

（二）断裂构造

煤岩层受地壳运动的作用力而发生断裂，产生变形而引起煤岩层失去完整性和连续性，形成各类大小不一的断裂，并沿着断裂面发生显著位移的构造运动称之为断裂构造。断裂构造分为节理和断层两种类型。对于班组生产而言，需重点关注断层。

1. 断层要素

断层要素包括断层线、断层面、交面线、断层上下盘和断距等，如图3－1－6所示。

（1）断层面。岩层发生断裂位移时，相对滑动的断裂面称为断层面。断层

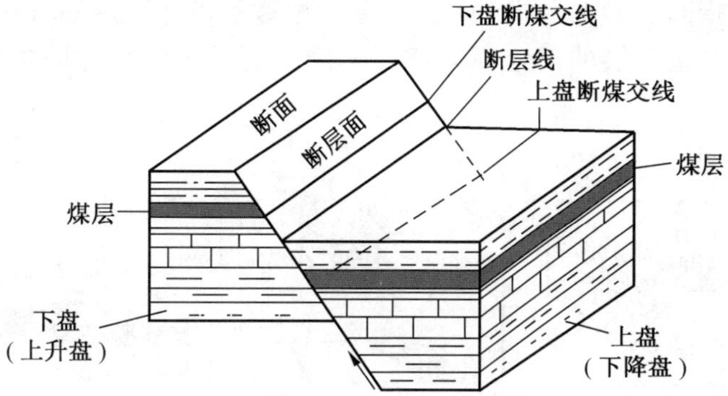

图 3-1-6　断层要素

面多数是波状起伏的曲面，少数是比较规则的平面。断层面的产状与倾斜岩层一样，可用产状要素走向、倾向、倾角确定。

(2) 断盘。断层面两侧的岩体称为断盘。断层面如果是倾斜的，则断层面上方的断盘称为上盘，断层面下方的断盘称为下盘。

(3) 断层线。断层面与地面的交线称为断层线。断层线有时呈直线，有时呈曲线，主要取决于断层面的形状及地形起伏形状。断层面与煤层面的交线称为断煤交线，断层面与上盘煤层面的交线，称为上盘断煤交线，与下盘煤层面的交线称为下盘断煤交线。

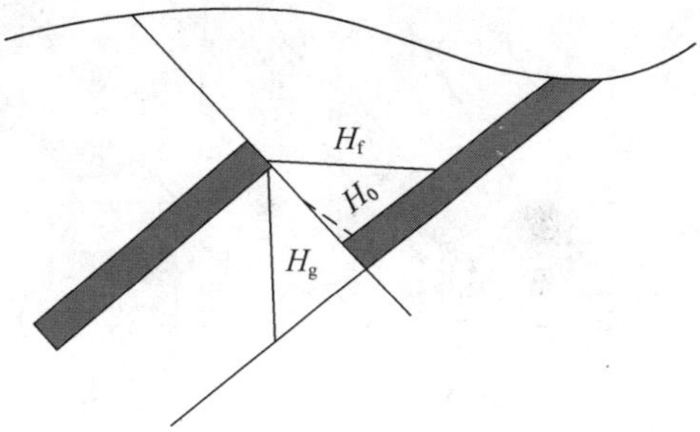

图 3-1-7　断距

(4) 断距。断距是指断层两盘相对位移的距离，如图 3-1-7 所示。

图 3-1-7 中，H_0 为地层断距，是指断层两盘同一岩层面被错开的垂直距离。H_g 为垂直断距，是指断层两盘相对位移的铅直距离。H_f 为水平断距，是指断层两盘相对位移的水平距离。

2. 断层分类

(1) 按断层两盘相对位移的方向分为正断层、逆断层和平移断层，如图 3-1-8 所示。

正断层是指断层的上盘相对下降，下盘相对上升，如图 3－1－8a 所示。

逆断层是指断层的上盘相对上升，下盘相对下降，如图 3－1－8b 所示。

平移断层是指断层的两盘不是相对升降，而是在水平方向相对移动，如图 3－1－8c 所示。

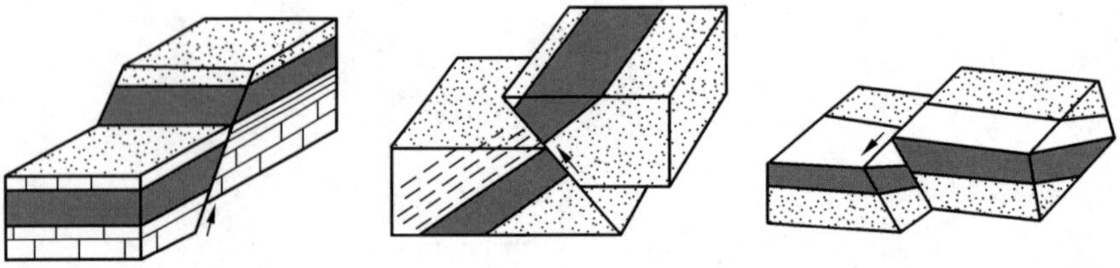

(a) 正断层　　(b) 逆断层　　(c) 平移断层

图 3－1－8　按断层位移关系分类

（2）按断层走向和煤岩层走向的关系分为走向断层、倾向断层及斜交断层，如图 3－1－9 所示。

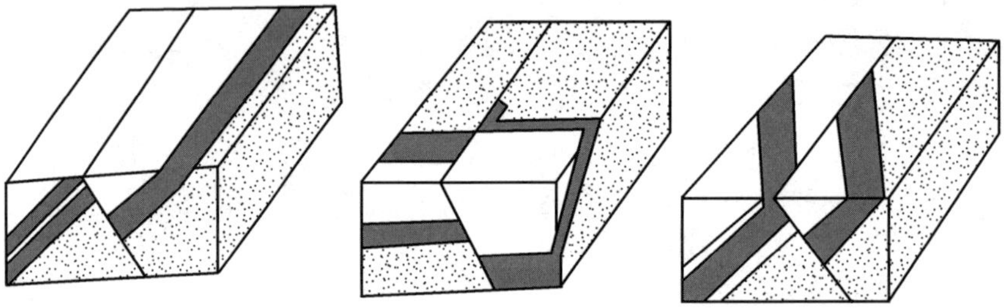

(a) 走向断层　　(b) 倾向断层　　(c) 斜交断层

图 3－1－9　按断层走向和煤岩层走向分类

走向断层是指断层走向与煤岩层走向基本平行，如图 3－1－9a 所示。倾向断层是指断层走向与煤岩层走向基本垂直，如图 3－1－9b 所示。斜交断层是指断层走向与煤岩层走向斜交，如图 3－1－9c 所示。

3. 断层对班组安全生产的影响

大断层往往是井田的自然边界；中型断层影响采区的划分，改变巷道的正常开拓方向；小断层对生产影响比较大，给生产带来困难，甚至造成停产事故等。

（1）对掘进的影响。在巷道掘进过程中遇到断层导致掘进困难时，需对巷道设计方案进行调整。实际生产中，需重点关注煤层变化及断层影响范围，做好预测预报工作，及时制定安全技术措施。

（2）对开采的影响。回采过程遇到断层时，工作面顶板多为破碎状态，易发生冒顶事故；断层岩石坚硬，增加设备磨损，易造成设备频繁损坏；断层带内岩性破碎易成为导水、导气通道，导致工作面发生水害、有害气体超限等事故。实际生产过程中，应根据地质测量部门的预测预报和生产部门制定的预测预报措施提前挑顶或挖底，使得工作面顶、底板变化在合理范围内，坚持顶、底煤探测工作，加强设备维护保养，生产过程中做好设备监督检查工作。当断层影响范围及距离较大时，采用松动爆破或另开切眼跳槽方式过断层。

（3）对安全管理的影响。断层带内由于岩性破碎，易成为导水通道，当断层与上部采空区积水区或地表水相连，井下的采掘工作面一旦遇到断层时，水就会沿着断层带进入工作面，引起透水事故。断层带也是气体的通道，当采掘工作面遇到断层，而该断层又与采空区或瓦斯聚集区相连通，有毒有害气体就会沿着断层带进入工作面，引起中毒事故。实际工作中，应重点关注断层附近的水文情况，加大有害气体检测，预防事故发生。

（三）单斜构造

在一个矿井或采（盘）区开采范围内，煤岩层总体沿一个方向倾斜的地质形态称为单斜构造。在较大区域范围内，单斜构造多为褶皱构造或断裂构造的一部分，如褶皱的一翼或断层的一盘，如图 3－1－10 所示。

单斜构造对班组安全生产的影响取决于其为褶皱构造或断裂构造的组成部分，此处不再赘述。

图 3－1－10　单斜构造

四、水文地质

（一）地下水赋存

地下水是指赋存在地表以下各种状态中的水，它主要以气态水、吸着水、薄膜水、毛细水和重力水等形式存在于岩石的孔隙中。岩石孔隙中受重力作用而运动的地下水称为重力水，其可以自由运动和传递静水压力，是班组安全生产的关注重点。

（二）地下水分类

在矿井水文地质中，根据含水层孔隙性质，地下水可分为孔隙水、裂隙水和岩溶水。

孔隙水主要赋存在松散沉积物颗粒间孔隙中。在堆积平原和山间盆地内的第四纪地层中分布广泛。

孔隙水由于埋藏条件不同，可形成潜水和层间水。孔隙水对煤矿建设影响较大，在表土层中开凿井筒时，遇到颗粒大而均匀的沉积物，需要加大排水能力井筒才能穿过，而颗粒细小又很均匀的沙层，因饱含孔隙水容易形成“流沙层”，如事先未做好防护，可导致大量流沙涌入井筒，造成事故。

裂隙水是指主要赋存于岩体裂隙中的地下水。按含水介质裂隙的成因，可分为风化裂隙水、成岩裂隙水与构造裂隙水。按埋藏条件，可以是潜水或承压水。

与孔隙水相比，裂隙水分布不均匀，介质的渗透性具有不均一性与各向异性。裂隙水由于埋藏条件不同，可能承压，也可能无压。裂隙水的埋藏深浅不同，分布不均。

岩溶水主要赋存于可溶性岩层的溶蚀裂隙和溶洞中。其最明显特点是分布极不均匀。岩溶含水层的富水性较强，但含水极不均匀。

由于岩溶水并不是均匀地遍及整个可溶岩的分布范围，而是埋藏于可溶岩的溶蚀裂隙、溶洞中，常导致同一岩溶含水层在同一标高范围内或同一地段富水性可相差数十倍至数百倍。

（三）矿井充水条件

矿井充水是指矿井建设和生产过程中，各类型水源通过冲水通道进入工作面的现象。当涌水或溃水进入工作面、巷道的水量超过井下排水系统最大负荷后，就会形成突水（透水）。换而言之，形成矿井水灾的基本条件包括有充水水源（矿井充水补给的来源）、充水通道（水流入矿井的通路）及超过井下排水系统最大负荷的水量。

煤矿生产过程中，煤层附近各水体均可能通过各种通道进入矿井。矿井水的来源是多方面的，主要包括大气降水、地表水、地下水和老空水等充水水源，如图 3－1－11 所示。

矿井充水通道是指可以沟通水源，使之涌入矿井的各种通道，主要包括构造断裂带、冒落裂隙带、含水层的露头区、煤层底板岩层采动破坏带、封闭的不良钻孔、导水陷落柱等。

（四）矿井水文地质类型划分

水文地质类型划分是分析矿井水文地质条件，确定水文地质类型，指导矿井

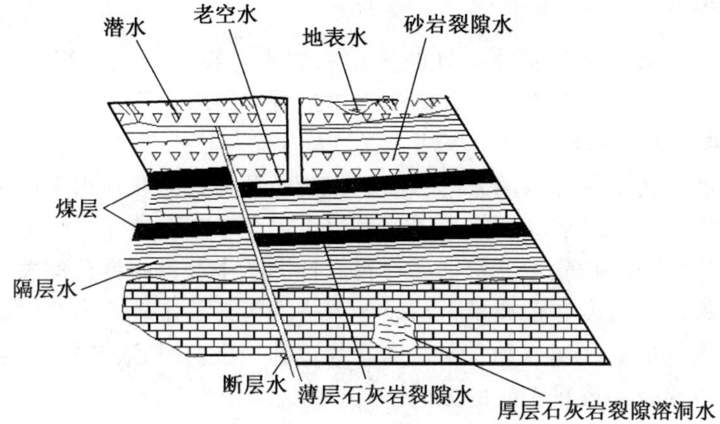

图 3－1－11　煤矿常见充水水源

防治水的重要工作，对班组安全生产至关重要。

根据矿井受采掘破坏或影响含水层及水体、矿井及周边采空区水分布情况、矿井涌水量或突水量分布规律、矿井开采受水害影响程度和防治水工作难易程度，将矿井水文地质类型划分为简单、中等、复杂和极复杂 4 个类型。

（五）矿井涌水量

矿井涌水量是指从矿山开拓到回采过程中单位时间内流入矿坑包括井、巷和巷道系统的水量。它是确定矿井水文地质类型、水文地质条件复杂程度和评价矿床开发经济技术条件的重要指标之一。

矿井一般将涌水量按照两个指标进行划分，即矿井正常涌水量和矿井最大涌水量。矿井正常涌水量是指矿井开采期间，单位时间内流入矿井的水量。矿井最大涌水量是指矿井开采期间，正常情况下矿井涌水量的高峰值。

（六）透水预兆

透水预兆包括煤层变湿、挂红、挂汗、空气变冷、出现雾气、水叫、顶板来压、片帮、淋水加大、底板鼓起或者裂隙渗水、钻孔喷水、煤壁溃水、水色发浑、有臭味。

出现上述征兆时，班组现场作业人员应当立即停止作业，撤出所有受水患威胁地点的人员，报告矿调度室，并发出警报。在原因未查清、隐患未排除之前，不得进行任何采掘活动。

五、巷道施工测量

巷道施工测量是按照矿井设计的规定和要求，在现场实地标定掘进巷道位置、方向和坡度等几何要素，并在巷道掘进过程中及时进行检查和校正。

（一）巷道中线标定

为指示巷道在水平面内的方向，需标定巷道几何中心线在水平面上投影的方向，即中线方向。中线点应成组设置，每组不得少于 3 个点。

标定巷道中线的步骤主要包括，检查设计图纸中巷道间的几何关系是否符合实际情况，标注的角度和距离是否与设计图一致等；确定标定中线时所必需的几何要素；标定巷道的开切点和方向；随着巷道的掘进及时延伸中线；在巷道掘进过程中，随时检查和校正中线的方向。

1. 巷道开切时的标定方法

巷道开切时的标定方法包括标定开切点的位置和初步给出巷道的掘进方向两项内容，如图 3－1－12 所示。

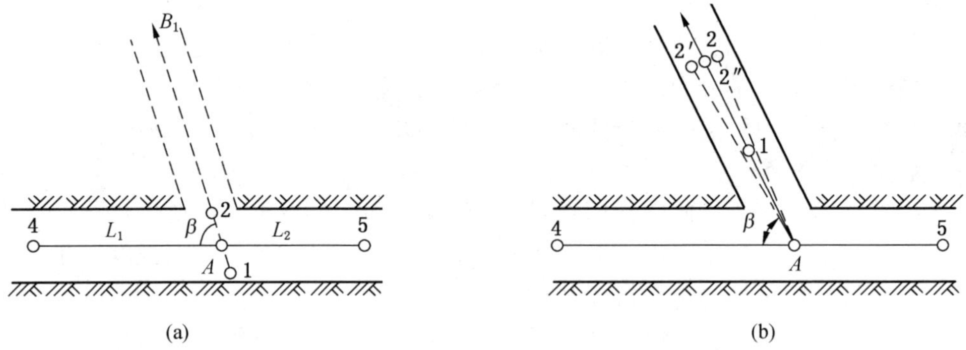

图 3－1－12　巷道开切标定示意图

从已掘巷道中的 A 点沿虚线开掘一条新巷道，标定的方法如下：

（1）从设计图上量取 A 点至已知中线点 4、5 的距离 L_1、L_2，量取巷道的转向角 β。

（2）在 4 点安置经纬仪，瞄准点 5，并沿此方向，由点 4 量取 L_1，即可得到 A 点的位置，将之标定于顶板上，然后再量取 A 至点 5 的距离作检核。

（3）在 A 点安置经纬仪，后视点 4，用正镜位置给出 β 角，此时，望远镜所指方向即为新开掘巷道的中线方向，在此方向上标出点 2，倒转望远镜，标出点

1，则点1、A、2即组成一组中线点。

2. 巷道中线标定

巷道开切后，最初标定的中线点很容易遭到破坏。当掘进到4 m×8 m时应检查或重新标定中线。简易的检查方法是看一组中线的三个点是否在一条直线上。

在由一组中线点到下一组中线点的巷道掘进过程中，可采用瞄线法或拉线法来指标巷道的掘进方向。

（二）巷道腰线标定

为了指示巷道掘进的坡度而在巷道两帮上给出的方向线，称为腰线。腰线点可成组设置，也可每隔30～40 m设置一个，但须在巷道两帮上画出腰线，且对于一个矿井，腰线距底板或轨面的高度应为定值。

主要运输巷道的腰线应用水准仪、经纬仪或连通管水准器来标定，次要巷道的腰线可用悬挂半圆仪等标定。急倾斜巷道的腰线应尽量用经纬仪来标定，短距离时，也可用悬挂半圆仪等来标定。

（1）用水准仪标定平巷腰线。所谓平巷，并非绝对水平的巷道，一般情况下，坡度小于8‰的巷道，均视为水平巷道。在主要水平巷道中，常常都是用水准仪来标定腰线。

标定方法是：首先根据已知腰线点和设计坡度，计算下一个腰线点B与已知腰线点A间的高差h_{AB}：

$$h_{AB}=L\times i$$

A、B中间安置水准仪，用皮尺丈量A、B间的水平距离，按上式计算出h_{AB}。先后视A点，得读数a，再前视B，得读数b，并用小钢尺自读数b处向下量取Δ（Δ为负时，向上量取$|\Delta|$），即得B处腰线点的位置。Δ按下式计算：

$$\Delta=h_{AB}-(a-b)$$

（2）用经纬仪标定斜巷腰线。用伪倾角法来标定腰线的原理是：由于设计巷道时仅给出了真倾角，而腰线是标定在巷道两帮上的，经纬仪又只能安置在巷道中部，因此，只能根据真倾角与伪倾角间的关系，按伪倾角来标定腰线。

$$\tan\delta'=\cos\beta\tan\delta$$

根据真倾角δ和两个竖直面间所夹的水平角β，计算出伪倾角δ'，从而标定腰线点的位置。

（三）激光指向仪

激光指向仪是利用激光器产生的光源进行指向的仪器。已广泛用于指示直线巷道掘进方向，立井点悬垂测量。矿用激光指向仪主要由激光器、光学系统、防爆壳体和悬挂调节机构等部件组成。

每次使用激光指向仪前，首先应对激光指向仪的电源、发光情况以及各调节机构进行检查。

激光指向仪可安放在巷道中央的工字钢上、用四根锚杆固定的框架上、巷道中央的石垛上、两帮的悬臂架上。利用它来同时指示巷道中线和腰线时，必须使光束在水平面内位于巷道的中线方向上，在倾斜面内位于巷道的腰线方向上。

实地安置步骤如下：

（1）选择 A、B、C 3 个中线点。

（2）在 A、B、C 三点上悬挂垂球线，并用水准仪在垂球线上标出腰线的位置。

（3）将激光指向仪安置在 B 点之后 3 ~ 5 m 的巷道中部的锚杆上，固定后，打开激光指向仪。

（4）根据 A、B、C 点组成的中线，调节水平微动螺旋，使光束中心准确地通过 B、C 点所挂的垂球线。

（5）调节垂直方向微动螺旋，使光束中心至 B、C 两处垂球线上腰线位置的距离 d 相等。光束在水平面内的方向即为巷道的中线方向，在倾斜面内。

六、巷道贯通测量

采用两个或多个相向或同向的掘进工作面分段掘进巷道，使其按设计要求在预定地点彼此结合，称为巷道贯通。

（一）水平巷道的贯通测量

测量工作主要分为以下 4 个阶段。

第一阶段：为求得贯通的几何要素而进行的测量工作。

图 3－1－13 所示为同一矿井中在 A、B 两个石门之间欲开凿的一条运输平巷，首先在 A、B 两点之间敷设经纬仪导线，并进行高程测量。然后计算出 A、B 两点的平面坐标和高程。

第二阶段：贯通几何要素的计算。

（1）根据 A、B 两点的坐标计算贯通巷道中心线的方位角和水平距离：

$$\tan\alpha_{AB} = \frac{y_B - y_A}{x_B - x_A}$$

$$S_{AB} = \frac{y_B - y_A}{\sin\alpha_{AB}} = \frac{x_B - x_A}{\cos\alpha_{AB}} = \sqrt{(\Delta x_{AB})^2 + (\Delta y_{AB})^2}$$

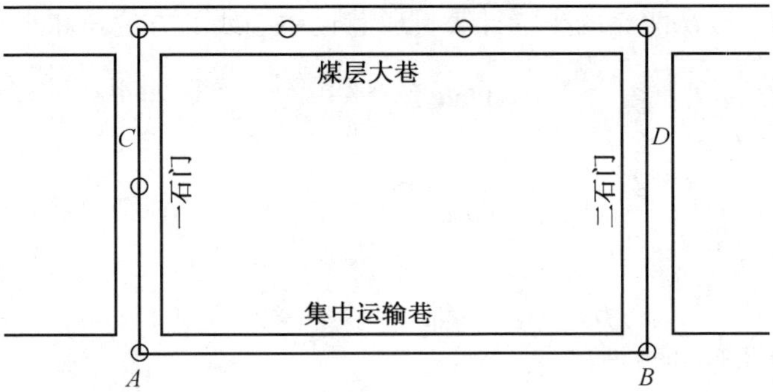

图 3-1-13　水平巷道贯通测量示意图

（2）求指向角：

$$\beta_A=\alpha_{AB}-\alpha_{AC}\qquad \beta_B=\alpha_{BA}-\alpha_{BD}$$

（3）计算贯通巷道坡度：

$$i_{AB}=\tan\delta_{AB}=\frac{H_B-H_A}{S_{AB}}$$

（4）贯通巷道实际长度的计算。巷道实际长度可根据水平距离、高差或坡度计算：

$$L_{AB}=\frac{H_B-H_A}{\sin\delta_{AB}}=\frac{S_{AB}}{\cos\delta_{AB}}=\sqrt{(H_A-H_B)^2+(S_{AB})^2}$$

第三阶段：标定工作。

在 A、B 两点分别安置经纬仪，标定出 β_A 和 β_B 角，给出巷道的中线，同时根据坡度 i_{AB} 给出巷道的腰线。

第四阶段：检查测量。

检查方法是：当巷道掘进到一定距离，随即进行导线测量，在掘进迎头处，导线点应为中线点。根据测量结果，反算巷道中线的方位角，将它与原计算的巷道中心线的方位角相比较，根据差值具体情况，适当调整中线方向，以保证巷道按预计方向掘进。同时用水准测量方法检查腰线点的高程，不断调整巷道的坡度并及时填图，以保证巷道的最后贯通。

（二）倾斜巷道的贯通测量

测量工作主要分为 3 个阶段。

第一阶段：先得到 A、B 两点间的距离和高程。

第二阶段：贯通几何要素的计算。

（1）根据 A、B 两点的坐标计算贯通巷道中心线的方位角和水平距离：

$$\tan\alpha_{AB} = \frac{y_B - y_A}{x_B - x_A}$$

$$S_{AB} = \frac{y_B - y_A}{\sin\alpha_{AB}} = \frac{x_B - x_A}{\cos\alpha_{AB}} = \sqrt{(\Delta x_{AB})^2 + (\Delta y_{AB})^2}$$

（2）求指向角：

$$\beta_A = \alpha_{AB} - \alpha_{AC} \qquad \beta_B = \alpha_{BA} - \alpha_{BD}$$

（3）计算贯通巷道坡度：

$$i_{AB} = \tan\delta_{AB} = \frac{H_B - H_A}{S_{AB}}$$

（4）贯通巷道实际长度的计算。巷道实际长度可根据水平距离、高差或坡度计算：

$$L_{AB} = \frac{S_{AB}}{\cos\delta_{AB}}$$

第三阶段：标定工作。

当巷道两端各掘进 4 ~5 m 后，于 A、B 安置经纬仪，标设出巷道的中腰线。

七、地质与测量新技术

（一）煤矿复合高承压极强含水层帷幕截流技术

煤矿复合高承压极强含水层帷幕截流技术适用于存在侧向强补给水源的煤矿复合极强含水层水害治理、顶板松散层溃水溃砂防治、开采上限提高。

该技术具备以下技术要点：①利用煤矿巨厚复杂介质高承压极强含水层条件下帷幕截流建造方法，在松散含水层建造有限宽度的隔水帷幕；②帷幕“内降外灌”保水开采；③截流效果评定和稳定性动态监测预警评价。该技术实现了断层防绕流注浆、动水合龙注浆、“五位一体”综合快速疏降水和帷幕外同层同质回灌，建立了疏干开采条件下高承压帷幕截流效果评价和稳定性动态监测预警体系，可在井工煤矿帷幕建造和稳定性监测、断层预注浆和松散含水层下溃水溃砂防治等方面发挥重要作用。

该技术已经应用于安徽淮北矿业朱仙庄煤矿、杨柳煤矿，安徽恒源煤电五沟煤矿等。

（二）基于微震的矿井水害风险监测预警技术

基于微震的矿井水害风险监测预警技术适用于受水害威胁的煤矿和非煤矿山。

该技术集水害感知数据采集、智能分析、预警等功能为一体，构建矿井水害多参数综合预警指标体系和动态风险预警平台。通过对微震、降水量、涌水量、排水量、含水层水位/水温等数据的实时采集处理，判别矿井突水水源和突水通道发育，实现矿井水害感知多元数据信息融合及全时空预警，为矿井水害防控及应急救援提供技术支撑。

该技术已经应用于河北冀中能源集团、河北煤科院、中煤新集能源、河南能源焦煤赵固一矿、河南新郑煤电赵家寨煤矿、山西晋能龙泉煤矿等。

（三）煤矿底板水害地面超前区域探查治理技术

煤矿底板水害地面超前区域探查治理技术适用于受底板岩溶水害威胁的煤矿。

该技术具备以下技术要点：①地面定向钻孔多参数融合判层及构造识别；②高速涡流精细制注浆系统及集中控制；③地面定向钻孔多层立体探查治理及效果评价。该技术集地面定向钻孔多参数融合判层、高速涡流精细制注浆系统及集中控制技术为一体，通过对生产地区隐伏导水构造及目标含水层的超前探查治理，实现了“先治后掘、先治后采、一采区一治理”，为受水害威胁的深部煤炭资源开采提供了技术支撑。

该技术已经应用于河北冀中能源集团、河南平煤神马梁北二井煤业、河南平禹煤电一矿等。

第二节 矿井开拓与巷道施工

一、矿井开拓方式

矿井开拓方式是指开拓巷道在井田内的总体布置方式，包括井田选择、开采水平确定以及阶段内的布置方式。按照井筒形式可分为立井开拓、斜井开拓、平硐开拓和综合开拓。按照开采水平数目可分为单一水平开拓和多水平开拓。

矿井的开拓方式决定了全矿井生产系统的总体布局，影响矿井的经济技术效果，因此选择选择的时候应慎重。

（一）立井开拓

立井开拓是指主副井均为立井，从地面进入地下，通过一系列巷道进入煤层的一种开拓方式，其对井田地质条件适用性很强，除井硐形式外，其他开拓巷道布置与斜井相同，是我国广泛采用的一种开拓方式。立井单水平分带式开拓如图3-2-1所示。

图中井田划分为两个阶段，阶段内采用分带式布置。

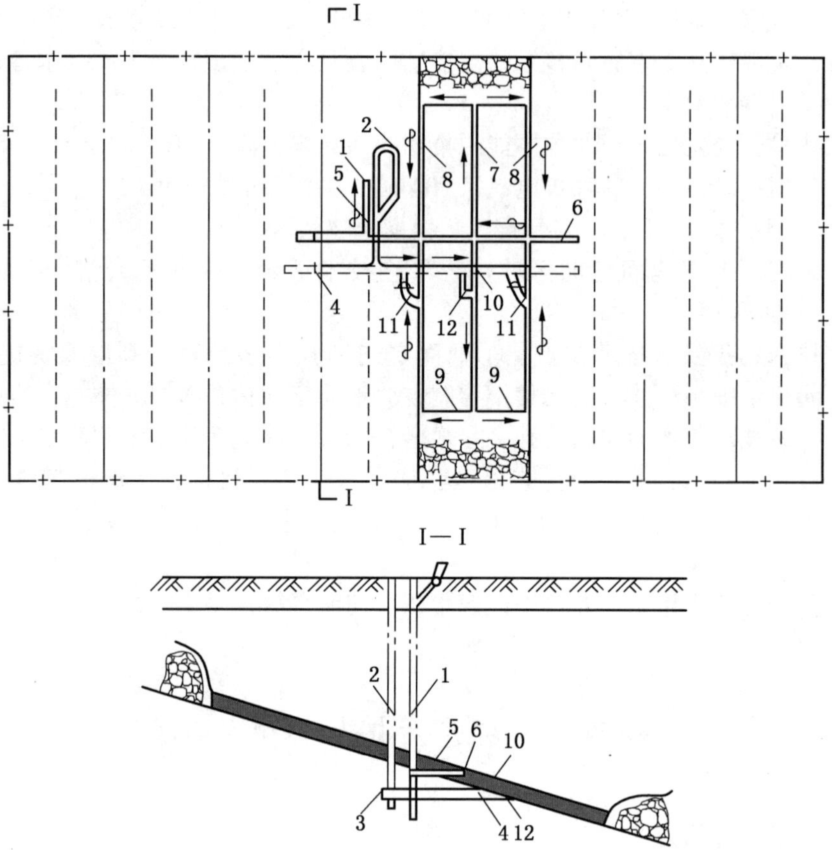

1—主井；2—副井；3—井底车场；4—运输大巷；5—回风石门；6—回风大巷；
7—分带运输巷；8—分带回风巷；9—采煤工作面；10—带区煤仓；
11—运料斜巷；12—行人进风斜巷

图3-2-1　立井单水平分带式开拓

（二）斜井开拓

斜井开拓是指主副井均为斜井的开拓方式。斜井进入煤体，由一个开采水平开采整个井田。井田可划分为一个阶段，也可以划分为两个阶段。阶段沿走向划分为采区。斜井单水平分区式开拓方式如图3-2-2所示。

图中井田划分为两个阶段，每个阶段沿走向划分采区，开采水平在上、下两阶段分界面，上山阶段每个采区沿倾斜划分区段，下山阶段每个采区沿倾斜划分

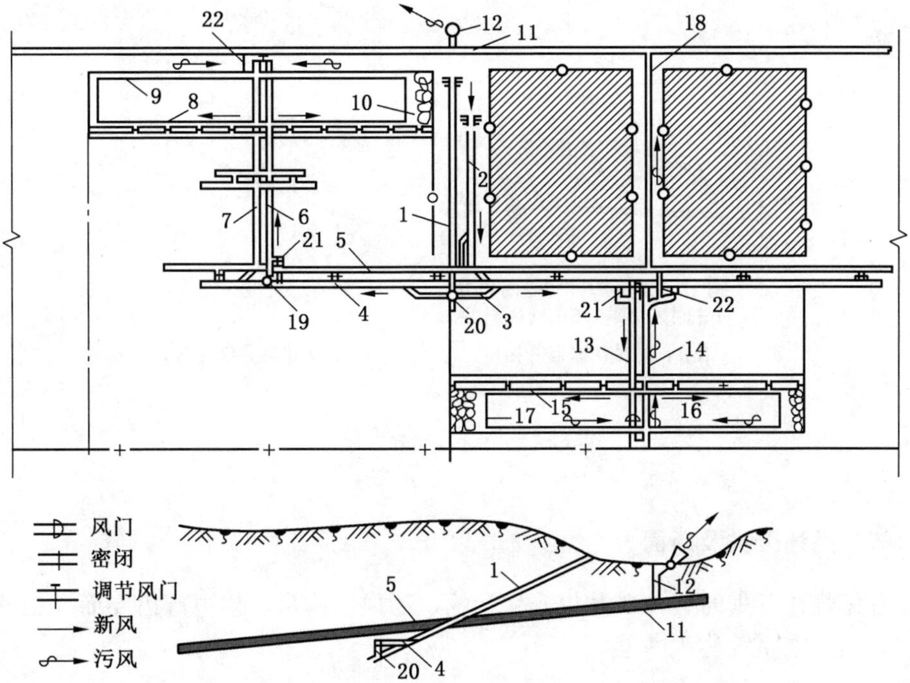

1—主井；2—副井；3—井底车场；4—阶段运输平巷；5—阶段辅巷；6—采区运输上山；
7—采区轨道上山；8、15—区段运输平巷；9、16—区段回风平巷；10、17—采煤工作面；
11—阶段回风平巷；12—回风井；13—采区运输下山；14—采区轨道下山；
18—专用回风上山；19—采区煤仓；20—井底煤仓；
21—行人进风斜巷；22—回风联络巷

图3-2-2　斜井单水平分区式开拓

区段。

（三）平硐开拓

从地面利用水平巷道进入煤体的开拓方式称为平硐开拓。这种开拓方式，常用在一些山岭和丘陵地区，在矿井地面工业场地标高以上埋藏有相当储量的煤炭。开采这部分煤炭最简单、经济的开拓方式就是平硐开拓。除进入煤体方式不同外，井田内的划分和巷道布置与斜井、立井开拓基本相同。

（四）综合开拓

在井田开拓中，主副井常采用一种井筒形式，但是，当采用一种井筒形式在技术上困难、经济上不合理时，主副井就需要采用不同的形式进行开拓，如图 3－2－3 所示。

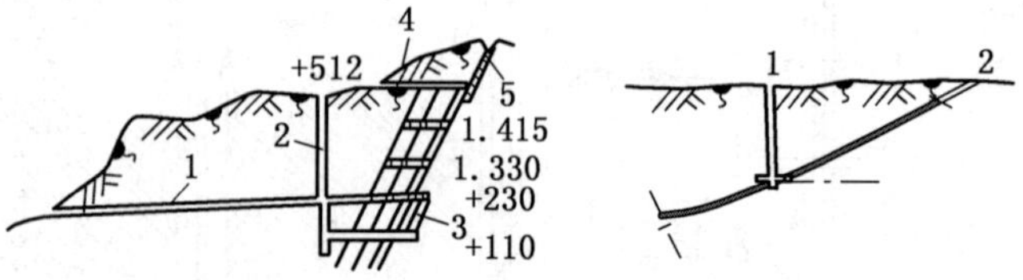

1—平硐；2—立井；3—暗斜井；
4—回风平硐；5—回风斜井
(a) 平硐立井综合开拓

1—主井；2—副井
(b) 平立井斜井综合开拓

图 3－2－3　综合开拓

二、巷道分类及断面

井工煤矿开采时，为矿井提升、运输、通风、排水、供电等需要而开掘的井筒、巷道、硐室统称为井巷。

（一）巷道分类

对于井下的各种巷道，按其煤岩性质可分为岩巷、半煤岩巷和煤巷；按其作用和服务范围可分为开拓巷道、准备巷道和回采巷道。

《煤矿安全规程》规定，一个采（盘）区内同一煤层的一翼最多只能布置 1 个采煤工作面和 2 个煤（半煤岩）巷掘进工作面同时作业。一个采（盘）区内同一煤层双翼开采或者多煤层开采的，该采（盘）区最多只能布置 2 个采煤工作面和 4 个煤（半煤岩）巷掘进工作面同时作业。

开拓巷道是指为全矿井、一个水平或多个采（盘）区服务的巷道，如井筒、井底车场、主要石门、运输大巷和回风大巷等；准备巷道是指为一个采区或数个区段服务的巷道，如采区上下山、采区车场、采区硐室等；回采巷道是指为一个采煤工作面服务的巷道，包括区段运输平巷、区段回风平巷、开切眼、专用回风巷等。

开拓巷道、准备巷道和回采巷道圈定的开拓煤量、准备煤量和回采煤量应符合《国家煤矿安全监察局 关于印发〈防范煤矿采掘接续紧张暂行办法〉的通知》(煤安监技装〔2018〕23 号）规定。

（二）巷道断面设计

1. 巷道断面形状

巷道断面形状按其轮廓线分为折边形和曲边形两类。折边形包括矩形、梯形和不规则形等，曲边形包括三心拱、半圆拱、顶底拱形等，如图3－2－4所示。

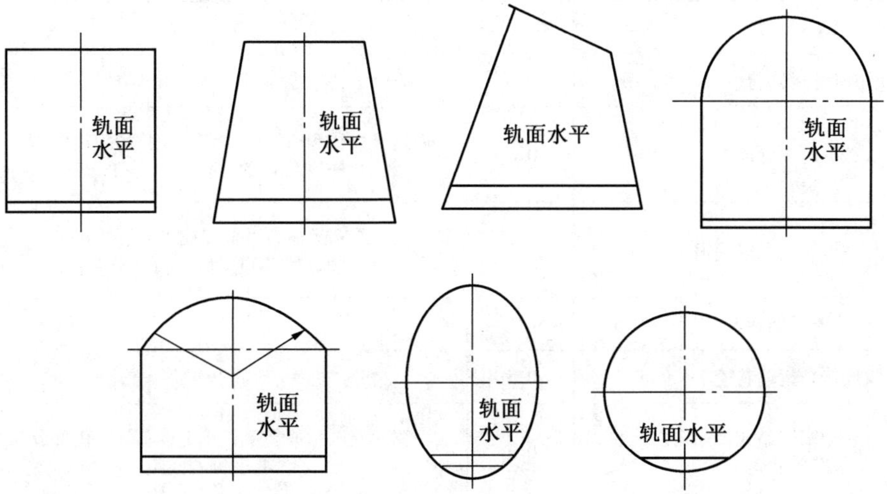

图3－2－4　巷道断面形状

选择巷道断面形状时，需综合考虑巷道围岩的性质，巷道服务年限、用途及位置，巷道支护方式和材料等情况。

2. 巷道断面尺寸

巷道断面尺寸包括巷道断面设计尺寸和净断面尺寸。《煤矿安全规程》规定，巷道净断面的设计，必须按支护最大允许变形后的断面计算。巷道净断面必须满足行人、运输、通风和安全设施及设备安装、检修、施工的需要。

（1）巷道净高。矩形、梯形巷道净高是指自道砟面或底板至顶梁或顶部锚喷层面、锚杆（索）外露端之间的高度；拱形巷道净高是指自道砟面至拱顶内沿或锚杆（索）外露端之间的高度。

采用轨道机车运输的巷道净高，自轨面起不得低于2 m。架线电机车运输巷道的净高，在井底车场内，从井底到乘车场，不小于2.4 m；其他地点，行人的不小于2.2 m，不行人的不小于2.1 m。

采（盘）区内的上山、下山和平巷的净高不得低于2 m，薄煤层内的不得低于1.8 m。

运输巷（包括管、线、电缆）与运输设备最突出部分之间的最小间距，应当符合表3-2-1的要求。

表3-2-1 运输巷（包括管、线、电缆）与运输设备最突出部分之间的最小间距

巷道类型	顶部/m	两侧/m	备注
轨道机车运输巷道	—	0.3	综合机械化采煤矿井为0.5 m
输送机运输巷道	—	0.5	输送机机头和机尾处与巷帮支护的距离应当满足设备检查和维修的需要，并不得小于0.7 m
卡轨车、齿轨车运输巷道	0.3	0.3	单轨运输巷道宽度应当大于2.8 m，双轨运输巷道宽度应当大于4.0 m
单轨吊车运输巷道	0.5	0.85	
无轨胶轮车运输巷道	0.5	0.5	
设置移动变电站或者平板车的巷道	—	0.3	移动变电站或者平板车上设备最突出部分与巷道侧的间距

（2）巷道净宽。矩形巷道和直墙拱形巷道净宽是指两直壁内侧或锚杆（索）外露端之间的水平距离。

新建矿井、生产矿井新掘运输巷的一侧，从巷道道砟面起1.6 m的高度内，必须留有宽0.8 m（综合机械化采煤及无轨胶轮车运输的矿井为1 m）以上的人行道，管道吊挂高度不得低于1.8 m。

生产矿井已有巷道人行道的宽度不符合上述要求时，必须在巷道的一侧设置躲避硐，2个躲避硐的间距不得超过40 m。躲避硐宽度不得小于1.2 m，深度不得小于0.7 m，高度不得小于1.8 m。躲避硐内严禁堆积物料。

采用无轨胶轮车运输的矿井人行道宽度不足1 m时，必须制定专项安全技术措施，严格执行“行人不行车，行车不行人”的规定。

在人车停车地点的巷道上下人侧，从巷道道砟面起1.6 m的高度内，必须留有宽1 m以上的人行道，管道吊挂高度不得低于1.8 m。

三、巷道施工技术

巷道施工工序包括巷道破、装、运、支及其他辅助工序。根据施工岩巷、半

煤岩巷和煤巷的不同，巷道施工破岩技术主要包括钻爆法和机械法施工技术。《煤矿安全生产标准化管理体系基本要求及评分方法（试行）》要求，煤巷、半煤岩巷综合机械化程度不低于50%；条件适宜的岩巷应采用综合机械化掘进。

（一）爆炸物品

各类火药、炸药及其制品和雷管、导火索等点火、起爆器材统称爆炸物品。

1. 爆炸物品的选用

井工煤矿井下爆破作业点常用的爆炸物品为煤矿许用炸药和煤矿许用电雷管。

（1）煤矿许用炸药按照安全等级分为五级，按其成分分为乳化炸药、水胶炸药和膨化硝铵炸药。

《煤矿安全规程》规定，低瓦斯矿井的岩石掘进工作面，使用安全等级不低于一级的煤矿许用炸药；低瓦斯矿井的煤层采掘工作面、半煤岩掘进工作面，使用安全等级不低于二级的煤矿许用炸药；高瓦斯矿井，使用安全等级不低于三级的煤矿许用炸药；突出矿井，使用安全等级不低于三级的煤矿许用含水炸药。

（2）煤矿许用电雷管包括煤矿许用瞬发电雷管、煤矿许用毫秒延期电雷管或者煤矿许用数码电雷管。

《煤矿安全规程》规定，在采掘工作面，使用煤矿许用毫秒延期电雷管时，最后一段的延期时间不得超过130 ms。使用煤矿许用数码电雷管时，一次起爆总时间差不得超过130 ms，并应当与专用起爆器配套使用。

2. 爆炸物品的领退及销毁

煤矿企业必须建立爆炸物品领退制度和爆炸物品丢失处理办法。

电雷管（包括清退入库的电雷管）在发给爆破工前，必须用电雷管检测仪逐个测试电阻值，并将脚线扭结成短路。发放的爆炸物品必须是有效期内的合格产品，并且雷管应当严格按同一厂家和同一品种进行发放。爆炸物品的销毁，必须遵守《民用爆炸物品安全管理条例》。

3. 爆炸物品的运输

爆炸物品运输主要包括人力运输和机车运输。

（1）人力运输。人工搬运爆炸物品时，电雷管必须由爆破工亲自运送，炸药应当由爆破工或者在爆破工监护下运送。爆炸物品必须装在耐压和抗撞冲、防震、防静电的非金属容器内，不得将电雷管和炸药混装。严禁将爆炸物品装在衣袋内。携带爆炸物品上、下井时，应事先通知绞车司机和井口上下把钩工，每层罐笼内搭乘的携带爆炸物品的人员不得超过4人，其他人员不得同罐上下。在交接班、人员上下井的时间内，严禁携带爆炸物品人员沿井筒上下。

（2）机车运输。井下用机车运送爆炸物品时，炸药和电雷管在同一列车内运输时，装有炸药与装有电雷管的车辆之间，以及装有炸药或者电雷管的车辆与机车之间，必须用空车分别隔开，隔开长度不得小于 3 m。

电雷管必须装在专用的、带盖的、有木质隔板的车厢内，车厢内部应当铺有胶皮或者麻袋等软质垫层，并只准放置 1 层爆炸物品箱。炸药箱可以装在矿车内，但堆放高度不得超过矿车上缘。运输炸药、电雷管的矿车或者车厢必须有专门的警示标识。

爆炸物品必须由井下爆炸物品库负责人或者经过专门培训的人员专人护送。跟车工、护送人员和装卸人员应当坐在尾车内，严禁其他人员乘车。列车的行驶速度不得超过 2 m/s。装有爆炸物品的列车不得同时运送其他物品。

水平巷道和倾斜巷道内有可靠的信号装置时，可以用钢丝绳牵引的车辆运送爆炸物品，炸药和电雷管必须分开运输，运输速度不得超过 1 m/s。运输电雷管的车辆必须加盖、加垫，车厢内以软质垫物塞紧，防止震动和撞击。严禁用刮板输送机、带式输送机等运输爆炸物品。

（二）钻爆法破煤（岩）

1. 巷道定向

巷道掘进时，为在工作面上正确指示巷道掘进的方向和坡度，采用中线控制巷道掘进方向，腰线控制巷道坡度方向，如图 3－2－5 所示。

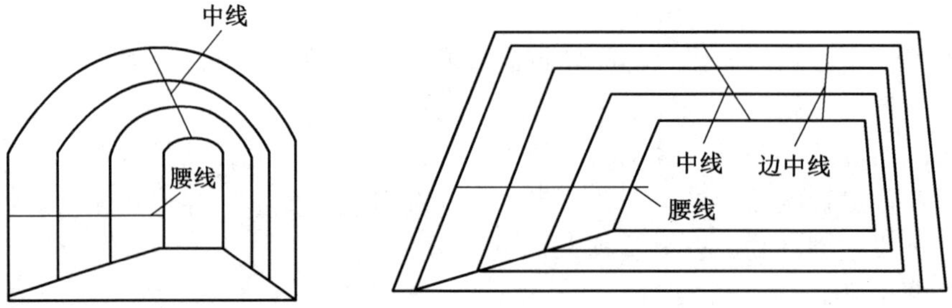

图 3－2－5　巷道中、腰线示意图

工作面炮眼布置应以巷道中腰线为基准，确定掏槽眼、周边眼和辅助眼的位置，并做好标记。工作面炮眼布置如图 3－2－6 所示，爆破说明书见表 3－2－2。

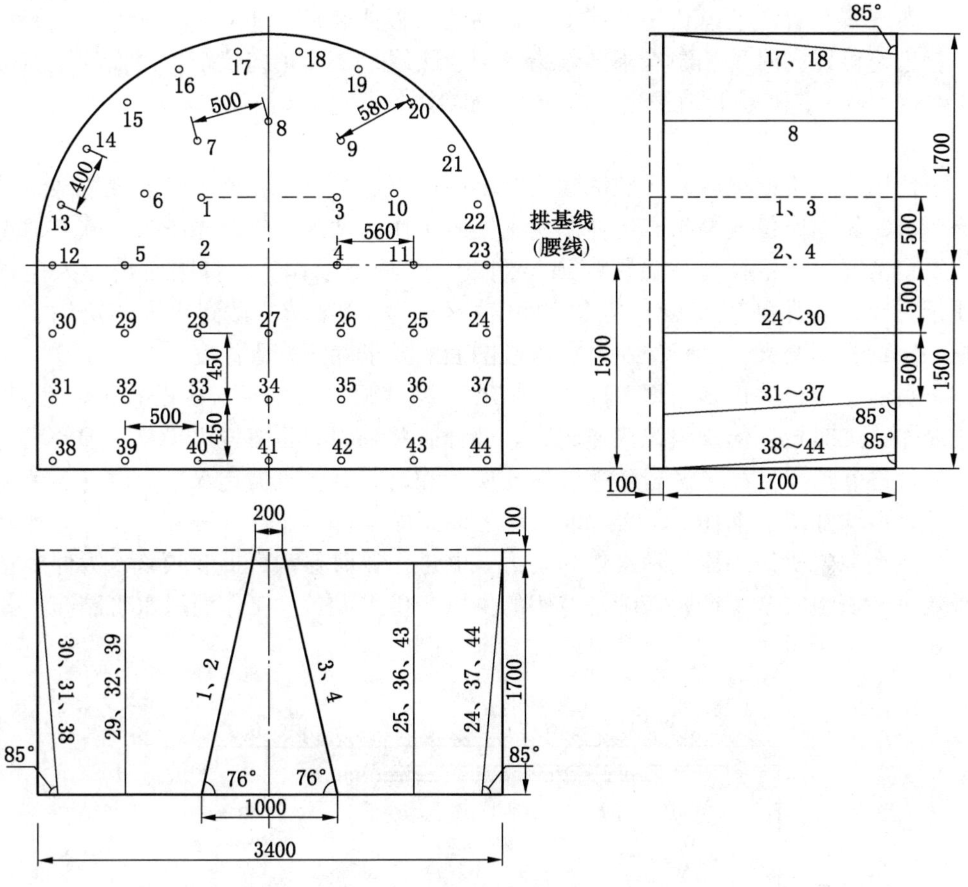

图3－2－6 工作面炮眼布置

表3－2－2 爆破说明书

炮眼名称	眼号	眼深/mm	角度/(°)		装药量		起爆顺序		连线方式	炮泥长度/mm
			水平	垂直	卷数/孔	总量				
中空眼	1	2000	90	90	0	0				0
掏槽眼	2～5	2000	90	90	8	4.8	Ⅰ	一		500
辅助眼	6～9	1800	90	90	6	3.6	Ⅱ			600
三圈眼	10～15	1800	90	90	6	5.4	Ⅲ			600
二圈眼	16～26	1800	90	90	6	9.9	Ⅳ			600
底眼	27～31	1800	90	85	6	4.5	Ⅴ			600
底角眼	32～52	1800	90	85	6	0.6	Ⅵ			600
周边眼	33～51	1800	90	85	2	5.7	瞬发	二		500
合计	52	94600				34.5				

腰线多布置在巷道任一侧墙上，距巷道底板或轨面为 1.0 m。对于较长的水平巷道，可以同时采用激光指向仪指示中、腰线，激光指向仪距工作面的距离最大约为 500 m，随着巷道掘进，应定期向前移动、安装和校正。

2. 巷道钻眼

使用凿岩机或煤电钻按照爆破说明书中位置、个数、深度、角度及炮眼编号等要求，依据岗位安全生产责任制实施钻眼工作。钻眼工作首先应检查施工地点的安全情况，严格执行“敲帮问顶”制度，严禁空顶作业，打眼时设专人监护顶帮安全，确保施工安全。其次，标定眼位，划分区域，做到定人、定钻、定眼、定责，不交叉、平行作业；按爆破图表的要求确定打眼深度。

目前，巷道掘进多采用 YT－28 或 7655 型气腿式凿岩机，该设备机动性强，辅助作业工时短，便于组织快速施工。部分矿井采用液压凿岩机 TGZ－70、凿岩台车掘进巷道，提高了凿岩效率、钻孔质量和岩巷掘进机械化水平，改善了劳动条件，但增加了辅助作业，难以实现钻、装工序平行作业。

风动凿岩机使用压气和水作为动力，掘进作业时移动、拆装频繁，为保障钻研效率和班组安全生产，需配备专用的供风、供水设备。工作面风水管路布置如图 3－2－7 所示。

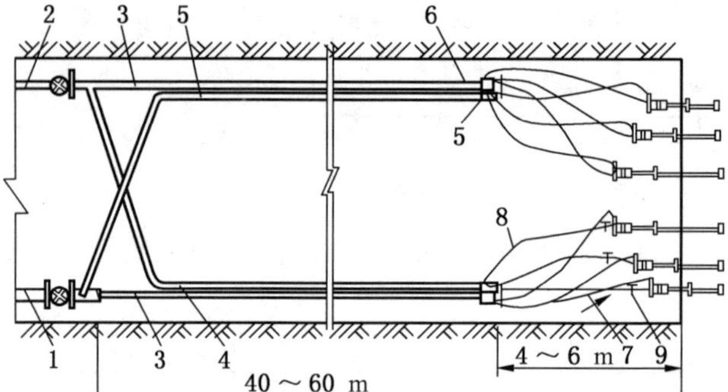

1—直径 100～150 mm 压气干管；2—直径 25～30 mm 供水干管；3—直径 38～50 mm 胶皮集中气管；
4—直径 25 mm 胶皮集中气管；5—直径 150 mm 分风器；6—直径 100 mm 分水器；
7—直径 18～25 mm 胶皮气管；8—直径 12 mm 胶皮水管；9—水管接头

图 3－2－7　工作面风水管路布置

3. 装药

根据爆破说明书规定的炸药和雷管的品种、装药量，将煤矿许用炸药和雷管装入炮眼中。装配药方法包括扎孔装配炸药和撕孔装配炸药，如图 3－2－8 所示。

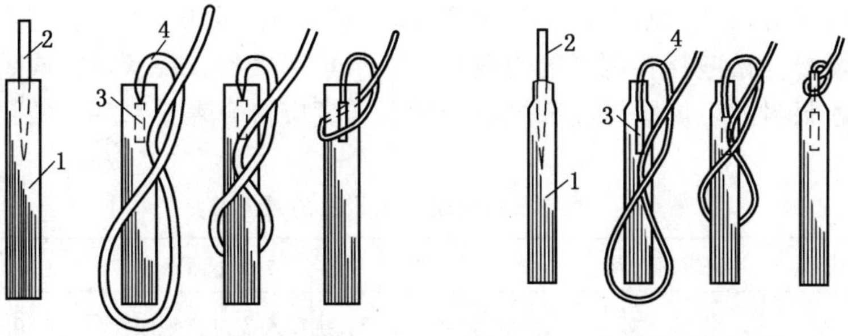

(a) 扎孔装配引药　　(b) 撕口装配引药

1—药卷；2—扎孔棍；3—雷管；4—脚线

图 3－2－8　装药

装药前，必须首先清除炮眼内的煤粉或者岩粉，再用木质或者竹质炮棍将药卷轻轻推入，不得冲撞或者捣实。炮眼内的各药卷必须彼此密接。有水的炮眼，应当使用抗水型炸药。遇下列情形之一时，严禁装药。

（1）采掘工作面控顶距离不符合作业规程的规定，或者有支架损坏，或者伞檐超过规定。

（2）爆破地点附近 20 m 以内风流中甲烷浓度达到或者超过 1.0%。

（3）在爆破地点 20 m 以内，矿车、未清除的煤（矸）或者其他物体堵塞巷道断面 1/3 以上。

（4）炮眼内发现异状、温度骤高骤低、有显著瓦斯涌出、煤岩松散、透采空区等情况。

（5）采掘工作面风量不足。

装配起爆药卷时，必须在顶板完好、支护完整，避开电气设备和导电体的爆破工作地点附近进行。严禁坐在爆炸物品箱上装配起爆药卷。装配起爆药卷数量，以当时爆破作业需要的数量为限。装配起爆药卷必须防止电雷管受震动、冲击，折断电雷管脚线和损坏脚线绝缘层。电雷管必须由药卷的顶部装入，严禁用电雷管代替竹、木棍扎眼。电雷管必须全部插入药卷内。严禁将电雷管斜插在药卷的中部或者捆在药卷上。电雷管插入药卷后，必须用脚线将药卷缠住，并将电雷管脚线扭结成短路。

装药后，必须把电雷管脚线悬空，严禁电雷管脚线、爆破母线与机械电气设备等导电体相接触。

4. 填炮泥

炮眼封泥必须使用水炮泥，水炮泥外剩余的炮眼部分应当用黏土炮泥或者用不燃性、可塑性松散材料制成的炮泥封实。严禁用煤粉、块状材料或者其他可燃性材料作炮眼封泥。炮眼深度和炮眼的封泥长度应符合表 3－2－3 的要求。

表 3－2－3　炮眼深度和炮眼的封泥长度

爆破作业情形	炮眼深度 H/m	封泥长度 h/m
	$H<0.6$	除挖底、刷帮、挑顶确需进行炮眼深度小于 0.6 m 的浅孔爆破时，不得进行装药、爆破。上述浅孔爆破时，必须制定安全措施并封满炮泥
除浅孔爆破、深孔爆破、光面爆破外的爆破作业	$0.6<H\leqslant1$	$h>1/2H$
	$1<H\leqslant2.5$	$h\geqslant0.5$
	$H>2.5$	$h\geqslant1$
深孔爆破	—	$h\geqslant1/3H$
光面爆破	—	周边光爆炮眼应当用炮泥封实，且封泥长度不得小于 0.3 m
浅孔装药爆破大块岩石	—	封泥长度都不得小于 0.3 m

5. 连线

根据爆破说明书规定的连线方式把母线和连接线、电雷管脚线和连接线、脚线和脚线接通形成起爆网络，连线时，脚线的连接工作可由经过专门训练的班组长协助爆破工进行；爆破母线连接脚线、检查线路和通电工作，只准爆破工一人操作；爆破母线和连接线、电雷管脚线和连接线、脚线和脚线之间的接头相互扭紧并悬空，不得与轨道、金属管、金属网、钢丝绳、刮板输送机等导电体相接触；爆破母线与电缆应当分别挂在巷道的两侧，如果必须挂在同一侧，爆破母线必须挂在电缆的下方，并保持 0.3 m 以上的距离；只准采用绝缘母线单回路爆破，严禁用轨道、金属管、金属网、水或者大地等当作回路。

6. 起爆

井下爆破工作必须由专职爆破工担任。突出煤层采掘工作面爆破工作必须由固定的专职爆破工担任。爆破作业必须执行“一炮三检”和“三人连锁爆破”

制度，并在起爆前检查起爆地点的甲烷浓度。爆破作业前班组长应尽到以下职责：①加强对机电设备、液压支架和电缆等的保护。②亲自布置专人将工作面所有人员撤离警戒区域，并在警戒线和可能进入爆破地点的所有通路上布置专人担任警戒工作。警戒人员必须在安全地点警戒。警戒线处应当设置警戒牌、栏杆或者拉绳。③清点人数，确认无误后，方准下达起爆命令。

爆破作业前，爆破工应做电爆网路全电阻检测。严禁采用发爆器打火放电的方法检测电爆网路。

发爆器的把手、钥匙或者电力起爆接线盒的钥匙，必须由爆破工随身携带，严禁转交他人。只有在爆破通电时，方可将把手或者钥匙插入发爆器或者电力起爆接线盒内。爆破工必须最后离开爆破地点，并在安全地点起爆。起爆地点到爆破地点的距离必须在作业规程中具体规定。

接到起爆命令后，必须先发出爆破警号，至少再等 5 s 后方可起爆。

爆破后，爆破工必须立即将把手或者钥匙拔出，摘掉母线并扭结成短路。待工作面的炮烟被吹散，爆破工、瓦斯检查工和班组长必须首先巡视爆破地点，检查通风、瓦斯、煤尘、顶板、支架、拒爆、残爆等情况。发现危险情况，必须立即处理。

装药的炮眼应当班爆破完毕。特殊情况下，当班留有尚未爆破的已装药的炮眼时，当班爆破工必须在现场向下一班爆破工交接清楚。

（三）机械法破煤（岩）

机械法破煤（岩）主要是指运用掘进机（掘锚一体机、连续采煤机）以机械化方式破落煤岩的技术。掘进机是巷道掘进技术发展的方向，具有截割、装载、转载煤岩，并能自己行走，具有喷雾降尘等功能的设备，此外还具有一定的支护功能。

掘进机主要由截割机构、装载机构、刮板输送机、行走机构、机架、回转台、液压系统、供水系统和电气系统等部分组成。按照工作机构的截割方式可分为部分断面掘进机和全断面掘进机。按照行走机构类别可分为轮轨式、液压迈步式、履带行走式和掩护盾式。全断面履带式 EBJ－120TP 掘进机总体机构如图 3－2－9 所示。

（四）装煤（岩）与运输

《煤矿安全生产标准化管理体系基本要求及评分方法（试行）》要求，煤矿应采用机械装、运煤（矸）；材料、设备采用机械运输，人工运料距离不得超过 300 m。

（1）装煤（岩）。煤（岩）装备主要包括铲斗、耙斗、蟹爪和立爪装载机及煤巷装运机等。耙斗装载机装岩示意图如图 3－2－10 所示。

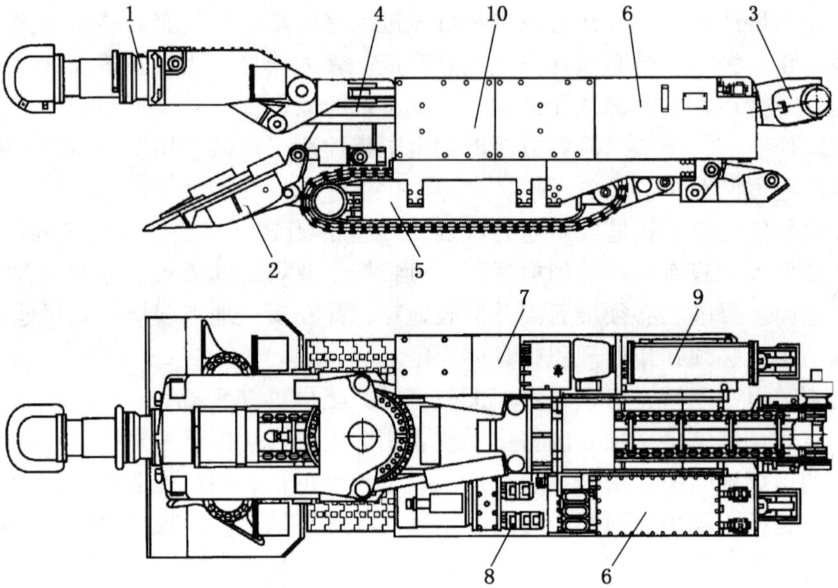

1—截割机构；2—装载机构；3—刮板输送机；4—主机架和回转台；5—行走机构；
6、7、8—液压系统；9—电控系统；10—护板总成

图 3－2－9　全断面履带式 EBJ－120TP 掘进机总体机构

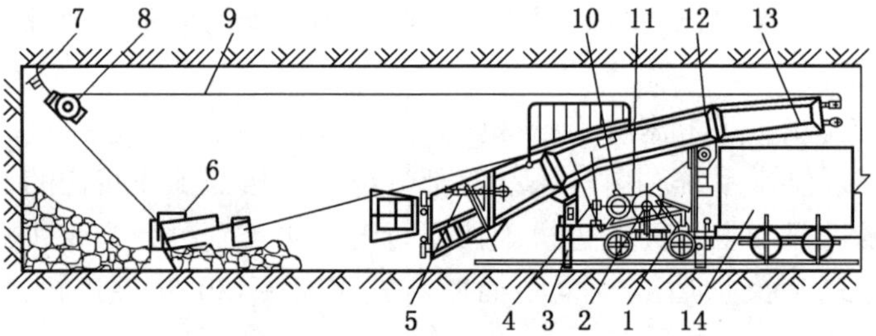

1—连杆；2—主、副滚筒；3—卡轨器；4—操纵手把；5—调整螺丝；6—耙斗；
7—固定楔；8—尾轮；9—耙斗钢丝绳；10—电动机；11—减速器；
12—架绳轮；13—卸料槽；14—矿车

图 3－2－10　耙斗装载机装岩示意图

（2）运输。常用的运输设备主要包括无极绳绞车、刮板输送机、带式输送机和梭式矿车等。

综合机械化掘进时，常用掘进机—桥式带式转载机—刮板输送机和掘进机—桥式带式转载机—可伸缩带式输送机配合完成破、装、运作业。

（五）巷道支护

巷道开挖后，必须根据巷道围岩性质及时进行支护，缩短巷道空顶时间。目前常用的巷道支护包括被动支护和主动支护。其中，被动支护包括砌碹支护、架棚支护；主动支护包括锚杆支护、锚喷支护等。

1. 砌碹支护

砌碹支护的主要形式是直墙拱顶式，具有坚固、耐久、防火和通风阻力小等优点，但其施工复杂、劳动强度大、成本高、施工进度慢，多用于开拓巷道。砌碹支护由拱、墙和基础三部分组成，如图 3－2－11 所示。

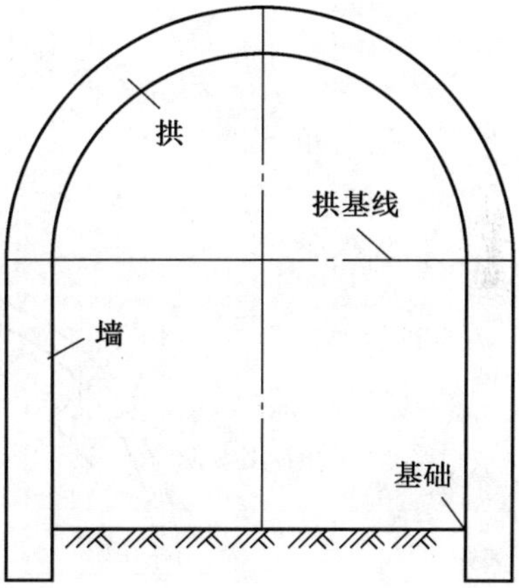

图 3－2－11　砌碹支护

2. 架棚支护

架棚支护主要包括木支架支护、矿用工字钢支护、U 型钢支护等，主要用于采区巷道。木支架因其支护强度低、易腐朽、不防火等情况，现井工煤矿井下严禁使用。

矿用工字钢支护。矿用工字钢支护为一梁两柱结构，常用 18～24 kg/m 钢轨、16～20 号工字钢及 11 号和 12 号矿用工字钢制作，如图 3－2－12 所示。

梁柱连接方式多采用在柱腿上焊接一块槽板，梁上焊接一块挡块，限制梁和柱腿接口处的移位，图 3－2－12b 接头简单，但不稳固，图 3－2－12c 接头牢靠，但拆装不便，为了防止柱腿受压陷入底板，可在腿下焊一块钢板底座。

U 型钢支护包括拱形和梯形可缩性支架两种。U 型钢拱形可缩性支架由顶梁、柱腿、连接件、架间拉杆和背衬五部分组成，多用于地压大、受采动影响显著的采区巷道，如图 3－2－13 所示。

U 型钢梯形可缩性支架有垂直可缩、水平可缩、双向可缩三种，其原理与拱形直接基本相同。多用于在围岩中等稳定、巷道断面和围岩压力不大的情况。

3. 锚杆支护

锚杆支护是指以锚杆为基本支护的支护形式，它以快速、主动、有效的支护

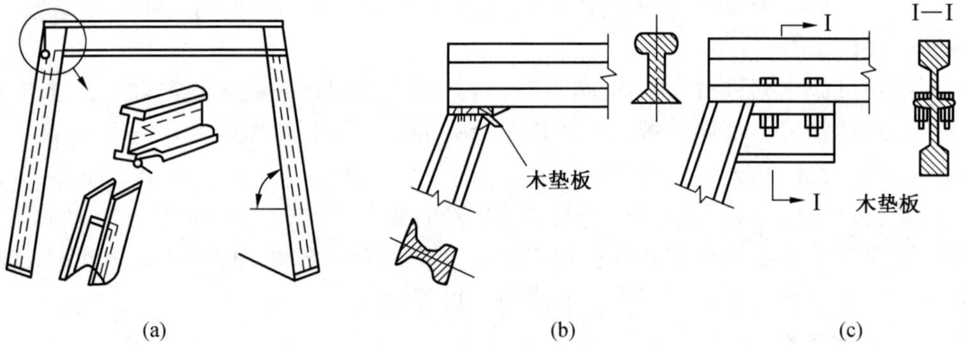

图 3－2－12　工字钢支护

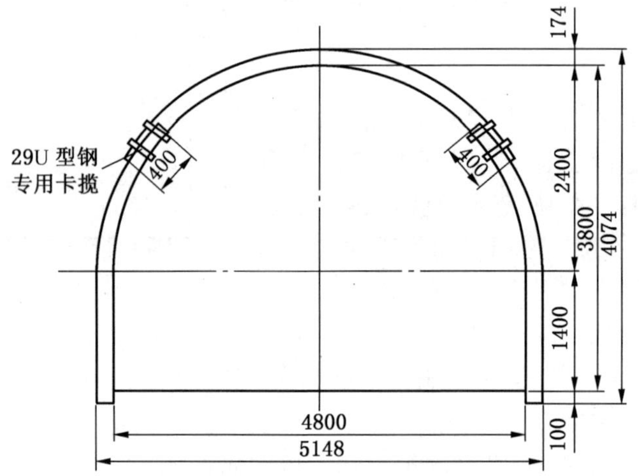

图 3－2－13　U 型钢拱形可缩性支架

特性已得到广泛推广应用，是井下巷道支护的发展方向。

（1）锚杆支护理论。主要包括悬吊理论、组合梁理论、组合拱（挤压拱）理论、最大水平应力理论和松动圈理论等。

（2）锚杆支护形式。主要包括锚杆喷射混凝土支护；锚杆、金属网、喷射混凝土支护；锚杆、金属网、钢架、喷射混凝土支护；锚杆、喷射混凝和锚索联合支护；锚杆、金属网和锚索联合支护；锚杆、梁、金属网联合支护；锚杆、金属网、可缩性金属支架联合支护；锚杆、金属网、桁架支护；锚、梁、网、喷、注浆联合支护。

（3）锚杆支护基本参数。主要包括锚杆长度、公称直径、预紧力、设计锚固力、间排距，基本参数取值见表3－2－4。

表3－2－4　锚杆支护基本参数

序号	参数名称	单位	参数取值
1	锚杆长度	m	1.6～3.0
2	公称直径	mm	16.0～25.0
3	预紧力	kN	锚杆屈服力的30%～60%
4	设计锚固力	kN	锚杆屈服力的标准值
5	间距	m	0.6～1.5
6	排距	m	0.6～1.5

（4）锚杆安装。包括装锚固剂、插入锚杆、搅拌药卷和紧螺母。装药卷前应先检查锚杆孔、锚固剂质量，锚杆构件齐全及杆尾防锈脂涂抹情况。搅拌药卷时，托盘应压紧钢带拖住顶板，螺母按照规定拧紧。顶锚杆及斜角锚杆安装如图3－2－14所示。

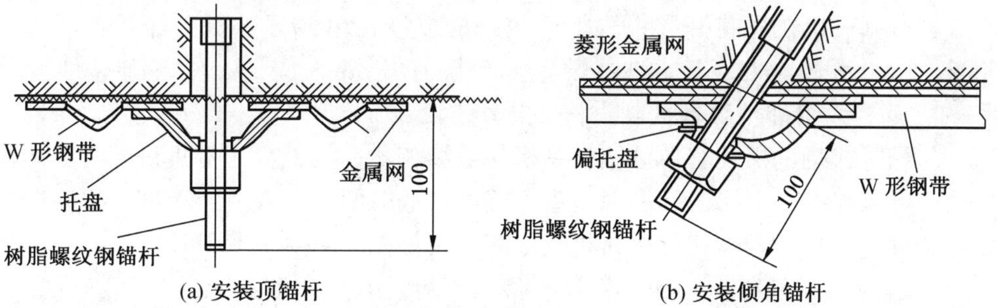

图3－2－14　锚杆安装

四、快速掘进巷道施工技术

（一）煤巷及半煤岩巷快速掘进技术

1. 悬臂式掘进机配套单体锚杆钻机作业线

目前，我国已研制出轻型、中型、重型三大系列十多种型号的掘进机，截割功率为50~315 kW，截割岩石硬度f为4~12，截割巷道断面为3.8~42 m^2，典型煤巷掘进机性能参数见表3-2-5。

表3-2-5 典型煤巷掘进机性能参数

参 数	定位截割高度/m	定位截割宽度/m	可/经济截割硬度f	截割功率/kW	总功率/kW
EBZ120	3.75	5.0	≤8/6	120	190
EBZ160	4.0或4.5	5.5或6.0	≤10/8	160	250
EBZ220H	4.6	5.71	≤9/8	220	352
EBZ260H	5.0	6.1	≤10/9	260	392
EBZ300	4.85	6.0	≤11/9	300	421

典型煤巷掘进机施工工序为掘进机割煤、落煤、铲板装煤，经二运转载至带式输送机运出工作面。跟机架设临时支护措施及时支护空顶区域，开掘1~3个循环进尺后，掘进机后撤3~5 m，人工将单体锚杆机移至掘进工作面迎头，连接风水管路，启动锚杆机完成循环进尺内所用的锚杆支护作业，而后退出锚杆机，综掘机移进掘进工作面迎头，进行新一轮的循环作业，直至完成整条巷道的掘进工作。

国产掘进机在煤巷掘进中取得了较好的成绩，单台掘进机已经具备年进尺6000~8000 m的能力，基本满足煤巷生产能力的需要。

2. 悬臂式掘进机配套机载锚杆机装置作业线

与悬臂式掘进机配套单体锚杆钻机作业线相比，其减少了掘进机配套单体锚杆钻机频繁移机、退机的问题，节省了辅助作业时间，可在一定程度上提高掘进效率和掘进进尺。悬臂式掘进机机载锚杆钻机如图3-2-15所示。

3. 连续采煤机配套“梭车+锚杆钻车”的双巷掘进作业线

以连续采煤机、四臂锚杆钻车和梭车为核心，采用多巷掘进交叉换位施工工艺，如图3-2-16所示。

连续采煤机和锚杆机在双巷或多巷系统中的不同巷道内掘进和支护，再通过交叉循环换位完成掘、锚工作。月进可达1000~3000 m，最高日进达210 m。

4. 掘锚机配套帮锚机+锚杆钻车快掘作业线

掘锚机配套帮锚机+锚杆钻车快掘作业线主要由掘锚机、帮锚机、三臂锚杆

图 3－2－15　悬臂式掘进机机载锚杆钻机

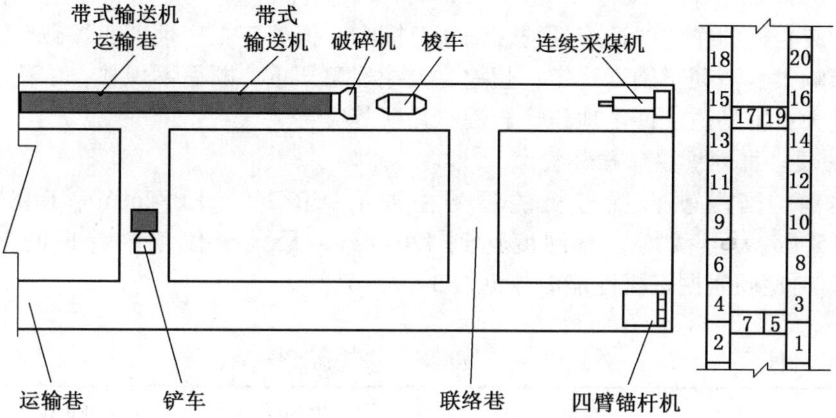

图 3－2－16　连续采煤机双巷掘进系统

钻车、可弯曲带式输送机和迈步式自移机尾组成（图 3－2－17）。

掘锚机配套帮锚机＋锚杆钻车快掘作业系统将十臂锚杆钻机的功能分解为三臂锚杆钻车和帮锚机，将顶锚和帮锚分离，减少钻臂旋转工序，设备分工明确，操作便利，系统机动灵活，适用范围广，具备月进千米的能力。

（二）岩巷快速掘进技术

岩石巷道掘进一直是煤矿的难题之一。据统计，国有重点煤矿每年掘进岩巷

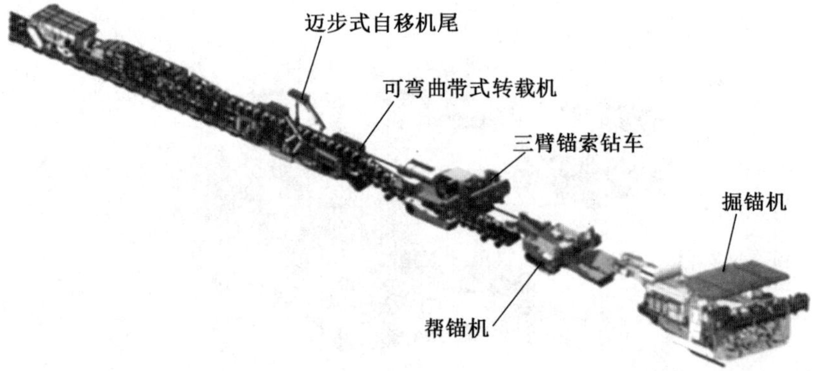

图3－2－17　掘锚机配套帮锚机＋锚杆钻车快掘作业线

1250～1600 km，岩巷工作面1400～1700个。传统的气腿式凿岩机或凿岩台车配套侧卸装岩机的作业线适应性强，适用范围广，但施工工序烦琐。爆破对围岩的扰动影响大，不利于围岩稳定；超挖、欠挖现象严重，断面不规整，工程质量控制难度大；容易诱发冲击地压、岩爆、片帮等灾害。

1. 硬岩掘进机整体推进技术

目前，国内硬岩掘进机的型号主要有EBZ260、EBZ260W、EBZ300和EBH315，最大可截割岩石硬度达到120 MPa，最大定位截割巷道断面达到30 m^2。典型硬岩掘进机性能参数见表3－2－6。

表3－2－6　典型硬岩掘进机性能参数

技术参数	EBZ260W	EBZ300	EBH315
截割高度/m	3.8	4.85	5.8
截割宽度/m	5	6	7
截割硬度f	≤10	≤11	≤14
整机重量/t	85	90	130
截割功率/kW	260	300	315
总功率/kW	392	421	533

2015 年 3 月，国投新集公司刘庄煤矿使用 EBZ260W 型硬岩掘进机在硬砂岩中掘进瓦斯抽排巷，在限时排矸、底板水量大的情况下，完成月进尺 228. 9 m，超计划完成 48. 9 m，实现日进尺最高达 15 m 的好成绩。

2. 全断面岩石隧道掘进机掘进技术（简称 TBM 掘进技术）

全断面岩石隧道掘进机使用电子、信息、遥测、遥控等高新技术对全部作业进行制导和监控，使掘进过程始终处于最佳状态；利用回转刀具开挖，同时破碎洞内围岩及掘进，此掘进技术是目前世界上最为先进的隧洞开挖方法，如图 3 - 2 - 18 所示。

图 3 - 2 - 18　全断面岩石隧道掘进机

神华神东补连塔矿 2 号副井是我国首座采用全断面隧道掘进机施工的煤矿斜井，创造了最高月进尺 639 m 的世界纪录，仅用半年时间就顺利贯通 2750 m 长的神东补连塔矿 2 号副井，施工速度远远快于传统工法，开创了煤矿斜井施工新模式。

五、矿井开拓与巷道施工新技术

巷道/斜坡道/立井快速机械掘进技术与装备适用于矿山井巷工程。

该技术与装备使用全断面硬岩掘进机、悬臂式掘进机、矿用 TBM、掘锚一体机、连续带式输送机等装备，实现探—掘—支—运全工序高效协同作业；实现巷道精确成型掘进，一体化自动支护；采用“井—地—云”架构智能掘进管控平台。

地下矿山的开拓与采准为独头掘进作业，掘进速度慢，基建周期长（至少 3 ~5 年），制约了快速达产。随着采掘装备机械化、自动化和信息化水平的提高，多种冲击式、旋转截齿切削式、滚刀压裂式机械刀具破岩掘进装备相继推出，全断面硬岩掘进机、悬臂式掘进机、矿用 TBM、掘锚一体机、反井钻机、全断面正掘下（或上）排渣立井钻机等投入应用。该技术与装备具有非爆破岩、快速开挖、连续掘进、自动化支护等优势，能解决矿山开拓与采准施工中存在的技术难题，凭借其高效、安全、低成本的优势，促进矿山实现智能开采及跨越式发展。

该技术与装备已应用于山西西山煤电马兰煤矿、山西汾西矿业贺西煤矿、安徽亳州煤业袁店二井煤矿、山东黄金三山岛金矿、湖北宜安联合实业麻坪磷矿。

第三节　煤　矿　开　采

一、采煤工艺

采煤工艺是指采煤工作面破煤、装煤、运煤、支护、采空区处理等工序采用的方法、设备及其在时间上、空间上的相互配合关系。我国现阶段主要采用的采煤工艺为综合机械化采煤工艺和放顶煤采煤工艺。

（一）综合机械化采煤工艺

综合机械化采煤（简称“综采”）是指采煤工作面破煤、装煤、运煤、支护和处理采空区全部实现机械化的采煤工艺。综采工作面布置如图 3－3－1 所示。

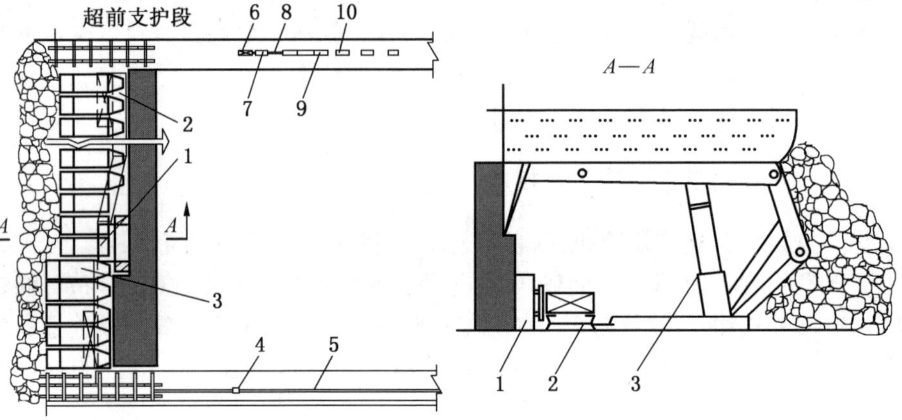

1—采煤机；2—刮板输送机；3—液压支架；4—转载机；5—带式输送机；6—集中控制台；7—配电箱；8—乳化液泵站；9—设备列车；10—移动变电站

图 3－3－1　综采工作面布置图

1. 破、装煤

综采工作面主要是依靠双滚筒采煤机完成此破煤、装煤工序。

1）双滚筒采煤机组成

双滚筒采煤机多用于中厚煤层及厚煤层，采煤机组成如图 3－3－2 所示。

2）采煤机割煤方式

双滚筒采煤机割煤方式需综合考虑工作面顶板控制、移架和进刀方式、两端头支护等诸多因素，包括单向割煤和双向割煤。

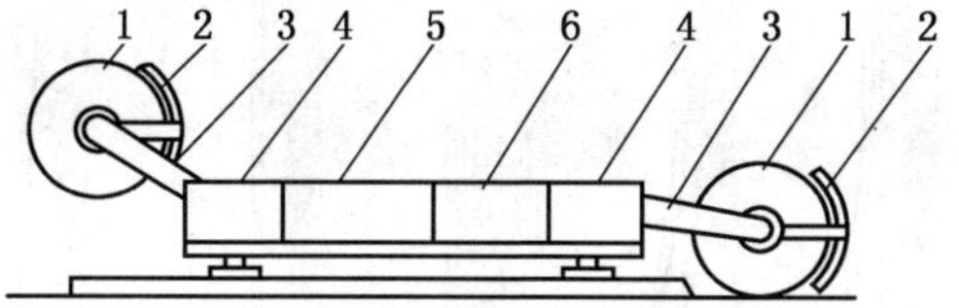

1—螺旋滚筒；2—挡煤板；3—摇臂减速器；4—固定减速器；5—牵引部；6—电动机

图 3－3－2　双滚筒采煤机的组成

单向割煤是指往返一次割一刀，采用中部斜切进刀。适用于顶板破碎、倾斜及急倾斜煤层等开采条件较差的工作面。

双向割煤是指往返一次割两刀，又称“穿梭割煤”，是我国现阶段主要采用的割煤方式。

双向穿梭式正常割煤时，采用斜切式进刀，滚筒的转向以人员面向工作面煤壁，采煤机的右滚筒为右螺旋，割煤时顺时针旋转；左滚筒为左螺旋，割煤时逆时针转动，如图 3－3－3a 所示。此种工作方式，司机操作位于安全区域，机组周围煤尘少，装煤效果好。

当煤层中部含硬夹矸时，滚筒转向采用反向工作方式，即右滚筒为左螺旋，逆时针转动；左滚筒为右螺旋，顺时针转动，如图 3－3－3b 所示。

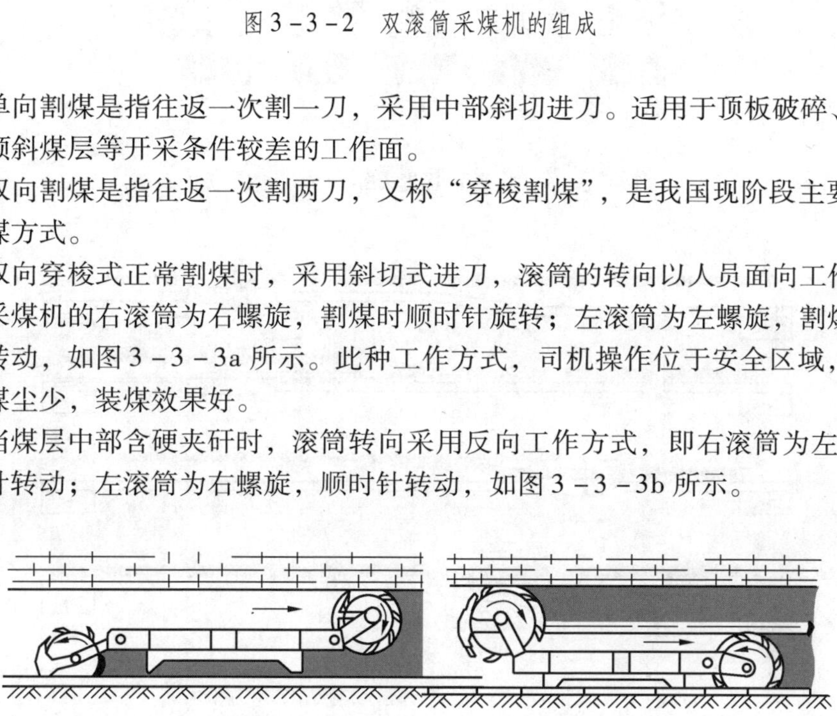

(a) 正常割煤　　(b) 反向工作方式

图 3－3－3　采煤机工作方式

3）采煤机进刀方式

采煤机进刀方式包括端部斜切进刀割三角煤、中部斜切进刀和滚筒钻入法进刀。端部斜切进刀割三角煤进刀方式如图 3－3－4 所示；中部斜切进刀方式如图 3－3－5 所示。

2. 运煤

综采面主要通过可弯曲刮板输送机、转载机、破碎机和带式输送机完成运煤

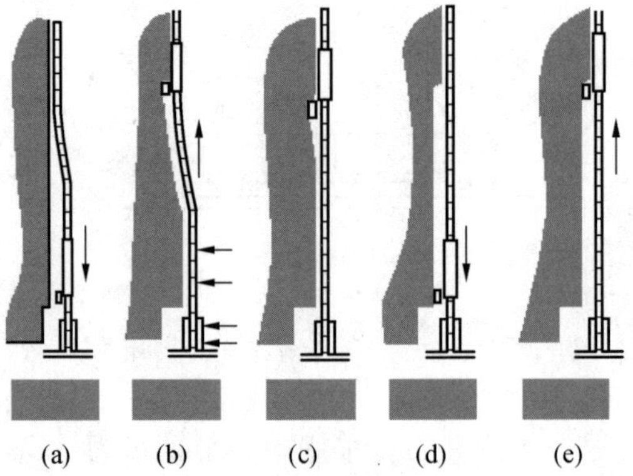

图 3-3-4　端部斜切进刀割三角煤进刀方式

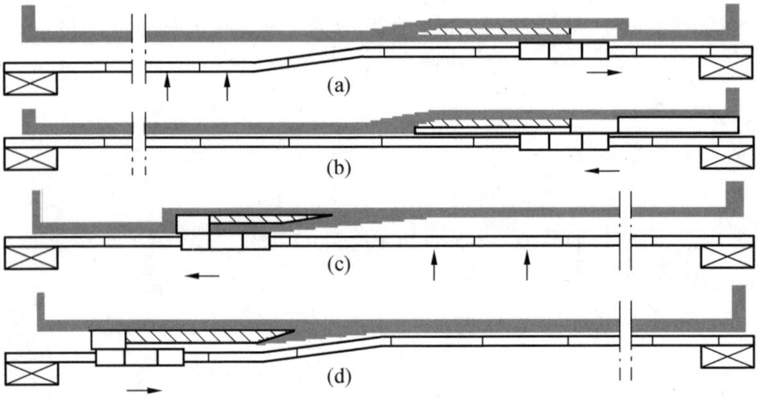

图 3-3-5　中部斜切进刀方式

环节。

采煤机割下的煤由工作面可弯曲刮板输送机、转载机、破碎机和带式输送机运转到采区煤仓。工作面配套的刮板输送机、转载机、破碎机和带式输送机随工作面的推进及时前移，实现连续运输，适应工作面快速推进的需要。

3. 工作面支护

工作面支护包括工作面基本架支护、端头支护以及进回风巷的超前支护。

1）工作面基本架支护

采煤机割煤后，工作面液压支架支撑顶板按照不同移架顺序分为及时支护和滞后支护。及时支护是指采煤机割煤后，依次或分组随机前移支护顶板，输送机随移架逐段移架。及时支护工作空间大，但控顶宽度大，不利于顶板控制，如图 3 -3 -6 所示。

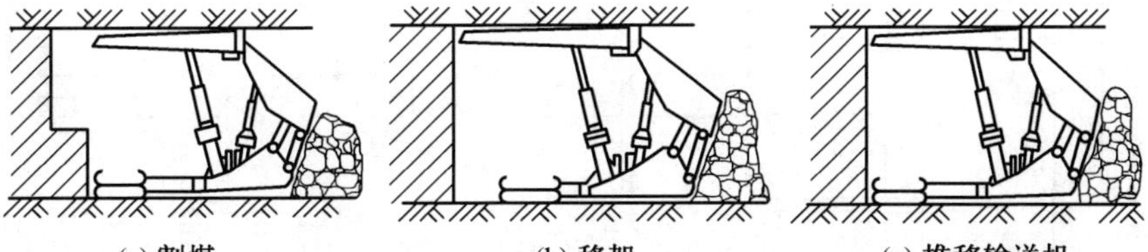

图 3 -3 -6　及时支护

滞后支护是指采煤机割煤壁后，输送机逐段移向煤壁，支架随输送机前移，如图 3 -3 -7 所示。其适用于周期压力大和直接顶稳定性好的顶板。

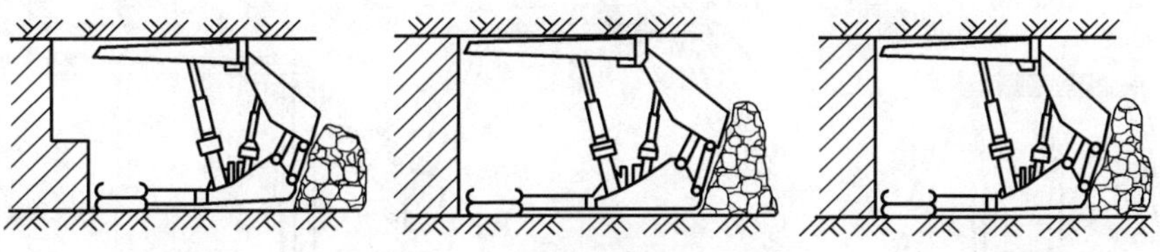

图 3 -3 -7　滞后支护

2）工作面端头支护

工作面端头支护是指工作面与进回风巷连接处的支护。根据端头悬顶面积、顶板压力及稳定性、回采巷道原有支护方式等条件，端头支护方式分为液压支架端头支护、垛式锚固支架、迈步式端头支架、支撑掩护式端头支架、单体支柱加长梁组成的迈步抬棚和锚杆 - 钢带支护等。锚杆 - 钢带端头支护如图 3 -3 -8 所示。

3）工作面超前支护

采煤工作面安全出口与巷道连接处属超前压力影响范围区，必须至少加强支护 20 m。

实际生产工作中，巷道断面和支护方法各异，必须充分考虑煤岩层条件，结合巷道断面形状和支护方式，确定超前支护距离和支护方式，如图 3 -3 -9 所示。

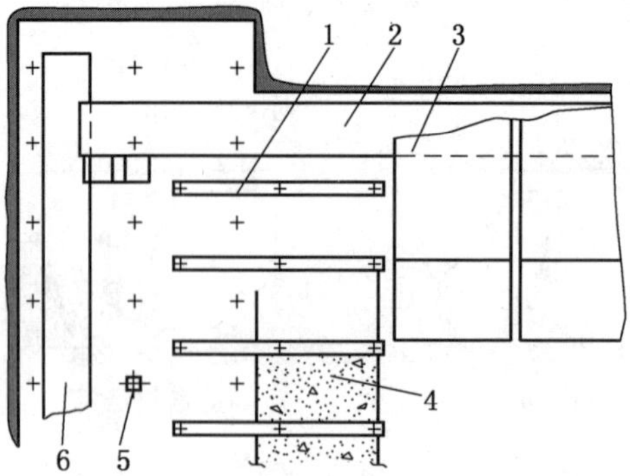

(a) 锚杆–钢带支护

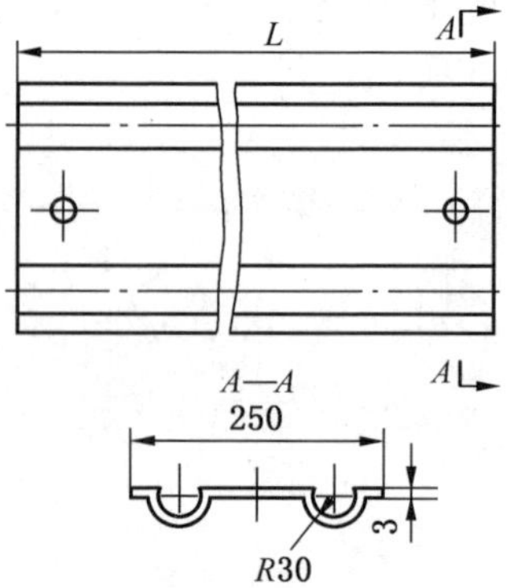

(b) 钢带及其剖面

1—锚杆 - 钢带；2—工作面输送机；3—液压支架；4—巷旁充填体；5—巷道锚杆；6—转载机

图 3 -3 -8　锚杆 - 钢带端头支护

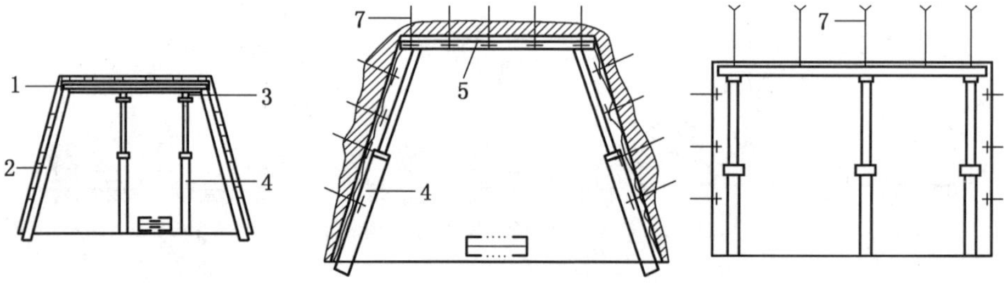

(a) 工字钢梯形棚巷道　(b) 锚 (或锚网) 梯形巷道　(c) 锚 (或锚网) 矩形巷道

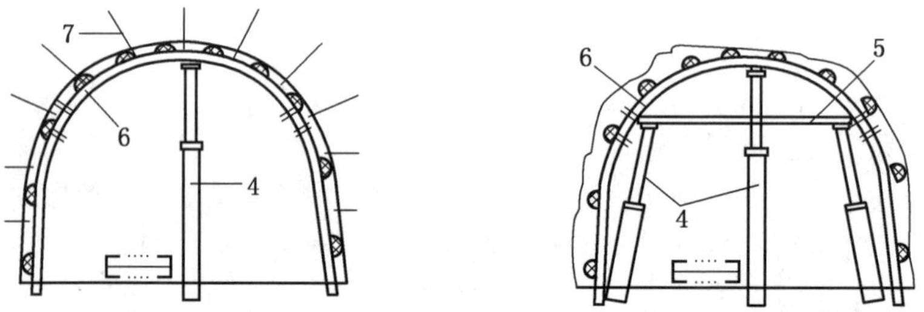

(d) 锚 (或锚网) 拱形巷道　(e) 拱形 U 型钢巷道

1—工字钢棚梁；2—工字钢棚腿；3—Π 型钢长梁；4—单体支柱；5—Π 型钢棚梁；
6—U 型钢棚子；7—锚杆

图 3 -3 -9　工作面超前支护布置图

4. 采空区处理

综采工作面采空区处理多采用全部垮落法，即随着液压支架移架，工作面顶板自行垮落至采空区。对于坚硬顶板采用强制放顶的方法处理。

(二) 综合机械化放顶煤采煤工艺

综合机械化放顶煤采煤工艺（简称“综放”）适用于6 m以上的厚煤层，煤层底部用常规综采设备采出，上部煤层由液压支架放煤口放出，综放工作面设备布置如图3-3-10所示。

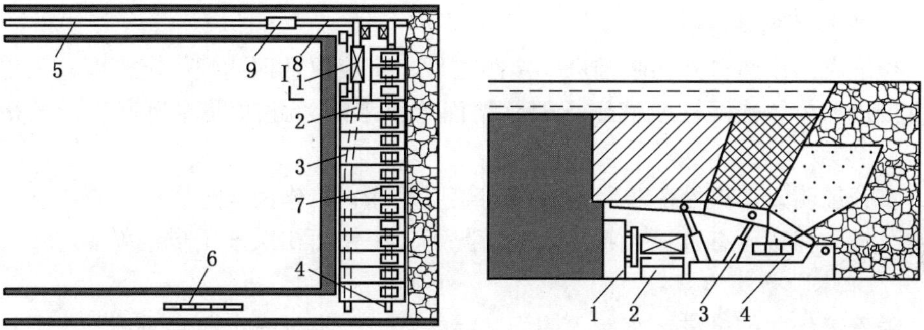

1—采煤机；2—前部刮板输送机；3—放顶煤液压支架；4—后部刮板输送机；5—带式输送机；6—泵站、移动变电站等；7—放煤口；8—转载机；9—破碎机

图3-3-10　综放工作面设备布置图

综放采煤工艺流程为采煤机割煤→移架及时支护→推移前部刮板输送机→拉后部刮板输送机→打开放煤口→放顶煤，与综采工艺要求几近相同，此处不再赘述。

二、采煤工作面顶板控制

采煤工作面顶板控制是提高煤矿安全生产效率的重要途径，合理选用工作面支架、端头和超前支护方式，加强工作面初末采、周期来压、过地质构造等顶板的控制十分重要。

(一) 矿压基本概念

(1) 原岩应力。原岩应力是指天然存在于岩体内而与任何人为因素无关的应力。即在矿山尚未进行采掘工程以前，岩体内存在的应力。

(2) 矿山压力。由于井下采掘作业破坏了煤岩中原有的应力平衡状态，引起应力重新分布并作用至采掘空间周围岩体内和支护物上的力称为矿山压力。

（3）矿山压力显现。矿山压力作用到围岩及支护设备上所表现出来的力学现象称为矿山压力显现，如煤壁片帮、顶板离层、液压支架活柱下缩和安全阀开启等。

（4）支承压力。矿井生产过程中在采掘空间的周围产生的集中应力称为支承压力。

（二）采煤工作面围岩移动特征

1. 直接顶初次垮落

当采煤工作面自开切眼推进一定距离后，直接顶悬顶达到一定跨度，采空区侧直接顶随单体柱回柱或液压支架移架而垮落下来，此过程称为直接顶的初次垮落。

实践证明，初次垮落步距的大小与煤层埋深、工作面推进速度、直接顶岩层强度及地质构造等有直接关系。一般情况下，工作面初次来压步距为 6 ~ 12 m。

2. 基本顶初次垮落

随着工作面的推进，直接顶周而复始垮落，当推进一定距离时，基本顶悬跨距离达到极限而出现断裂和垮落。基本顶在采空区侧第一次垮落称为初次垮落。自开切眼至基本顶第一次垮落的距离称为基本顶初次垮落步距。基本顶初次垮落步距的大小同直接顶的稳定程度有关。基本顶初次来压步距多为 25 ~ 35 m。工作面基本顶初次来压如图 3 – 3 – 11 所示。

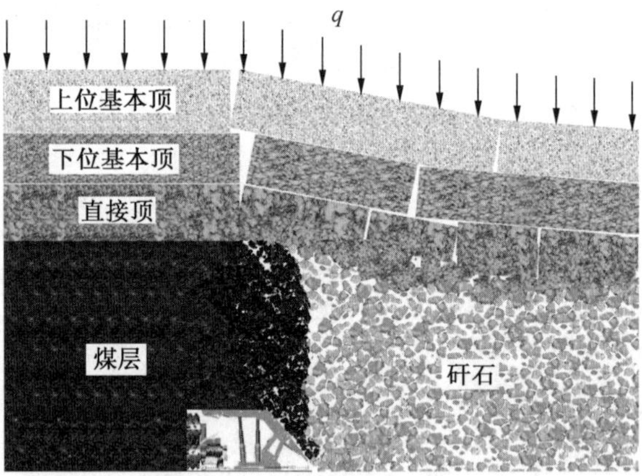

图 3 – 3 – 11　工作面基本顶周期来压

基本顶初次来压后，随着工作面推进周而复始地垮落，称为周期来压，与之对应的距离称为周期来压步距。已有实践证明，基本顶周期来压步距多为初次来压步距的1/2～1/4。

随着工作面的推进，工作面上覆岩层发生破坏和移动，如图3-3-12所示。根据岩层移动特征，将煤层上覆岩层分为垮落带（Ⅰ）、裂隙带（Ⅱ）和弯曲下沉带（Ⅲ）。

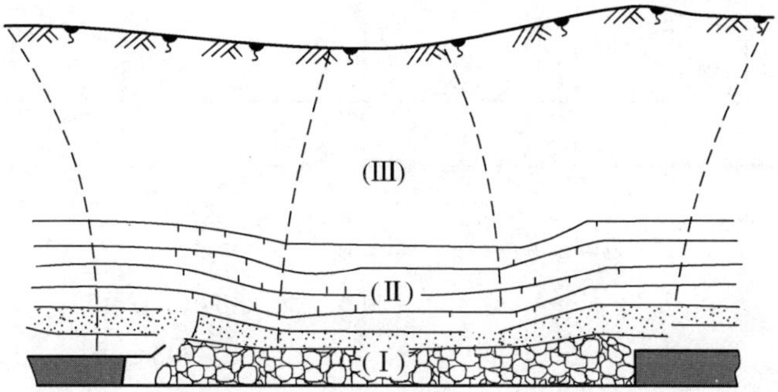

图3-3-12　开采后岩层移动示意图

3. 基本顶来压表现形式

基本顶来压的表现形式包括顶板下沉速度急剧增加和顶板下沉量增大，支架（支柱）承受载荷、活柱下缩量、安全阀开启率及支柱插入底板量普遍增大，支柱折损和顶板出现台阶下沉等。

（三）采煤工作面矿压显现规律

采煤工作面矿山压力是指采煤工作面煤壁前方、采空区侧、采煤工作面两侧煤柱（或煤体）和采煤工作面底板等处的压力。学习采煤工作面矿山压力显现基本规律可为班组安全管理和预防顶板事故奠定基础。

1. 采煤工作面前、后矿山压力分布

采煤工作面前、后矿山压力分布与采空区处理方式有关，采用全部垮落法控制顶板时，采煤工作面前支承压力最大值在工作面中部，为原岩应力的2～4倍，超前影响范围90～120 m。采煤工作面后支承压力小于原岩应力。根据已有研究成果可将工作面前、后支承压力分为应力增高区、降低区和不变区，如图3-3-13所示。

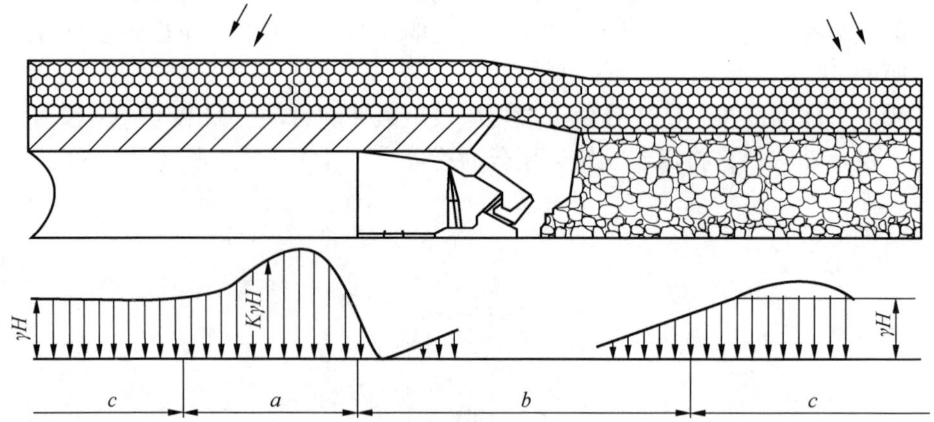

a—应力增高区；*b*—降低区；*c*—不变区

图 3-3-13　综采工作面前、后支承压力分布

2. 采煤工作面两侧支承压力分布

采煤工作面两侧支承压力分布是指工作面两侧煤柱或煤体上的支承压力。采煤工作面两侧支承压力边缘所承受压力较小，其最大峰值点位于煤体或煤柱深部一定距离处，如图 3-3-14 所示。

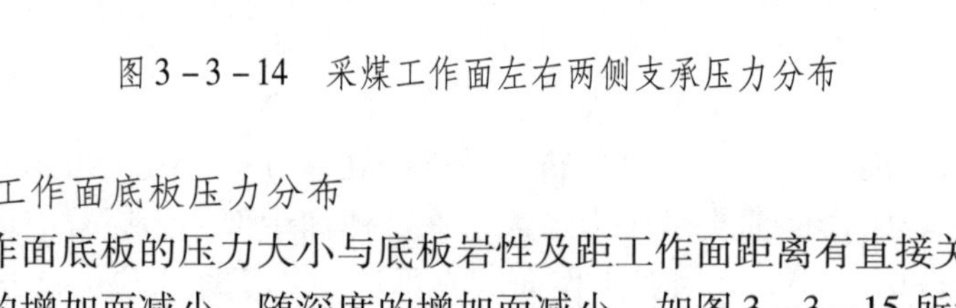

图 3-3-14　采煤工作面左右两侧支承压力分布

3. 采煤工作面底板压力分布

采煤工作面底板的压力大小与底板岩性及距工作面距离有直接关系，其随距工作面距离的增加而减小，随深度的增加而减小，如图 3-3-15 所示。

（四）采煤工作面支护质量与顶板动态监测

采煤工作面片帮漏顶、端头冒顶、沿煤壁整体切顶、支架损坏及压垮现象时

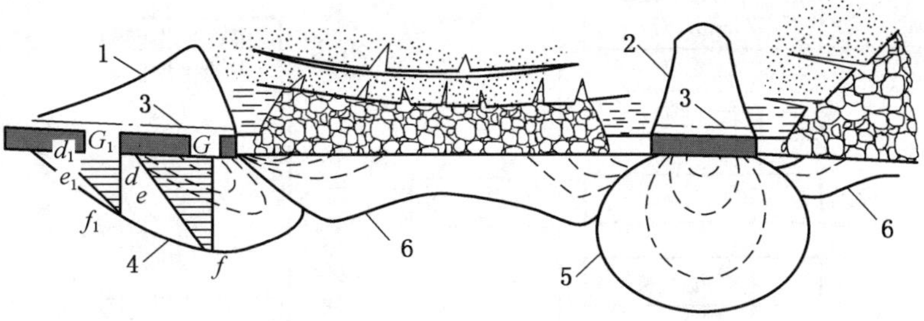

1、2—支撑压力；3—原岩应力；4、5—应力增高区境界；6—应力降低区境界

图 3－3－15　采煤工作面底板岩层内的应力分布

有发生，主要原因是支架初撑力低、支护质量差及液压系统不完善等。

采煤工作面必须实行顶板动态和支护质量监测，进、回风巷实行顶板离层观测；有相关监测、观测记录且资料齐全。

顶板动态和支护质量监测的内容包括液压支架（单体柱）初撑力、支架中心距（支柱间排距）、架间间隙、支架错茬、支架（单体柱）歪斜角、悬顶面积、工作面控顶范围内顶底板移近量、超前支护距离等。

三、采煤新技术

近些年，随着我国煤炭开采技术水平的提高、开采装备日益先进，我国的煤炭开采技术也实现了跨越式的发展，其中最具代表性的当属煤矿智能化开采技术、切顶卸压成巷无煤柱开采技术，这两项技术已经在我国多个矿区得到成功应用，并取得了快速发展。

（一）智能化开采技术

煤矿智能化无人开采已成为我国煤炭开采的重要发展方向。目前在地质条件简单的煤层采用人工远程干预的智能控制模式已取得阶段性成果。

1. 智能化开采技术原理

智能化开采是在机械化开采、自动化开采的基础上，信息化与工业化深度融合的煤炭开采技术的深刻变革，是指在不需要人工直接干预的情况下，通过采掘环境的智能感知、采掘装备的智能调控、采掘作业的自主导航，由采掘装备自动、独立完成采掘作业过程。其技术原理如图 3－3－16 所示。

2. 自动化控制系统

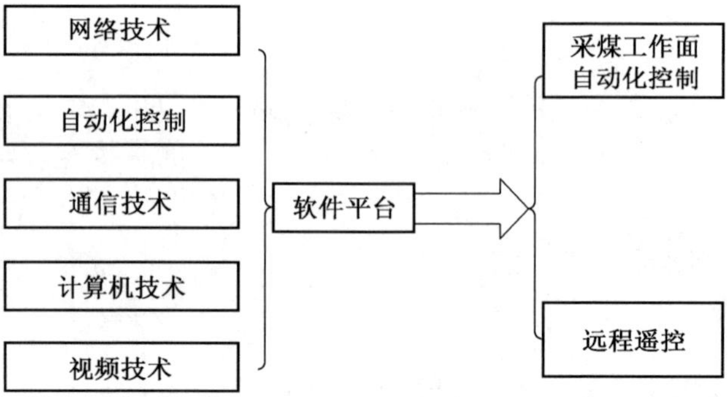

图 3-3-16　智能化开采技术原理

自动化控制系统是将采煤机控制系统、支架电液控制系统、工作面运输控制系统、三机通信控制系统、泵站控制系统及供电系统有机地结合，实现对综采工作面设备的协调管理与集中控制。

采煤机以记忆割煤为主，人工远程干预为辅；液压支架以跟随采煤机自动序列动作为主，人工远程干预为辅。综采运输设备实现集中自动化。综采自动化控制系统集视频、语音、远程集中控制为一体，实现了采煤机、刮板输送机、液压支架等设备的联动控制和关联闭锁功能。

3. 采煤机控制系统

采煤机控制系统采用采高传感器实现采高自主定位，采用位置传感器实现工作面位置自主定位，具有记忆截割功能；具备远程双向通信功能，可以实现远程监测与控制。采煤机控制系统如图 3-3-17 所示。

4. 支架电液控制系统

工作面每台支架上利用网络平台传送控制命令，通过电液控制液压元件驱动液压支架油缸动作，完成液压支架动作控制，如图 3-3-18 所示。

5. 视频控制系统

通过视频控制系统传送工作面图像，操作人员才能根据煤层变化情况、滚筒截割情况、支架状态等信息，必要时对采煤机进行远程干预。通过远程干预可以避免在地质条件变化或煤层变化时采煤机截割到顶底板等情况的发生。

视频图像自动跟着采煤机移动，采煤机运行到什么地方，对应位置的视频图像实时切换。操作司机通过视频画面随时了解现场情况，通过集控平台实现对现场设备的远程干预。

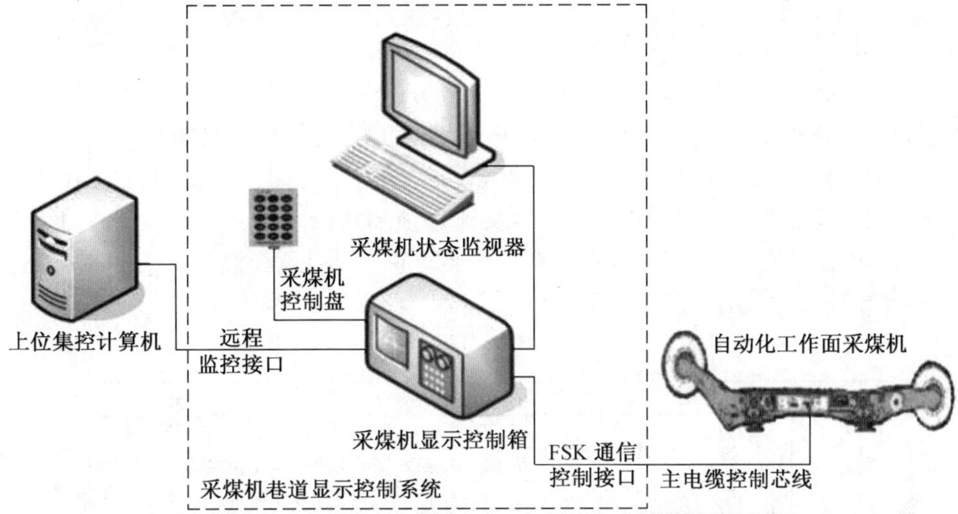

图 3-3-17　采煤机控制系统

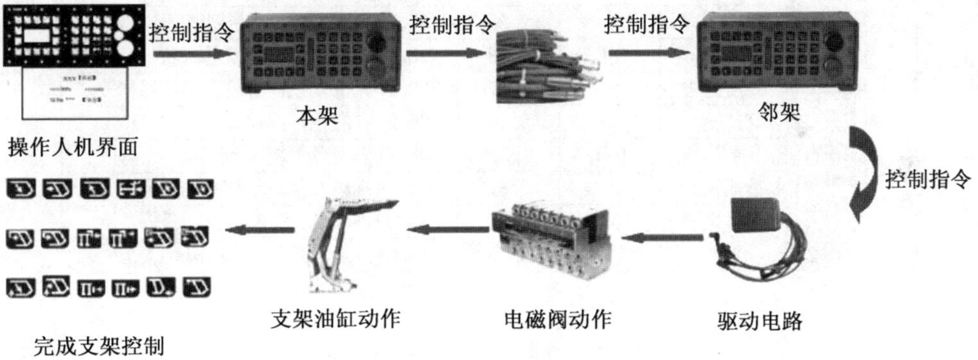

图 3-3-18　支架电液控制系统

6. 集成液控系统

通过在巷道口集中设置水处理系统和自动配比系统，完成对工作面乳化泵的自动配比和自动供液。通过对刮板输送机、转载机、破碎机、带式输送机和泵站控制系统进行集成，实现对工作面运输设备的启停控制。

（二）切顶泄压成巷无煤柱开采

1. 工程概况

柏沟煤业所采 9 号煤层平均厚度 1.3 m，煤层倾角 2°～11°。基本顶为平均厚度 6.7 m 的 K2 灰岩；间隔 K2 灰岩上方 4.6 m 为平均厚度 5.77 m 的 K3 灰岩。底板为平均厚度 5.67 m 的砂质泥岩。9 号煤层顶底板钻孔柱状图如图 3－3－19 所示。为了提高煤炭采出率，缓解采掘紧张，降低 9 号煤层遗留煤柱对 10 号煤层开采的安全隐患，对 090109 运输巷实施切顶卸压沿空留巷，作为下一工作面的回采巷道，如图 3－3－20 所示。090109 运输巷沿煤层顶板掘进，断面宽×高＝4.4 m×2.5 m，全断面采用锚网支护。

地层	柱状	岩层名称	标志层	层厚/m	埋深/m	岩性描述
太原组		砂质泥岩		18.70	453.57	深灰色，含粉砂泥质结构
		泥岩		7.84	472.27	灰黑色，泥质结构
		石灰岩	K4	4.51	480.11	灰色，厚层状，生物碎屑结构
		泥岩		0.45	480.56	黑灰色，泥质结构
		7号煤层	7号	0.56	481.12	黑色，碎块状
		砂质泥岩		8.62	489.74	深灰色，含粉砂泥质结构
		石灰岩	K3	5.77	495.51	灰色，厚层状，生物碎屑结构
		8号煤层	8号	0.20	495.71	黑色，碎块及粉末状
		砂质泥岩		2.25	497.96	深灰色，含粉砂泥质结构
		8下号煤层	8下	0.08	498.04	黑色，碎块及粉末状
		砂质泥岩		2.07	500.11	深灰色，含粉砂泥质结构
		石灰岩	K2	6.70	506.81	灰色，厚层状
		9号煤层	9号	1.30	508.11	黑色，玻璃光泽
		砂质泥岩		5.67	513.78	黑灰色，含粉砂泥质结构
		10号煤层	10号	4.31	518.09	黑色，粉末状
		泥岩		0.95	519.04	灰黑色，泥质结构

图 3－3－19　9 号煤层顶底板钻孔柱状图

2. 沿空留巷围岩大变形分析

1）矿压显现特征

柏沟煤业 090109 运输巷采用切顶卸压留巷，初始设计切顶高度为 5 m，切顶角度为 10°。根据现场观测 090109 运输巷留巷初期的情况，发现留巷围岩变形主要表现出 3 种特征：顶底板收缩严重，最大顶底板相对移近量为 720 mm，且采空区侧顶底板收缩量大于实体煤侧；实体煤帮变形相对不大，其变形量为 487 mm；巷道围岩处于长期流变变形状态，围岩变形稳定时滞后工作面的距离超过 230 m。

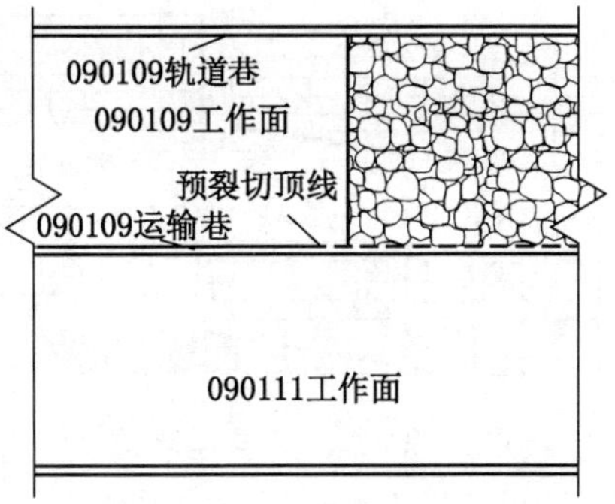

图 3-3-20　090109 工作面切顶留巷示意图

2）矿压显现机制

现场观测表明，在切顶高度为 5 m、切顶角度为 10°条件下，柏沟煤业 090109 运输巷实际断面尺寸已不能满足留巷要求，其围岩大变形的主要原因：一方面是采空区上方的双层坚硬顶板将采空区上覆岩层载荷传递至巷道围岩并带动巷道顶板同步下沉，另一方面是锚杆支护作用范围小，不能控制巷道顶板内双层坚硬顶板间软弱岩层的离层。

通过顶板钻孔窥视结果可以发现，当切顶卸压高度为 5 m、切顶角度为 10°时，K2 灰岩顶板在采空区侧的裂隙发育高度为 5.2～5.4 m，小于其厚度，即煤层上方的坚硬顶板不能在采空区侧完全破断，形成了双层“砌体梁”结构（图 3-3-21）。采空区上方的双层坚硬顶板弯曲下沉时迫使巷道顶板下沉，并将采空区上覆岩层载荷转移至巷道顶板，巷道两帮和底板在高应力作用下塑性扩容产生大变形。另外，K2 灰岩不完全破断导致其下沉缓慢，双层坚硬顶板间的软弱岩层不能及时垮落充满采空区，进而导致巷道围岩处于流变变形状态。

原支护方案中顶板仅采用锚杆支护，无法抵抗层间软弱岩层裂隙节理发育导致的顶板离层。顶板离层进一步增加了巷道顶板下沉量。上述两方面共同作用使巷道围岩整体失稳。

3. 沿空留巷切顶卸压围岩控制技术

切顶卸压的关键在于采用爆破或水力压裂等技术使煤层上方的坚硬顶板破断结构由“砌体梁”结构转化为“悬臂梁”或“短砌体梁”结构，否则切顶卸压效果不显著。理想的双层坚硬顶板切顶卸压后的岩层结构如图 3-3-22 所示。

研究表明，切顶高度和切顶角度是影响沿空留巷效果的直接因素，因此通过理论和数值模拟分析切顶高度和角度对沿空留巷围岩应力和变形的影响，从而得到合理的切顶高度和角度。

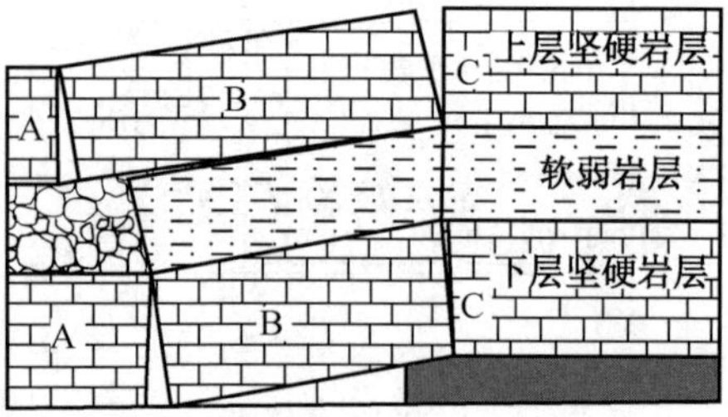

图 3-3-21　双层坚硬顶板的“砌体梁”结构

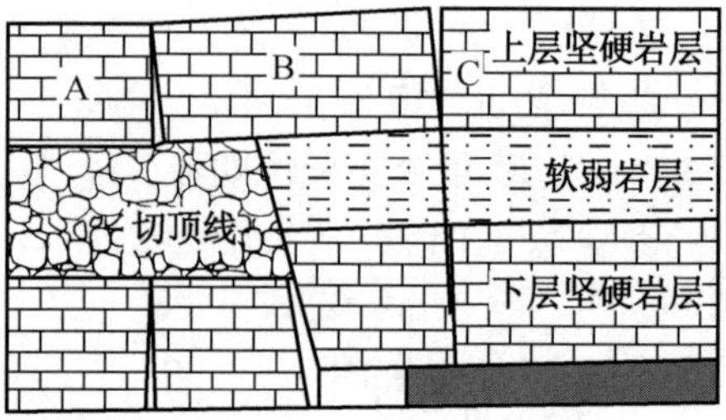

图 3-3-22　双层坚硬顶板切顶卸压岩层结构

1）切顶高度的确定

最佳切顶高度应保证切落后的顶板岩块能够充满采空区，理想状态下的切顶高度应满足下式的要求。

$$h = \frac{M}{k - 1}$$

式中，h 为切顶高度，m；M 为采高，m；k 为顶板岩层碎胀系数。根据柏沟煤业 9 号煤实际条件，k 取为 1.19，则理论计算得切顶高度为 6.8 m。

综合考虑 090109 工作面实际地质条件及计算过程的复杂程度，采用 3DEC 数值模拟软件建立计算模型（图 3-3-23），模型模拟巷道宽度为 4.4 m，两侧实体煤各 75 m（工作面长 150 m，考虑对称性取其一半），模型尺寸为长 × 宽 × 高 = 154.4 m × 200 m × 59.3 m。模型四周和底部为位移边界，其中四周限制水平位移，底部限制水平位移和垂直位移；模型顶部为应力边界，按均布载荷施加上覆岩层重力为 8.2 MPa。应力测线和位移测点布置如图 3-3-23 所示。模型岩石力学参数和模型岩层节理力学参数分别见表 3-3-1 和表 3-3-2。

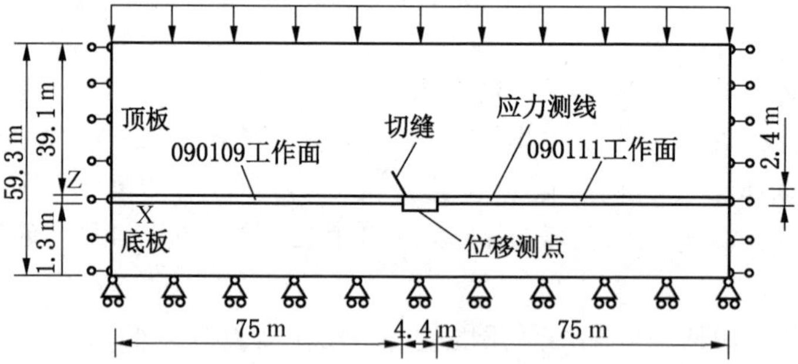

图 3-3-23　数值模型示意图

表3-3-1 模型岩石力学参数

岩石类型	密度/(kg·m^{-3})	弹性模量/GPa	泊松比	抗拉强度/MPa	内聚力/MPa	内摩擦角/(°)
石灰岩	2580	15.9	0.25	7.6	4.0	45
砂质泥岩	2385	3.2	0.25	5.2	1.2	34
泥岩	2437	2.2	0.3	1.8	1.1	30
煤	1470	1.2	0.32	0.6	0.9	39

表3-3-2 模型岩层节理力学参数

岩石类型	法向刚度/GPa	切向刚度/GPa	内聚力/MPa	抗拉强度/MPa	内摩擦角/(°)
石灰岩	12.9	18.1	6.5	3.1	26
砂质泥岩	2.0	3.0	4.4	0.9	20
泥岩	1.2	1.6	1.3	0.8	15
煤	0.5	0.7	0.5	0.7	16

为确定合理的切顶高度，使用3DEC数值模拟软件，选取切顶高度分别为3 m、4 m、5 m、6 m、7 m、8 m，共计6个模拟方案，模拟过程中保持其他参数不变，切顶角度均为15°，分析切顶高度对090109运输巷沿空留巷围岩垂直应力分布特征、水平应力分布特征和变形量的影响。分析可知，当切顶高度从3 m增加至8 m，顶板变形量减小了201 mm，底板变形量减小了116 mm，实体煤帮变形量减小了266 mm。

实体煤帮应力随切顶高度的变化如图3-3-24所示。由图可知，当切顶高度为3~5 m时，实体煤帮最大垂直应力和最大水平应力差异不显著，当切顶高度为6~8 m时，实体煤帮最大垂直应力和最大水平应力差异不显著，但当切顶高度由5 m增加至6 m，实体煤内最大垂直应力和最大水平应力分别减小了7.8 MPa和4 MPa。即随着切顶高度的增加，实体煤帮的最大垂直应力和最大水平应力降低。当切顶高度为3~5 m时，煤层回采后采空区顶板未沿切缝发生破断切落，在煤层顶底板间形成一个“弧形三角板”支撑的未被矸石充填的空区，K2灰岩顶板弯曲下沉对巷道顶板施加有一个较大的垂直作用力；当切顶高度不小于6 m时，煤层回采后采空区顶板中的K2灰岩沿切缝完全破断，该岩层失去传递力的作用，并且层间软弱岩层垮落后充填采空区程度增加，对上层坚硬岩层形成支撑作用力，导致巷道实体煤帮应力值较小。综上可知，当切顶高度能够使基本顶完全破断，并且双层坚硬顶板间的软弱岩层垮落能够充满采空区，该切顶高度即可满足工程需要。

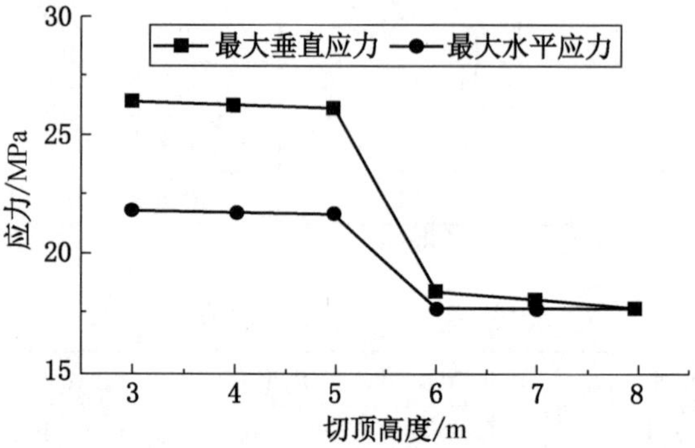

图 3-3-24　实体煤帮应力随切顶高度的变化

2）切顶角度的确定

合理的切顶角度有助于采空区顶板垮落，顶板岩层断裂后形成稳定结构需满足下式的要求。

$$\alpha = \varphi - \arctan\frac{\lambda hL}{2T}$$

式中，λ 为岩层体积力，MN/m^3；L 为工作面长度，m；T 为水平推力，MN；φ 为岩块内摩擦角，（°）。根据柏沟煤业 9 号煤实际条件，取 λ 为 0.026 MN/m^3，T 为 73.1 MN，φ 为 22.5°，则理论计算得切顶角度为 13.4°。

为确定合理的切顶角度，使用 3DEC 数值模拟软件，选取切顶角度分别为 0°、5°、10°、15°、20°、25°，共计 6 个模拟方案，模拟过程中保持其他参数不变，切顶高度均为 6 m，分析切顶角度对 090109 运输巷沿空留巷围岩垂直应力分布特征、水平应力分布特征和变形量的影响。分析可知，当切顶角度从 0°增加至 10°，顶板变形量减小了 207 mm，底板变形量减小了 41 mm，实体煤帮变形量减小了 54 mm；当切顶角度从 10°增加至 25°，巷道围岩变形量基本一致。

实体煤帮应力随切顶角度的变化如图 3-3-25 所示。由图可知，当切顶角度由 0°增加至 15°，实体煤内最大垂直应力减小了 0.8 MPa；当切顶角度由 15°增加至 25°，实体煤内最大垂直应力基本一致。当切顶角度从 0°增加至 15°，实体煤帮最大水平应力减小了 2.6 MPa；当切顶角度由 15°增加至 25°，实体煤内最大水平应力基本一致。即随着切顶角度的增大，实体煤帮的最大垂直应力和最大水平应力降低。当切顶角度为 0°时，由于切缝两侧的岩块间的摩擦作用，煤层回采后采空区顶板中的K2灰岩未沿切缝完全破断，即该岩层将其上覆载荷传递至巷道围岩内，导致巷道实体煤帮应力值较大；当切顶角度不为0°时，切缝两侧的岩块间的摩擦作用基本不存在，煤层回采后采空区顶板中的K2灰岩沿切缝完全破断，即该岩层失去传递力的作用，并且层间软弱岩层垮落后充填采空区程度增加，对上层坚硬岩层形成支撑作用力，导致巷道实体煤帮应力值较小。与确定合理的切顶高度同理，当切顶角度能够使基本顶完全破断，并且双层坚硬顶板间的软弱岩层能够垮落充满采空区，则该切顶角度满足工程需要。

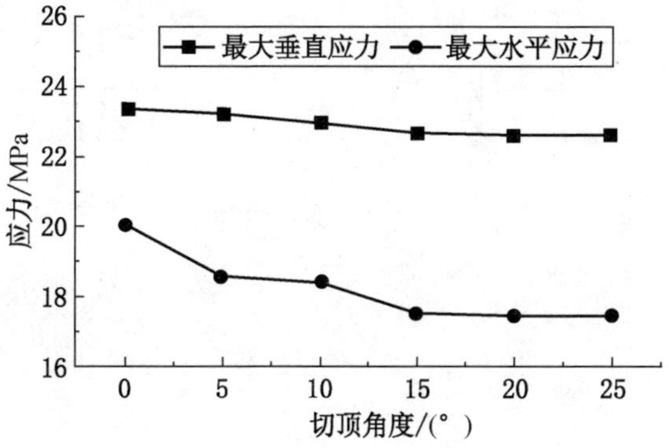

图3-3-25 实体煤帮应力随切顶角度的变化

综上所述，双层坚硬顶板条件下，合理的切顶高度和切顶角度不仅需要完全切断坚硬顶板使之失去传递力和带动巷道顶板同步下沉的作用，另还需要使切顶后软弱岩层充分垮落形成对上覆岩层的支撑作用，以减弱顶板缓慢下沉导致巷道围岩处于流变变形状态的作用。

4. 工程应用

采用切顶卸压后，若顶板管理不当，巷道围岩仍旧会表现出大变形，采用锚索补强技术可有效减少巷道顶板下沉量，从而控制巷道围岩整体的稳定性。利用锚索对顶板进行补强加固，控制顶板内软弱岩层离层，使所留巷道围岩能够最大限度地发挥自身承载作用，并且锚索布置于靠近采空区侧，以改善090109运输巷采空区侧顶底板收缩量大于实体煤侧的现象，减少巷道变形，保证留巷效果。

综上所述，结合柏沟煤业实际地质和工程条件，在不改变切顶卸压留巷技术的基础上，根据理论分析和数值模拟结果，并且考虑到施工设备安装所需的空间，综合确定090109运输巷切顶沿空留巷关键技术参数为：切顶高度由5 m增加为 6 m，切顶角度由 10°增加为 15°，并利用锚索对采空区侧顶板进行补强加固。巷道支护断面如图 3－3－26 所示。

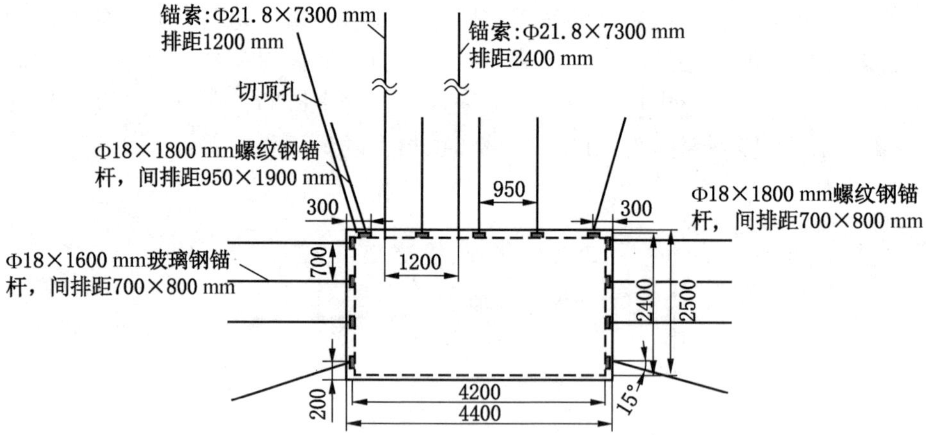

图 3－3－26　巷道支护断面图

在巷道支护后进行围岩变形监测，结果如图 3－3－27 所示。由图可知，切顶卸压后试验段巷道围岩变形量明显小于原支护段巷道。在滞后工作面 0～61 m 范围内，巷道围岩处于快速变形阶段，该阶段内围岩顶底板收敛量和实体煤帮变形量分别为 383 mm 和 203 mm；在滞后工作面 61～103 m 范围内，巷道围岩处于缓慢变形阶段，该阶段内围岩顶底板收敛量和实体煤帮变形量分别为 71 mm 和 32 mm；在滞后工作面 103 m 范围外，巷道围岩变形基本稳定。相较于之前的原始支护方式，在切顶卸压－顶板锚索补强协同控制技术下，围岩控制效果好，巷道顶底与实体煤帮变形量较原大变形区段分别减少了 35.3%（原 720 mm）、49.9%（原 487 mm），围岩稳定时滞后工作面距离减少了 55.2%（原 230 m）。现场效果如图 3－3－28 所示。

（三）短壁充填开采

短壁充填开采又称巷式胶结充填开采，是一种采充并行的“三下”采煤充填技术，具有“长壁布置、短壁开采、势能充填、巷式胶结”的特点，可安全高效置换“三下”煤炭资源，最大限度解放工广井筒压覆的煤炭资源，延长矿井的服务年限。

2020 年 3 月，巷式胶结充填开采技术列入“国家煤矿安监局关于发布煤矿

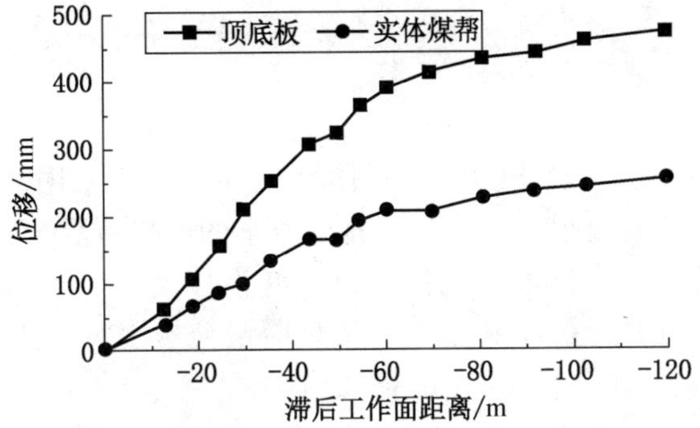

图 3-3-27　围岩位移随滞后工作面距离的变化

(a) 控制前　　(b) 控制后

图 3-3-28　围压控制效果图

安全生产先进适用技术装备推广目录”。

1. 工程概况

公格营子煤矿主采 6 号煤层为厚 15 m 的特厚煤层，倾角为 5°~14°，埋深 120~150 m。井田东部有老哈河流过，表土层厚 4~6 m，下为第四系冲洪积砂层，是厚度 20~23 m 的强含水层。在似膏体充填采煤技术应用的初期，采用了长壁式工作面分层充填工艺。工作面走向 350 m，工作面长 80 m，倾角为 12°，采高 2.0 m，工作面充填步距为 1.6~2.4 m。一采区第一、二分层充填开采实践表明，采用长壁工作面充填采煤工艺，存在以下突出问题：①支设充填挡浆模板工作量大、时间长、效率低，影响充填作业效率和工作面产量。②采空区充填后，料浆未凝固前，模板外侧的单体支柱不能撤出，无法进行下一轮的充填作业，充填作业跟不上采煤速度。为了克服长壁工作面充填开采存在的问题，其后的充填采煤工艺改为巷式充填采煤工艺。

2. 短壁充填工艺

（1）充填材料。公格营子煤矿似膏体充填开采中，采用普通水泥作为胶凝材料，骨料的选择应因地制宜，在满足充填要求的前提下尽量选取低价或废弃物料，以降低充填成本。骨料主要包括：粗骨料为粒度不大于 20 mm 的破碎煤矸石；细骨料主要选用电厂粉煤灰。充填料浆质量分数 78%，材料配比（质量分数）为水泥 4%、煤矸石 52%、粉煤灰 22%。

（2）充填工艺。首先在地面充填站将碎煤矸石、粉煤灰、胶凝材料和水按设计配比用量经称料斗加入双卧轴搅拌机，经搅拌制成质量分数约 78% 的似膏体料浆；然后向充填泵受料斗下料，经充填泵加压，通过地面充填管路、充填钻孔、井下充填管路将似膏体料浆输送到井下充填工作面。充填工艺流程如图 3－3－29 所示。

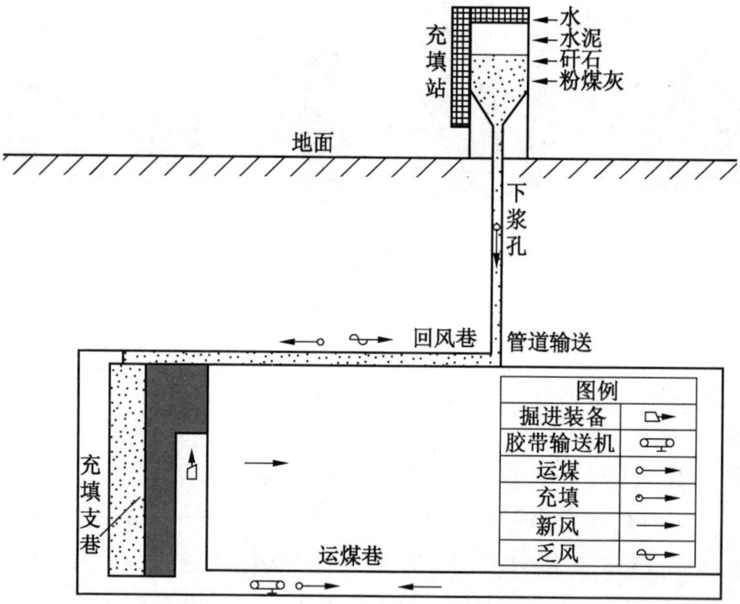

图 3－3－29　充填工艺流程

充填设计能力为 90 m^3/h，充填制备站设在工业广场南侧东部，充填系统主要设备和设施有：双卧轴搅拌机 1 台，充填泵 1 台，胶凝材料仓 1 座，煤矸石仓 1 座，粉煤灰仓 1 座，配套钢结构 1 套。根据管路输送参数计算结果并考虑经济适用及井下安装方便，充填主管路选取内径为 150 mm、壁厚 12 mm 的无缝钢管；充填支管道采用相同管径的钢丝缠绕乙烯管；工作面采用聚乙烯软管。

3. 短壁充填采煤工艺

（1）充填工作面布置。主采 6 号煤层，采用上向分层开采，分层厚度 3 m。工作面巷道由采区集中进回风巷引出，分别为区段运输平巷和区段回风平巷。工作面走向长度 360 m，倾斜长度 150 m，工作面布置如图 3－3－30 所示。

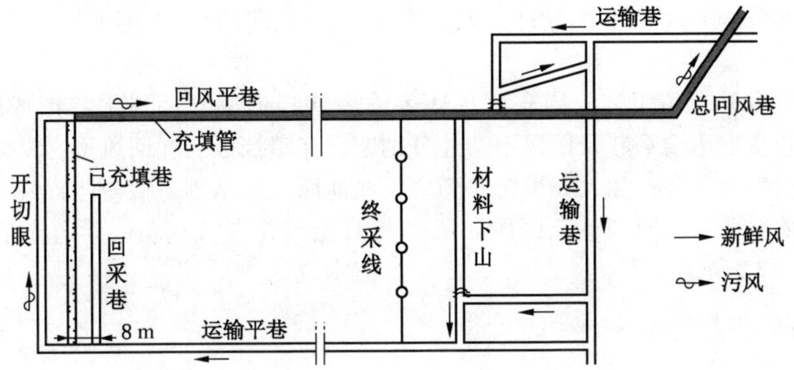

图 3－3－30　工作面布置图

工作面由运输平巷、回风平巷、开切眼、充填管（设在回风巷）构成回采、通风、充填、运输各生产系统。采煤工艺采用巷式充填开采工艺，充填巷采用 S100－A 型掘进机进行截割采煤，掘进机后部挂接输送带，通过带式输送机将煤炭运出。掘进机由运输平巷沿倾斜方向向回风平巷掘进，与回风巷相通后，充填由回风平巷向下对已采巷道进行充填。运煤系统：充填巷掘进面→充填巷→区段运输平巷→运输巷。通风系统：运输巷→区段运输平巷→充填巷→开切眼→区段回风平巷。充填系统：总回风巷→区段回风平巷→充填巷。

（2）充填巷断面形式及掘进充填顺序。综合考虑巷道施工工艺和生产效率，设计充填巷断面为拱形，巷道断面宽度 4 m，高度 3 m，其中椭圆拱高度 1 m。充填巷采用木锚杆支护，锚杆长度 1.6 m，直径 40 mm，如图 3－3－31 所示。

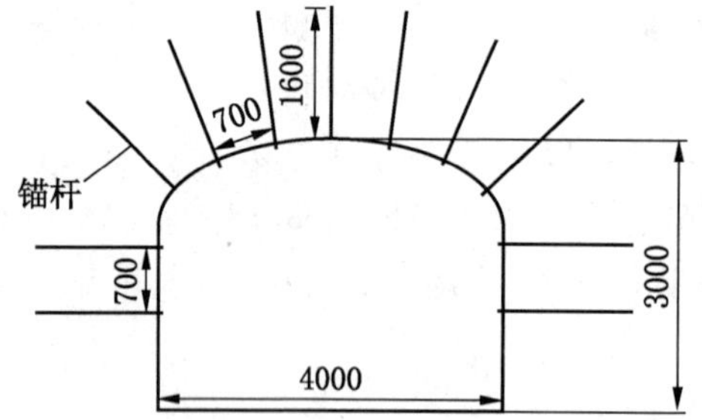

图 3 - 3 - 31　充填巷断面

充填巷掘进与充填顺序的合理布置主要考虑以下因素：①充填巷应交错掘进，已掘进巷道进行充填，其充填过程、料浆凝固及达到最终强度需要 1 个月，因此下一条巷道的掘进必须相隔一定距离。②前后掘进的 2 条巷道合理间距应考虑到煤（充填体）柱的稳定性和充填体的凝结时间。结合矿井地质生产资料，根据理论分析和充填施工实践，确定前后 2 条巷道的合理煤柱（充填体）宽度为 8 m。充填巷掘进由开切眼侧向材料下山侧隔 8 m 煤柱逐次掘巷充填，至终采线完成第 1 次循环，其后在充填巷之间的煤柱中再进行第 2、3 次循环。

（3）巷道充填工艺。待充填巷从运输平巷端掘进到回风平巷形成通路后，在充填巷靠近运输平巷及回风平巷处分别架设充填挡板。在回风平巷充填挡板接近巷道顶板处打孔，插入充填管。随后，在地面充填站制备似膏体料浆，通过泵送经充填钻孔、总回风巷、区段回风平巷向充填巷进行充填，巷道充填工艺如图 3 - 3 - 32 所示。

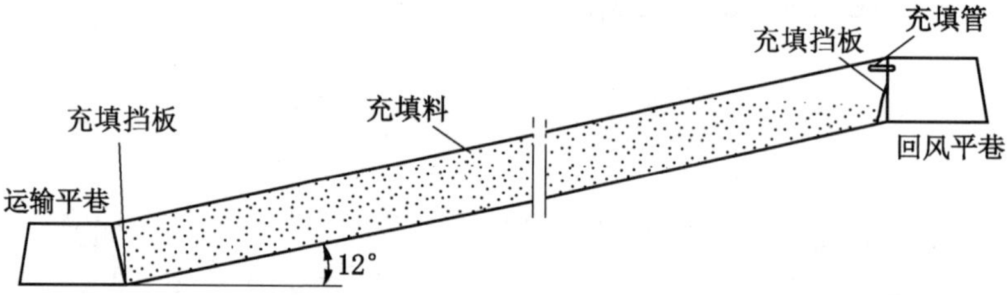

图 3 - 3 - 32　巷道充填工艺图

该巷式充填工艺由于充填巷存在 12°的倾角，巷道的充填率能够有效保证，而且充填作业和掘进采煤作业可以同时进行互不影响，工艺简单。

4. 技术经济分析

（1）技术效果。在二采区 2 个分层的充填实践表明，采用似膏体巷式充填法，充填率达 95% 以上，充填体的强度和整体性良好，有效地控制了上覆岩层的移动和破坏，井下涌水量明显降低，由原来的 350 m^3/h 减少到现在的 150 m^3/h，大幅改善了井下安全生产条件，节约了井下排水费用，实现了预期效果。

为掌握似膏体巷式充填开采引起的地表移动变形规律，在二采区对应的地表布置了 1 条观测线。观测线长约为 220 m，共布置 12 个观测点。对地表下沉进行了近 18 个月的观测。二采区 6 号煤层开采 2 个分层（共厚 6 m）后，地表下沉观测结果见表 3－3－3。

表 3－3－3　地表下沉观测结果

时间/d	不同观测点的下沉量/mm											
	1 号	2 号	3 号	4 号	5 号	6 号	7 号	8 号	9 号	10 号	11 号	12 号
0	0	5	8	8	7	0	0	0	0	0	0	0
80	57	78	82	67	50	20	4	0	0	0	0	0
150	103	130	141	135	107	63	36	19	8	4	1	0
320	141	156	173	169	144	95	67	24	16	4	2	0
390	154	179	195	206	179	128	96	60	33	16	4	0
490	160	183	202	209	189	147	109	72	44	28	4	0

观测结果表明，地表沉降得到较好的控制，地表下沉比较轻微。2 个分层煤采用巷式充填开采后，地表最大下沉量仅为 209 mm，下沉系数约为 3.5%。

（2）经济效益。经核算，吨煤成本净增充填费用 42 元。由于充填采煤法的实施，给企业带来明显的经济效益：①矿原设计的各种防水煤岩柱压煤量 600 万 t，由于采空区实施了充填措施，预计可解放煤量 300 万 t，可创产值 6 亿多元，利税 2 亿多元，经济效益显著。②采用采空区充填，有效地控制了井下的涌水量，节约排水费用 600 多万元/年。③该矿周围都是水浇农田，使用充填开采后，避免了治理煤矿塌陷和煤矸石占地，节约资金 1 亿多元，对农业的发展和生态环境保护也起到了积极作用。

短壁充填开采可安全高效置换“三下”煤炭资源，最大限度地解放工业广场井筒压覆的煤炭资源，延长矿井的服务年限，煤炭资源置换采区采出率达到 97% 以上，通过实施充填开采，有效解决地表环境被破坏的问题，可将地表变形控制在Ⅰ级变形范围内，充填系统及设备相对简单、充填成本较低，经济效益和社会效益显著。

（四）煤矿覆岩离层充填绿色保水开采技术

煤矿覆岩离层充填绿色保水开采技术适用于表土层薄、基岩厚度大于 200 m 的井工煤矿。

该技术依据关键层破断所允许的极限跨距确定采煤工作面合理宽度，使上方的关键层保持稳定并使关键层下形成封闭的离层空间；通过合理配比的粉煤灰浆液充填保证离层充填密实，对关键层进行有效支撑；区别于“典型离层空腔体注浆”，对煤层顶板中间离层带（多层裂隙）进行注浆，增加地层立体支撑效果。

该技术充填成本低，减沉效果显著，解决了固废排放问题，是一种集地面压覆煤炭资源利用、建（构）筑物和耕地保护、燃煤发电固废无害化处置为一体的绿色采矿技术，可达到减少地表沉降、不破坏耕地、不流失井下水资源、不搬迁成片村庄、不采动破坏压覆建（构）筑物的效果。

该技术已经应用于河北冀中能源大社煤矿、东庞煤矿、邢东煤矿、梧桐庄煤矿、大淑村煤矿，河南神火煤电梁北煤矿、大磨岭煤矿、新庄煤矿等。

（五）厚硬顶板矿压动力灾害超前区域卸压防治技术

厚硬顶板矿压动力灾害超前区域卸压防治技术适用于厚硬顶板冲击地压与强矿压灾害超前防治。

其具备以下技术要点：

1. 地面水平井分段压裂区域卸压

（1）可对距煤层上方任意层位的厚硬顶板实施水平压裂半径大于 100 m、垂向压裂半径大于 30 m、走向长度大于 1000 m 的大范围水力预裂。

（2）钻孔：采用“螺杆钻具 + LWD 随钻测量系统 + 综合录井”等组合配套技术，形成坚固的压裂生产井筒。

（3）压裂：用射孔器在井身射穿套管和水泥环，沟通压裂岩层与井筒，通过 10 m^3/min 以上的大规模压裂最大限度地切割目标岩层，产生复杂的压裂缝网。

2. 坚硬顶板井下超前区域卸压

（1）煤矿井下水平定向长钻孔多点拖动式裸眼分段压裂，可实现 1000 m 以上裸眼定向长钻孔 15 段以上的压裂，最高输出压力达 80 MPa，最大输出排量达 90 ~ 300 m^3/h。

（2）具备钻孔自清洗功能，裸眼耐压能力达 70 MPa 以上，施工安全性高。

该技术在地面水平井分段压裂时，将工作面上覆高位的厚硬顶板切割成块状，形成大区域超前卸压，处理范围可达数百米，均匀处理致灾岩层，改变区域岩层结构和强度，施工过程便利，不受井下施工空间限制，具有压裂规模大、施工压力高、缝网形态复杂、对井下生产作业影响小等特点，可实现建设矿井先压后建、生产矿井先压后掘和先压后采的全生命周期冲击地压与强矿压治理。在厚硬顶板井下超前区域卸压时，建立井下超长工作面冲击地压与强矿压超前治理新模式，实现对煤矿井下厚硬顶板冲击地压与强矿压灾害的超前、区域和精准防治，多方位监测压裂裂缝在目标层中的展布特征，为煤矿井下水力压裂效果评价、钻孔平面或空间布置和压裂参数优化提供监测评价新方法。

该技术已经应用于陕西陕煤孟村煤矿、胡家河煤矿、小庄煤矿、文家坡煤矿，陕西华彬雅店煤矿，内蒙古中煤西北能源纳林河二号煤矿、母杜柴登煤矿，内蒙古国能神东煤炭布尔台煤矿，山东兖矿能源东滩煤矿等。

（六）磨砂射流轴向切顶精准防冲技术

磨砂射流轴向切顶精准防冲技术适用于具有多层厚硬致密顶板的冲击地压和强矿压灾害治理、沿空留巷切顶、提高顶煤冒放性等。可对煤层上方 100 m 以内的多层坚硬岩层实现定向精准切顶，切缝半径不低于 300 mm，压裂半径不低于 10 m；水射流式割缝压裂装置，压裂压力不低于 40 MPa；“钻－切－压”一体化切顶，同时处理走向和侧向目标岩层。

该技术采用“钻－切－压”一体化压裂工艺，可同时处理走向和侧向顶板坚硬岩层，有效疏解中低位厚硬顶板悬而不垮形成的静载荷和瞬间垮断形成的动载荷，实现了切缝、封孔和压裂的并联作业和远距离操控，具有定向、精准和可控优势，提高切缝能力 20 倍以上，节省作业时间 50% 以上，克服了传统水力压裂存在的裂缝扩展方向可控性低、压裂裂缝不能沿最佳切顶方向扩展等问题。

该技术已经应用于内蒙古中天合创能源葫芦素煤矿、国能新疆能源宽沟煤矿、内蒙古国能神东煤炭布尔台煤矿等。

（七）煤矿用沿空留（掘）巷围岩动态监测系统

煤矿用沿空留（掘）巷围岩动态监测系统适用于顶板活动规律监测与研究、采煤工作面支架及巷道支护参数合理性评估。

该系统可无线实时监测综采支架工作阻力、综采支架活柱缩量等参数，实时综合分析采煤工作面和巷道围岩应力及变形规律；对现场信息进行集成存储、数据挖掘和模型搭建等处理分析；通过三维动态仿真技术进行煤矿沿空留（掘）巷围岩运动规律及开采方案真实模拟，对现场控制与实施管理进行决策支持和效果评估。

该系统主要用于实时监测煤矿沿空留（掘）巷工作面综采支架工作阻力、

综采支架活柱缩量及沿空巷道围岩应力、变形等参数，对综采工作面采场围岩破断及应力分布规律进行预警，动态实时掌握煤矿沿空留（掘）巷工作面和巷道围岩应力分布及变形规律，为检验支护结构、施工工艺的合理性和优化支护参数提供科学依据，为采场围岩监测信息可视化分析和动态化控制提供科学依据和决策支持。

该系统已应用于黑龙江龙煤双鸭山矿业、辽宁铁法煤业晓南煤矿、山西阳泉煤业二矿等。

（八）掘进机/掘锚机机载临时支护装置

掘进机/掘锚机机载临时支护装置对于国内煤矿的巷道条件均适用。

该装置根据岩层压力显现规律、来压大小和巷道几何形状，设计掘进机机载临时支护装置；可进行折叠和翻转，能对掘进完裸露的空顶形成有效临时支撑，撑住顶板及碎石；形成安全的操作空间，锚护时空间大，工作人员安全。

该装备安装在掘进机或掘锚机截割部，实现了对顶板的高强度支撑，提高了支护效率，建立了安全的人员操作空间，可有效减少冒顶事故频次，改善操作人员工作环境，显著解决巷道掘进过程中长期存在的空顶时间长、操作流程烦琐、工人劳动强度大、支护时间长和作业不安全等难题。

该装置已经应用于内蒙古中煤鄂尔多斯能源、内蒙古鄂尔多斯金通矿业、河北冀中能源峰峰集团等。

第四节　矿　井　通　风

矿井通风是煤矿安全生产工作的基础，其基本任务是连续不断地供给井下足够的新鲜风流保证人员呼吸；冲淡和排除从井下煤层涌出的或采掘生产过程中产生的有毒有害气体、粉尘和水蒸气；调节矿井气候条件，给井下作业人员创造一个良好的工作环境；保证井下设备设施的正常运行，保证井下作业人员的身体健康和生命安全，并使生产作业人员能够充分发挥劳动效能和提高劳动生产率，从而达到高效、安全和健康的目的。

一、矿井空气

矿井空气相对于地面空气而言。地面空气由氧气、氮气、二氧化碳、少量惰性气体及水蒸气组成，主要成分按体积所占百分比分别为氧气（O_2）20.96%、氮气（N_2）78.13%、二氧化碳（CO_2）0.04%。

地面空气入井后，空气成分、温度和湿度发生了一系列变化，变化后的地面空气称为矿井空气。

经过采掘工作面等用风地点之前的矿井空气成分与地面空气成分相差不大，此时的风流被称为新鲜空气或新风；流经采掘工作面等用风地点后的风流称为污浊空气或乏风。

（一）矿井空气主要成分

1. 氧气（O_2）

氧气是一种无色、无味、无臭的气体，是维持人体正常生理机能不可或缺的气体。当井下空气中含氧量发生变化时，人体反应不尽相同，具体内容见表 3－4－1。

表3－4－1　空气中不同氧气浓度对应的人体反应

氧气浓度/%	人　体　反　应
16～17	静止状态无影响，工作时呼吸困难，心跳加速
14～15	呼吸急促，脉搏加快，感觉迟钝，丧失劳动能力，生命尚能维持
10～12	即使休息状态，也要昏迷，时间稍长，有生命危险
8～10	发生痉挛，立即失去知觉，停止呼吸，数分钟可致死

井下巷道中，在无风、微风、循环风等通风不良时，空气中含氧量可能会降至17% 以下或更低。当井下煤、坑木等氧化或者发生井下火灾、瓦斯（煤尘）爆炸等情况时，氧气浓度甚至降到 1% ～3% 。因此，《煤矿安全规程》规定，采掘工作面进风流中，氧气浓度不低于 20% ，每人每分钟不低于 4 m^3 的新鲜空气。

2. 氮气（N_2）

氮气是一种无色、无味、无臭的气体，氮气不能维持人的呼吸，对人无害，但当空气中氮气浓度过高时，能降低空气中氧气所占比例，造成人员窒息。

矿井空气中氮气浓度升高的情况包括爆破作业、有机物的腐烂和天然氮气涌入等。

3. 二氧化碳（CO_2）

二氧化碳是一种无色、略带酸臭味、易溶于水、不助燃、不能提供呼吸、略带毒性的气体。当在井下有限作业空间作业时，二氧化碳浓度增加会降低氧气浓度，达到一定浓度时，可造成人员窒息事故。不同二氧化碳浓度对人体反应见表 3－4－2。

表3-4-2　空气中不同二氧化碳浓度人体反应

二氧化碳浓度/%	人　体　反　应
1	呼吸感到急促
3	呼吸频率增加、呼吸量增加两倍、加速疲劳
4	呼吸困难、血液循环加快、耳鸣
5	强烈喘息，身体极度虚弱无力
>10	失去知觉，呈昏迷状态，停止呼吸
20~25	窒息致死

井下二氧化碳浓度增加的情况包括从业人员呼吸、爆破作业、煤及含碳层氧化、有机物氧化和火灾、瓦斯（煤尘）爆炸等。《煤矿安全规程》规定，采掘工作面进风流中，二氧化碳浓度不得超过0.5%，总回风流中不得超过0.75%。

（二）矿井空气中主要有毒有害气体

矿井空气有毒有害气体主要包括一氧化碳（CO）、二氧化氮（NO_2）、二氧化硫（SO_2）、硫化氢（H_2S）、氨气（NH_3）等，最高允许浓度见表3-4-3。

表3-4-3　有毒有害气体最高允许浓度

名　　称	最高允许浓度/%
一氧化碳（CO）	0.0024
氧化氮（换算成NO_2）	0.00025
二氧化硫（SO_2）	0.0005
硫化氢（H_2S）	0.00066
氨（NH_3）	0.004

1. 一氧化碳

一氧化碳是一种无色、无味、无臭的气体，主要来自煤氧化、火灾、瓦斯（煤尘）爆炸和爆破作业等。不同浓度的一氧化碳对应的人体反应见表3-4-4。

表3-4-4　不同一氧化碳浓度对应的人体反应

一氧化碳浓度/%	人　体　反　应
0.016	数小时后稍微不舒服
0.048	1 h内轻微中毒，耳鸣、头晕、心跳加速
0.128	肌肉酸痛、无力、呕吐、感觉迟钝
0.5	丧失知觉、痉挛、呼吸停顿、死亡

2. 二氧化氮

二氧化氮是一种红褐色气体，极易溶于水，其与水结合形成硝酸，对眼睛、鼻腔呼吸及肺部组织起破坏作用，引起肺水肿，但起初只感觉到呼吸道受刺激、咳嗽，经过6～24 h后才出现中毒征兆。二氧化氮的主要来源是井下爆破作业。

3. 二氧化硫

二氧化硫是一种无色、具有强硫黄臭味的气体，易溶于水，易积聚在巷道底部，对人体影响较大，能强烈刺激眼和呼吸器官，使喉咙和支气管发炎，呼吸系统麻痹，严重时会引起肺水肿。二氧化硫的主要来源为含硫矿物氧化、燃烧，在含硫矿体中爆破，以及从含硫矿层中涌出。

4. 硫化氢

硫化氢是一种无色、微甜、带有臭鸡蛋味的气体，能燃烧，有强烈的毒性。对人的眼睛、黏膜及呼吸系统有强烈刺激作用。浓度达0.05%时，半小时内人失去知觉、痉挛、死亡。硫化氢的主要来源为有机物腐烂、硫化矿物水解、采空区积水中释放、煤岩中放出。

5. 氨气

氨气是一种无色、具有强烈的刺激臭味的气体，易溶于水，毒性很强，对人体上呼吸道黏膜有较大刺激作用，引起咳嗽，使人流泪、头晕，严重时可至肺水肿。氨气主要来源是井下爆破作业。

二、矿井气候条件

矿井气候条件是指井下的温度、湿度和井下空气在井巷中的流动速度。

（一）温度

井下温度是影响矿井内气候的重要因素，温度过高或过低均对人体产生不良影响，目前，人体接受的最佳温度为15～20 ℃。

《煤矿安全规程》规定，进风口以下空气温度必须在2 ℃（干球温度）以上，井下采掘工作面温度不得超过26 ℃，机电硐室温度不得超过30 ℃。

新鲜风流经过的地点，其温度与地面温度相比冬暖夏凉，采煤工作面的气温处于整个风流线路的最高温区域。在回风经过的地点，因通风强度大，水分蒸发吸热，气流向上流动而膨胀降温，气温略降，但常年变化不大。

（二）湿度

井下湿度是指矿井空气中含水蒸气的量。采掘作业面和回风线路中，气温、湿度常年不变。

（三）风速

风速与温度和湿度有着密切的关系，井下各作业地点允许的风速见表3－4－5。

表3－4－5　井下各作业点允许的风速

作业地点	允许风速/($m \cdot s^{-1}$)	
	最低	最高
风桥	—	10
升降人员和物料的井筒	—	8
主要进、回风巷	—	8
架线电机车巷道	1.0	8
输送机巷，采区进、回风巷	0.25	6
采煤工作面、掘进中的煤巷和半煤岩巷	0.25	4
掘进中的岩巷	0.15	4
其他通风人行巷道	0.15	—

三、矿井通风阻力

矿井通风阻力分为摩擦阻力和局部阻力两类。

摩擦阻力指风流在井巷中流动时，沿程受到井巷固定壁面的限制，引起内外摩擦而产生的阻力。

通风阻力的影响因素主要包括巷道长度、巷道断面等，因此，扩大井巷断面是减小通风阻力和增加风量的有效措施。

局部阻力是指风流在井巷的局部地点，由于巷道断面、速度或方向变化以及分岔或汇合等原因，导致风流本身产生剧烈的冲击，从而引起风流速度场分布变化和产生涡流等，造成风流能量损失的阻力。

实际工作中，为降低矿井通风阻力，保障班组安全生产，需提高井巷的施工质量和维修质量，改善井巷壁面的平整度；改变井巷形状，减少周边长度；扩大巷道断面；巷道转弯时，采用弧形，避免直角拐弯；尽量缩短通风线路长度。

四、矿井通风动力

矿井通风动力是指产生矿井通风压力用来克服矿井通风阻力的能量。

（一）通风动力分类

按照为矿井提供通风压力的通风动力将矿井通风分为机械通风和自然通风。

自然通风是指利用矿井自然条件产生的能量差，克服通风阻力进行通风的方式。

矿井形成自然风压主要是矿井进、回风井两侧的空气重力差，不论矿井是否有通风机通风，只要重力差存在，矿井气温总是从气温较低的井筒经工作面流到气温较高的井筒。

自然风压不稳定，其大小和方向随季节（甚至昼夜）变化而变化。《煤矿安全规程》规定，矿井必须采用机械通风。

机械通风是指利用机械风压克服通风阻力进行通风的方式，使用的动力装置称为通风机，按服务范围分为主要通风机、辅助通风机与局部通风机。根据通风机构造分为离心式通风机和轴流式通风机。目前，我国主要采用对旋轴流式通风机。

（二）矿井主要通风机附属装置

矿井主要通风机附属装置包括反向装置、防爆门、风硐、扩散器和消音装置等。

反风装置。当进风井筒附近和井底车场发生火灾或瓦斯煤尘爆炸时，会产生大量的一氧化碳和二氧化碳等有害气体，如通风机照常运转，就会将这些有害气体带入采掘工作面。为适应救护工作，《煤矿安全规程》规定，反风装置应在10 min 内把矿井风流方向反转过来，反风风量不得小于正常风量的40% 。

离心式风机只能利用旁侧反风道和反风门的方法实现全矿反风，如图3－4－1所示。通风机在正常工作状态时，反风门1 和2 处于实线位置；在反风时将反风门1 提起，把反风门2 放下，地面空气自活门2 进入通风机，再由活门1 进入旁侧反风道3，压入回风井流入井下，达到全矿井反风的目的。

防爆门又称防爆井盖，是防治瓦斯爆炸、煤尘爆炸破坏主要通风机的安全设施。《煤矿安全规程》规定，装有主要通风机的出风井口应当安装防爆门，如图3－4－2 所示。

风硐是连接风机和井筒的一段巷道，如图3－4－3 所示。由于其风硐通过的风量大、内外压差较大，应尽量降低其风阻，并减少漏风。风硐设计和施工时，断面要适当增大，使其风速≤10 m/s，最大不超过 15 m/s；转弯部分要呈圆弧形，内壁光滑，拐弯平缓，并保持无堆积物，以减少其阻力；直线部分要有一定的坡度，以利流水；风硐及其闸门等装置，结构要严密，以防止大量漏风；风硐内应安设测量风速及风流压力的装置。

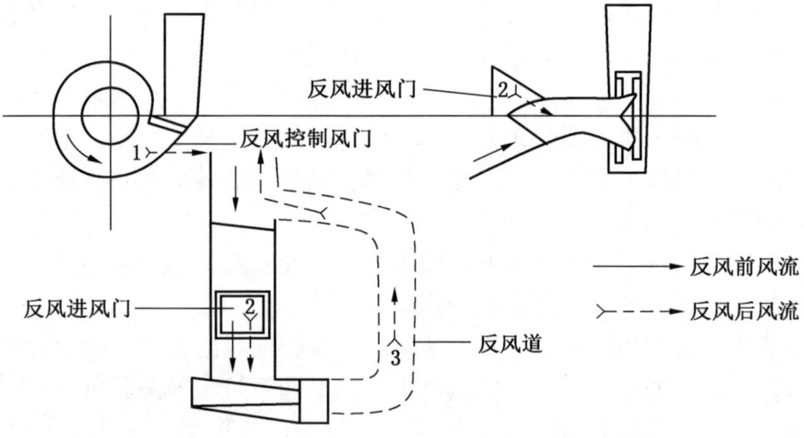

图 3-4-1　离心式主要通风机反风装置

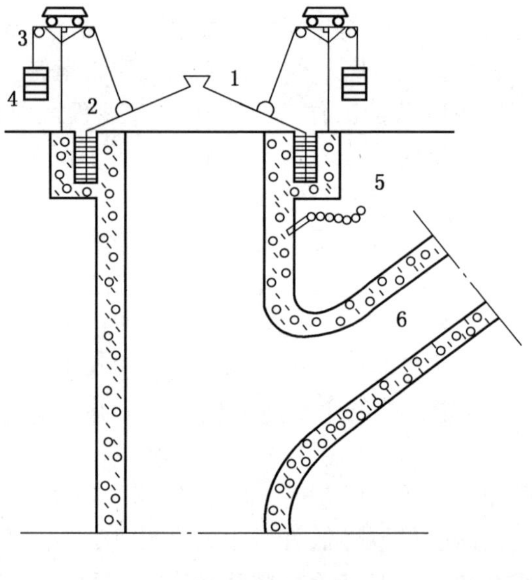

1—防爆门；2—水封槽；3—滑轮器；4—配重锤；5—安全锚链；6—风硐

图 3-4-2　井口防爆门

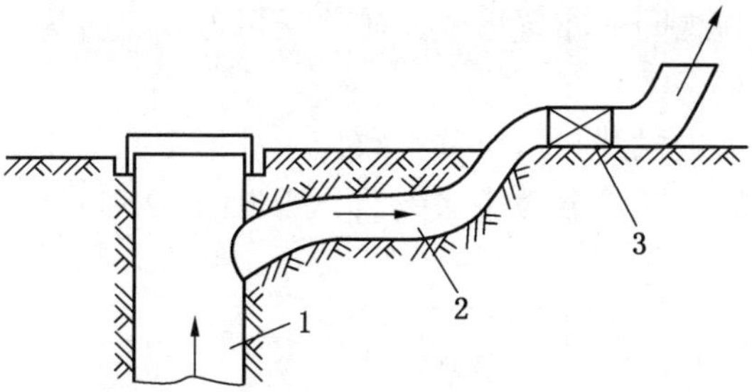

1—出风井；2—风硐；3—通风机

图 3-4-3　风硐

扩散器是指通风机出风口外接的一定长度、断面逐渐扩大的构筑物，主要用来降低出口速压以提高风机静压。离心式通风机扩散器断面逐渐扩大的扩散角（或敞角）一般为 6°～8°，扩散器入口断面与出口断面之比为 3/4，如图 3-4-4a 所示。轴流式通风机的外接扩散器，一般用混凝土砌筑，如图 3-4-4b 所示。

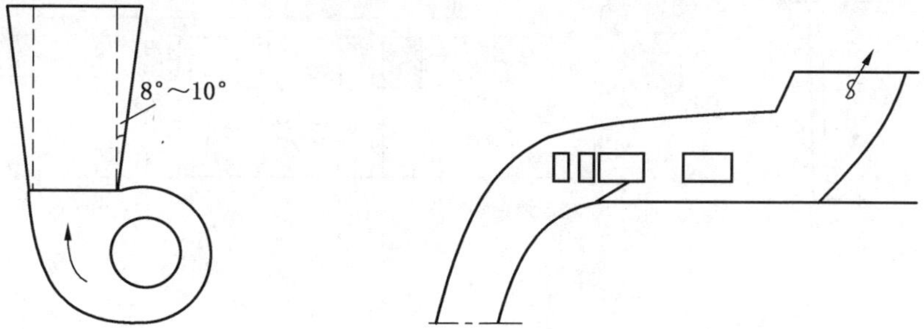

(a) 离心式风机扩散器　(b) 轴流式通风机扩散器

图 3-4-4　扩散器

五、矿井通风系统

矿井通风系统是指向矿井输送空气的通风方式、通风方法、矿井通风网络、通风构筑物的统称。

（一）矿井通风方式

根据进、回风井之间的布置形式，矿井通风方式可分为中央式、对角式和混合式三类。

中央式通风是指进风井与回风井大致位于井田走向的中央。按进、回风井在井田倾斜方向位置的不同，分为中央并列式和中央分列式两种，如图 3－4－5、图 3－4－6 所示。

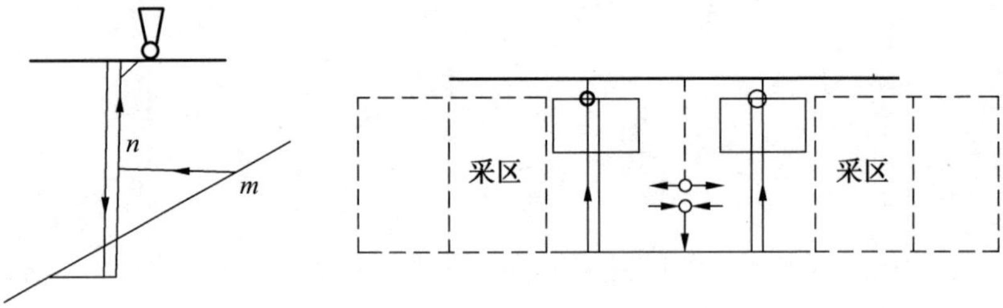

图 3－4－5　中央并列式通风

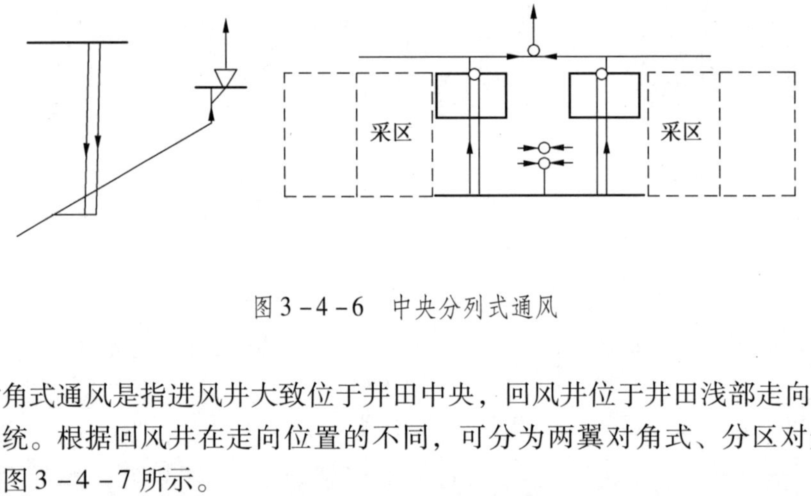

图 3－4－6　中央分列式通风

对角式通风是指进风井大致位于井田中央，回风井位于井田浅部走向上方的通风系统。根据回风井在走向位置的不同，可分为两翼对角式、分区对角式两种，如图 3－4－7 所示。

混合式通风即中央式与对角式的混合布置，常见的混合式有中央并列与双翼对角混合、中央边界与双翼对角混合及中央并列与中央边界混合等。

（二）主要通风机工作方法

矿井主要通风机工作方法分为抽出式、压入式和抽压混合式 3 种。其中，抽

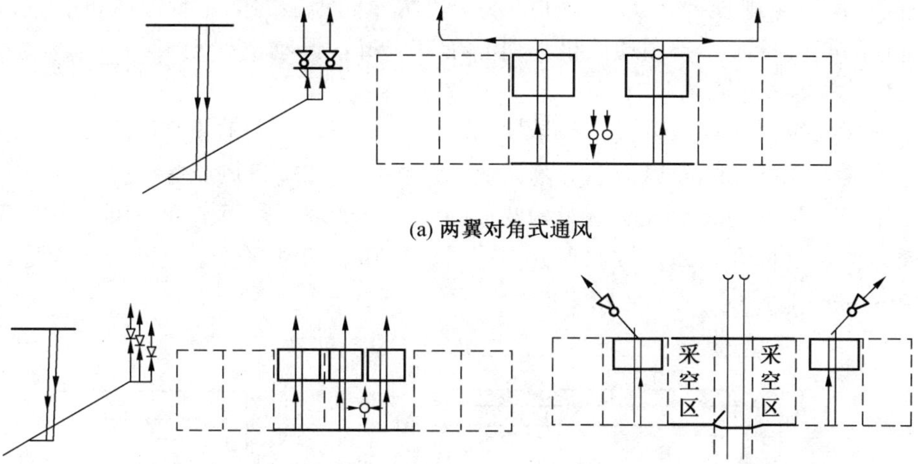

(a) 两翼对角式通风

(b) 立井分区式通风

(c) 斜井分区对角式通风

图 3－4－7　分区对角式通风

出式主要通风机安装在回风井口，整个通风系统处于负压状态，是我国矿井主要采用的工作方式，其通风示意图如图 3－4－8 所示。

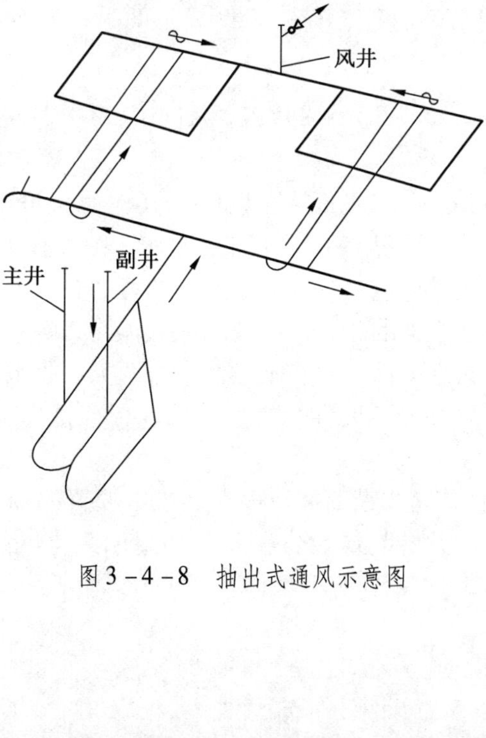

图 3－4－8　抽出式通风示意图

《煤矿安全规程》规定，矿井必须安装两套同等能力的主要通风机装置，一套工作另一套备用，备用通风机必须能在 10 min 内开动。

（三）矿井通风构筑物

通风构筑物又称通风设施，是控制风流所用的一些人工建筑设施。根据用途可分为隔绝风流、隔断风流、分割风流、调控风流和输送风流等设施。

风门。井下平时行人、行车的巷道内，设置能够隔断风流和对风量进行调节的通风构筑物称为风门，按原理分为普通风门和自动风门，普通风门示意图如图 3－4－9 所示。

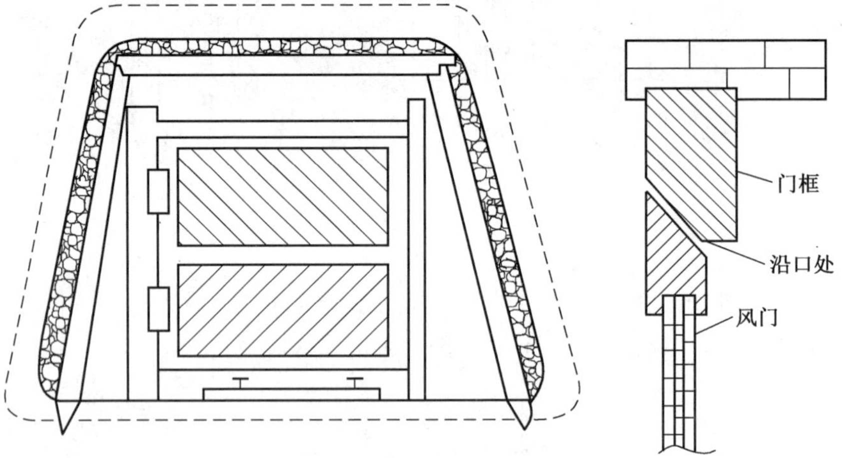

图 3－4－9　普通风门示意图

风窗又称“调节风门”，是安装在风门或其他通风设施上可调节风量的窗口。在并联网络中，若一个风路中风量需要增加，则可在另一风路中安设风窗，使并联风网中的风量按需供应，达到风量调节的目的。

风桥。将两股平面交叉的新、污风流隔成立体交叉的一种通风设施。根据风桥的服务年限，可分为永久性风桥和临时性风桥两类。永久性风桥有绕道式风桥和混凝土（或砖石）风桥；临时性风桥一般用木板或铁风筒构成，如图 3－4－10 所示。

密闭又称“风墙”，是为截断风流而在巷道中设置的隔墙。凡是不运输、不行人，又需遮断风流的井巷均应设置密闭，如封闭采空区、火区和废弃的旧巷等，常见的密闭如图 3－4－11 所示。

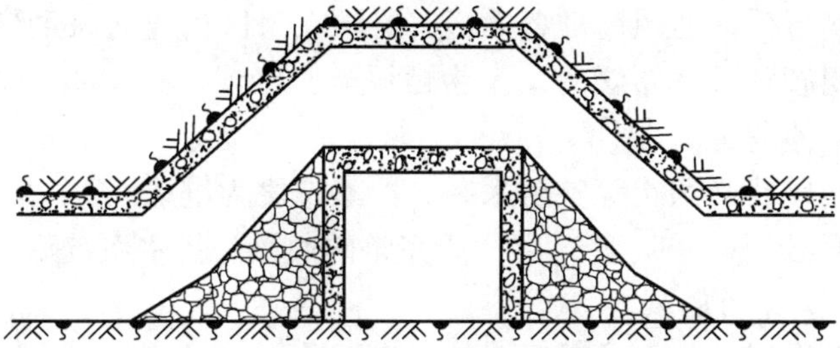

图 3-4-10　风桥示意图

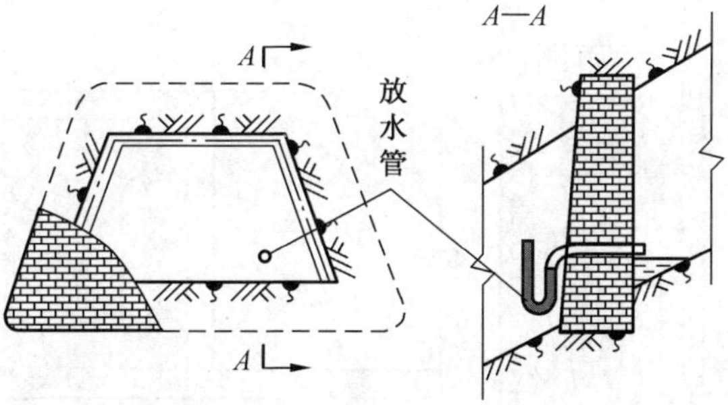

图 3-4-11　密闭示意图

（四）采区通风系统

采区通风系统是矿井通风系统的主要组成单元，是采区生产系统的重要组成部分。

1. 采区通风形式

设置两条上（下）山。运输（轨道）巷上（下）山进风和（运输）轨道巷上（下）山回风。

设置三条（下）山。除轨道巷、运输巷上（下）山进风外，第三条为专用回风巷。

《煤矿安全规程》规定，高瓦斯、突出矿井的每个采（盘）区和开采容易自燃煤层的采（盘）区，必须设置至少1条专用回风巷；低瓦斯矿井开采煤层群和分层开采采用联合布置的采（盘）区，必须设置1条专用回风巷。

2. 采区通风系统要求

采区必须实行分区通风。准备采区，必须在采区构成通风系统后，方可开掘其他巷道；采用倾斜长壁布置的，大巷必须至少超前2个区段，并构成通风系统后，方可开掘其他巷道。

采区进、回风巷必须贯穿整个采区，严禁一段为进风巷、一段为回风巷。

采煤工作面必须在采（盘）区构成完整的通风、排水系统后，方可回采。

（五）采煤工作面通风

后退式长壁采煤工作面的通风系统由进风巷、回风巷和工作面组成，按照进风巷道数量及位置包括“一进一回”，“两进一回”或“一进两回”，“两进两回”或“三进一回”3种通风系统。

“一进一回”工作面通风系统。包括U型、Z型两种，如图3－4－12所示。

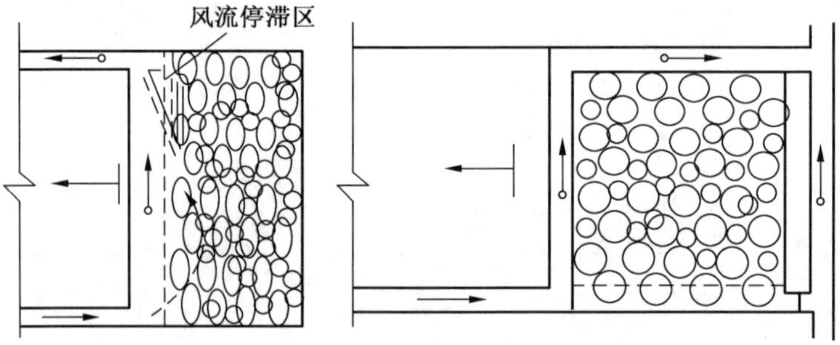

(a)U型　　(b)Z型

图3－4－12 “一进一回”通风系统

U型是我国广泛使用第一通风系统，其简单可靠、漏风小，但上隅角瓦斯易超限。Z型采空区瓦斯不用入工作面，直接进入回风巷，对采区巷道的支护要求高。

“两进一回”或“一进两回”工作面通风系统。包括Y型、W型两种，与“一进一回”系统相比，增加一条巷道，通风能力增大，但巷道维护和通风系统管理难度增加，如图3－4－13所示。

“两进两回”或“三进一回”工作面通风系统。此通风系统为H型，如图3－4－14所示。

H型系统通风能力大，各风道风量比例可适当调控，采空区瓦斯涌入工作面较少，巷道掘进及维修工程量大，维护采空区巷道要防止漏风。

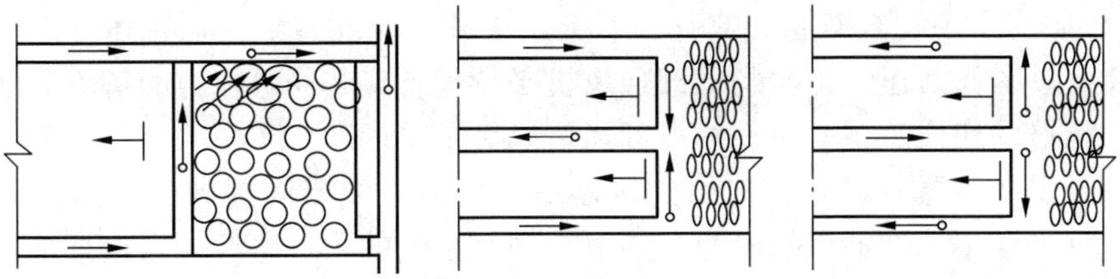

(a)Y 型　　(b)W 型

图 3－4－13 “两进一回”或“一进两回”通风系统

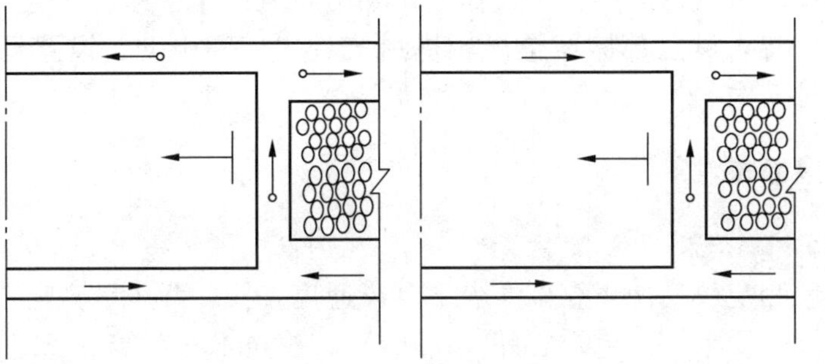

图 3－4－14 H 型通风系统

（六）掘进工作面通风

掘进工作面通风包括矿井全风压通风、局部通风机通风和引射器通风三种，实际工作中主要采用局部通风机通风。局部通风机通风利用局部通风机作为动力，通过风筒导风，其通风方式分为压入式、抽出式和混合式，实际工作中主要采用压入式通风。

压入式通风是利用局部通风机和风筒将新鲜风流压入工作面，而污风沿掘进巷道排出。压入式通风的风流经风筒末端以自由射流状态射入工作面，其风流有效射程可达 8 m，易于排出工作面的污风，通风效果好。局部通风机和启动装置安装在进风巷道中，距掘进巷道回风口不得小于 10 m，如图 3－4－15 所示。

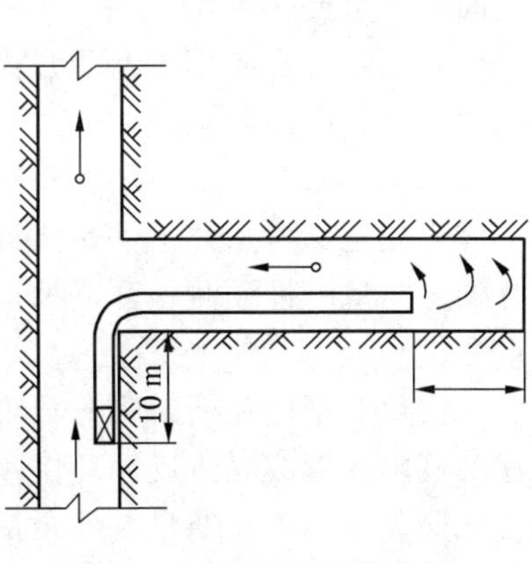

图 3－4－15 压入式通风

《煤矿安全规程》规定，高瓦斯、突出矿井的煤巷、半煤岩巷和有瓦斯涌出的岩巷掘进工作面正常工作的局部通风机必须配备安装同等能力的备用局部通风机，并能自动切换。正常工作的局部通风机必须采用“三专”（专用开关、专用电缆、专用变压器）供电，专用变压器最多可向4个不同掘进工作面的局部通风机供电；备用局部通风机电源必须取自同时带电的另一电源，当正常工作的局部通风机故障时，备用局部通风机能自动启动，保持掘进工作面正常通风。

其他掘进工作面和通风地点正常工作的局部通风机可不配备备用局部通风机，但正常工作的局部通风机必须采用“三专”供电；或者正常工作的局部通风机配备安装一台同等能力的备用局部通风机，并能自动切换。

使用局部通风机通风的掘进工作面，不得停风；因检修、停电、故障等原因停风时，必须将人员全部撤至全风压进风流处，切断电源，设置栅栏、警示标志，禁止人员入内。

六、通风新技术

（一）煤矿漏风测定仪

煤矿漏风测定仪适用于煤矿井上下漏风通道查找、漏风量测定、瓦斯抽采半径测定等。该仪器采用非色散红外（NDIR）传感技术，性能更稳定，寿命更长；响应时间快，分辨率高，抗干扰能力强，不受井下环境影响，准确率高；为手持式仪器，实现井下原位测试。

该仪器基于非色散红外光谱技术（NDIR），SF_6 分析精度高，可实现对井下漏风的定性和定量测定，准确辨识矿井漏风轨迹，有效解决井下原位漏风测试的技术难题，在煤矿井下火灾防治、瓦斯抽采半径测定、覆岩裂隙发育高度测试等方面发挥重要作用。

该仪器已经应用于河北开滦唐山矿业、黑龙江龙煤杏花煤矿、黑龙江龙煤双鸭山矿业、山西阳泉煤业等。

（二）煤层瓦斯含量井下一站式自动化测定仪

煤层瓦斯含量井下一站式自动化测定仪适用于高瓦斯矿井、煤与瓦斯突出矿井的突出危险性预测、瓦斯抽采效果评价、瓦斯涌出量预测等方面的煤层瓦斯含量测定。

该仪器采用瓦斯解吸分数阶扩散动力学模型、井下煤样保压密封破碎系统，在钻杆内孔形成煤渣反循环快速取样通道；一站式测定自然解吸瓦斯量、粉粹解吸瓦斯量、损失瓦斯量、残余瓦斯量等，现场直接生成瓦斯含量测定报表；测定时间由十余小时缩短至30 min以内，满足对瓦斯含量快速、精准的测量需求。

该仪器采用井下煤样保压密闭破碎系统，无须打开罐体，实现井下一体化煤样快速粉碎，突破了现有煤层瓦斯含量测定技术需要井下、地面分阶段测量的瓶颈，研发了基于高灵敏度气体检测传感器的瓦斯解吸自动化计量系统，无须使用排水法测量解吸气量，在井下自动完成瓦斯参数测定全过程，实现了自动化、高精度、快速测量煤层瓦斯含量，符合《煤层瓦斯含量井下直接测定方法》（GB/T 23250—2009）和《煤层瓦斯含量井下一站式自动化测定方法》（NB/T 11329—2023）的要求。

该仪器已应用于山西潞安矿业李村煤矿、山西华晋焦煤吉宁煤矿、山西西山煤电马兰煤矿、安徽淮河能源潘三煤矿、朱集东煤矿等。

（三）超高压水力割缝卸压增透技术

超高压水力割缝卸压增透技术适用于高地应力、高瓦斯、低透气性煤层（煤层硬度 $f>0.4$）工作面顺层钻孔、穿层钻孔及石门揭煤卸压增透、冲击地压防治等。

该技术具备高压水传输和动密封、高压水射流割缝卸压增透成套工艺，通过超高压水射流切割煤层形成缝槽来改善煤层中的瓦斯流动模式。

该技术攻克了高压水传输及动密封等技术难题，具备动力源头、传输通道、传输连接、远程操作等四重安全防护功能，提高了原有割缝装备的工作压力（工作压力可达 100 MPa），中硬煤层割缝半径 1.5 ~ 2.5 m，实现了钻—冲—割一体化，建立了适用于不同煤层条件的超高压水射流割缝深度预测模型，形成高压水射流割缝卸压增透成套技术体系，解决了水力割缝作业操作复杂、煤矿钻孔瓦斯抽采达标时间长、抽采效率低、钻孔工程量大的难题。

该技术已经应用于河南神火煤电薛湖煤矿、安徽恒源煤电祁东煤矿、安徽皖北煤电任楼煤矿、山西潞安余吾煤业、贵州桐梓万顺煤矿、贵州六盘水发耳煤矿等。

（四）煤矿瓦斯安全高效抽采智能化监测监控技术

煤矿瓦斯安全高效抽采智能化监测监控技术适用于需要进行瓦斯抽采的煤矿。该技术基于三维瓦斯地质模型的抽采钻孔智能设计，具有动态安全管理与调节系统，实现对钻孔状态的精准辨识、智能调节和异常处理；实现管路瓦斯浓度、流量、温度、压力、一氧化碳浓度、火焰等监测预警，并监测抽放泵、循环水以及阀门开闭状态，无人值守；将监测系统与矿井安全监控系统并网运行，可随时随地查看瓦斯抽采数据，换算标准状态下的混合瓦斯流量和纯流量，并计算累计抽放量；分布式控制（DCS）系统，进行智能调控与效率监测，实现智能转换和管路动态平衡，在抽采纯量最大化的同时显著降低抽采能耗。

该技术可监控井下任一瓦斯抽采点，一旦瓦斯浓度、一氧化碳浓度、抽采负压及抽采量发生变化，可及时发现和确定位置，并采取针对性处理措施；可分析抽采系统运行情况，实现声光报警；实现了对瓦斯抽采各项数据的实时、全面和有效监测；可智能设计钻孔，智能调节抽采进度，使抽出的瓦斯浓度最高、抽采量最大，保障瓦斯高效抽采与智能监控。

该技术已经应用于山西中煤华晋王家岭煤矿、安徽中煤新集能源新集二矿、安徽国投新集能源刘庄煤矿、中煤山西公司大宁煤矿、山西汾西矿业水峪煤业等。

（五）EGF 煤层增渗剂

EGF 煤层增渗剂适用于煤矿井下以水为载体的水力压裂、水力割缝、水力造穴、工作面浅孔注水等。该材料具备矿井下增渗、减少钻孔工程资金投入、缩短瓦斯预抽采时间及降低瓦斯灾害风险、井下使用简易（已有相关设备可直接使用）、绿色环保型溶液对作业环境和设备无污染的特点。

该材料是一种以有机酸为主要成分、辅以多种催化剂以及稳定剂改性后的高效、绿色、新型环保增渗剂。能广泛应用在煤矿井下以水为载体的技术领域，如水力压裂、水力割缝、水力造穴、工作面浅孔注水等；融合了水力化增渗煤体的物理增透技术与增渗剂溶蚀煤体中矿物质的化学增透技术，通过增渗剂与不同水力化增透装备的融合，形成针对不同煤层条件的物化复合增透技术，大幅提高增透效果，增加钻孔抽采半径，降低钻孔施工量，提高瓦斯抽采效率，缩短瓦斯预抽时间，减少瓦斯治理资金投入，促进安全高效生产。

该材料已经应用于山西马堡煤业、山西三元煤业、山西长治三元中能煤业、陕西旬邑青岗坪矿业等。

（六）顶板岩巷下向孔钻扩一体化卸压防突技术

顶板岩巷下向孔钻扩一体化卸压防突技术适用于高瓦斯突出矿井，硬度系数 $f\leq 2$ 的各种煤层和岩层。该技术具备高抽巷大扭矩可变径扩孔和机械式造穴卸压一体化技术的特点。

该技术通过实现顶板岩巷下向钻扩和钻孔一体化作业进行掘进条带瓦斯抽采治理来掩护掘进，实现顶板岩巷一巷多用，利用顶板岩巷实现回风巷掘进条带治理；同时通过钻扩一体化作业，实现下向孔造穴，施工下向大直径穿层钻孔至煤层顶板，显著提高煤层透气性，提高瓦斯治理效率；同时利用高抽巷达到治理回风巷条带瓦斯和治理工作面上隅角瓦斯的双重功效。为煤矿井下瓦斯治理、卸压增透提供新思路和新设备，可降低瓦斯治理成本，为同类条件煤矿的安全生产提供技术借鉴。

该技术已经应用于安徽皖北煤电朱集西煤矿、山西阳泉煤业寺家庄煤矿、河南平顶山天安煤业八矿、陕西韩城煤业下峪口煤矿。

（七）煤矿地面井瓦斯抽采技术

煤矿地面井瓦斯抽采技术适用于煤矿地面区域瓦斯治理。

该技术在高透气性煤层抽采时，根据煤层气及煤炭资源禀赋特点，结合煤层气抽采技术与煤炭开采工艺，对全矿区所有可采煤层气进行采前抽、采中抽、采后抽等全层位、全时段精准科学抽采，形成全矿区、全层位、全时段整体抽采模式，实现煤层气与煤炭两种资源的安全高效协调开发。在松软低透气性煤层抽采时，三维精细刻画水平井钻井轨迹；采用旋转下套管工艺和石油固井（管）技术，确保各工作套管和技术套管全部下置到位，固井质量合格；以井底流压为核心，实施阶梯化提产、阶段性稳产，大幅提升单井稳产期，对降低煤层瓦斯压力和含量效果显著。在采动区抽采时，通过增强套管钢级、提高固井质量、增设止水工艺，形成上“让”、中“抗”、下“避”的总体结构，让上部松散层让出变形量、中部基岩段提高抗剪切和抗拉伸强度、下部目标煤层掏穴段留出避让空间，实现全周期高效抽采，提升地面井抽采效果。

该技术已经应用于山西晋能控股寺河煤矿、成庄煤矿、郑庄煤矿、胡底煤矿，安徽淮河能源顾桥煤矿、潘三煤矿、朱集东煤矿，安徽淮北矿业集团、安徽宿州煤电界沟煤矿等。

（八）井下钻孔地面压裂区域瓦斯治理技术

井下钻孔地面压裂区域瓦斯治理技术适用于高瓦斯及突出矿井生产区、准备区、本煤层及邻近层立体化增透预抽瓦斯。

该技术是将油气（含煤层气）地面压裂增透与煤矿井下瓦斯治理有机融合的新型大区域超前瓦斯治理技术。压裂流量可达 6 ~ 9 m^3/min，井下单孔瓦斯抽采纯量可达 1 ~ 6 m^3/min，携砂能力强，增透范围大（单孔增透范围可达 100 m × 200 m，抽采范围可达 150 m × 250 m），可实现快速抽采达标；可自动监控压裂全过程，实时监测控制压裂范围，保障施工安全；可将瓦斯抽采浓度提高到 90% 以上。

该技术具有增透范围大、应用范围广、产出瓦斯快、抽采效率高、达标时间短（若实施协同瓦斯抽采孔，抽采达标时间缩短一半以上）、超前治理优、综合成本低（可大幅减少瓦斯抽采钻孔数量，全部或部分取代底/顶抽巷）、安全有保障（压裂施工安全可控）、经济效益高、增加可利用瓦斯量、减排效果好等优点，可实现煤矿采掘抽平衡和区域瓦斯快速消突，为缓解煤矿采掘抽接续紧张和瓦斯高效抽采与利用提供了新技术路径。

该技术已经应用于贵州安晟能源龙凤煤矿、贵州林华矿业、山西金地煤焦赤峪煤矿等。

（九）矿井火灾精准监测智能预警系统

矿井火灾精准监测智能预警系统适用于开采容易自燃、自燃煤层的井工煤矿以及储煤场、洗选煤场等的自然发火监测；分布式光纤测温装置同时适用于输煤皮带、井下输电线路的外因火灾监测。

该系统能实现对井下采空区、密闭区等易发火区域的甲烷等多种气体和温度的实时监测和巡检，以及对输煤皮带、机电设备等区域温度的连续监测，具有异常智能诊断和自动处置功能，能准确捕捉束管堵塞、漏气等异常现象，并触发自动处置功能疏通束管，解决了传统束管监测系统束管堵漏和维护工作难度大的问题，精准感知矿井内外因火灾监测参数，实现自然发火状态分析、火灾异常预警、火灾发展态势预测，大大提高煤矿火灾防治水平，有效减少或避免火灾事故及其带来的损失。

该系统已经应用于河北冀中能源集团、辽宁铁法煤业小青煤矿、山西晋能控股晋华宫煤矿、内蒙古国能亿利能源黄玉川煤矿等。

（十）煤矿采空区/密闭区多参数气体监测装置

煤矿采空区/密闭区多参数气体监测装置适用于存在火灾或瓦斯爆炸隐患的煤矿密闭空间。

该装置对采空区/密闭区的甲烷、氧气、一氧化碳、二氧化碳、乙烯、乙炔等气体进行不间断连续监测；有远程或本地控制功能，实现 24 小时无人值守；多路束管监测通道定时切换，多路束管气体浓度分析；结合分布式光纤技术监测采空区/密闭区内温度，上传至地面中心站，分析和判断气体浓度和温度变化，进行火情预警；AI 摄像头实时监测现场视频，实现人员非法入侵报警。

该装置安装在采空区/密闭区内，采用激光和红外气体检测技术，监测数据准确可靠，有效解决了煤矿自然发火束管监测系统因束管管路长而容易漏气的问题，实现了对采空区/密闭区气体的自动化、信息化和智能化实时监测，可快速掌握采空区/密闭区瓦斯爆炸风险和煤层自然发火预兆。

该装置已经应用于山西保利裕丰煤业、山西中煤华昱能源、山西中煤昔阳能源白羊岭煤矿、山西华润煤业原相煤矿、山东济宁矿业朱家峁煤矿、陕西榆林千树塔矿业等。

第五节　煤矿提升与运输

矿井提升与运输的主要任务是提升运输煤炭和矸石，升降人员和设备，下放材料和工具等，在整个矿井生产中占有重要的地位。

一、矿井提升

（一）矿井提升系统

矿井提升系统主要由矿井提升机、电动机、电气控制系统、安全保护装置、提升信号系统、提升容器、提升钢丝绳、井架、天轮、井筒及装卸载附属设备等组成。根据提升容器、提升用途等的不同可分为不同类型，见表3－5－1。

表3－5－1　矿井提升系统分类

<table>
<tr><th>序号</th><th>分类标准</th><th colspan="3">具体分类</th></tr>
<tr><td>1</td><td>按井筒倾角</td><td>立井提升</td><td colspan="2">斜井提升</td></tr>
<tr><td>2</td><td>按提升用途</td><td>主井提升</td><td colspan="2">副井提升</td></tr>
<tr><td>3</td><td>按提升容器</td><td>箕斗提升</td><td colspan="2">矿车（人车）</td></tr>
<tr><td>4</td><td>按提升机类型</td><td>单绳缠绕式提升</td><td colspan="2">多绳摩擦式提升</td></tr>
<tr><td>5</td><td>按拖动方式</td><td>交流提升</td><td>直流提升</td><td>液压传动提升</td></tr>
</table>

立井提升系统主要包括单绳缠绕式提升机箕斗提升系统和多绳摩擦式提升机罐笼提升系统。

单绳缠绕式提升机箕斗提升系统中，煤炭由矿车运到井底车场硐室，卸入井口煤仓，通过给煤机及装载设备装入井底箕斗，启动提升机，钢丝绳往返提升和下放箕斗，完成提升煤炭的任务，如图3－5－1所示。

多绳缠绕式提升机罐笼提升系统中，提升机通过摩擦轮转动带动罐笼完成提升或下放任务，如图3－5－2所示。

斜井提升系统包括斜井串车和斜井箕斗等。斜井串车提升系统如图3－5－3所示。

（二）矿井提升设备

矿井提升设备由机械设备和电气设备组成，主要包括矿井提升机、提升容器、提升钢丝绳、天轮、井架、装卸载设备及电气设备等。

煤矿使用的提升机分为单绳缠绕式和多绳摩擦式两类。其中，多绳摩擦式提升机适于中等及以上埋深的矿井或载重量大的矿井。矿井提升机组成部分（系统）见表3－5－2。

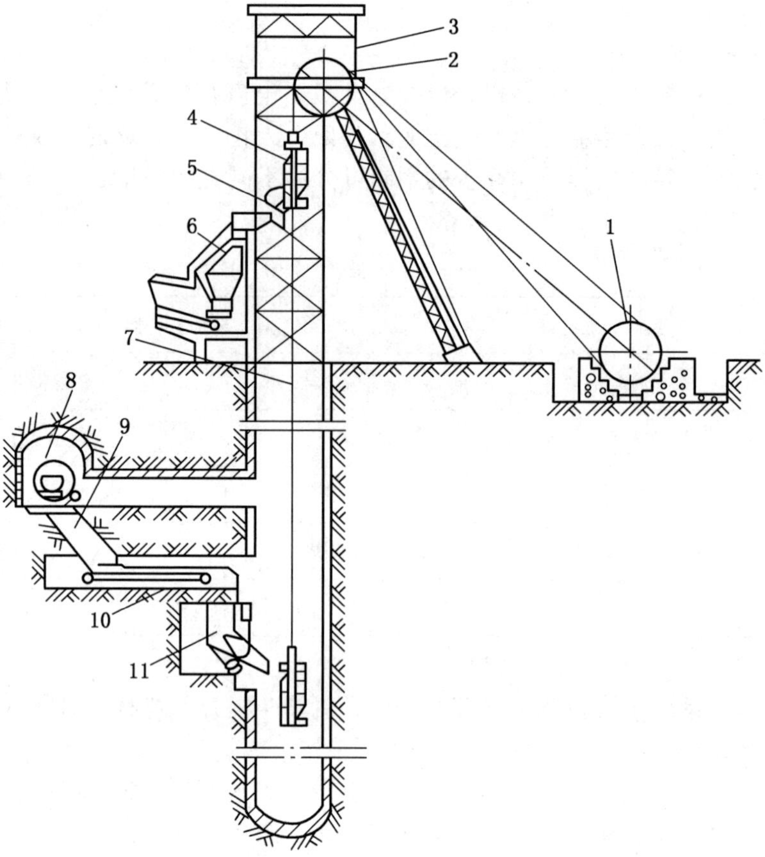

1—提升机；2—天轮；3—井架；4—箕斗；5—卸载曲轨；6—地面煤仓；
7—提升钢丝绳；8—矿车；9—井口煤仓；10—给煤机；
11—装载设备

图 3-5-1　单绳缠绕式提升机箕斗提升系统

提升容器是直接升降人员和设备，提升煤炭和矸石以及下放材料的工具。按结构构造类别分为罐笼、箕斗和矿车等；立井主要采用箕斗和罐笼，斜井主要采用矿车。

（1）罐笼。按提升钢丝绳的数量可分为单绳罐笼和多绳罐笼。按罐笼的层数可分为单层、双层和多层罐笼；按罐笼的罐道型式可分为钢丝绳罐道罐笼和刚

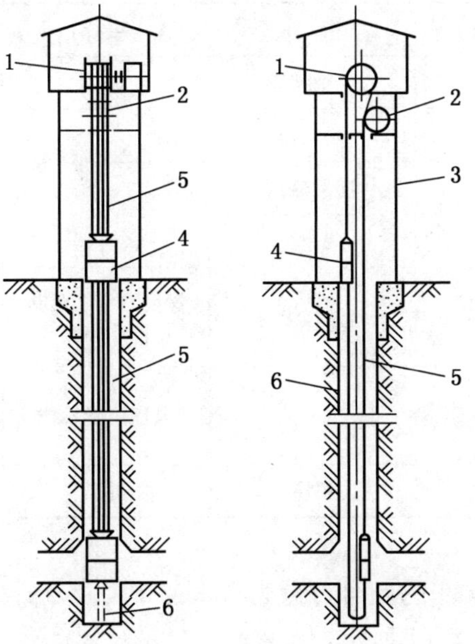

1—提升机；2—导向轮；3—井塔；4—罐笼；
5—提升钢丝绳；6—尾绳

图3-5-2　多绳摩擦式提升机罐笼提升系统示意图

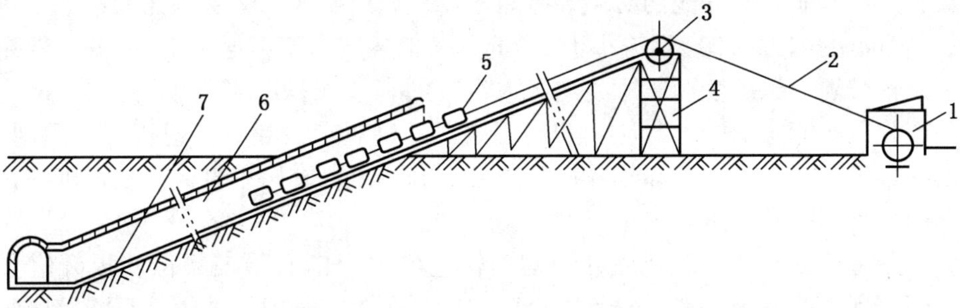

1—提升机；2—钢丝绳；3—天轮；4—井架；5—矿车；6—井筒；7—轨道

图3-5-3　斜井串车提升系统

表3-5-2 矿井提升机组成部分

序号	组成机构（系统）	机构（系统）具体组成部分			
1	工作机构	主轴装置	主轴承		
2	制动系统	制动器	液压传动装置		
3	润滑系统	润滑油站	管路		
4	机械传动系统	减速器	离合器	联轴器	
5	检测及操纵系统	斜面操纵台	深度指示器及其传动装置	测速发电机装置	
6	拖动、控制和自动保护系统	主电机	电气控制系统	自动保护系统	信号系统
7	辅助机构	机座	机架	导向轮装置	车槽装置

性罐道罐笼；按装载矿车的型号可分为0.5 t、1 t、1.5 t、3 t矿车罐笼。单绳1 t单层罐笼结构如图3-5-4所示。

《煤矿安全规程》规定，专为升降人员和升降人员与物料的罐笼乘人层顶部应当设置可以打开的铁盖或者铁门，两侧装设扶手；罐底必须满铺钢板，如果需要设孔时，必须设置牢固可靠的门；两侧用钢板挡严，并不得有孔；进出口必须装设罐门或者罐帘，高度不得小于1.2 m。罐门或者罐帘下部边缘至罐底的距离不得超过250 mm，罐帘横杆的间距不得大于200 mm。罐门不得向外开，门轴必须防脱；提升矿车的罐笼内必须装有阻车器；单层罐笼和多层罐笼的最上层净高（带弹簧的主拉杆除外）不得小于1.9 m，其他各层净高不得小于1.8 m，带弹簧的主拉杆必须设保护套筒；罐笼内每人占有的有效面积应当不小于0.18 m^2。罐笼每层内1次能容纳的人数应当明确规定。超过规定人数时，把钩工必须制止；严禁在罐笼同一层内人员和物料混合提升。升降无轨胶轮车时，仅限司机一人留在车内，且按提升人员要求运行。

立井罐笼提升井口、井底和中间运输巷的安全门必须与罐位和提升信号联锁：罐笼到位并发出停车信号后安全门才能打开；安全门未关闭，只能发出调平和换层信号，但发不出开车信号；安全门关闭后才能发出开车信号；发出开车信号后，安全门不能打开；井口、井底和中间运输巷都应当设置摇台或者锁罐装置，并与罐笼停止位置、阻车器和提升信号系统联锁：罐笼未到位，放不下摇台或者锁罐装置，打不开阻车器；摇台或者锁罐装置未抬起，阻车器未关闭，发不

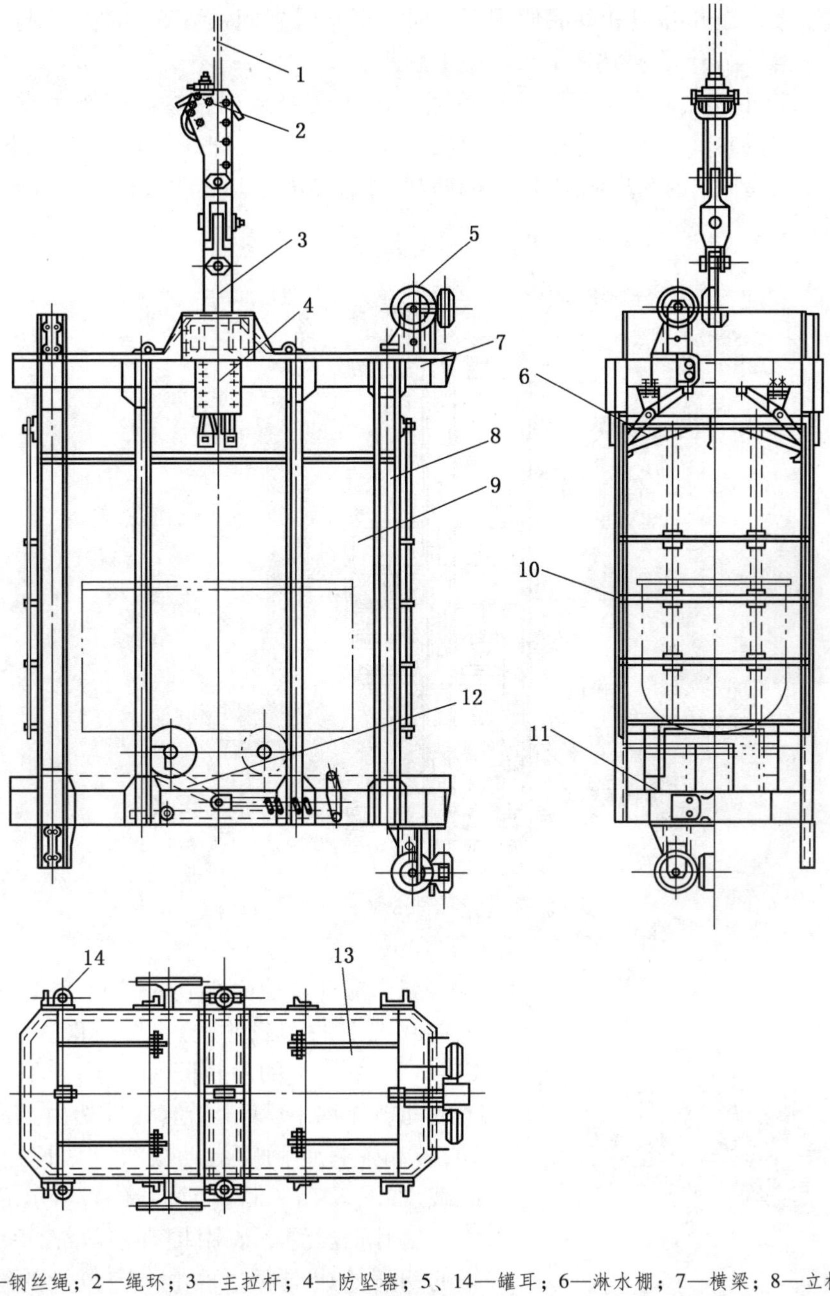

1—钢丝绳；2—绳环；3—主拉杆；4—防坠器；5、14—罐耳；6—淋水棚；7—横梁；8—立柱；
9—钢板；10—帘式罐门；11—轨道；12—阻车器；13—罐盖

图3-5-4 单绳1t单层罐笼结构

出开车信号；立井井口和井底使用罐座时，必须设置闭锁装置，罐座未打开，发不出开车信号。升降人员时，严禁使用罐座。

（2）箕斗。按提升机不同分为单绳与多绳两个系列；按井筒倾角类型分为立井箕斗和斜井箕斗两大类；根据卸载方式不同分为底卸式、侧卸式和翻转式。

提煤用箕斗主要采用固定斗箱底卸式箕斗，单绳立井底卸式箕斗结构如图 3－5－5 所示。

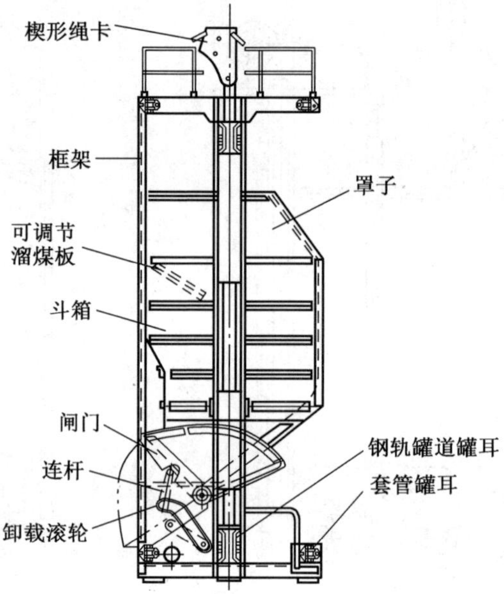

图 3－5－5　单绳立井底卸式箕斗结构

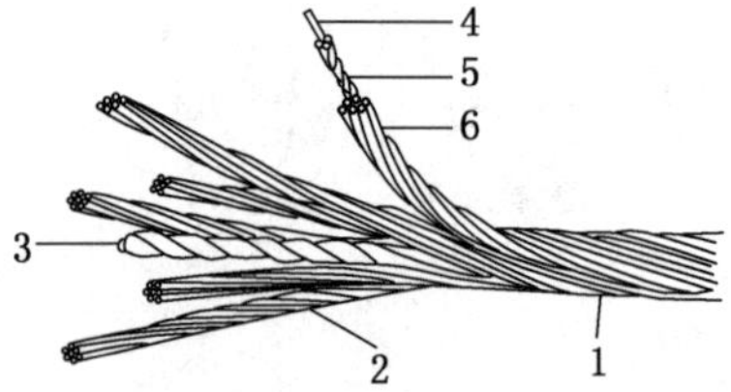

1—钢丝绳；2—绳股；3—绳芯；4—股芯；5—内层钢丝；6—外层钢丝

图 3－5－6　钢丝绳的结构

箕斗提升至地面煤仓时，卸载滚轮进入固定在井架上的卸载曲轨内；继续向上提升，固定在箕斗框架上的曲轨同时向上运动；在井架上的曲轨作用下，滚轮沿箕斗框架由上向下运动，转动连杆使闸门借助煤的压力打开，开始卸载，如图 3－5－5 中点画线位置所示。

提升钢丝绳。矿用提升钢丝绳由一定数量的钢丝捻成绳股，再由一定数量的绳股围绕绳芯捻制成钢丝绳，为“丝－股－绳”结构，如图 3－5－6 所示。

根据钢丝绳中股数、捻向、捻距以及绳股中钢丝数目、直径、断面形状和排列方式不同，可将提升钢丝绳分为不同的类型。

（1）按股在钢丝绳中的捻向分为左捻和右捻。左捻是指按左螺旋方向将股捻成绳；右捻是指按右螺旋方向将股捻成绳，如图 3－5－7 所示。

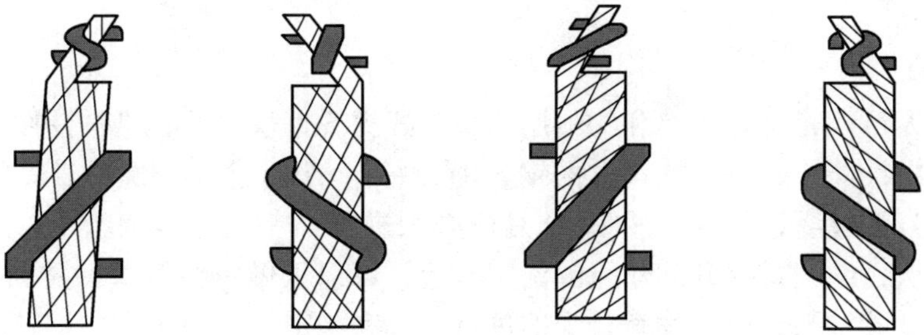

图 3－5－7　钢丝绳分类

（2）按丝在股中和股在绳中的捻向分为交互捻和同向捻。交互捻是指绳中股的捻向与股中丝的捻向相反；同向捻是指绳中股的捻向与股中丝的捻向相同。

由于同向捻钢丝绳有较大的恢复力，稳定性较差，易打结，不允许在无导向装置的情况下使用，如串车提升的提升钢丝绳就不能使用同向捻钢丝绳。但是，同向捻钢丝绳柔软，表面光滑，接触面积大，应力小，使用寿命长；绳有断丝时，断丝头部会翘起，便于发现。目前，矿井提升多用同向捻钢丝绳。

（三）矿井提升安全技术要求

1. 立井提升

立井中升降人员应当使用罐笼；在井筒内作业或者因其他原因，需要使用普通箕斗或者救急罐升降人员时，必须制定安全措施；升降人员或者升降人员和物料的单绳提升罐笼必须装设可靠的防坠器；罐笼和箕斗的最大提升载荷和最大提升载荷差应当在井口公布，严禁超载和超最大载荷差运行。

提升系统各部分每天必须由专职人员至少检查 1 次，每月还必须组织有关人员至少进行 1 次全面检查。检查中发现问题，必须立即处理，检查和处理结果都应当详细记录。

2. 倾斜井巷内串车提升

倾斜井巷内使用串车提升时，在倾斜井巷内安设能够将运行中断绳、脱钩的车辆阻止住的跑车防护装置；在各车场安设能够防止带绳车辆误入非运行车场或者区段的阻车器；在上部平车场入口安设能够控制车辆进入摘挂钩地点的阻车器；在上部平车场接近变坡点处，安设能够阻止未连挂的车辆滑入斜巷的阻车器；在变坡点下方略大于1列车长度的地点，设置能够防止未连挂的车辆继续向下跑车的挡车栏。上述挡车装置必须经常关闭，放车时方准打开。兼作行驶人车的倾斜井巷，在提升人员时，倾斜井巷中的挡车装置和跑车防护装置必须是常开状态并闭锁。

3. 钢丝绳

升降人员或者升降人员和物料用的缠绕式提升钢丝绳，自悬挂使用后每6个月进行1次性能检验；悬挂吊盘的钢丝绳，每12个月检验1次；升降物料用的缠绕式提升钢丝绳，悬挂使用12个月内必须进行第一次性能检验，以后每6个月检验1次；缠绕式提升钢丝绳的定期检验，可以只做每根钢丝的拉断和弯曲2种试验。试验结果，以公称直径为准进行计算和判定。出现不合格钢丝的断面积与钢丝总断面积之比达到25%时或钢丝绳的安全系数小于《煤矿安全规程》第四百零八条规定时必须停止使用；摩擦式提升钢丝绳、架空乘人装置钢丝绳、平衡钢丝绳以及专用于斜井提升物料且直径不大于18 mm的钢丝绳，不受前两项要求的限制；提升钢丝绳必须每天检查1次，平衡钢丝绳、罐道绳、防坠器制动绳（包括缓冲绳）、架空乘人装置钢丝绳、钢丝绳牵引带式输送机钢丝绳和井筒悬吊钢丝绳必须每周至少检查1次。对易损坏和断丝或者锈蚀较多的一段应当停车详细检查。断丝的突出部分应当在检查时剪下。检查结果应当记入钢丝绳检查记录簿；对使用中的钢丝绳，应当根据井巷条件及锈蚀情况，采取防腐措施。摩擦提升钢丝绳的摩擦传动段应当涂、浸专用的钢丝绳增摩脂；平衡钢丝绳的长度必须与提升容器过卷高度相适应，防止过卷时损坏平衡钢丝绳。使用圆形平衡钢丝绳时，必须有避免平衡钢丝绳扭结的装置；严禁将平衡钢丝绳浸泡在水中；多绳提升的任意一根钢丝绳的张力与平均张力之差不得超过±10%。

钢丝绳在运行中遭受到卡罐、突然停车等猛烈拉力时，必须立即停车检查，发现下列情况之一者，必须将受损段剁掉或者更换全绳：

（1）钢丝绳产生严重扭曲或者变形。

（2）断丝超过《煤矿安全规程》第四百一十二条的规定。

（3）直径减小量超过《煤矿安全规程》第四百一十二条的规定。

（4）遭受猛烈拉力的一段的长度伸长0.5%以上。

在钢丝绳使用期间，断丝数突然增加或者伸长突然加快，必须立即更换。

4. 提升装置安全保护

提升装置必须装设过卷、过放、超速、过负荷、欠电压、限速保护、提升容器位置指示、闸瓦间隙、松绳、仓位超限、减速功能和错向运行等保护。各安全保护装设应满足表3-5-3的要求。

表3-5-3 提升装置安全保护装设要求

序号	安全保护名称	装设要求
1	过卷和过放保护	当提升容器超过正常终端停止位置或者出车平台0.5 m时，必须能自动断电，且使制动器实施安全制动
2	超速保护	当提升速度超过最大速度15%时，必须能自动断电，且使制动器实施安全制动
3	过负荷和欠电压保护	
4	限速保护	提升速度超过3 m/s的提升机应当装设限速保护，以保证提升容器或者平衡锤到达终端位置时的速度不超过2 m/s。当减速段速度超过设定值的10%时，必须能自动断电，且使制动器实施安全制动
5	提升容器位置指示保护	当位置指示失效时，能自动断电，且使制动器实施安全制动
6	闸瓦间隙保护	当闸瓦间隙超过规定值时，能报警并闭锁下次开车
7	松绳保护	缠绕式提升机应当设置松绳保护装置并接入安全回路或者报警回路。箕斗提升时，松绳保护装置动作后，严禁受煤仓放煤
8	仓位超限保护	箕斗提升的井口煤仓仓位超限时，能报警并闭锁开车
9	减速功能保护	当提升容器或者平衡锤到达设计减速点时，能示警并开始减速
10	错向运行保护	当发生错向时，能自动断电，且使制动器实施安全制动；过卷保护、超速保护、限速保护和减速功能保护应当设置为相互独立的双线型式；缠绕式提升机应当加设定车装置

二、矿井运输

矿井运输系统分类见表3-5-4。

表3-5-4 矿井运输系统分类

序号	分类标准	具体分类
1	按运行方式	连续运行式（如输送机、无极绳牵引等）
		往返运行式（如机车、有极绳等）
2	按运输用途	主运输（运输煤炭）
		辅助运输（运输材料、矸石、人员、设备等）

表3-5-4（续）

序号	分类标准	具体分类
3	按工作区域	大巷运输（工作地点为运输大巷）
		采区运输（作业地点为工作面、巷道、上下山）
4	按牵引原理	链啮合牵引刮板输送机
		挠性体带式输送机
		车轮黏着牵引及机车牵引
		钢丝绳牵引绞车

（一）矿井主运输

矿井主运输是指由采煤工作面到矿井地面的煤炭运输，主要包括带式输送机运输、刮板输送机运输、机车运输等。根据作业区域的不同，采用的运输方式和设备也不同，如图3-5-8所示。

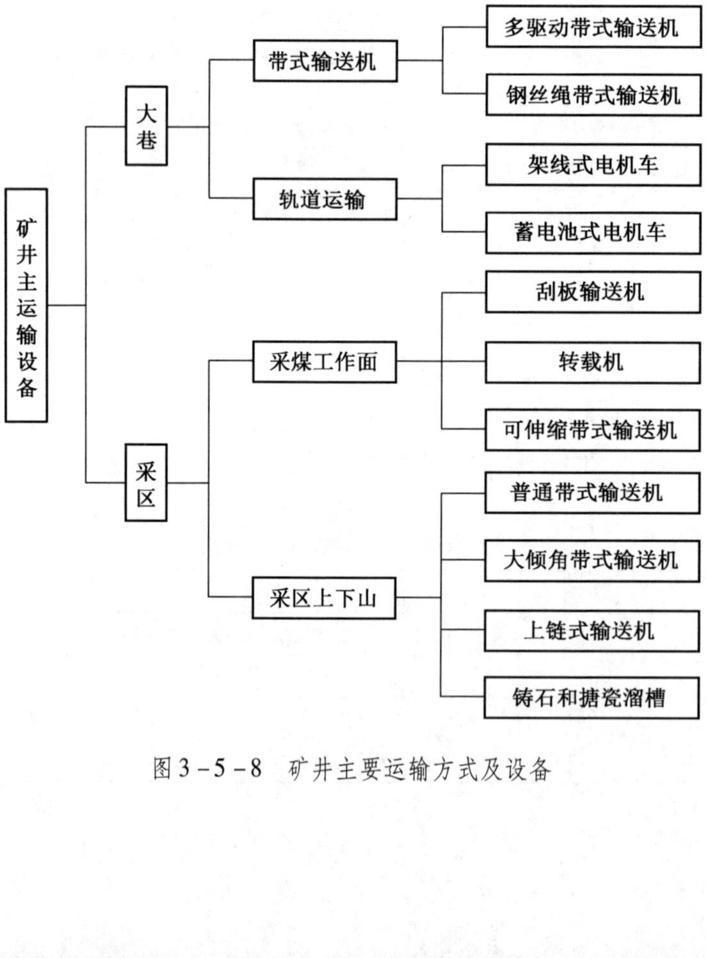

图3-5-8　矿井主要运输方式及设备

1. 刮板输送机

刮板输送机主要结构由机头部、机身、机尾部和辅助设备四部分组成，如图3-5-9所示。

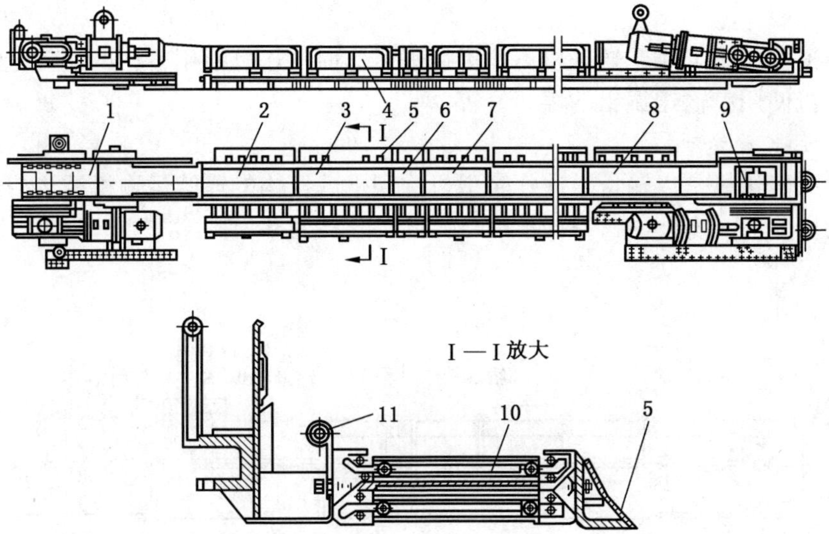

1—机头部；2—机头连接槽；3—中部槽；4—挡泥板；5—铲煤板；6—0.5 m调节槽；7—1 m调节槽；8—机尾连接槽；9—机尾部；10—刮板链；11—导向管

图3-5-9 可弯曲刮板输送机结构图

《煤矿安全规程》规定，使用刮板输送机运输时，采煤工作面刮板输送机必须安设能发出停止、启动信号和通信的装置，发出信号点的间距不得超过15 m。

刮板输送机使用的液力偶合器，必须按所传递的功率大小，注入规定量的难燃液，并经常检查有无漏失。易熔合金塞必须符合标准，并设专人检查，清除塞内污物；严禁使用不符合标准的物品代替。

刮板输送机严禁乘人。用刮板输送机运送物料时，必须有防止顶人和顶倒支架的安全措施。移动刮板输送机时，必须有防止冒顶、顶伤人员和损坏设备的安全措施。

2. 桥式转载机

桥式转载机是机械化采煤系统中普遍采用的一种中间转载设备，其传动系统和驱动装置与刮板输送机相同，而机身结构组成略有区别，便于随着工作面的推进和带式输送机的伸缩而整体移动。

使用桥式转载机，可将煤、矸等抬高，便于向带式输送机装煤，减少巷道带式输送机伸缩、拆装次数，从而加快采煤工作面的推进速度，提高生产率。

巷道掘进施工时，转载机可作为掘进工作面输送机使用，亦可配套可伸缩带式输送机使用，输送掘出的煤、矸等。

3. 带式输送机

带式输送机是以输送带兼作牵引机构和承载机构的连续运输机械，按可否移动分为固定带式输送机、移动带式输送机、移置带式输送机和可伸缩带式输送机。

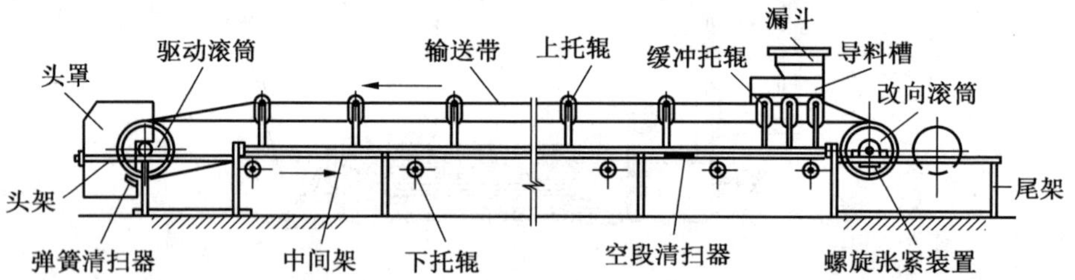

图 3－5－10　带式输送机组成部分

带式输送机主要结构由输送带、驱动装置、托辊、张紧装置、制动装置、清扫装置及保护装置等部分组成，如图 3－5－10 所示。

（1）输送带。一般由芯体和覆盖层构成，按带芯结构和材料不同，分为钢丝绳芯和织物层芯两类。其中，织物层芯输送带又分为分层织物层芯和整体编织织物层芯。

（2）驱动装置。是带式输送机的动力来源。电动机通过联轴器、减速器带动主动滚筒转动。借助滚筒与输送带之间的摩擦力，使输送带运动。

按电机数目分，有单电机驱动和多电机驱动。按传动滚筒的数目分，有单滚筒驱动、双滚筒驱动和多滚筒驱动。

（3）托辊。是带式输送机的主要部件之一，其作用是支撑输送带，减小运行阻力，并使输送带的垂度不超过一定限度，以保证输送带平稳运行。托辊按用途可分为槽形托辊、平行托辊、V 形托辊、缓冲托辊、调偏托辊。

（4）张紧装置。张紧装置的作用是保证输送带保持足够的张力，限制输送带在托辊间的悬垂度，确保输送机的正常运转。

（5）制动装置。制动装置的作用主要是正常停机和紧急停机。按工作方式不同分为逆止器和制动器。

（6）清扫装置。刮板式清扫器是清扫输送带最简单的装置，被广泛应用于清扫弱黏性松散物料。其工作机构采用金属刮板、弹性刮板或塑料刮板，刮板通常装在有重锤或弹簧压紧的旋转架上。

（7）带式输送机的保护装置。采用滚筒驱动带式输送机运输时，必须装设防打滑、跑偏、堆煤、撕裂等保护装置，同时应当装设温度、烟雾监测装置和自动洒水装置，具备沿线急停闭锁功能。

倾斜井巷中使用的带式输送机，上运时，必须装设防逆转装置和制动装置；下运时，应当装设软制动装置且必须装设防超速保护装置。

《煤矿安全规程》规定，采用滚筒驱动带式输送机运输时，必须装设防打滑、跑偏、堆煤、撕裂等保护装置；应当装设温度、烟雾监测装置和自动洒水装置；具备沿线急停闭锁功能。液力偶合器严禁使用可燃性传动介质（调速型液力偶合器不受此限）。

机头、机尾及搭接处，应当有照明；机头、机尾、驱动滚筒和改向滚筒处，应当设防护栏及警示牌。行人跨越带式输送机处，应当设过桥。

采用非金属聚合物制造的输送带、托辊和滚筒包胶材料等，其阻燃性能和抗静电性能必须符合有关标准的规定。

主要运输巷道中使用的带式输送机，必须装设输送带张紧力下降保护装置。

倾斜井巷中使用的带式输送机，上运时，必须装设防逆转装置和制动装置；下运时，应当装设软制动装置且必须装设防超速保护装置。

在大于16°的倾斜井巷中使用带式输送机，应当设置防护网，并采取防止物料下滑、滚落等的安全措施。

4. 蓄电池电机车

蓄电池式电机车由列车、供电设备组成。此类设备轨道不在供电系统中。蓄电池式电机车的供电设备包括充电及交流两部分。

电机车由电气和机械两大部分组成，其中，电气部分包括牵引电动机、控制器、电阻器、受电弓、自动开关、照明装置等。机械部分包括车架、轮对、轴承和轴箱、弹簧托架、制动系统、撒沙系统、齿轮传动装置及连接缓冲装置。矿用电机车机械部分如图 3－5－11 所示。

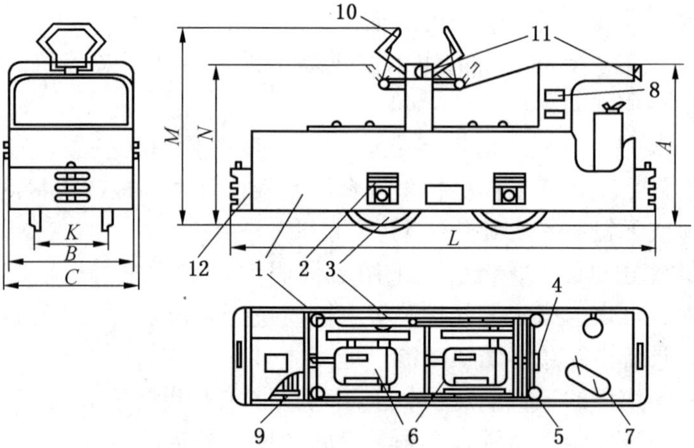

1—车架；2—轴承箱；3—轮对；4—制动手轮；5—沙箱；6—牵引电动机；
7—控制器；8—自动开关；9—启动电阻器；10—受电弓；11—车灯；
12—缓冲器及连接器

图 3-5-11　矿用电机车机械部分

生产矿井同一水平行驶 7 台及以上机车时，应当设置机车运输监控系统；同一水平行驶 5 台及以上机车时，应当设置机车运输集中信号控制系统。新建大型矿井的井底车场和运输大巷，应当设置机车运输监控系统或者运输集中信号控制系统。

列车或者单独机车均必须前有照明，后有红灯。列车通过的风门，必须设有当列车通过时能够发出在风门两侧都能接收到声光信号的装置。巷道内应当装设路标和警标。必须定期检查和维护机车，发现隐患，及时处理。机车的闸、灯、警铃（喇叭）、连接装置和撒砂装置，任何一项不正常或者失爆时，机车不得使用。

正常运行时，机车必须在列车前端。机车行近巷道口、硐室口、弯道、道岔或者噪声大等地段，以及前有车辆或者视线有障碍时，必须减速慢行，并发出警号。2 辆机车或者 2 列列车在同一轨道同一方向行驶时，必须保持不少于 100 m 的距离。同一区段线路上，不得同时行驶非机动车辆。

必须有用矿灯发送紧急停车信号的规定。非危险情况下，任何人不得使用紧急停车信号。

新投用机车应当测定制动距离，之后每年测定 1 次。运送物料时制动距离不得超过 40 m；运送人员时制动距离不得超过 20 m。

使用的蓄电池动力装置，充电必须在充电硐室内进行。充电硐室内的电气设备必须采用矿用防爆型。检修应当在车库内进行，测定电压时必须在揭开电池盖 10 min 后测试。

（二）*矿井辅助运输*

辅助运输是指除运煤（岩）以外的一切材料、设备和人的运输。主要运输设备包括钢丝绳运输、单轨吊车、卡轨车、齿轨机车、无轨胶轮车、单绳索道等。

钢丝绳运输是指在水平或倾斜的轨道上利用绞车、钢丝绳和矿车或其他容器所进行的轨道运输，包括有极绳运输与无极绳运输两类。

（1）有极绳运输。钢丝绳的一端与矿车相连，通过绞车使钢丝绳放出或收回，达到运输的目的。有极绳运输分为单绳运输、双绳运输和首尾绳运输，设备包括绞车、钢丝绳和容器（矿车）等。

（2）无极绳运输。用摩擦轮绞车带动一条封闭的钢丝绳运转；矿车通过特殊的连接装置与钢丝绳连接起来，靠运行的钢丝绳带动矿车沿轨道运行。若从装车场按一定的间隔不断地将矿车与钢丝绳挂接（挂钩），那么在出车场处就可不断地摘挂钩并推出矿车。因此这种运输是连续的，它的货运量与距离无关。

无极绳运输适用于矿井井下水平巷道或倾角不大的上山运输，也可以用作地面运输。无极绳运输的主要缺点是工人劳动强度大，钢丝绳磨损严重，轨道附属设备多，上、下运输环节的衔接费工费时。

无轨胶轮车是以防爆柴油发动机为动力，用胶轮在巷道地面实现井下人员、材料、矸石及设备的运输的机车，主要由驾驶室、控制系统、制动系统、传动系统、进气系统、尾气处理系统、保护系统、照明等组成。其结构如图 3－5－12 所示。

无轨胶轮车按其载重量可分为重型无轨胶轮车和轻型无轨胶轮车；按其作用不同可分为人车、材料车、支架搬运车、铲车、管车等；按其驱动方式不同可分为双轮驱动和四轮驱动。其作用是用来实现井下人员、材料、矸石及设备的运输。

《煤矿安全规程》规定，采用无轨胶轮车运输时，运送人员必须使用专用人车，严禁超员；运行速度，运人时不超过 25 km/h，运送物料时不超过 40 km/h；同向行驶车辆必须保持不小于 50 m 的安全运行距离；严禁车辆空挡滑行；严禁进入专用回风巷和微风、无风区域。

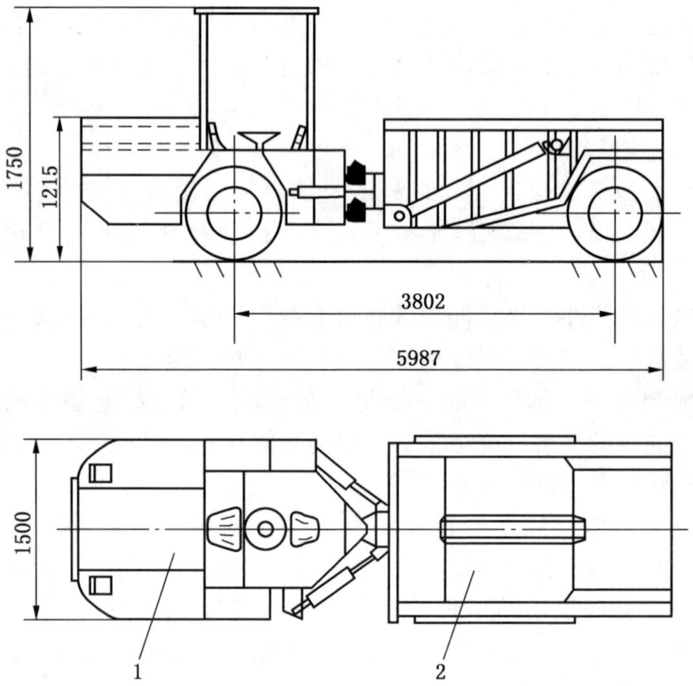

1—前车；2—后车

图 3-5-12　无轨胶轮车结构图

巷道路面、坡度、质量，应当满足车辆安全运行要求；巷道和路面应当设置行车标识和交通管控信号。长坡段巷道内必须采取车辆失速安全措施。巷道转弯处应当设置防撞装置。人员躲避硐室、车辆躲避硐室附近应当设置标识。井下行驶特殊车辆或者运送超长、超宽物料时，必须制定安全措施。

架空乘人装置是煤矿井下辅助运输设备，主要作用是运送人员上下斜井和平巷之用。主要由驱动装置、托（压）绳装置、乘人器、尾轮装置、张紧装置、安全保护装置及电气装置组成。

《煤矿安全规程》规定，采用架空乘人装置运送人员时，吊椅中心至巷道一侧突出部分的距离不得小于 0.7 m，双向同时运送人员时钢丝绳间距不得小于 0.8 m，固定抱索器的钢丝绳间距不得小于 1.0 m。乘人吊椅距底板的高度不得小于 0.2 m，在上下人站处不大于 0.5 m。乘坐间距不应小于牵引钢丝绳 5 s 的运行距离，且不得小于 6 m。除采用固定抱索器的架空乘人装置外，应当设置乘人间距提示或者保护装置。

固定抱索器最大运行坡度不得超过28°，可摘挂抱索器最大运行坡度不得超过25°，运行速度应当满足表3－5－5的规定。

运行速度超过1.2 m/s时，不得采用固定抱索器；运行速度超过1.4 m/s时，应当设置调速装置，并实现静止状态上下人员，严禁人员在非乘人站上下。

表3－5－5　架空乘人装置运行速度规定

巷道坡度 θ/(°)	$28\geqslant\theta>25$	$25\geqslant\theta>20$	$20\geqslant\theta>14$	$\theta\leqslant14$
固定抱索器/($m\cdot s^{-1}$)	≤0.8	≤1.2		
可摘挂抱索器/($m\cdot s^{-1}$)	—	≤1.2	≤1.4	≤1.7

架空乘人装置必须装设超速、打滑、全程急停、防脱绳、变坡点防掉绳、张紧力下降、越位等保护，安全保护装置发生保护动作后，需经人工复位，方可重新启动。

减速器应当设置油温检测装置，当油温异常时能发出报警信号。沿线应当设置延时启动声光预警信号。各上下人地点应当设置信号通信装置。

每日至少对整个装置进行1次检查，每年至少对整个装置进行1次安全检测检验。严禁同时运送携带爆炸物品的人员。

三、提升与运输新技术

（一）矿山换绳辅助技术装备

矿山换绳辅助技术装备适用于矿山立井摩擦提升系统的钢丝绳更换、平衡尾绳更换、挂罐安装、罐道绳更换等作业。

该技术装备采用双排链式持绳机构，无损伤夹持钢丝绳；直线连续恒力矩收放钢丝绳；采用双功能液压系统，可自动调整运行速度，使其同步于绞车，保证新绳张力不变，保障换绳安全；集智能电液控制与远程集控为一体，实现智能化换绳辅助；实时监测设备运行状态，保障作业安全。

该技术装备用于摩擦式立井提升钢丝绳更换，可实现机械化自动收放绳，收放绳速度既可以独立线性调整，又可以与提升机同步随动；已形成标准化的施工工艺，可更好保障换绳安全，减少作业人员数量，提高换绳效率；可将传统人工48 h以上的换绳时间缩短至12 h以内，经济效益显著。

该技术装备已经应用于河南平煤神马梁北二井煤业、山东能源新巨龙煤矿、山东金莱矿业、山东黄金焦家金矿、安徽马钢罗河铁矿等。

（二）钢丝绳实时在线监测系统

钢丝绳实时在线监测系统适用于使用钢丝绳的立井、斜井、架空乘人提升。该系统可实现定量探伤，定量判别和分类统计内外部损伤；评估钢丝绳安全状态；运用数据互联分析技术，使监测信息融入整体信息数据库，实现安全管理互联互通。

该系统针对巡检提升机钢丝绳时常用的慢速定期目测方式面临人员视觉疲劳而误判、检查范围限于表面而无法观测内部等难点，采用磁感应技术，通过两种监测原理对应监测输出两路（LMA 和 LF）监测信号，在使用中对钢丝绳进行无损测定，可定量分析金属横截面积减少量，并评估钢丝绳剩余寿命，对钢丝绳断丝、磨损、锈蚀等进行监测。该系统具有无损在线监测和报警能力，能有效监测钢丝绳表面以及内部损伤。

该系统已经应用于河南嵩县前河矿业、河南嵩县金牛公司、河南金源黄金矿业等。

（三）快速拆装自固定模块化带式输送机

快速拆装自固定模块化带式输送机适用于采煤工作面开采速度快、搬家倒面频繁的高产高效煤矿。

该装备实现了顺槽带式输送机的免浇筑快速安装，在顺槽带式输送机主要受力点布置 5 组液压支撑单元与顶底板接触产生作用力，实现对带式输送机卸载部、机头部、驱动部、储带部和卷带装置部分的固定；采用智能压力监测与补压系统、机械锁块等技术保障安全，设备安装时不用起底、支模、浇筑基础和二次浇筑安装设备，将安装时间从 10 天缩短为 3 天；取代传统依靠混凝土基础与地脚螺栓固定设备的安装方式，大幅节约设备安装成本，减少混凝土的使用和巷道的岩石开挖量。

该装备已经应用于陕西国能神东煤炭大柳塔煤矿、陕西国能榆林能源青龙寺煤矿、内蒙古国能神东煤炭乌兰木伦煤矿等。

（四）带式输送机智能巡检机器人

带式输送机智能巡检机器人适用于带式输送机运输系统、泵站、大型设备、厂房、配电室、回风巷等的巡检。

该装备针对带式输送机运输系统设备多、运行方式复杂、运行环境恶劣、故障因素多，尤其人工巡检劳动强度大、安全性低且受个人经验和主观意识影响导致巡检结果参考意义不大等问题，对输送带跑偏、托辊磨损、温度和环境参数等进行自主巡检，解决了仅靠人员定时检查或驻点值守的情况，避免了复杂环境、狭小空间、大噪声等不安全因素的影响，且结果不受个人经验和主观意识的影响，大幅提高了设备保护能力和作业安全性。

该装备已经应用于神东煤炭陕西锦界煤矿、中国神华山西保德煤矿、内蒙古伊泰塔拉壕煤矿、内蒙古神华北电胜利能源有限公司、辽宁首钢硼铁有限责任公司、安徽马钢罗河铁矿等。

（五）数字化高性能芳纶输送带

数字化高性能芳纶输送带适用于矿山固定式带式输送机运输系统。

该材料的单层强度最高达到4500 N/mm；正常运行时可大幅降低输送机需求功率，节能效益显著；强度保持率达到80%及以上的芳纶输送带接头，解决了高强力芳纶输送带接头强度低的瓶颈问题。

该材料重量较同级别钢丝绳带轻30%，运行节能10%以上；防撕裂，抗冲击，耐腐蚀，防锈蚀，无意外断带风险；芳纶带中预埋射频芯片，配合芯片读取系统，实现输送带全寿命周期信息跟踪管理、输送带身份信息查询和记录、输送系统维护信息记录和管理；实现输送带在特征位置的定位/定点停机，并能与其他智能监测系统联动，保障输送带安全有效运行。

该材料已经应用于国家能源神东煤炭集团、国家能源宁夏煤业羊场湾矿、中国平煤神马集团等。

（六）煤矿煤流运输AI视频识别系统

煤矿煤流运输AI视频识别系统适用于煤矿带式输送机运输系统。该系统采用AI图像分析技术，识别和分析主煤流运输系统的煤量、异物、堆煤、跑偏、输送带纵撕、输送带表面损伤等；实时识别煤量，实现智能调速和运量统计。

该系统具有带式输送机危险区域禁入、煤量识别与调速、煤量统计、大块异物识别、工作面巷道带式输送机AI均衡及对堆煤、跑偏、输送带纵撕、输送带表面损伤的检测等功能，通过客户端实现皮带速度、温度、全煤流状态、煤量和报警信息的可视化实时显示，可实现全煤流管控区域的视频检测、隐患智能报警闭锁，配合煤流运输控制系统可实现集中控制、煤量实时识别、智能调速和闭锁联动功能，系统响应速度快，可提升煤矿的智能化水平，减少安全事故，节能降本。

该系统已成功应用于山东兖煤菏泽能化赵楼煤矿、山西中煤华晋王家岭煤矿等。

第六节　煤　矿　供　电

一、煤矿供电系统

煤矿生产及井下环境的特殊性，决定了煤矿供电必须考虑供电安全性、可靠性、经济性和质量等要求。

（一）电力负荷分类

煤矿电力负荷分为一类、二类和三类，各类负荷对供电可靠性的要求不同，采取的供电方式也不同。

一类负荷。凡因突然停电可能造成人身伤亡或重要设备损坏或给生产造成重大损失的负荷为一类负荷。如主通风机、提升人员的立井提升机、井下主排水泵、高瓦斯矿井的局部通风机以及上述设备的辅助设备等。

对一类负荷供电必须有可靠的备用电源，一般是由变电所引出的独立双回路供电。

二类负荷。因突然停电可能造成较大经济损失的负荷为二类负荷。生产设备大多是二类负荷，如非提升人员的主提升机、压风机以及没有一类负荷的井下变电所等。

对大型矿井的二类负荷，一般采用具有备用电源的供电方式。对中小型矿井，一般采用专线供电即可。

三类负荷。不属于一、二类负荷的所有负荷都属于三类负荷。如生产辅助设备、家属区、办公楼、机修厂等。

对三类负荷供电的可靠性没有特殊要求，可采用一条线路向多个负荷供电，以减少设备投资。

为确保安全生产，当供电系统发生故障或检修需要限电时，对三类负荷可全部停止供电，对二类负荷可部分或全部停电，以确保对一类负荷的不间断供电。

（二）供电电压等级

煤矿常用电压等级及应用范围见表 3－6－1。

（三）煤矿供电系统

矿井供电方式与矿区范围、采用机械化方式、矿层结构、采煤方法、矿层埋藏深浅、井下用水量大小等因素密切相关。现阶段，我国供电系统主要有深井和浅井两种供电方式。

表3-6-1 煤矿常用电压等级及应用范围

电压/kV	应 用 范 围
35	矿井地面变电所受电电压
10	井上、下高压电机及配电电压
6	井上、下高压电机及配电电压
3.3	井下综合机械化采区动力
1.14	井下综合机械化采区动力
0.66	井下低压动力
0.38	地面和小型矿井井下低压动力
0.22	地面照明
0.127	井下照明及手持式煤电钻
0.036	井下设备控制及局部照明
直流0.25	直流架线电机车
直流0.55	直流架线电机车

深井供电系统适用于煤层埋藏较深、倾角较小、井田范围较大、井下用电量较大的情况。供电系统由地面变电所、井下主变电所和采区变电所构成三级高压供电。

（1）地面变电所。其电源为双回路，电源进线电压为35 kV，经主变压器将电压变为6 kV或10 kV，再经6(10)kV母线将电能分配给地面各高压用电设备，其中一、二类负荷分别由两段母线供电，并用双回路高压电缆通过井筒向井下中央变电所供电。地面变电所还设有低压变压器，将6(10)kV电压变为380 V/220 V向地面低压动力及照明负荷供电。

（2）井下中央变电所。其分段母线和高压配电箱将6(10)kV高压电能分配给井底车场附近的高压用电设备和各采区变电所，主排水泵、电机车的变流设备等一、二类负荷分别由两段母线供电。

井下中央变电所设有动力变压器，将6(10)kV电压变为660 V或1140 V，向井底车场附近的低压动力设备供电，还设有照明变压器综合装置，将电压变为127 V，向井底车场及附近巷道和硐室中的照明设备供电。

（3）采区变电所。设置的动力变压器将电压变到660 V或1140 V，通过低压电缆分送到工作面配电点，再由工作面配电点分送到工作面及附近巷道的各用电设备，配电点还设有煤电钻变压器综合装置将电压变为127 V，向工作面的煤电钻供电。采区变电所及附近巷道中的照明由设在采区变电所中的照明信号综合装置等供电。

若采区内有综采工作面，6(10) kV 电能由采区变电所中的高压配电箱配送到工作面附近平巷中的移动变电站，经移动变电站将电压变为1140 V，再送到工作面配电点。

浅井供电系统适用于每层埋藏较浅且井下负荷较小的中、小型矿井。供电主要有3种方式。

（1）井底车场及其附近巷道的低压用电设备可由设在地面变电所配电变压器的低压母线引出的低压电缆通过井筒送到井底车场配电所供电。

井下架线电机车所用的直流电源可由地面变电所整流后经电缆沿井筒送到井底车场配电所。

（2）当采区负荷不大且没有高压用电设备时，采区用电由地面变电所经高压架空线路将高压电送至设在采区上方的地面变电室或变电亭，然后把电压变为660 V或1140 V后，用低压电缆经钻孔送到采区配电所，由采区配电所再送给工作面配电点和低压用电设备。

（3）当采区负荷较大或有高压用电设备时，用高压电缆经钻孔将高压电能送到井下采区变电所，然后变压给采区负荷供电。

（四）井下变电所

井下变电所包括井下中央变电所、采区变电所、移动变电站和工作面配电点。

1. 井下中央变电所

井下中央变电所又称井下主变电所，是井下供电的中心，它担负着整个井下受电、配电、变电的重要任务。多设置在井底车场附近，并与中央水泵房相邻。

井下中央变电所的高压母线一般都采用单母线分段结线，母线段数与下井电缆数相对应。每一条下井电缆都通过高压进线开关与一段母线相连，相邻段母线之间装有联络开关。正常情况下联络开关断开，采用分列运行方式，分别由下井电缆向各段母线的负荷供电。当某条电缆由于故障而退出运行时，将母线联络开关闭合，由其他电缆保证对负荷的供电。

《煤矿安全规程》规定，永久性井下中央变电所和井底车场内的其他机电设备硐室应当采用砌碹或者其他可靠的方式支护，采区变电所应当用不燃性材料支护。

硐室必须装设向外开的防火铁门；铁门全部敞开时，不得妨碍运输；铁门上应当装设便于关严的通风孔；装有铁门时，门内可加设向外开的铁栅栏门，但不得妨碍铁门的开闭。硐室不应有滴水，过道应当保持畅通，严禁存放无关的设备和物件。从硐室出口防火铁门起 5 m 内的巷道，应当砌碹或者用其他不燃性材料支护。硐室内必须设置足够数量的扑灭电气火灾的灭火器材。

井下中央变电所和主要排水泵房的地面标高，应当分别比其出口与井底车场或者大巷连接处的底板标高高出 0.5 m。

2. 井下采区变电所

井下采区变电所是采区供电的中心，担负着整个采区的受电、配电、变电任务。综采工作面主要选择 1140 V 供电或 3300 V 供电。

3. 移动变电站

移动变电站是由特制的高压配电箱、干式变压器和低压配电装置组成的整体，安放在平车上，可在平巷的轨道上移动。

采用移动变电站供电的优点是缩短低压供电距离，减少电压损失，随工作面的移动而移动。一般用于向综采工作面供电。

移动变电站一般设置在工作面平巷，距工作面 150 ~ 300 m，工作面每推进 100 ~ 200 m，变电站向前移动一次，使综采工作面的低电压供电距离不超过 500 m。移动变电站的设置原则是靠近负荷中心，同时考虑安全性和经济性。

4. 工作面配电点

工作面配电点是将采区变电所或移动变电站送来的 1140 V 或 660 V 电能分配给采煤工作面或掘进工作面的用电设备。工作面电钻和照明用的 127 V 电源由电钻和照明综合保护装置供电。

为保证安全，采煤工作面配电点一般设在距工作面 50 ~ 70 m 处的巷道中；掘进工作面配电点距掘进头 80 ~ 100 m，一般配电点至掘进设备的电缆长度不超过 100 m；工作面设备的控制开关应放在工作面配电点，采用远程控制。

二、煤矿供电设备

（一）矿用隔爆型移动变电站

KSGZY 型矿用隔爆型移动变电站是机械化采煤工作面的主要配电设备。该设备由 KSGB 矿用隔爆型干式变压器、FB－6 矿用隔爆型高压负荷开关、DZKD 矿用隔爆型低压馈电开关 3 个独立的隔爆腔通过隔爆结合面用螺栓连接成一个整体，其中高压负荷开关两侧各安设一个隔爆型电缆连接器。干式变压器高压侧与高压负荷开关、干式变压器低压侧与低压馈电开关分别用软胶线连接。KSGZY 型矿用隔爆型移动变电站的整体结构如图 3－6－1 所示。

图 3-6-1　KSGZY 型矿用隔爆型移动变电站整体结构

（二）矿用隔爆型干式变压器

矿用隔爆型干式变压器是具有隔爆外壳，不配高低压开关而独立使用的隔爆型干式变压器。

KBSG 型矿用隔爆型干式变压器（图 3-6-2）是一种可移动的成套供变电装置，适用于有甲烷混合气体和有煤尘等有爆炸危险的矿井中，将 6 kV、10 kV 电源转换成 400(380) V、693(660) V、1200(1140) V、3450(3300) V 煤矿井下所需低压电源。

图 3-6-2　KBSG 型矿用隔爆型干式变压器

（三）矿用隔爆型高压开关

PBG1－6/1 矿用隔爆型高压真空配电装置（图 3－6－3），适用于具有爆炸性危险气体及粉尘的矿井中。对井下 6 kV/50 Hz 额定电流 400 A 以下供电系统进行控制和保护，同时作为 6 kV 移动变电站的高压配电使用。

图 3－6－3　PBG1－6/1 矿用隔爆型高压真空配电装置

该装置分 A 型（独立开关）和 B 型（移变开关）两种型式，B 型只是 A 型去掉后出线腔，因此保持结构型式的一致性；具有体积小、结构合理、操作直观的特性，并具备电动合闸及手动储能的双重机构；具有先进的、完善的微电脑综合保护系统，提高了整体供电的可靠性，且不必打开箱体大门即可进行保护参数的整定；兼容所有大容量（2500 kV·A 以下）移动变电站配套。

（四）矿用隔爆型真空馈电开关

KBZ 系列矿用隔爆型真空馈电开关（图 3－6－4），适用于煤矿井下和其他周围介质中含有甲烷、煤尘爆炸性气体混合物的环境中，在交流 50 Hz、额定电压 1140 V、660 V、380 V，额定电流为 630 A、500 A、400 A、315 A、200 A 及中性点不接地的三相电网中，可作为供电系统的总馈电开关和分支馈电开关，也可作为大容量电机不频繁启动之用。

图 3－6－4　KBZ 系列矿用隔爆型真空馈电开关

馈电开关控制部分为单片机保护形式，配备汉字液晶显示系统，当供电线路中出现过载、短路、断相、欠压、漏电等故障，该馈电开关根据要求自动跳闸并显示及记忆故障类型及参数，只有清除负荷侧故障，再按复位按钮后才能重新送电合闸。

（五）矿用隔爆兼本质安全型智能真空磁力起动器

QJZ－400(315)/1140 W 隔爆真空磁力起动器（图 3－6－5），适用于含有爆炸性气体（甲烷）和煤尘的煤矿中，起动器主要用于就地或远距离起动和停止额定电压 1140 V 或 660 V、频率为 50 Hz 的矿用隔爆型电动机，并可在停止时进行换向。必要时也允许使用隔离换向开关直接停止电动机。

图 3－6－5 QJZ－400(315)/1140 W 隔爆真空磁力起动器

（六）矿用隔爆型照明信号综合保护装置

矿用隔爆型照明信号综合保护装置（图 3－6－6）适用于煤矿井下 127 V 照明及信号负载的电源控制，并具有短路保护，漏电保护及电缆绝缘危险指示综合性保护功能的隔爆型电气设备。

图 3－6－6 矿用隔爆型照明信号综合保护装置

该综合装置的隔爆外壳为上下结构，上部为接线腔，下部为主腔，各为独立的隔爆部分。

（七）矿用隔爆兼本质安全型交流变频器

BPJ7 系列矿用隔爆兼本质安全型交流变频器（图 3 - 6 - 7）是一种集真空磁力起动器、数字式变频调速装置及相关的散热技术为一体的产品。

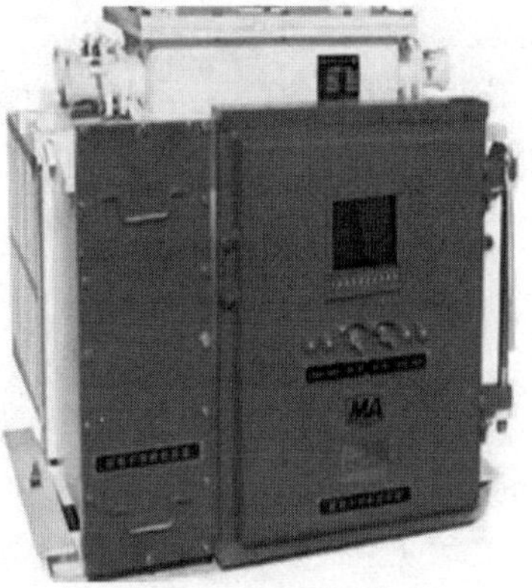

图 3 - 6 - 7　BPJ7 系列矿用隔爆兼本质安全型交流变频器

变频器具有在线控制功能，可根据电机的负荷变化，调整电机工作电源电压和频率，从而达到所需转矩。具有明显的节能效应，可实现经济运行。

（八）矿用隔爆型兼本安型交流真空软起动器

矿用隔爆兼本质安全型真空交流软起动器（图 3 - 6 - 8）是在矿用隔爆兼本质安全型真空电磁起动器的基础上，改直接起动为软起动，降低了起动电流，具有起动时间可调，还具有漏电闭锁、断相、过载、欠压、过流、过载、三相不平衡、短路等保护功能及相应的故障指示。

图 3 - 6 - 8　矿用隔爆型兼本质安全型交流真空软起动器

软起动器由电子控制电路转换至旁路真空交流接触器工作，使电动机投入电网全压运行。防爆起动器的真空电磁起动部分由隔离换相开关、真空接触器、漏电闭锁插件组成。当软起动有故障时，可将开关打到直起，它就具备真空电磁起动器功能。

三、井下安全用电

井下安全用电是指根据井下的特殊工作条件而采取相应措施，防止发生电气火灾、漏电及短路故障引起的瓦斯、煤尘爆炸，漏电、触电等事故，确保人身和设备的安全及供电的可靠性。

（一）矿用电气设备及其防爆

1. 矿用电气设备分类

矿用电气设备包括矿用一般型电气设备和矿用防爆电气设备。

1）矿用一般型电气设备

矿用一般型电气设备标志为“KY”，有防护功能，但不防爆，仅适用于煤矿地面及低瓦斯矿井中的井底车场及总进风大巷。

2）矿用防爆电气设备

《爆炸性环境　第1部分：设备　通用要求》（GB 3836.1—2010）规定，防爆电气设备总标志为“Ex”，Ⅰ类为煤矿井下用电气设备。采掘工作面必须使用防爆电气设备。

按采取的安全技术措施的不同，矿用防爆电气设备分隔爆型电气设备（d）、增安型电气设备（e）、本质安全型电气设备（i）等10类，具体类型和标志见表3－6－2。

表3－6－2　矿用防爆型电气设备的类型和标志

防爆电气设备类型	标志	标志全称	防爆电气设备类型	标志	标志全称
隔爆型电气设备	d	ExdI	充砂型电气设备	q	ExqI
本质安全型电气设备	i	ExiI	正压型电气设备	p	ExpI
增安型电气设备	e	ExeI	充油型电气设备	o	ExoI
浇封型电气设备	m	ExmI	无火花型电气设备	n	ExnI
气密型电气设备	h	ExhI	特殊性电气设备	s	ExsI

（1）隔爆型电气设备。具有隔爆外壳的防爆电气设备，该外壳既能承受其

内部爆炸性气体混合物引爆产生的爆炸压力，又能防止爆炸产物穿出隔爆间隙点燃外壳周围的爆炸性混合物。

（2）增安型电气设备。在正常运行条件下不会产生电弧、火花或可能点燃爆炸性混合物的高温的设备结构上，采取措施提高安全程度，以避免在正常和认可的过载条件下出现这些现象的电气设备。

（3）本质安全型电气设备。在规定的试验条件下，正常工作或规定的故障状态下产生的电火花和热效应均不能点燃规定的爆炸性混合物的电气设备。

2. 防爆型电气设备和失爆

矿用防爆型电气设备是指具有耐爆性和隔爆性外壳的电气设备。井下隔爆型电气设备常见失爆现象如下：

（1）隔爆外壳严重变形或出现裂纹、焊缝开焊、连接螺丝不全、螺口损坏或拧入深度少于规定值。

（2）隔爆面锈蚀严重、间隙超过规定值、有凹坑、连接螺丝没压紧。

（3）电缆进、出线不使用密封圈或使用不合格密封圈，闲置喇叭口不使用挡板。

（4）电气设备内部随意增加电气元件、维修设备时遗留导体或工具导致短路烧漏外壳。

（5）螺栓松动、缺少弹簧垫使隔爆间隙超过规定值。

3. 防爆电气设备的安全技术要求

防爆电气设备到矿验收时，应当检查产品合格证、煤矿矿用产品安全标志和矿用产品防爆合格证，并核查与安全标志审核的一致性。入井前，应当进行防爆检查，签发合格证后方准入井。

井下防爆电气设备的运行、维护和修理，必须符合防爆性能的各项技术要求。防爆性能遭受破坏的电气设备，必须立即处理或者更换，严禁继续使用。

使用中的防爆电气设备的防爆性能检查，每月进行 1 次。

（二）触电及其预防

触电是指人身触及带电体或接近带电设备，有电流通过人身的事故。

1. 触电分类

按照人体触及带电体的方式和电流通过人体的途径，触电分为单相触电、两相触电和跨步电压触电。

（1）单相触电。人体接触一相带电体，这时触电的危险程度取决于电网中性点是否接地和触电环境。对于高电压，人体虽然没有触及，但因超过了安全距离，高压电对人体产生电弧放电，也属于单相触电。单相触电的危害程度与电网的运行方式有关，一般情况下，接地电网的单相触电比不接地电网的危害大。

（2）两相触电。人体两处同时触及两相带电体，无论电网的中性点接地与否，其危害性都比较大。

（3）跨步电压触电。当电网或气设备发生接地事故时，流入大地中的电流在土壤中形成电位，地表面也形成以接地点为圆心的径向电位差分布。如果人行走时前后两脚间（一般按 0.8 m 计算）电位差达到危险电压造成触电，称为跨步电压触电。

2. 触电的预防措施

（1）电气设备的裸露导体必须按规定安装在一定高度；对电气设备裸露带电部分无法用外壳封闭时，必须用栅栏围住，使人不能接近；高压设备的栅栏门必须装设开门即停电的闭锁装置；将电气设备的带电部件和电缆接头全部封闭在外壳内等。

（2）采取相应的技术措施，防止人身触电：井下供电变压器中性点不接地系统中，设置漏电保护和漏电闭锁装置；设置保护接地等。

（3）对手持式设备和接触较多容易造成触电危险的照明、通信、信号及控制系统，除应加强绝缘外，尽量采用较低电压，如煤电钻和照明的额定电压为 127 V，控制线路为 36 V 等。

（4）不带电检修、搬迁电气设备；执行工作票制度和停送电等制度。

（三）井下电气保护装置

井下电气三大保护装置包括漏电保护、过流保护、保护接地。

1. 漏电保护

当电气设备或导线的绝缘损坏或人体触及一相带电体时，电源和大地形成回路，有电流流过的现象，称为漏电。漏电保护方式有漏电保护、选择性漏电保护和漏电闭锁。

（1）漏电保护。煤矿常见漏电保护根据其原理可称为直流电源漏电保护，漏电保护原理图如图 3－6－9 所示。

其工作原理是漏电继电器用直流电进行绝缘监视，当人体触电时，绝缘电阻降低，其回路如下：电源→接地极→人体→负荷线 C 相→SK（三相电抗器）→LK（零序电抗器→Ω（欧姆表）→ZJ（直流继电器）→电源，ZJ 吸合→ZJ_1 闭合→TQ（跳闸线圈）有电触点断开→DW（馈电开关）断开，切断了供电回路。

如果绝缘阻值高于整定值时，直流监测电流小于 ZJ 的动作电流，馈电开关不会跳闸，正常供电。

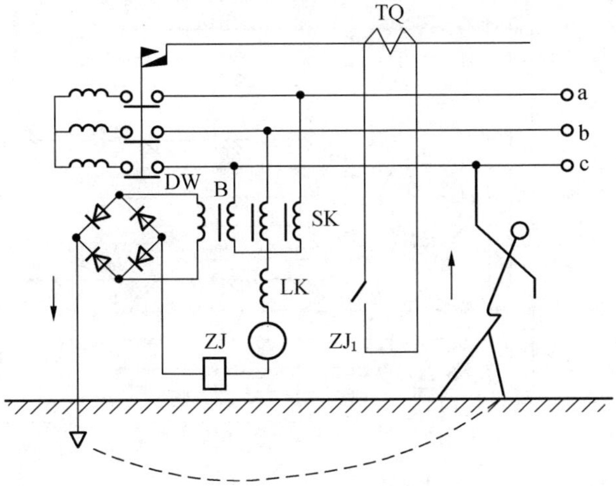

图 3－6－9　漏电保护原理图

（2）选择性漏电保护。选择性漏电保护通常利用零序电流方向保持原理，如图 3－6－10 所示。

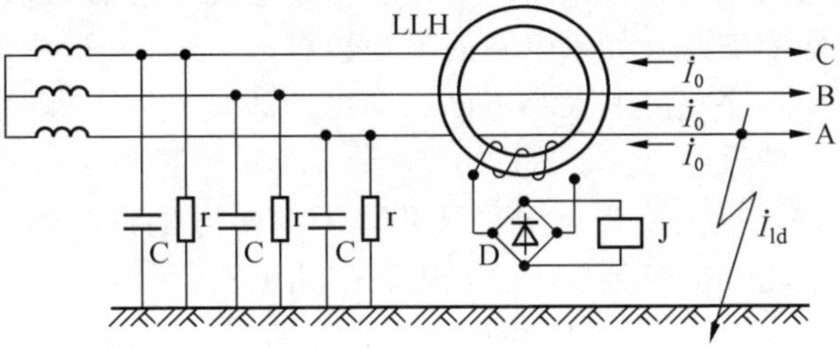

图 3－6－10　零序电流保护装置原理

当线路正常工作时，电网的三相电压对称，三相负载相同，三相电流的矢量和等于零，电流互感器二次侧没有电流和电压，继电器 J 不动作。

当发生漏电故障时，三相电路不对称，必然有零序电流，这个零序电流通过电网对地绝缘电阻 r 和分布电容 C 构成通路。

选择性漏电保护原理如图 3－6－11 所示。

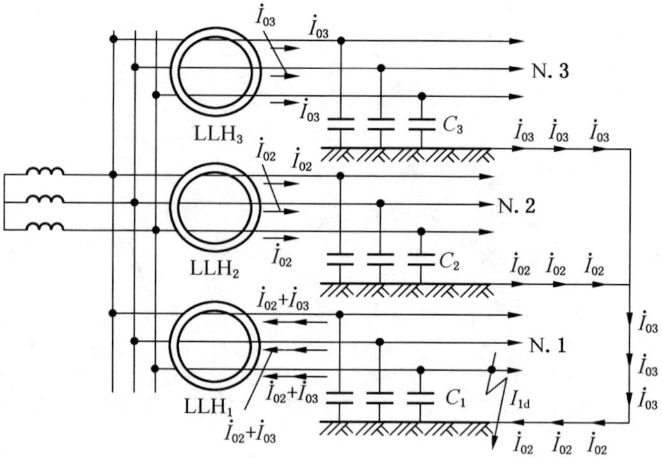

图 3 -6 -11　选择性漏电保护原理图

在供电系统中各支路的每相对地电容分别用 C_1、C_2 和 C_3 表示，如果在第一支路上发生单相漏电或接地故障，第二、三支路的零序电流互感器 LLH_2 和 LLH_3 中的零序电流便分别由各支路自身的电容 C_2 和 C_3 来决定，而在 LLH_1 中则流过第二、三支路电流之和，使第一支路的零序电流互感器 LLH_1 所流过的零序电流要大于其他两个支路。如果电网的支路数更多，则 LLH_1 中的零序电流还要更大，因此，利用零序电流的大小不同，即可使故障支路与非故障支路区分开，达到选择性漏电保护目的。

（3）漏电闭锁。漏电闭锁是指在开关合闸前对电网进行绝缘监测，当电网对地绝缘阻值低于闭锁值时开关不能合闸，起闭锁作用。

磁力起动器中漏电闭锁原理如图 3 -6 -12 所示。在磁力起动器尚未吸合送电时，主接触器 XLC 的常闭辅助触头 XLC_3 闭合，接通以下直流绝缘检测电路：附加直流电源% 的“+”端→地→电动机及其供电线路的对地绝缘电阻 r→三相线路，人工星形三相硅堆 GZ→常闭辅助触头 XLC_3→取样电位器 W→直流电源% 的“-”端，从而对 r 进行检测。

若此时电动机及其供电线路的绝缘水平较低，小于规定的漏电闭锁动作电阻值或已存在漏电，检测电路中将流过较大的直流电流，从取样电位器 W 上取得一个较大的信号电压，使后面的反相放大器输出零伏电压，导致三极管 BG 截止，漏电闭锁继电器 BHJ 断电，因而后者的常开触点不能闭合，接触器 XLC 的

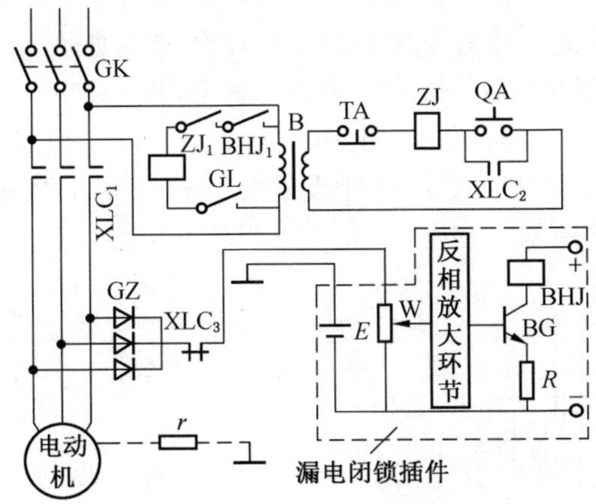

图 3-6-12 磁力起动器漏电闭锁原理图

线圈控制电路不能接通，磁力起动器不能合闸送电，从而实现漏电闭锁。

2. 过电流保护

短路、过负荷和断相都会引起过电流故障，常用的过电流保护装置有熔断器、过流继电器、热继电器等。

（1）熔断器。熔断器串接在被保护的电气设备的主电路中，当电气设备发生短路时，流过熔体的大电流使熔体温度急剧升高并将它熔断，从而将故障线路与电源分开，达到保护的目的。

（2）电磁式过流继电器。在 DW 系列矿用隔爆型自动馈电开关中装设的过流继电器，是一种直接动作的一次式过流继电器，作为变压器二次侧总的或配出线路的短路保护装置。它的动作电流整定值，是靠改变弹簧的拉力进行均匀调节的，其调节范围一般是开关额定电流的 1~3 倍。当继电器的动作电流一经整定好后，只要流过继电器线圈的电流达到或超过整定值时，继电器就迅速动作。

（3）热继电器。热继电器是以双金属片为主体构成的。一方面，因为双金属片有热惯性，从设备开始出现过载到双金属片因受热而产生显著变形，以致断开触点起保护作用，需要经过一段延时；另一方面，过载程度越大，双金属片的温度升高得越快，动作延时越短；反之，则动作延时越长。

3. 保护接地

在井下变压器中性点不接地供电系统中，用导体把电气设备中所有正常不带电金属外壳、构架与埋在地下的接地极连接起来，称为保护接地。

由于井下电气设备分散，供电距离较远，难以用一个集中的接地装置来满足保护接地的需要。因此，除井下中央变电所设置主接地极外，沿供电线路设置有局部接地极。利用铠装电缆的铅皮、钢带、橡套电缆的接地芯线，把分布在井底车场、运输大巷、采区变电所以及工作面配电点的电气设备（36 V 以上）的金属外壳在电气上连接起来，使各处埋设的接地极（局部接地极）也并联起来，形成一个井下保护接地网，如图 3 －6 －13 所示。

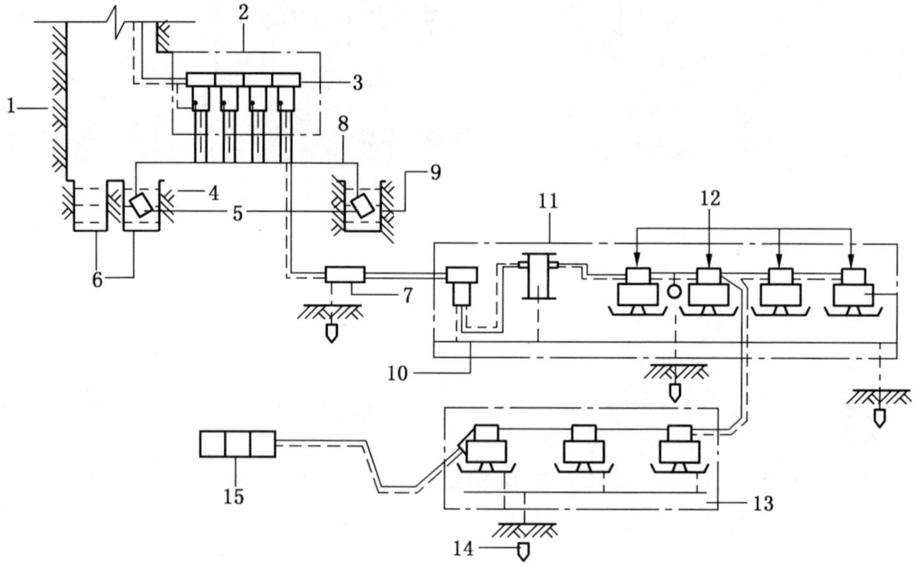

1—井筒；2—井下中央变电所；3—高压配电装置；4—副水仓；5—主接地极；6—井底水窝；7—高压电缆电缆接线盒；8—接地母线；9—主水仓；10—辅助接地母线；11—采区变电所；12—馈电开关；13—工作面配电点；14—局部接地极；15—采煤机

图 3 －6 －13　煤矿井下保护接地网

四、井下供电新技术

煤矿供电防越级跳闸及精确选漏技术适用于井工煤矿。该技术具备以下特点：①分布式网络保护防越级跳闸；②附加信号网络保护精确选线；③精确选漏；④远程漏电“一键试验”；⑤电磁起动器漏电故障精确选漏。

该技术能实现供电故障自动保护、在线监测以及远程控制，防止供电故障越级跳闸，避免大范围停电，保障煤矿通风、排水等各生产环节的平稳和安全；高压接地故障自动选线，准确率98%以上，缩短接地故障持续时间，防止因接地故障引起机电设备绝缘击穿和大范围停电等事故；低压漏电故障自动选漏，准确率98%以上，及时切除漏电回路，防止漏电引起人身伤亡事故。

该技术已经应用于陕西国能神东煤炭大柳塔煤矿、中煤陕西能化禾草沟煤矿、山东能源新巨龙煤矿、陕西陕煤黄陵矿业一号煤矿等。

五、综合新技术

（一）国产化安全可信大型PLC控制系统（智能化）

国产化安全可信大型PLC控制系统适用于矿山自动化生产的各个场景，如运输、通风、排水、变电所等。

该系统实现了复杂自动化控制与内生安全可信的一体化，在运算速度、带载点数、通信能力等方面均达到国际先进水平，并基于可信计算3.0双体系架构与内置密码芯片进行全生命周期可信度量、访问控制与通信加解密，保障核心数据、代码与通信的主动免疫与安全可信，在满足现场控制要求的同时，还可对设备进行全面有效的防护，防止系统受到病毒、木马等形式的恶意攻击，从而避免事故停运与经济损失，有效提升煤矿核心装备与生产过程的安全保障能力。

该系统已经应用于内蒙古国能神东煤炭柳塔煤矿、乌兰木伦煤矿、布尔台煤矿等。

（二）智能化定向钻场（钻进技术）

智能化定向钻场适用于煤矿井下瓦斯抽采、防冲卸压、探放水、地质勘探等定向钻孔的自动化施工。

该装备配备先进的传感单元和防爆控制系统，在钻进过程中实时监测和调整各种参数，实现装备的智能化控制，提高施工精度和安全性；配备机械手式自动换杆系统，可实现大直径定向钻杆自动加卸；具备多种钻进方式切换功能，可适应不同地质条件和施工需求，提高了装备的灵活性和适用性；能够随钻测量钻孔轨迹参数和地层参数，准确控制钻孔沿目标地层定向钻进；集成定向钻杆连续加卸、孔内钻渣自动收集处理等功能；实现定向钻进过程全流程协同控制；整体提升了煤矿井下定向钻进装备的智能化水平，为煤矿地质勘探和灾害防治提供了装备保障。

该装备已经应用于内蒙古华兴能源唐家会煤矿、安徽淮河能源张集煤矿、山西锦兴能源肖家洼煤矿、中国神华山西保德煤矿等。

（三）井下钻孔自动化施工技术装备（钻进技术）

井下钻孔自动化施工技术装备适用于煤矿井下瓦斯抽采、防冲卸压、探放水、地质勘探等钻孔的施工。

该技术装备以自动化钻机为核心设备，实现钻进控制、钻姿调节以及钻杆装卸等钻孔全流程的自动化；钻机故障自诊断系统实时监测钻机状态，实现电液控制系统故障自诊断，提高现场维保效率；瓦斯自动分级防控系统实时监控孔口瓦斯浓度，根据瓦斯浓度进行自动化防控，有效遏制钻场瓦斯超限；配套风水联动控制、钻渣自动处理等辅助系统，实现钻孔介质控制、钻渣固液分离、钻渣转运等辅助工序的自动化，全面提升钻孔自动化程度；远程集控中心具备一对多远程操控、数据可视化及视频监控功能，可实现单人控制多台钻机及辅助设备。与传统钻机相比，该装备可提高钻孔台效 30% 以上，减少用工 80% 以上，大幅降低劳动强度，减人、增效和强安效果显著。

该装备已经应用于山东兖煤菏泽能化赵楼煤矿，安徽淮北矿业芦岭煤矿、临涣煤矿，安徽淮河能源顾北煤矿、张集煤矿等。

（四）矿用加固、充填和堵漏风高分子材料（加固、充填、堵漏风）

矿用加固、充填和堵漏风高分子材料适用于煤岩体加固、充填、堵漏风等场景。

矿用无机材料：与有机材料相比，反应温度仅 30 ℃左右，具有更好的安全性；渗透性好，扩散半径大；反应时间可通过水灰比控制，反应速度快，初凝时间 10 min 左右，1 h 后强度不低于 10 MPa，终凝后强度不低于 45 MPa；具有一定韧性，不燃、无静电、无毒、无气味、无污染。

低温高强加固煤岩体用高分子材料：反应温度小于或等于 85 ℃，抗压强度 45 MPa，抗拉强度 12 MPa，高效精准注浆。通过高分子预聚方法、引入相变材料等专有技术降低反应温度以提高安全性，综合性价比高，应用后可提高破碎围岩强度、整体性和稳定性。

煤岩体表面柔性薄层喷涂堵漏风材料：已形成煤矿喷涂堵漏风柔性薄喷材料、煤矿喷涂堵漏风用聚氨酯材料、煤矿用高强度喷涂表面支护材料等系列产品以及配套施工工艺与装备，可在煤岩体表面快速形成柔性密闭膜或高强度防护膜，柔韧性好，黏结力强，抗拉伸强度高，堵漏效果好，具有施工便捷和快速的特点，而且环保无污染。

该材料已经应用于陕西陕煤孟村煤矿、西卓煤矿、小保当矿业、桑树坪煤矿，河北冀中能源羊东煤矿、东庞煤矿、云驾岭煤矿、郭二庄煤矿，安徽淮北矿业芦岭煤煤矿、安徽宿州煤电界沟煤矿等。

第四章　职业病危害防治

班组成员在作业过程中要确保减尘措施到位、降尘设施有效、个体防护齐全且佩戴规范，降噪设施完善，粉尘、高温、有毒有害气体监测到位。

第一节　煤矿职业病危害

职业病是指用人单位的劳动者在职业活动中，因接触粉尘、放射性物质和其他有毒、有害因素，直接危害身体健康而引起的疾病。

法定职业病是指由国家主管部门公布的职业病目录所列的职业病。法定职业病有4个基本条件，包括在职业活动中产生，与劳动用工行为相联系，接触粉尘、放射性物质和其他有毒、有害因素，列入国家职业病目录。根据《职业病分类和目录》(国卫疾控发〔2013〕48号)，职业病分为10类132种。

煤矿职业病危害是指煤矿企业从业人员因接触煤尘、岩尘、水泥尘等粉尘，氮氧化物、碳氧化物、硫化物等化学物质，噪声、高温、振动、电磁辐射等物理因素，氡及气体等放射性物质等而导致职业病的危害。

一、煤矿职业病危害

(一) 生产性粉尘的危害

煤矿生产性粉尘主要是指游离二氧化硅和煤尘。长期吸入游离二氧化硅粉尘可引发硅肺，吸入煤尘可引发煤肺。长期接触生产性粉尘还可引发鼻炎、咽炎、支气管炎等呼吸道疾病，以及皮肤黏膜损害、皮疹、皮炎等皮肤病。

作业场所空气中的粉尘附着于采煤机、带式输送机、刮板输送机、液压支架等设备的传动、运转部位，加剧磨损，造成使用寿命缩短；同时，大量粉尘随通风系统排至大气中，降低大气可见度，形成烟雾，引起生物各种疾病。

(二) 生产性噪声的危害

生产性噪声是指工人长时间在作业场所或工作中接触到的机器等生产工具产生的不同频率与不同强度组成的噪声。生产性噪声分类见表4-1-1。

短时间暴露在噪声中，会引起听力减弱、听觉敏感性下降；长期在噪声的作用中，会引起永久性耳聋。其中，噪声在 80 dB(A)以上，对听力有不同程度影响；噪声达到 95 dB(A)以上，对听力的影响比较严重。

表 4-1-1 生产性噪声分类

序	生产性噪声分类	分类组成示例		
1	空气动力性噪声	风机噪声	燃气轮机噪声	高压排气锅炉放空噪声
2	机械性噪声	球磨机噪声	剪板机噪声	机床噪声
3	电磁性噪声	发电机噪声	变压器噪声	

长时间接触高声级噪声，除引起职业性耳聋外，还可引发消化不良、食欲不振、恶心、呕吐、头痛、心跳加快、血压升高、失眠等全身性病症。

强烈噪声可导致某些机器、设备、仪表甚至建筑物的损坏或精度下降；在某些特殊场所，强烈的噪声可掩盖警告声响等，引起设备损坏或人员伤亡事故。

（三）生产性振动的危害

按振动作用于人体的方式，可将生产过程的振动分为局部振动和全身振动。局部振动是生产中最常见和危害性较大的振动，影响人体神经系统、心血管系统、肌肉系统、骨组织和听觉器官，具体危害见表 4-1-2。

表 4-1-2 局部振动危害

序	人体系统	具体危害
1	神经系统	大脑皮层功能下降，条件反射潜伏期延长或缩短，出现膝反射抑制甚至消失；自主神经系统营养障碍；皮肤感觉迟钝，触觉、温热觉、痛觉、振动觉功能下降
2	心血管系统	心动过缓、窦性心律不齐、传导阻滞等
3	肌肉系统	握力下降、肌肉萎缩、肌纤维颤动和疼痛等
4	骨组织	骨和关节改变，骨质增生、骨质疏松、关节变形、骨硬化等
5	听觉器官	听力损失和语言能力下降

全身振动常引起足部周围神经和血管变化，出现足痛、易疲劳、腿部肌肉触痛，常引起脸色苍白、出冷汗、恶心、呕吐、头痛、头晕、食欲不振、胃机能障碍、肠蠕动不正常等。

（四）高温作业的危害

高温作业时，人体会呈现一系列生理功能变化，在一定限度范围内人体能承受是适应性反应，超过人体承受范围则产生不良影响，甚至引起病变。

高温作业会造成皮肤血管扩张，大量出汗，导致心脏活动增加、心跳加快、血压升高、心血管和肾脏负担增加；抑制唾液分泌，减少胃液分泌，胃蠕动减慢，造成食欲不振或消化不良；肌肉的工作能力，动作的准确性、协调性，反应速度及注意力降低。

(五) 中毒的危害

根据接触毒物时间的长短、剂量大小和发病缓急，职业中毒分为急性、亚急性和慢性三种类型，其中，急性中毒是指毒物短时间内经皮肤、黏膜、呼吸道、消化道等途径进入人体，使机体受损并发生器官功能障碍。急性中毒起病急骤，症状严重，病情变化迅速，不及时治疗常危及生命，必须尽快做出诊断与急救处理。

慢性中毒是指毒物在不引起急性中毒的剂量条件下，长期反复进入机体所引起的机体在生理、生化及病理学方面的改变，出现临床症状、体征的中毒状态或疾病状态。

二、煤矿职业病

井工煤矿涉及的常见职业病包括尘肺病、职业性噪声聋、手臂振动病、中暑、化学中毒等。

(一) 尘肺病

尘肺病是煤矿企业从业人员在生产过程中长期吸入高浓度粉尘而引起的以肺组织纤维化为主的全身性疾病，主要症状包括咳嗽、咳痰、胸痛、气短、咯血等，常见于采掘、运输等接触粉尘作业的各工种。

尘肺病可造成劳动能力部分或全部丧失，目前尚无彻底治愈的方法，不同时期尘肺病理片如图 4-1-1 所示。

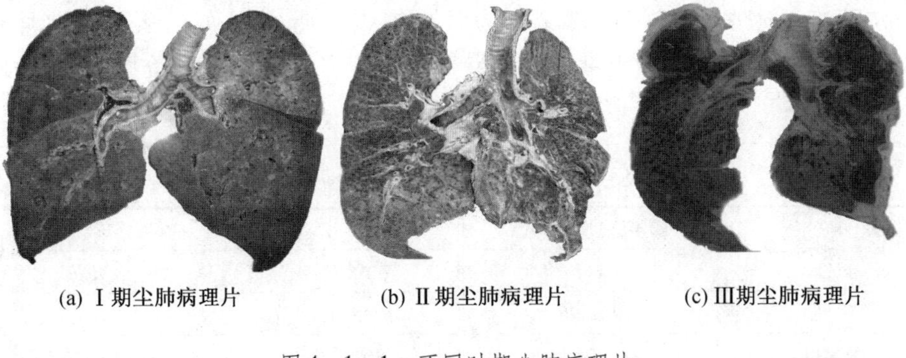

(a) Ⅰ期尘肺病理片　(b) Ⅱ期尘肺病理片　(c) Ⅲ期尘肺病理片

图 4-1-1　不同时期尘肺病理片

据不完全统计，我国新发职业病人数中，每年尘肺病发病人数占每年新发各类职业病80%以上，2021年首次降到80%以下，2022年新发尘肺病人数降到万人以下，占每年新发各类职业病更是降到70%以下，详见表4-1-3。

表4-1-3　新发职业病与尘肺病统计

年份	新发职业病/例	新发尘肺病/例	尘肺病占比/%	集中行业
2014	29972	26873	89.7	煤炭、冶金、建材、有色金属、机械、化工等行业
2015	29180	26081	89.4	
2016	31789	28088	88.4	
2017	26756	22701	84.8	
2018	23497	19468	82.9	
2019	19428	15898	81.8	
2020	17064	14367	84.1	
2021	15407	11809	76.6	
2022	11108	7577	68.2	

根据粉尘种类的不同，煤矿常见尘肺病有矽肺、煤工尘肺、水泥尘肺。影响尘肺病发病的因素主要有粉尘的性质、颗粒大小和比重、接触时间的长短和接触量。

（二）职业性噪声聋

职业性噪声聋指从业人员长期在超过国家职业卫生标准的噪声环境中作业，导致听力永久性丧失的职业病。

噪声对听觉系统的损害，一般经历从生理变化到病理改变的过程。即先出现暂时性听阈位移（听力下降），经过一定时间逐渐成为永久性听阈位移。根据损伤程度，永久性听阈位移又分为听力损失（听力损伤）和噪声性耳聋。噪声对听觉系统的损害属于噪声的特异作用。煤矿井下部分设备噪声测定结果见表4-1-4。

表4-1-4　煤矿井下部分设备噪声测定结果

噪声源	噪声强度/dB(A)	噪声源	噪声强度/dB(A)
风锤	117	带式输送机	95
风钻	92~96	水泵	90
采煤机	104	装岩机	90~100

表4-1-4（续）

噪　声　源	噪声强度/dB(A)	噪　声　源	噪声强度/dB(A)
局部通风机	99	罐笼	107（保持值）
电钻	90	爆破	128（保持值）
空气压缩机	99	斜井车	100

凿岩、打眼、爆破、割煤、运输、机修、通风等作业环节使用的风动凿岩机、风镐、风扇、煤电钻、乳化液泵站、采煤机、掘进机、带式输送机等是井下常见的噪声源。此外，局部通风机、空气压缩机、提升机、水泵、刮板输送机、装岩机也是主要噪声源。

暴露噪声的主要工种有掘进工、采煤工、辅助工、锚喷工、注浆注水工、维修工、水泵工等。

（三）手臂振动病

手臂振动病是长期从事手传振动作业引起的以手部末梢循环和（或）手臂神经功能障碍为主的疾病，并能引起手臂骨关节、肌肉的损伤，发病部位多在上肢末端，典型表现为发作性手指变白。主要见于锚杆钻机司机。

（四）中暑

职业性中暑是在高温环境下作业时，由于热平衡和（或）水盐代谢紊乱而引起的以中枢神经和（或）心血管障碍为主要表现的急性热致疾病。

中暑以高热为特点，表现为肌肉痉挛、消化系统症状、肾脏损害、心血管功能障碍或突然昏厥、衰竭。主要见于高温场所作业的工种。

（五）化学中毒

煤矿从业人员与作业场所产生的高浓度有毒有害气体接触，从而使身体发生中毒反应。煤矿生产中遇到的有毒有害气体主要有碳氧化物、氮氧化物、硫化氢、二氧化硫、氨气等。氮氧化物中毒主要见于爆破工。

一氧化碳中毒主要见于爆破工、瓦斯监测人员、救护人员等。

第二节　职业病预防措施

职业病防治工作方针是“预防为主、防治结合”。“预防为主”是指控制职业病危害的源头，在职业活动中尽可能消除和控制职业病危害因素的产生；“防治结合”是指预防和治疗双管齐下。“防”是职业危害防范的根本途径，目的是不产生职业危害；“治”是职业病发生后保障患者的医疗、康复和对煤矿企业治理。煤矿从业人员必须熟悉职业病预防的权利和义务，掌握职业病的预防方法。

一、煤矿从业人员职业病预防的权利

煤矿从业人员职业病预防的权利包括职业病防治要求权、知情权、民主管理参与权和教育培训权。

（一）职业病防治要求权

职业病防治要求权主要是指要求煤矿企业为从业人员创造符合国家职业卫生标准和卫生健康要求的工作环境和条件的权利；要求煤矿企业为从业人员上岗前、在岗期间和离岗时的职业健康检查的权利；要求煤矿企业为从业人员提供符合防治职业病要求的职业病防护设施和个人使用的职业病防护用品的权利；要求煤矿企业为从业人员保障职业病待遇的权利。

（二）职业病预防知情权

煤矿企业与从业人员订立劳动合同时，从业人员有权了解工作过程中可能产生的职业病危害及其后果、职业病防治措施和待遇，并在劳动合同中写明。如果工作条件变化，煤矿企业应当如实履行告知职业病危害的义务，并协商变更原劳动合同相关条款。

煤矿企业提供给从业人员使用的设备、设施、材料等，如果可能产生职业危害，应当同时为从业人员提供使用说明书或安全操作规程；在产生严重职业危害的工作岗位，应在醒目位置设置警示标识和警示说明，公布职业病危害的种类、后果、预防和应急救治措施等内容。

从业人员有权了解职业健康检查的结果；离开原工作单位时有权索取本人职业健康监护档案复印件，原工作单位应当如实、无偿提供，并在所提供的复印件上签章；职业病诊断、鉴定需要工作单位提供有关职业卫生和健康监护等资料时，有权要求工作单位如实提供。

（三）职业病预防民主管理参与权

从业人员有权参与煤矿企业职业病防治的民主管理，对其实施《职业病防治法》的情况提出意见和建议；有权拒绝违章指挥和强令没有职业病防护设施进行作业；有权对违反职业病防治法律、法规以及危害生命健康的行为提出批评、检举和控告，煤矿企业不得因此而进行打击报复。

当从业人员劳动安全卫生权益受到侵害，或者与煤矿企业职业病防治问题产生纠纷时，有权向有关部门提请劳动争议处理，直至上诉到法院审理。

（四）职业病防治教育培训权

煤矿企业应当对从业人员在上岗前和在岗期间，进行职业病及防治知识和技能的教育、培训。通过教育培训提高职业卫生意识，增强法治观念，树立维权思想，掌握防治职业病的操作技能和可能发生的职业病危害的应急救援措施，正确使用职业病防护设备、实施；正确佩戴和使用个人职业病防护用品。

二、煤矿从业人员职业病预防的义务

（一）遵守有关法律法规

煤矿企业必须遵守《中华人民共和国职业病防治法》《中华人民共和国尘肺病防治条例》《职业病诊断与鉴定管理办法》《职业健康监护管理办法》等。结合实际情况，编制贯彻执行的规章、制度。煤矿从业人员应该严格遵守，认真落实上述法律法规及企业规章制度。

（二）正确使用职业病防治设施和佩戴个人防护用品

职业病防治设施和个人防护用品是保护从业人员在作业过程免遭职业病侵害的防护装置，煤矿从业人员必须按照操作规程和使用说明书，正确使用、维护职业病防治设施，佩戴个人使用的职业病防护用品。

（三）及时报告职业病危害事故隐患

从业人员身处生产活动第一线，最容易受到职业病侵害，也能第一时间发现职业病危害事故隐患。从业人员一旦发现职业病危害事故隐患，要立即向现场管理人员或有关部门报告。

（四）接受职业病防治教育培训

为预防职业病危害，从业人员必须进行必要的教育培训，具备相应的职业病安全生产知识、事故预防和应急处理能力，熟悉煤矿常用警示标识（图 4－2－1）、警示说明和噪声警示牌（图 4－2－2）。

图 4－2－1　煤矿常用警示标识

作业会产生噪声，对听力有损害，提请注意防护		
危害物质	危害因素	理化特性
 噪声有害	长时间处于噪声环境，会引起听力减弱、下降，时间长可引起永久性耳聋；并引发消化不良、呕吐、头痛、血压升高、失眠等全身性病症。听力损失在 25 dB 为耳聋标准，26～40 dB 为轻度耳聋，41～55 dB 为中度耳聋，56～70 dB 为重度耳聋，71 dB 以上为极度耳聋	声强和频率的变化都无规律、杂乱无章的声音
 必须戴护耳器	防护措施	应急处置
	1. 控制声源：采用无声或低声设备代替发出强噪声的机械设备 2. 控制声音传播：采用吸声材料或吸声结构吸收声能 3. 个体防护：佩戴耳塞、耳罩、帽盔等防护用品 4. 健康监护：进行岗前健康体检，定期进行岗中体检 5. 合理安排工作和休息：适当安排工间休息，休息时离开噪声环境	1. 使用防声器，如：耳塞、耳罩、防声帽等，并立即离开噪声场所 2. 如发现听力异常，及时到医院检查、确诊

图 4－2－2　警示说明和噪声警示牌

三、作业场所职业病防治方法

（一）生产性粉尘的防护

生产性粉尘的防护包括改革工艺、密闭尘源、通风排尘、湿式作业、加强组织管理、使用个人防护等。

（1）工艺改革。采用低粉尘、无粉尘物料代替高粉尘物料；采用不产尘设备、低产尘设备代替高产尘设备。

（2）湿式作业。比如，井工煤矿掘进井巷和硐室时，必须采取湿式钻眼、冲洗井壁巷帮、水炮泥、爆破喷雾、装岩（煤）洒水和净化风流等综合防尘措施。

（3）密闭尘源。使用密闭的生产设备或者将敞口设备改成密闭设备。

（4）通风排尘。设备无法密闭或密闭后仍有粉尘外逸时，要采取通风的方法，将产尘点的含尘气体直接抽走，确保作业场所空气中粉尘浓度符合国家卫生标准。

煤矿应当在正常生产情况下对作业场所的粉尘浓度进行监测。矿井粉尘浓度应当符合表 4－2－1 的要求；不符合要求的，应当采取有效措施。煤矿进行粉尘监测时，其监测点的选择和布置应当符合表4－2－2的要求。

表4－2－1　煤矿作业场所粉尘浓度要求

粉 尘 种 类	游离 SiO_2 含量/%	时间加权平均容许浓度/($mg \cdot m^{-3}$)	
		总粉尘	呼吸性粉尘
煤尘	＜10	4	2.5
硅尘	10≤～≤50	1	0.7
	50＜～≤80	0.7	0.3
	＞80	0.5	0.2
水泥粉尘	＜10	4	1.5

注：时间加权平均容许浓度是以时间加权数规定的8 h工作日、40 h工作周的平均容许接触浓度。

表4－2－2　煤矿作业场所测尘点的选择和布置要求

类　别	生 产 工 艺	测尘点布置
采煤工作面	司机操作采煤机、打眼、人工落煤及攉煤	工人作业地点
	多工序同时作业	回风巷距工作面10～15 m处
掘进工作面	司机操作掘进机、打眼、装岩（煤）、锚喷支护	工人作业地点
	多工序同时作业（爆破作业除外）	距掘进头10～15 m回风侧
其他场所	翻罐笼作业、巷道维修、转载点	工人作业地点
地面作业场所	地面煤仓、储煤场、输送机运输等处生产作业	作业人员活动范围内

(5) 个人防护措施。受生产条件限制，在粉尘无法控制或高浓度粉尘条件下作业，必须合理正确使用防尘口罩、防尘服等个人防护用品。

(6) 加强维护管理。投入使用的各种除尘设备要加强检查、维护，确保设备的完好，高效运行。

(7) 加强防尘工作的宣传教育。加强对粉尘知识、粉尘危害知识、防尘设备使用常识、个人防护用品知识的宣传和培训，使接尘者对粉尘危害有充分的了解和认识。

(8) 定期检查。即定期检查作业环境空气中粉尘浓度和粉尘接触者的定期职业健康健康检查。

以上八条也就是我们常说的粉尘治理的八字方针“革、水、密、风、护、管、教、查”。

（二）生产性噪声的防护

1. 在声源处控制噪声

从声源处控制噪声，就是减小噪声源或者减小噪声源的强度，这是控制噪声最根本的办法，它比产生噪声再去治理更为有效和节省资金。要控制噪声源就要在生产中采用新工艺、新技术、新设备，使生产过程中不产生噪声或者少产生噪声，例如采用皮带传动或液压传动代替机械传动；用无声焊接代替高噪声的铆接；用无声的液压代替高噪声的锤打等。治理声源降低噪声虽然是最根本的办法，但是往往由于经济上和技术上存在的种种原因，并不能完全办到。这就需要一些其他办法控制噪声。

2. 在传播路径上控制噪声

（1）用吸声材料降低噪声强度。主要是悬挂吸声体，设置吸声屏，比如在主井绞车房敷设吸声材料。吸声材料有玻璃棉、矿渣棉、毛盐泡沫、塑料、甘蔗板、木丝板、纤维板，微穿孔板和吸声砖等。在空间内设置吸声材料可降低 5～10 dB 反射或混响声音。

（2）用隔声的方法来控制噪声。隔声就是将噪声源与生产工人相互隔离开来，是一种最有效和常用的控制噪声措施。隔声办法主要有隔声间、隔声罩和隔声屏障。主要原理是用透声系数小、隔声系数大、表面光滑、密度大的材料，如混凝土、钢板、砖墙等，这些材料能把噪声大部分反射和吸收，使透过部分较小，达到隔声目的。

（3）用消声器来控制噪声。消声器是一种允许气流通过而阻止声音传播的装置，把消声器安装在机器设备的排气流通道上，就可以使机器设备噪声降低，一般可降低噪声 15～30 dB。消声主要用于降低空气动力机械辐射的空气动力性噪声，如通风机、鼓风机、空气压缩机等各类排气放空装置所发出的噪声。

（4）用隔振的方法来减小振动的强度。噪声除在空气中传播外，还能通过机座把振动传给地板或墙壁把声音辐射传播出去。机械设备的非平衡旋转运动、活塞式往复运动、冲击、摩擦都会产生振动，振动不仅产生噪声，而且直接影响工人的身体健康。

（5）用阻尼的方法来控制噪声。机器外壳、车的壳体，一般由金属板制成，噪声可通过金属板辐射出去。为控制噪声，可在金属板上涂敷一层阻尼材料层，如沥青、软橡胶及其他高分子涂料，阻尼材料摩擦消耗大，可使振动能量变成热能耗散，从而辐射不出噪声。

3. 从人耳处控制噪声

对接触噪声的人，采取个人噪声防护是减少噪声对人体危害的有效措施之一。当其他消声措施达不到要求时，操作工人可以戴耳塞、防声耳罩或防声帽，可降低噪声 10～20 dB，防护听觉。

4. 其他

（1）合理安排劳动制度。工作日中穿插休息时间，休息时间离开噪声环境，限制噪声工作的时间，可减轻噪声对人体的危害。劳动者每天连续接触噪声时间达到或者超过8 h 的，噪声声级限值为85 dB(A)；劳动者每天接触噪声时间不足8 h 的，可以根据实际接触噪声的时间，按照接触噪声时间减半、噪声声级限值增加3 dB(A) 的原则确定其声级限值，噪声日接触限值见表4－2－3。

表4－2－3　噪声日接触限值

日接触时间/h	接触限值/dB(A)	日接触时间/h	接触限值/dB(A)
8	85	1	94
4	88	0.5	97
2	91		

（2）执行法令和规定。采用经济手段加强行政管理，搞好规划，有噪声作业和无噪声作业尽量分开，均可控制和降低噪声的危害。

（三）生产性振动的防护

煤矿常见的振动主要有作业振动源（如煤矿用空压机、井下风钻、电钻爆破振动等）和交通振动源（如矿运行的矿车、人车等特种车辆）两大类。班组长面对振动作业时，具体采取以下措施：

（1）隔振措施。隔振措施主要分为积极隔振措施和消极隔振措施两类。积极隔振措施是防止振动设备本身的扰动通过机脚、支座传给基础或基座，目的是隔离或减小扰动力的传递，使周围环境或建筑物不受振动的影响。消极隔振措施是防止周围环境的扰动通过支座、机脚传至设备或仪表，目的是隔离或减小振动的传递，使仪表、设备不受基座振动的影响。这两类都是通过物体（设备）与基座之间安设弹性支座来实现的。

（2）吸振措施。班组长在振动源上安装动力吸振器，以有效地吸收振动的措施。特别对冲击性振动，吸振器能有效地降低冲击激发引起的振动效应。

（3）阻尼措施。班组长通过黏滞作用或摩擦作用将振动能量转化成热能而耗散的控制振动的措施。阻尼能抑制振动物体产生共振和降低振动物体在振动频率区的振幅。

（四）高温作业的防护

《煤矿安全规程》规定："当采掘工作面空气温度超过26 ℃、机电设备硐室超过30 ℃时，必须缩短超温地点工作人员的工作时间，并给予高温保健待遇。当采掘工作面的空气温度超过30 ℃、机电设备硐室超过34 ℃时，必须停止作业。"

班组长在面对高温作业时具体采取措施为：加强矿井通风，严格按照《煤矿安全规程》要求进行通风，确保工作面温度符合操作规程要求；建立测风测温制度，及时掌握工作面空气温度，超温地点及时上报，并采取措施，及时处理；地面较高的矿井及局部超温地点，采取降温措施，保证采掘工作面空气温度不超过26 ℃；如果有必要，班组长可建议煤矿企业在井口安装空气降温设备，及时降低入井空气温度；如果采掘工作面的空气温度超过30 ℃、机电设备硐室的空气温度超过34 ℃时，班组长必须组织从业人员立即停止作业；班组长应合理安排职工生产，劳逸结合；按照规定配备使用个体防护用品。

（五）中毒的防护

（1）消除毒物。从生产工艺流程中消灭有毒物质，用无毒物或低毒物代替有毒原料，改革能产生有害因素的工艺过程，改造技术设备，实现生产的密闭化、连续化、机械化和自动化，使作业人员脱离或尽量少直接接触有害物质。

（2）密闭、隔离有害物质污染源，控制有害物质逸散。对逸散作业场所的有害物质要采取通风措施，控制有害物质的飞扬、扩散。

（3）加强个人防护。在存在有害物质的作业场所作业，应采用防护服、防护面具、防毒面罩、防尘口罩等个人防护用具。

（4）提高机体抗御力。对于在有害物质作业场所的作业人员，应享受必要的保健待遇，加强营养和锻炼。

（5）加强对有害物质的监测，控制有害物质的最高浓度低于国家有关标准。

（6）对接触有害物质人员定期进行健康检查。必要时实行转岗、换岗作业。

（7）加强有害物质及预防措施的宣传教育。建立健全安全生产责任制、卫生责任制和岗位责任制。

四、职业病危害防治新技术

煤矿粉尘智能管控系统。该系统通过平台感知层实现对环境参数及各防降尘子系统运行状态的智能监测，采集数据由传输层传输至管控平台，平台通过专家决策系统进行分析并作出决策，同时下发决策指令到执行层，执行层按照指令调整各防降尘子系统运行参数，保证实现最优防降尘效果。大采高综采面智能降尘、大断面快速掘进面智能降尘、综掘面智能降尘及运输巷智能降尘等子系统与粉尘智能管控平台相融合，构成全矿井粉尘防治的闭环管控系统，实现全矿井粉尘职业危害的智能防控。

煤矿粉尘智能管控系统已在国家能源三道沟、黄玉川煤矿，陕煤集团曹家滩、小保当煤矿，黄陵集团，济矿霄云矿等十余对矿井推广应用。

第三节 职业健康监护

煤矿职业健康监护包括一系列的职业健康检查，如上岗前、在岗期间、离岗时、离岗后健康检查、应急健康检查。

职业健康检查不等同于普通的体检，煤矿企业应委托有资质的医疗卫生机构，安排从业人员进行职业健康检查。

一、职业健康监护类别和周期

（一）上岗前职业健康检查

上岗前的健康检查应在开始从事有害作业前完成。准备从事接触粉尘、噪声、高温热害、有毒有害气体等职业病危害因素作业的新录用人员，包括转岗到该种作业岗位的人员；准备从事有特殊健康要求作业的人员，如高处作业、电工作业、职业机动车驾驶作业等应该进行上岗前健康检查

煤矿不得安排未经上岗前职业健康检查的人员从事接触职业病危害的作业；不得安排有职业禁忌的人员从事其所禁忌的作业，如患有高血压、心脏病、高度近视等病症以及其他不适应高空（2 m 以上）作业者，不得从事高空作业；不得安排未成年工从事接触粉尘、噪声等职业病危害的作业；不得安排孕期、哺乳期的女职工从事对本人和胎儿、婴儿有危害的作业。

（二）在岗期间职业健康检查

从事接触粉尘、噪声、高温热害、有毒有害气体等职业病危害因素作业的煤矿从业人员应按国家相关规定进行在岗期间的定期健康检查。以便于早期发现职业病病人或疑似职业病病人或从业人员的其他异常改变。健康检查的周期应根据国家相关规定执行（表 4－3－1）。

（三）离岗时职业健康检查

煤矿从业人员在准备调离或脱离所从事的接触职业病危害的作业岗位前，应进行离岗时健康检查；主要目的是确定其在停止接触职业病危害因素时的健康状况。

表4-3-1　接触职业病危害作业的劳动者的职业健康检查周期

<table>
<tr><th>接触有害物质</th><th>体检对象</th><th>检查周期</th></tr>
<tr><td rowspan="2">煤尘（以煤尘为主）</td><td>在岗人员</td><td>2年1次</td></tr>
<tr><td>观察对象、Ⅰ期煤工尘肺患者</td><td rowspan="4">每年1次</td></tr>
<tr><td>硅尘（以硅尘为主）</td><td>在岗人员、观察对象、Ⅰ期矽肺患者</td></tr>
<tr><td>噪声</td><td>在岗人员</td></tr>
<tr><td>高温</td><td>在岗人员</td></tr>
<tr><td>化学毒物</td><td>在岗人员</td><td>根据所接触的化学毒物确定检查周期</td></tr>
<tr><td colspan="3">接触粉尘危害作业退休人员的职业健康检查周期按照有关规定执行</td></tr>
</table>

如最后一次在岗期间的健康检查是在离岗前的90日内，可视为离岗时检查。对未进行离岗前职业健康检查的从业人员，煤矿不得解除或者终止与其订立的劳动合同。

（四）离岗后健康检查

离岗后健康检查主要是针对接触粉尘的从业人员在脱离粉尘作业后，根据接触粉尘种类和从业人员工龄，在较长时间内应进行身体健康检查。

《职业健康监护技术规范》（GBZ 188）对于接触硅尘和接触煤尘做出具体规定，其中，接触硅尘工龄在10年（含10年）以下者，随访10年，接触硅尘工龄超过10年者，随访21年，随访周期原则为每3年1次；接触硅尘工龄在5年（含5年）以下者，且接尘浓度达到国家职业卫生标准，可以不随访；接触煤尘（含煤硅尘）工龄在20年（含20年）以下者，随访10年，接触煤尘工龄超过20年者，随访15年，随访周期原则为每5年1次；接触煤尘工龄在5年（含5年）以下者，且接尘浓度达到国家职业卫生标准，可以不随访。

（五）应急健康检查

当发生急性职业病危害事故时，对遭受或者可能遭受急性职业病危害的劳动者，应及时组织健康检查。应急健康检查应在事故发生后立即开始。

煤矿企业在发生一氧化碳、二氧化硫、硫化氢、氮氧化物、氨气等有毒有害气体中毒事故后，需进行应急健康检查。

二、职业健康监护组织安排

职业健康监护组织安排包括制定职业健康工作相关制度、选机构、签订委托书、工作实施和结果处置等环节。

（1）制定职业健康工作相关制度。

（2）选机构、签订委托书。

（3）经费保障。职业健康检查的费用由煤矿企业承担。煤矿应根据工作计划，准备经费，不得挪用，应作为生产成本据实列支。

（4）向职业健康检查机构提供相应材料。

（5）职业健康工作落实。

（6）职业健康检查结果提供及处置。

三、职业健康监护档案

煤矿应当为从业人员建立个人职业健康监护档案，并按照有关规定的期限妥善保存。

职业健康监护档案包括本人基本情况、本人职业史和职业病危害接触史，历次职业健康检查结果及处理情况和职业病诊疗等。

从业人员离职时，有权索取本人职业健康监护档案复印件，煤矿必须如实、无偿提供，并在所提供的复印件上签章。

第四节　职业病诊断与鉴定

一、职业病诊断

劳动者可以选择用人单位所在地、本人户籍所在地或者经常居住地的职业病诊断机构进行职业病诊断。职业病的诊断应当由省级以上人民政府卫生行政部门批准的医疗卫生机构承担。职业病诊断机构应当按照《职业病防治法》的有关规定和国家职业病诊断标准，依据劳动者的职业史、职业病危害接触史和工作场所职业病危害因素情况、临床表现以及辅助检查结果等，进行综合分析，做出诊断结论。

劳动者依法要求进行职业病诊断的，职业病诊断机构应当接诊，并告知劳动者职业病诊断的程序和所需材料。

在确认劳动者职业史、职业病危害接触史时，当事人对劳动关系、工种、工作岗位或者在岗时间有争议的，职业病诊断机构应当告知当事人依法向用人单位所在地的劳动人事争议仲裁委员会申请仲裁。职业病诊断机构做出职业病诊断结论后，应出具职业病诊断证明书。

职业病诊断证明书应当由参加诊断的医师共同签署，并经职业病诊断机构审核盖章。职业病诊断证明书一式三份，劳动者、用人单位各一份，诊断机构存档一份。

职业病诊断机构应当建立职业病诊断档案并永久保存，档案应当包括职业病诊断证明书和职业病诊断过程记录。诊断过程记录包括参加诊断的人员、时间、地点、讨论内容及诊断结论；用人单位、劳动者和相关部门、机构提交的有关资料；临床检查与实验室检验等资料；与诊断有关的其他资料。

职业病诊断机构发现职业病病人或者疑似职业病病人时，应当及时向所在地卫生行政部门和安全生产监督管理部门报告。确诊为职业病的，职业病诊断机构可以根据需要，向相关监管部门、用人单位提出专业建议。

二、职业病鉴定

当事人对职业病诊断机构做出的职业病诊断结论有异议的，可以在接到职业病诊断证明书之日起 30 日内，向职业病诊断机构所在地设区的市级卫生行政部门申请鉴定。

设区的市级职业病诊断鉴定委员会负责职业病诊断争议的首次鉴定。当事人对设区的市级职业病鉴定结论不服的，可以在接到鉴定书之日起 15 日内，向原鉴定组织所在地省级卫生行政部门申请再鉴定。职业病鉴定实行两级鉴定制，省级职业病鉴定结论为最终鉴定。

三、职业病病人的权益

（1）职业病病人依法享受国家规定的职业病待遇。

（2）用人单位对不适宜继续从事原工作的职业病病人，应当调离原岗位，并妥善安置。

（3）职业病病人的诊断、康复费用，伤残以及丧失劳动能力的职业病病人的社会保障，按照有关工伤社会保险的规定执行。

（4）对从事接触职业病危害作业的劳动者，用人单位应当按规定组织上岗前、在岗期间和离岗时的职业健康检查，并将检查结果如实告知劳动者。职业健康检查费用由用人单位承担。

（5）用人单位发现职业病病人或者疑似职业病病人时，应及时向所在地疾病预防控制中心报告。确诊为职业病的，用人单位还应当向所在地劳动保障行政部门报告。

（6）用人单位应当按照国家有关规定，安排职业病病人进行治疗、康复和定期检查。

（7）用人单位应当及时安排对疑似职业病病人进行诊断；在疑似职业病病人诊断或者医学观察期间，不得解除或者终止与其订立的劳动合同。在此期间的费用由用人单位承担。

（8）职业病病人变动工作单位，其依法享有的待遇不变。用人单位发生分立、合并、解散、破产等情形的，应当对从事接触职业病危害的作业的劳动者进行健康检查，并按照国家有关规定妥善安置职业病病人。

第五章　现场应急处置

煤矿（井）应当制定班组作业现场应急处置预案，明确班组长应急处置指挥权及行使权利的具体情形，保障职工紧急避险逃生权。

当作业现场出现瓦斯突出、瓦斯超限、透水、煤层自燃、顶板冒落、冲击地压、停风停电事故征兆或险情时，班组长要按照煤矿作业现场应急处置方案，在第一时间有序组织职工应急避险、撤出作业人员。

第一节　主要灾害事故

煤矿班组主要灾害事故包括瓦斯事故、粉尘、火灾、水、顶板、冲击地压及有毒有害气体等。

一、瓦斯事故

瓦斯是指矿井中主要由煤层气构成的以甲烷为主的有害气体，有时单独指甲烷。根据矿井相对瓦斯涌出量、矿井绝对瓦斯涌出量、工作面绝对瓦斯涌出量和瓦斯涌出形式，矿井瓦斯等级划分为低瓦斯矿井、高瓦斯矿井和煤与瓦斯突出矿井。

瓦斯事故一直是我国煤矿井下的主要灾害，是影响班组安全生产的“第一杀手”。瓦斯事故主要是指瓦斯（煤尘）爆炸（燃烧），煤（岩）与瓦斯突出，中毒、窒息。

据统计，2003—2021 年我国共发生煤矿瓦斯事故 3037 起，死亡 12950 人，占事故发生总起数和总死亡人数的 11. 75% 和 30. 09% 。通过对上述瓦斯事故分析，暴露出的主要问题如下：

（1）低瓦斯矿井麻痹大意。实际工作中，低瓦斯矿井在瓦斯抽采、现场管理等方面降低要求，麻痹大意，极易引发瓦斯事故尤其是瓦斯爆炸事故。

（2）通风瓦斯管理混乱。通风系统不合理、局部通风管理混乱、瓦斯检查制度不落实、作业地点有效风量不足等问题是发生瓦斯爆炸（燃烧）和瓦斯窒息事故的矿井的共性问题。掘进工作面违规串联通风、循环风甚至无风微风作业是瓦斯积聚最主要的原因。

（3）安全监控系统不可靠。煤矿装备安全监控系统是预防煤矿瓦斯事故的有效途径。部分煤矿已建成的安全监控系统，存在传感器数量不足、校验不及时和安装地点不符合相关标准要求，存在数据采集、处理和输出的设备不匹配等问题，造成监控系统运转不正常，作用难以得到充分发挥。

（4）两个“四位一体”综合防突措施不落实。90% 发生煤与瓦斯突出事故的矿井没有按规定采取区域综合防突措施，在局部综合防突措施落实上也执行不到位，存在瓦斯抽采不到位的情况。大多数事故矿井在抽采钻孔按照设计角度、深度、现场施工的监督上存在问题。煤矿职工在如何准确识别突出征兆上存在认知差距，如征兆之一的“瓦斯浓度突然增大、瓦斯涌出忽大忽小”，在实际操作中没有标准，也没有相应的参考，现场工人难以掌握。

二、水害事故

水害事故是指地表水、采空区积水、地质水、工业用水造成的事故及透黄泥、流沙导致的事故，分为矿井透水（突水）和矿井涌水。矿井透水是指井巷、工作面与含水层、被淹巷道、地表水体和含水的裂隙带、溶洞、洞穴、陷落柱、顶板冒落带、构造破碎带等接近或沟通而导致的突然出水事故。矿井涌水是指矿区内的大气降水、地表水、地下水通过各种通道涌入井下，当矿井涌水量超过矿井正常的排水能力时，将发生水灾。

按照煤矿水害来源的不同，可将水害类型分为地表水水害、孔隙水水害、裂隙水水害、岩溶水水害和老空（窑）水水害等 5 类。其中，前 4 类均与煤矿床的水文地质条件有关。我国煤矿较大的突水灾害多属底板水，突水的过程决定于矿井水文地质及采掘现场条件。一般突水事故可归纳为 2 种情况：一种是突水量小于矿井最大排水能力，地下水形成稳定的降落漏斗，迫使矿井长期大量排水；另一种是突水量超过矿井的最大排水能力，造成整个矿井或局部采区淹没。各类突水事故发生时，均可能表现出多种突水预兆，例如：煤层潮湿、松软；煤帮出现滴水、淋水现象；有时煤帮出现铁锈色水迹；工作面气温降低或出现雾气；有时可听到水声；矿压增大发生片帮冒顶及底鼓。据统计，2021 年，全国煤矿共发生水害死亡事故 4 起、死亡 48 人，同比起数减少 3 起、死亡人数增加 23 人，分别占全国煤矿事故起数和死亡人数的 4.4% 和 27.0% 。通过对上述水害事故分析，暴露出的主要问题如下：

（1）防治水工作不重视。一些煤矿对采空区积水和周边关闭废弃的小煤矿积水及其潜在的突水危险性认识不足，防范意识不强；部分小煤矿防治水机构和技术人员配备低；有些煤矿防治水制度不完善，防治水规划、年度计划和水害应急预案编制缺乏针对性和实操性。

（2）水文地质资料不清楚。主要表现为小煤矿存在开采范围、水文地质等资料缺失，大矿井田内小煤矿采空区积水位置和积水范围等重大致灾因素不清。

（3）探放水管理不严格。主要表现为有的矿井未按规定进行超前探放水、使用煤电钻探放水、以井下水平超前钻探为主、未进行物探和化探、单靠物探资料而不进行钻探验证等。同时，探放水现场管理不到位。探水作业与掘进施工未对探水钻孔进行现场签字验收，或现场验收签字流于形式；一些矿井现场探水施工与设计不符，存在实际探水眼数少于设计眼数、实际钻探深度小于设计深度等现象，不能有效疏放采空区水。

（4）防治水基础工作仍然薄弱。部分煤矿探放水钻机、物探仪器配备不足，部分资源整合矿井未建立隐蔽致灾因素排查治理机制，未能开展必要的水文地质补充勘探，对含水层、采空区积水等未予查清；"雨季三防"措施落实不到位，应急物资储备不足，未组织应急救援演练等必要的防治措施。

三、火灾事故

火灾是指作业过程中造成人员伤亡、资源损失、环境破坏、设备设施损坏，威胁安全生产的非控制性燃烧。在矿井范围内发生的威胁安全生产、造成一定资源和经济损失或者人员伤亡的燃烧事故称为矿井火灾。矿井火灾通常发生在煤矿井下巷道、工作面、硐室、采空区等地点，有时能够波及和威胁井口附近地面。矿井火灾是煤矿重大灾害之一，按引火原因分类包括内因火灾（自燃火灾）和外因火灾。内因火灾是在一定的外部（适量的通风供氧）条件下，煤自身发生物理化学变化，产生并积聚热量，使其温度升高，达到自燃点而形成的火灾。外因火灾是在外界火源（明火或高温热源）的作用下，引起燃烧而形成的火灾。在整个矿井火灾事故中，内因火灾占的比例很大，90%以上属于内因火灾的范畴。因此，煤层自燃是产生煤矿火灾的主要原因。影响煤炭自燃的因素很多，其中，煤的变质程度是煤自燃倾向性的决定性因素。统计表明，褐煤最易自燃，无烟煤不易自燃，烟煤介于二者之间。

据统计，2003—2021年，全国煤矿共发生火灾事故120起、死亡770人，分别占事故总数和总死亡人数的0.47%和1.79%。研究表明，井下发生火灾，产生大量的一氧化碳、二氧化碳有害气体，使人员窒息、中毒，而且会导致瓦斯、煤尘爆炸，扩大灾情；在井下处理火区时，安全措施不当也易再次引发事故。通过对上述火灾事故分析，暴露出的主要问题如下：

（1）机电设备管理混乱。主要表现为在井下违规使用滑片式空气压缩机等井工煤矿禁止使用的设备，使用非阻燃电缆和破损电缆、输送带等，机电设备使用中未定期进行检修、测试，且井下有些使用木支护等易燃材料，机电设备着火后引起这些易燃材料燃烧，进而引起巷道煤炭燃烧，从而导致大量人员伤亡。

（2）煤炭自然发火管理不到位。开采容易自燃和自燃煤层时，在采区开采设计中，没有选定自然发火观测站或观测点的位置，确定煤层自然发火的标志气体，建立并落实自然发火预测预报制度；矿井安全监控系统要配齐和正确安设一氧化碳、温度等传感器，绝大多数矿井误把一氧化碳体积分数 24×10^{-6} 作为煤炭自然发火的报警值。

（3）防灭火措施不落实。主要表现为事故矿井大多数没有安设合格的地面消防水池和井下消防管路系统。煤矿井上、下均未按规定设置消防材料库。开采容易自燃和自燃煤层的矿井，没有采取注浆、注氮、注凝胶、喷洒阻化剂等综合防灭火措施。井底车场、机电硐室、爆炸材料库、风动工具清洗硐室等火灾隐患严重地点，也未配备足够数量的灭火器材。井下出现火情后，不能及时有效地进行灭火。

四、顶板事故

顶板事故是指冒顶、片帮、顶板掉矸、顶板支护垮倒、冲击地压、露天煤矿边坡滑移垮塌等，底板事故视为顶板事故。顶板事故虽然每次伤亡人数不多，但因发生次数多，其伤亡总数并不次于瓦斯、煤尘爆炸，是煤炭安全生产中最易发生的事故之一。顶板事故按力源可分为压垮型、漏冒型与推垮型三大类。压垮型冒顶是由垂直于层面方向板力压坏采场支架而导致的冒顶；漏冒型冒顶是因已破碎顶板没有得到有效防护受重力作用而导致新的冒顶；推垮型冒顶则是由平行于层面方向的顶板力推倒采场支架而导致的冒顶。此外，还可能出现综合类型的冒顶。我国煤矿顶板条件差异较大，多数大中型煤矿顶板属于局部不平、裂隙比较发育，平整顶板约占 11%，破碎、松软顶板约占 5%。在实行综采之前，顶板事故在煤矿事故中占有很高的比例，随着液压支架的使用及对顶板事故研究和预防技术的深入和逐步完善，顶板事故所占比例有所下降，但仍然是煤矿生产的主要灾害之一。随着采深增加、巷道断面加大等，工作面与巷道的顶板事故预防更加重要。

据统计，2003—2021 年煤矿顶板事故发生次数高达 13237 次，占比 51.22%；死亡 15554 人，占比 36.159%。顶板事故的起数和由于顶板事故造成的总死亡人数所占的比例都是煤矿各类事故中最高的，应给予足够的重视。通过对上述顶板事故分析，暴露出的主要问题如下：

（1）地质资料不清楚。主要表现为井下有些采用木支护，支护强度不足；

矿压观测不到位，未掌握煤层赋存情况、地质构造、顶底板岩性、煤岩物理力学参数和矿压显现规律；制定的采掘工程支护设计方案和确定相应的支护方式和支护参数没有针对性；发现地质条件发生变化时，也没有及时进行调整。

（2）安全技术措施不落实。主要表现为在松软的煤、岩层或者流沙层及地质破碎带中掘进巷道时，没有采取特殊的加强支护措施；采掘接替紧张煤矿矿压未稳定就开始施工新工作面；没有严格执行“敲帮问顶”制度，有的综采工作面没有及时放顶，甚至出现大面积空顶作业；采用锚杆、锚索、锚喷支护的巷道，锚杆、锚索的材质、拉力和预紧力、喷层厚度和强度不符合作业规程规定；维修井巷支护时，没有严格执行安全技术措施。

（3）冲击地压防治工作不到位。主要表现为煤矿在开采冲击地压煤层时，没有严格执行冲击危险性预测、监测预警、防范治理、效果检验、安全防护等综合防治措施；冲击地压矿井采掘布局、开采设计不合理，导致采掘区域应力集中，冲击地压发生的概率增加，在这种情况下仅采取局部防冲措施，难以有效杜绝冲击地压事故；冲击危险性评价结果分为无危险、弱危险、中等危险与强危险4个等级，但在煤矿实践中，如何准确评判冲击危险性等级缺乏可靠的标准和参数。

五、应急新技术

（一）矿井灾害应急区域隔离减灾密闭系统

矿井灾害应急区域隔离减灾密闭系统适用于高瓦斯、煤与瓦斯突出、含易自然发火煤层的矿井或有水害威胁的矿井，用于各采区之间隔离、工作面防火隔离、灾区应急隔离等。

该系统具有在复杂巷道内跨轨道、带式输送机等设施的快速隔离密闭功能；具有隔离灾变区域与受威胁区域的火焰、有毒有害气体或水害功能；具有矿井区域隔离密闭综合管理、远程联动控制、AI 视觉识别、环境参数监测及应急信息发布功能；具有地面远控、井下电控、气控、手动控制等多种控制功能；具备甲烷、一氧化碳、二氧化碳、氧气、温度、压力等环境参数监测功能，并将数据与地面指挥中心联网；联动关闭时间不大于 3 min，具有一定的耐高温、抗冲击性能，抗冲击性能不小于 0.6 MPa。

该系统用于防止矿井灾害隐患较大区域的突发事故，尤其防止火与瓦斯耦合灾害矿井在封闭火区时易发生的二次爆炸伤人事故、矿井涌水量激增发生的淹井事故、瓦斯突出事故等。可减少灾区封闭作业风险、降低灾害损失、防止二次事故发生，可将灾害隔绝在有限范围内，有效遏止火灾及瓦斯重大事故的发生。可实现在复杂巷道内跨轨道、带式输送机等设施的快速隔离密闭，具备可视化环境监测、智能远程联动控制功能，可替代井下防火密闭、采区密闭等，解决了复杂巷道内抗冲击快速密闭困难、密闭时间长、施工人员安全受威胁、易发生二次事故的问题，提高矿井应急管理能力。

该系统已在安徽中煤新集能源刘庄煤矿，陕西陕煤彬长矿业孟村煤矿，陕西陕煤蒲白矿业建新煤矿，甘肃华能庆阳煤电核桃峪煤矿，安徽淮北矿业祁南煤矿、涡北煤矿应用。

（二）矿用智能化学氧自救器

矿用智能化学氧自救器适用于井下人员的应急逃生。该装备采用生氧罐滤粉夹层结构，生氧剂不泄漏；内置无源芯片，通过专用充电架或信息采集终端，可后台查询制造、使用和校验信息。

该装备佩戴时无须取出自救器本体，无须整理气囊，无须单独启动初期生氧装置，缩短佩戴步骤，节省佩戴时间；同时，采用高效新型过滤材料，杜绝粉尘外漏，解决了佩戴化学氧自救器呛嗓子的问题；在自救器外壳上置入无源芯片，将自救器制造、使用、存放和失效等信息导入芯片进行自动检测报警；自救器信息化系统通过植入自救器内部的监测无线通信模块可及时向管理者反映产品当前状态，可实现失效报警。

该装备已应用于黑龙江龙煤鸡西矿业新发煤矿、辽宁抚顺矿业老虎台煤矿、辽宁铁法煤业小青煤矿、湖南煤业红卫矿业、江西煤业曲江煤矿等。

第二节　事故现场安全避险与救灾

煤矿发生险情或者事故时，井下人员应按应急救援预案和应急指令撤离险区，在撤离受阻的情况下应紧急避险待救。

一、井下安全避险行动原则

（一）及时报告险情或事故

在保证安全的前提下，从业人员通过观察判断，确定险情或事故的地点、性质和类型等，第一时间通知当班值班领导及矿调度室。同时，通过语音通信系统向可能波及的区域发出警报。通知时，重点汇报险情或事故的现象，比如烟、火、冒顶、声响等，不主观臆断事故性质，不盲目施救。

（二）科学施救

通知后，现场人员在确保安全的情况下，根据现场情况，因地取材，实施抢救。抢救时，服从现场指挥人员（如区队长、班组长）指挥，不冒险作业，随时观察灾区气候条件及顶板条件等。

(三) 安全撤离

遇险情或事故发展迅猛，无法开展现场抢救、危及从业人员人身安全和接到撤离命令时，现场从业人员应有组织、有纪律地撤离灾区。撤离时应沉着冷静、团结互助、听从指挥；同时，加强安全防护，撤离前戴好护具，遇积水、冒顶区等危险地区时先探明，再前行；撤离时，时刻关注风量、风向的变化，注意是否有火烟及爆炸的预兆。

(四) 紧急避险

撤离受阻或自救器失效时，应尽快至永久避难硐室或搭建临时避难硐室待救。待救期间应注意以下事项：

(1) 硐室外保留有矿灯、衣物等明显标志。

(2) 保持安静，不焦躁，保持俯卧在巷道底板或水沟内。

(3) 被困人员保持一盏矿灯照明。

(4) 发出求救信号。可通过敲打铁管、岩石，但不能敲打支架；水灾时，把受灾人员基本情况通过塑料袋、塑料瓶等物品向外传递。

(5) 坚定信心，团结互助。

(6) 时刻关注顶板情况、有毒有害气体情况。遇烟气侵袭时，应采取安全措施或安全撤离。

二、班组长避险救灾应急处置措施

班组长是煤矿安全生产现场管理团队的第一责任人，在发生险情或事故时，应采取应急处置措施。

(一) 及时向矿调度室报告险情及事故

井下险情及事故发生后，现场及附近区域有关人员应通过电话或派专人等方法第一时间将险情及事故的时间、地点、现场情况、简要经过和已经采取的措施报告矿调度部门，同时向当班带班领导及本单位负责人报告。

根据险情及事故性质和蔓延区域，以最有效的方式向可能受威胁区域人员发出警报。

在抢险救援期间，现场指挥人员应及时报告事故的发展情况，包括事故发展趋势、已采取措施和取得效果、受灾人员情绪情况、救援力量情况等，为进一步开展事故应急救援提供有效参考信息。

(二) 临场指挥和抢救遇险人员

险情及事故初期，井下带班领导未到达之前，班组长是抢险救灾的第一指挥者，其需要稳定遇险尚存人员的情绪，把握一切有利时机协助被困人员撤离险区，同时竭尽所能抢救遇险人员，最大限度减少伤亡。

（三）清点现场人员和组织抢险救灾

险情及事故初期，班组长首先要清点受灾区域从业人员人数，做到无一遗漏，以便采取各种方法帮助其躲避灾难。同时，班组长应根据灾情的实际条件，在保证救援人员安全的前提下，及时组织力量实施抢救，最大限度减少伤亡及直接经济损失。

根据灾区及事故从业人员的直观感觉和可采取的手段，通过观察烟雾、温度、风流状态、空气成分、巷道支护、涌水等异常变化和迹象，分析判断事故性质及原因。

查明险情及事故的地点，预判可能受到波及的范围及危害程度。结合井下避灾路线、通风系统、人员分布等情况，快速判断伴生事故的可能性，为抢险救灾和安全撤离做好准备。

正确判断灾情后，班组长应根据《煤矿安全规程》《矿井灾害预防和处理计划》等相关规定开展抢险救灾工作。遇救援力量不足时，应最大限度防止灾情扩大，在保证救灾人员安全的前提下提高警惕，防止窒息、中毒、爆炸、触电、顶板垮塌等二次事故的发生。

（四）听从应急救援指挥部命令，完成安全撤离工作

遇灾情扩大不具备现场抢险救灾条件时，班组长应立即请求应急救援指挥部，按照指挥部指示组织受灾人员有序撤离。

第三节　事故现场应急救护

应急救援员是社会应急力量的重要组成部分，一般是指从事突发事件的预防与应急准备，受灾人员和公私财产救助，组织自救、互救及救援善后工作的人员。

煤矿应急救援员是企业应急救援工作的人力保障。煤炭行业应急救援的特殊性决定了应急救援员在灾害事故发生后必须迅速、有效地开展救援活动，最大限度地减少灾害带来的损失。

一、应急救援程序

（一）开展现场安全风险辨识评估

应急救援员应根据作业现场实际，快速开展现场风险辨识评估，根据风险等级实施安全管控措施，保障后续救援工作环境安全。

（二）开展伤病员伤情风险辨识评估

根据伤病员人数、年龄、受伤程度，开展伤情风险评估工作；根据评估结果，开展创伤急救、心肺复苏和心理援助等工作。

（三）开展应急救援行动

根据现场安全风险评估和伤病员伤情风险评估情况，采用创伤急救、心肺复苏等技术实施自救互救。

及时收集、保管不易保存的现场资料和人体相关物，如中毒伤病员的呕吐物、伤病员撒落在现场的随身物品及离断的肢体等。

（四）开展心理急救

及时、就近、简洁、紧扣问题实施心理援助，有效地缓解伤病员的身心痛苦。

二、现场安全风险辨识评估及伤病员伤病情辨识评估

（一）现场安全风险辨识评估

应急救援员应当掌握风险点划分、危险源辨识、安全风险类型、安全风险辨识、安全风险评估和安全风险管控等技术。

发生灾变时，在专业应急救援队伍抵达前，煤矿应急救援员应当对井下伤病员快速开展作业现场紧急情况下的安全风险辨识，评估风险后果，采取管控措施，为开展伤病员伤情风险辨识评估以及实施创伤急救、心肺复苏和心理援助等工作创造安全条件。

（二）伤病员伤病情辨识评估

1. 外伤的辨识评估

创伤、出血和骨折辨识评估基于获救的轻重缓急开展，同时也是一个争分夺秒的工作，应急救援员用于每个伤病员辨识评估的时间不得超过 30 s；当遇有严重出血的伤员时，要立即控制出血；现场不做心肺复苏。

（1）行动辨识评估。辨识伤者是否能够独立行走。当伤者能自行行走且不会造成二次伤害的从业人员，评估为轻伤。当伤者不能独立行走，需进行呼吸检查。

（2）呼吸辨识评估。辨识伤者呼吸频率。伤者无呼吸时，需开放气道，两次开放气道仍无呼吸者评估为死亡。恢复呼吸者，呼吸频率大于或等于 30 次/min 者评估为危重伤。呼吸频率小于 30 次/min 者，需进行循环检查。

（3）循环辨识评估。辨识伤者甲床毛细血管充盈时间。甲床毛细血管充盈时间大于或等于 2 s，或检查不到桡动脉搏动的，为立即处理伤员，评估为危重

伤。甲床毛细血管充盈时间小于 2 s，或可触及桡动脉搏动的伤员，进行意识程度检查。

（4）意识程度辨识评估。辨识伤者回答问题的意识。不能回答问题或执行简单指令者，评估为危重伤。能够正确回答问题和执行简单指令者，评估为重伤。

2. 日常疾病的辨识评估

病情包括低血糖、脑卒中、急性胸痛、休克、哮喘、癫痫、中暑等。下面以急性胸痛为例进行介绍。

（1）急性胸痛病情辨识。询问病者有无休克病史及急性胸痛病的病因。查看病者临床表现，包括病者的面色、脉搏、呼吸、意识、体温等。

（2）急性胸痛病情评估。

① 休克早期。病者出现精神紧张、烦躁不安、面色苍白、四肢湿冷、脉搏加快、呼吸急促，同时动脉血压变化不大但脉压缩小，尿量正常或减少的情况时，可初步判断为休克早期。

休克早期处理及时，休克可很快得到纠正。否则，病情继续发展，很快进入休克期。

② 休克期。病者出现表情淡漠、反应迟钝，甚至出现意识模糊或昏迷；皮肤黏膜发绀、四肢冰冷、脉搏细速、呼吸浅促、血压进行性下降等情况时，可初步判断为休克期。严重者脉搏微弱、血压测不出、呼吸微弱或不规则、尿少或无尿。

当皮肤、黏膜出现瘀点、瘀斑，或出现鼻腔、牙龈、内脏出血等，则提示并发弥散性血管内凝血。当出现进行性呼吸困难、烦躁、发绀，给予吸氧仍不能改善时，则提示并发急性呼吸窘迫综合征。病者常因继发多器官功能障碍综合征而死亡。

三、创伤急救

（一）止血技术

创伤可引起皮肤和软组织损伤，严重时会伴有神经、血管、内脏、肌腱、骨骼损伤。创伤需及时采用指压动脉止血、直接压迫止血、加压包扎止血、填塞止血、止血带止血等技术处理伤口，避免伤口感染、破伤风等情况。

1. 指压动脉止血

指压动脉止血是通过手指压住出血伤口的近心端（血流方向），使得血管被压在附近的骨骼上，从而阻断血流达到止血的技术，其适用于短时间头面部和四肢部位止血。

按照止血位置的不同分为颞浅动脉压迫止血、面动脉压迫止血、枕动脉压迫止血、肱动脉压迫止血、尺桡动脉压迫止血、指动脉压迫止血和足背动脉压迫止血。

1）颞浅动脉压迫止血

用一手拇指压迫伤侧耳屏前方颧弓根部的颞浅动脉体表搏动点，将颞浅动脉压向颧骨，按压部位如图 5 – 3 – 1 所示。

2）面动脉压迫止血

用一手拇指压迫伤侧下颌骨下缘与咬肌前缘交界处面动脉体表搏动点，将面动脉压向下颌骨，按压部位如图 5 – 3 – 2 所示。

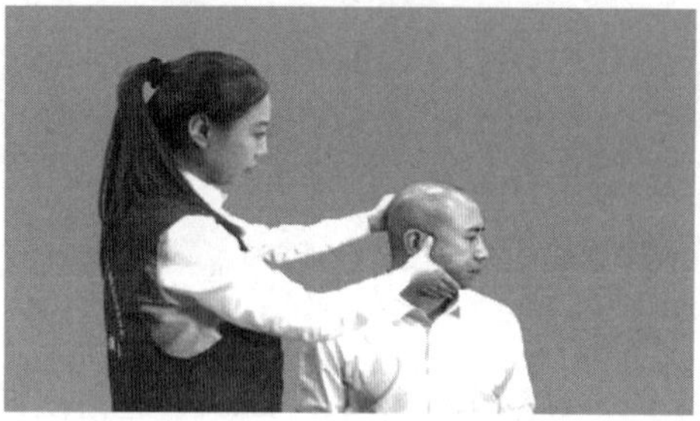

图 5 – 3 – 1　颞浅动脉压迫止血按压部位

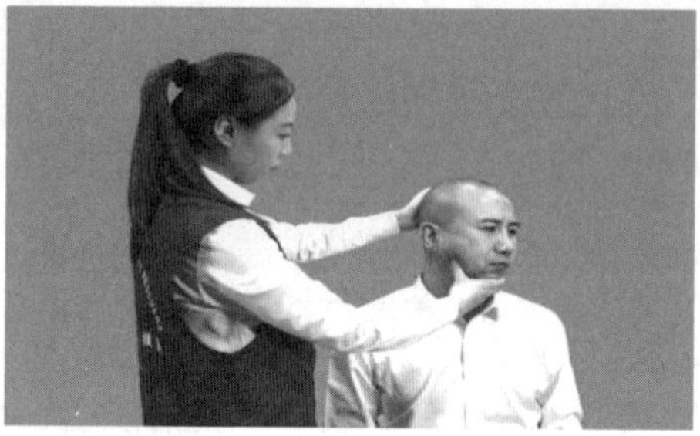

图 5 – 3 – 2　面动脉压迫止血按压部位

3）枕动脉压迫止血

耳后乳突下面稍外侧，压向枕骨面，按压部位如图 5 – 3 – 3 所示。

4）肱动脉压迫止血

用拇指压迫伤侧上臂肱二头肌内侧沟中部的肱动脉搏动点，将肱动脉压向肱骨，按压部位如图 5 – 3 – 4 所示。

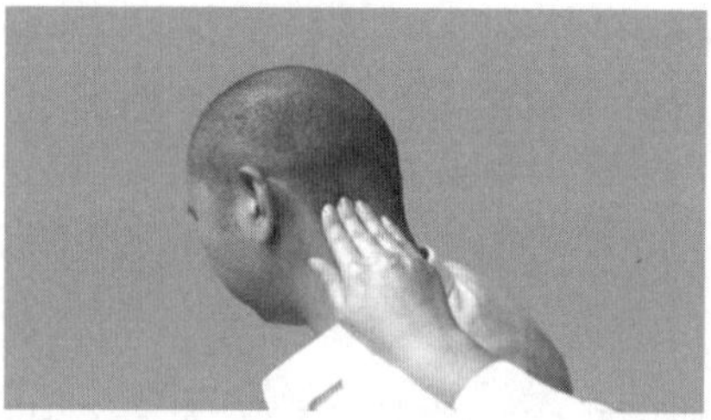

图 5 – 3 – 3　枕动脉压迫止血按压部位

图 5 – 3 – 4　肱动脉压迫止血按压部位

5）尺桡动脉压迫止血

用两手拇指分别同时压迫伤侧手腕横纹稍上方内侧尺桡动脉搏动点，按压部位如图 5 –3 –5 所示。

6）指动脉压迫止血

手指指根部两侧，压向指骨，按压部位如图 5 –3 –6 所示。

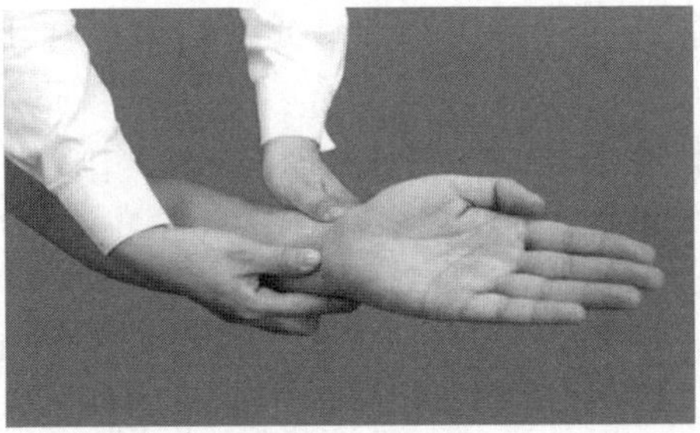

图 5 –3 –5　尺桡动脉压迫止血按压部位

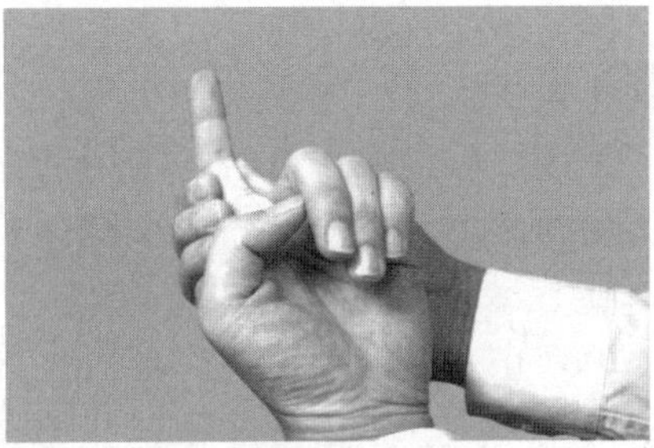

图 5 –3 –6　指动脉压迫止血按压部位

7）足背动脉压迫止血

足背皮肤皱纹中心，压向跖骨，按压部位如图 5 –3 –7 所示。

2. 直接压迫止血

直接压迫止血是指清理伤口异物后，直接将敷料覆盖到伤口上，用手直接压迫止血的技术。其适用于大部分外出血的止血，是最直接、快速、有效、安全的止血技术，如图 5 –3 –8 所示。

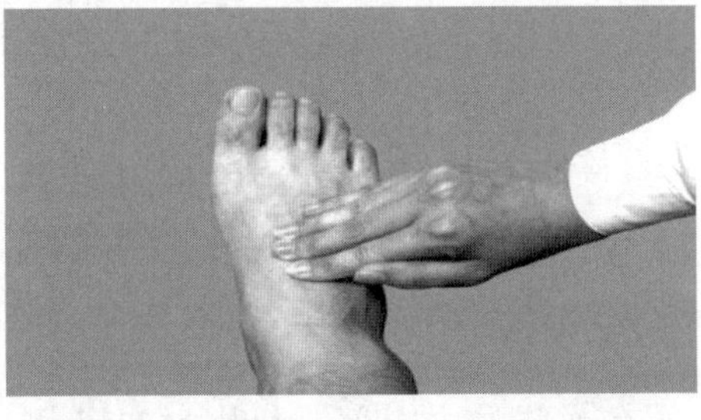

图 5 –3 –7　足背动脉压迫止血按压部位

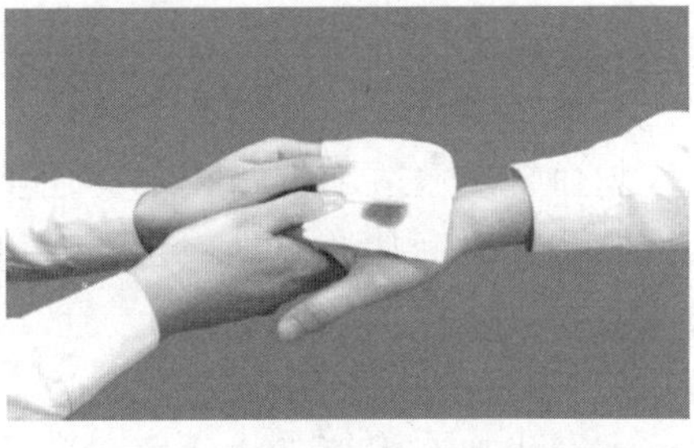

图 5 –3 –8　直接压迫止血

采用直接压迫止血时，应急救援员应快速检查伤病员伤口内有无异物，如有表浅小异物可将其取出，然后将干净的纱布块或手帕（或其他干净布料）作为敷料覆盖到伤口上，用手直接压迫止血。注意，必须是持续用力压迫。

遇敷料被血液湿透时，无须更换，需再取敷料在原有敷料上覆盖，继续压迫止血，等待专业救援力量。

3. 加压包扎止血

加压包扎止血是指采用直接压迫止血的同时再用绷带（或三角巾）加压包扎的止血技术，如图 5-3-9 所示。

采用加压包扎止血时，需用清洁敷料覆盖伤口，外加绷带、三角巾缠绕包扎，施加压力。包扎后，必须检查末梢的血液循环。

4. 填塞止血

填塞止血是指用大块消毒的纱布、棉垫、急救包填塞、压迫在深部伤口出血内，外用绷带、三角巾加压包扎的技术，如图 5-3-10 所示。外用绷带、三角巾加压包扎应松紧适宜。

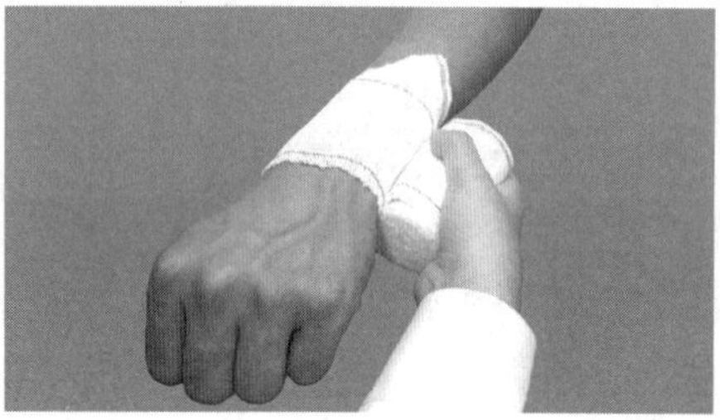

图 5-3-9　加压包扎止血

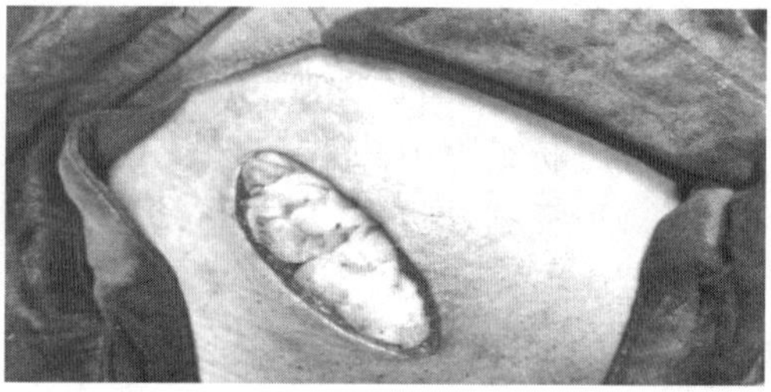

图 5-3-10　填塞止血法

5. 止血带止血

止血带止血适用于四肢有大血管损伤，直接压迫无法控制出血，或不能使用其他方法止血（如有多处损伤，伤口不易处理，或伤病情况复杂）以致危及生命的情况。

1）表带式止血带止血

上肢出血在上臂的上 1/3 处或下肢出血在大腿的中上部，垫好衬垫（可用绷带、毛巾、平整的衣物等），把止血带缠绕在肢体上，将一端穿进扣环，并拉紧至伤口停止出血为宜（图 5-3-11）。在明显的部位注明结扎止血带的时间。

2）橡胶管止血带止血

在准备结扎的部位加好衬垫，用左手拇指与食指、中指拿好橡胶管的一端（A 端）约 10 cm 处，右手拉紧橡胶管缠绕伤侧肢体连同应急救援员左手食指、中指两周，同时压住橡胶管的 A 端；然后将橡胶管的另一端（B 端）用左手食指、中指夹紧，抽出手指时由食指、中指夹持 B 端从两圈橡胶管下拉出一半，使其成为一个活结，如图 5 – 3 – 12 所示。如果需要松止血带时，只要将尾端拉出即可。

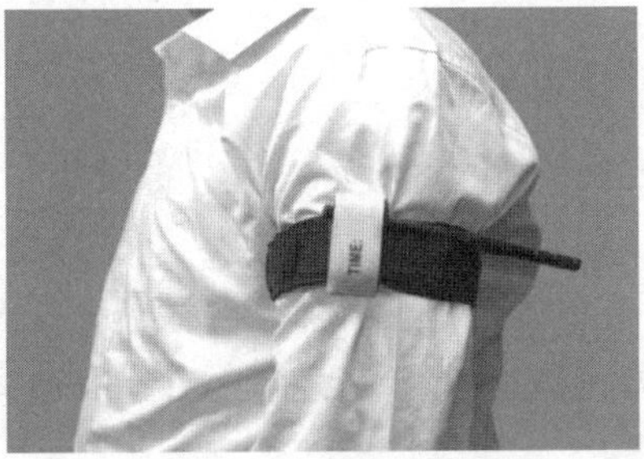

图 5 – 3 – 11　表带式止血带止血

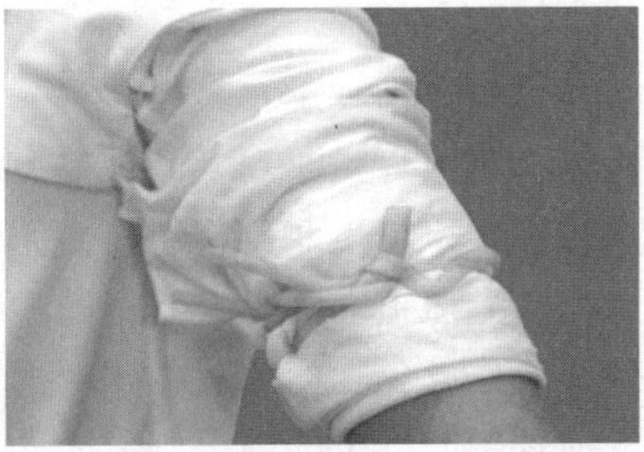

图 5 – 3 – 12　橡胶管止血带止血

3）布带止血带止血

当灾变事故现场无医用气囊止血带或其他止血带时，可根据现场情况，用三角巾、围巾、领带、衣服、床单等作为布带止血带。

使用三角巾作为布带止血带时，将三角巾或其他布料折叠成约 5 cm 宽平整的条状带。如上肢出血，在上臂的上 1/3 处（如下肢出血，在大腿的中上部）垫好衬垫（可用绷带、毛巾、平整的衣物等）。

用折叠好的条状带在衬垫上加压绕肢体一周，两端向前拉紧，打一个活结（也可先将条状带的中点放在肢体前面，平整地将带的两端向后环绕一周作为衬垫，交叉后向前环绕第二周，并打一活结）。将一绞棒（如铅笔、筷子、勺把、竹棍等）插入活结的外圈内，然后提起绞棒旋转绞紧至伤口出血减慢或停止为度。

将绞棒的另一端插入活结的内圈固定（或继续打结将绞棒的一端固定）。结扎好止血带后，在明显的部位注明结扎止血带的时间。

需要注意的是，对于用直接加压止血法无法止住血的四肢出血，可采用止血带止血。上臂中段禁止扎止血带，以免损伤桡神经。止血带不能与皮肤直接

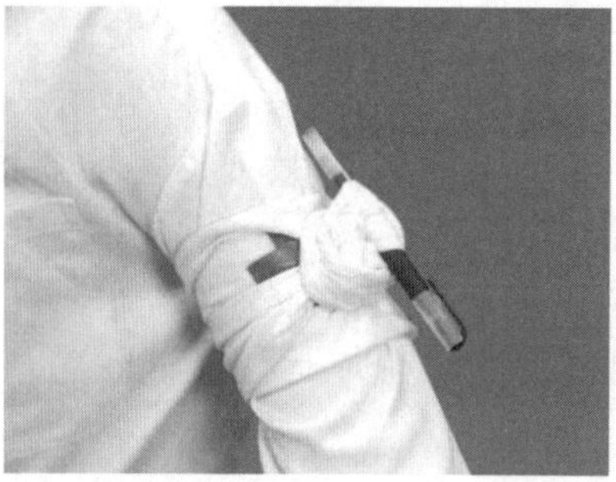

图 5－3－13　布带止血带止血

接触。免勒伤皮肤，应在缚扎处先衬垫，或绑在衣服外面。绑扎松紧要适宜，以出血停止、远端摸不到动脉搏动为准。太松达不到止血目的，过紧易造成肢体肿胀坏死。绑扎止血带必须做出显著标志，记录开始使用时间、部位，一般不超过 1 h，每隔半小时应缓慢松开一次，放松时间 1 ~ 2 min。不可采用非弹性的绳索、电线甚至是铁丝（图 5－3－13）。

6. 可疑内出血处理

内出血可由外伤引起，如骨折或物体撞击，井下瓦斯爆炸产生的强烈冲击波冲击胸腹部，也可由非外伤引起，如胃溃疡出血、异位妊娠出血等。重要器官内因积血而受到压迫会危及生命，如胸腔内、心包内及颅内出血等。严重的内出血常导致失血性（低血容量性）休克。如果伤病员出现休克症状但在体表见不到出血，应怀疑有严重的内出血。

1）可疑内出血基本特征

可疑内出血基本特征包括面色苍白，皮肤出现发绀；口渴，手足湿冷，出冷汗；脉搏快而弱，呼吸急促；烦躁不安或表情淡漠，甚至意识不清；皮肤有撞击痕迹，局部有肿胀；体表未见到出血。

2）体表腔道出血的基本特征

有时内出血的症状与出血部位有关，最明显的是通过体表腔道（如耳道、鼻腔、口腔等）流出鲜血或带血的液体，预判相关脏器的损伤或疾病，具体见表 5－3－1。

表 5－3－1　体表腔道出血性质及可能原因

出血部位	出血性质	可疑内脏出血原因
口腔	咳出血呈鲜红色，带泡沫	肺及支气管出血
	呕吐出血液呈红色或暗红色	消化道出血
耳道	鲜红血液	内、外耳道损伤或鼓膜穿孔
	稀薄血水	颅脑损伤，脑脊液外漏
鼻腔	鲜红血液	鼻黏膜血管破裂
	稀薄血水	颅脑损伤，脑脊液外漏

表5-3-1（续）

出血部位	出 血 性 质	可疑内脏出血原因
肛门	鲜红血液	痔或肛门、直肠损伤出血
	黑色柏油样便	胃肠道疾病或损伤出血
尿道	全程或间断性血尿偶带凝血块	膀胱、肾脏或尿道出血
阴道	鲜红或暗红色血液	月经，流产，损伤或产后出血

3）可疑内出血应急处理

伤病员出现休克症状时，应立即采取救护休克的措施。密切观察伤病员的呼吸和脉搏，保持气道通畅。等待专业救援力量到来。

（二）包扎技术

创伤包扎是指将伤口用自粘贴、尼龙网套、纱布、绷带、三角巾或其他现场可利用的布料快速、准确地处理伤口的技术，包括绷带包扎、三角巾包扎等。

1. 绷带包扎

1）环形包扎

环形包扎适用于肢体粗细较均匀处伤口的处理，是常用的绷带包扎技术之一，如图5-3-14所示。

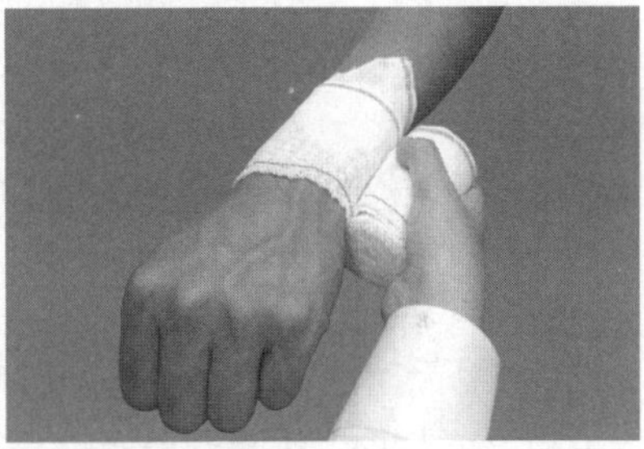

图5-3-14 环形包扎法

（1）伤口用无菌或干净的敷料覆盖，固定敷料。

（2）将绷带打开，一端稍作斜状环绕第一圈，将第一圈斜出一角压入环形圈内，环绕第二圈。

（3）加压绕肢体环形缠绕4～5层，每圈盖住前一圈，绷带缠绕范围要超出敷料边缘。

（4）最后用胶布粘贴固定，或将绷带尾端从中央纵行剪成两个布条，两布条先打一结，然后再缠绕肢体打结固定。

2）螺旋包扎

螺旋包扎适用于粗细相等的肢体、躯干部位的包扎，如图5-3-15所示。

（1）用无菌的或干净的敷料覆盖伤口。

（2）先环形缠绕两圈。

（3）从第三圈开始，环绕时压住前一圈的1/2或1/3。

（4）最后用胶布粘贴固定。

3）螺旋反折包扎

螺旋反折包扎适用于肢体上下粗细不等部位的包扎，如小腿、前臂等，如图 5－3－16 所示。

（1）先用环形法固定始端。

（2）螺旋方法每圈反折一次，反折时，以左手拇指按住绷带上面的正中处，右手将绷带向下反折，向后缠绕并拉紧。

（3）反折处不要在伤口上。

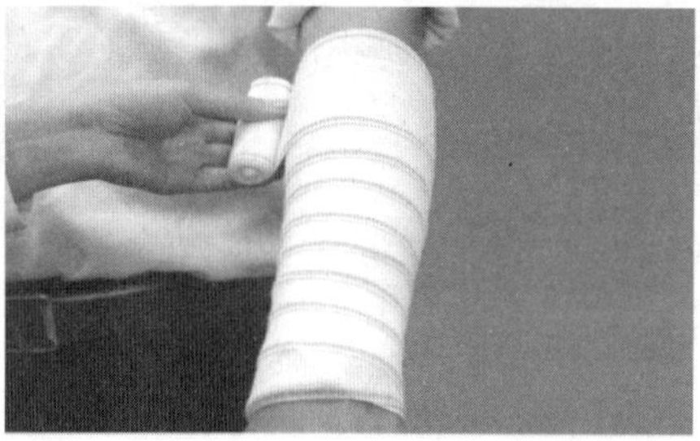

图 5－3－15　螺旋包扎法

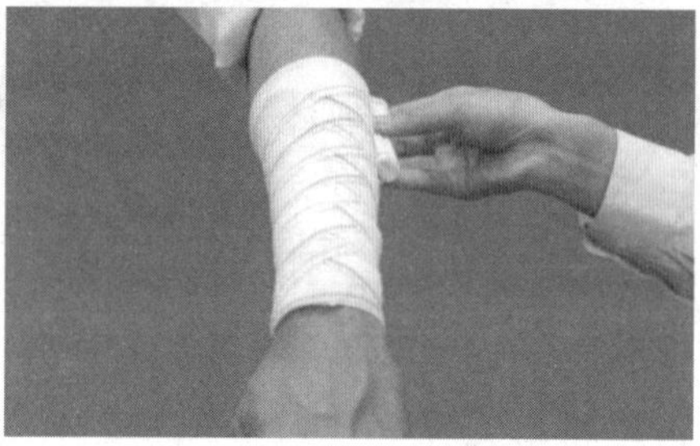

图 5－3－16　螺旋反折包扎法

4）“8”字包扎

“8”字包扎适用于手掌、手背、踝部和其他关节处伤口的包扎，如图 5－3－17 所示。

（1）用无菌或干净的敷料覆盖伤口。

（2）包扎手时从腕部开始，先环形缠绕两圈。

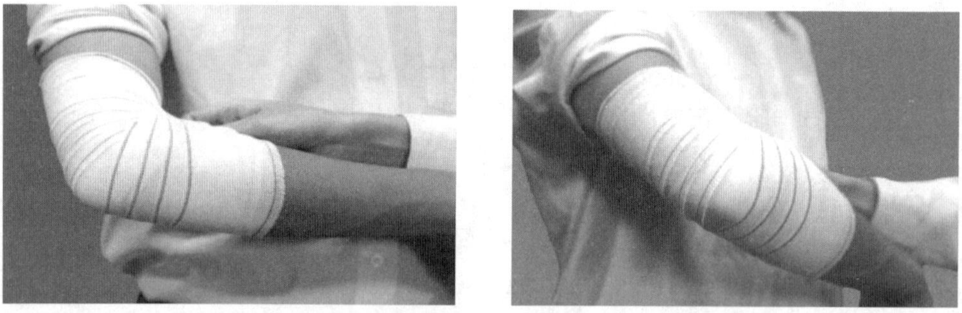

图 5－3－17　“8”字包扎法

(3) 然后经手和腕“8”字形缠绕。

(4) 最后绷带尾端在腕部固定。

(5) 包扎关节时绕关节上下“8”字形缠绕。

5) 回返包扎

回返包扎适用于头部、肢体末端或断肢部位的包扎，如图 5－3－18 所示。

(1) 用无菌或干净的敷料覆盖伤口。

(2) 先环形固定两圈，固定时前方齐眉，后方达枕骨下方。

(3) 左手持绷带一端于头后中部，右手持绷带卷，从头后方向前到前额。

(4) 然后再固定前额处绷带向后反折。

(5) 反复呈放射性反折，直至将敷料完全覆盖。

(6) 最后环形缠绕两圈，将上述反折绷带固定。

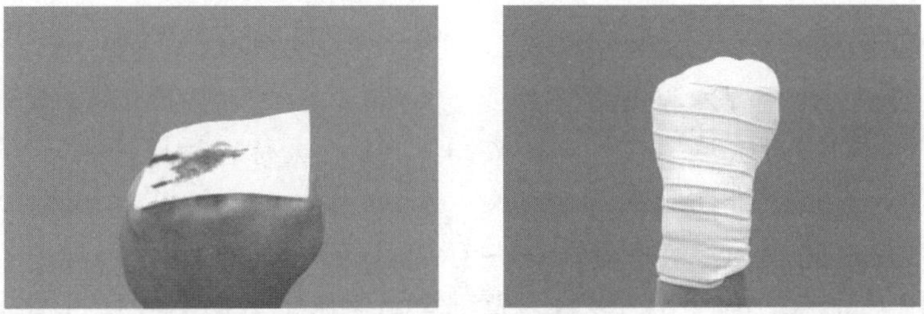

图 5－3－18　回返包扎法

2. 三角巾包扎

三角巾包扎时，边要固定，角要拉紧，中心伸展，敷料贴实。在应用时按需要折叠成不同的形状，适用于不同部位的包扎。

1) 头部帽式包扎

(1) 将三角巾放在伤者头上，覆盖敷料，将底边向内折起数厘米，置于眉眼上方，注意不要遮盖眼眉，如图 5－3－19 所示。

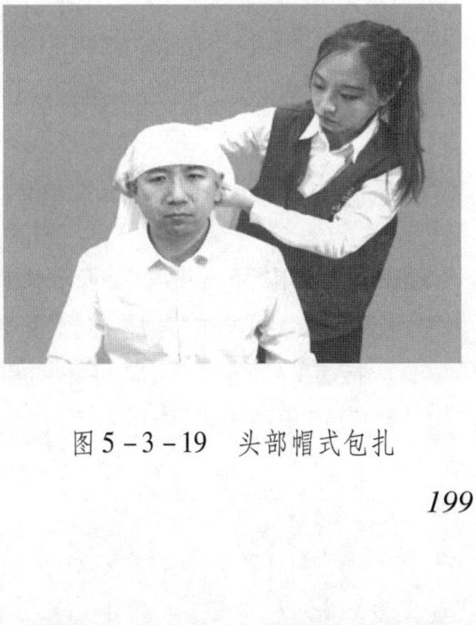

图 5－3－19　头部帽式包扎

(2) 将三角巾两个底角经过耳朵上方往后收，在枕骨下交叉，再绕回前额，靠近底边打一个平结，将结尾折入收好，如图 5 -3 -20 所示。

（3）在枕后将顶角轻轻拉紧后折入，如图 5 -3 -21 所示。

图 5 -3 -20　头部帽式包扎

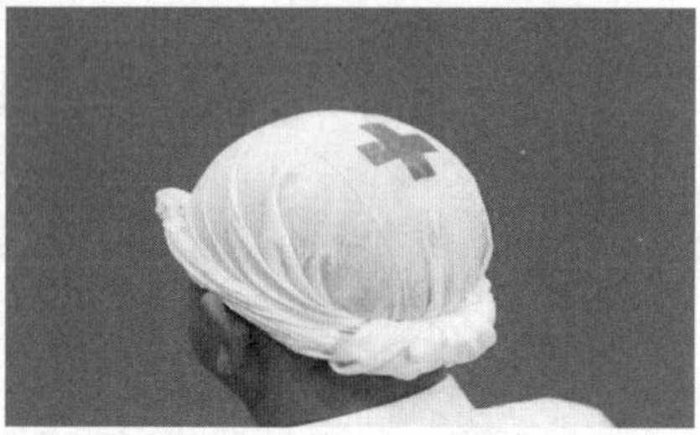

图 5 -3 -21　头部帽式包扎

2）肩部包扎

单肩包扎如图 5 -3 -22 所示。

（1）三角巾折叠成燕尾式，燕尾夹角约 90°，大片在后压住小片，放肩上。

（2）燕尾夹角对准伤侧颈部。

（3）燕尾底边两角包绕上臂上部并打结固定。

（4）拉紧两燕尾角，分别经胸、背部至对侧腋前或腋后线处打结。

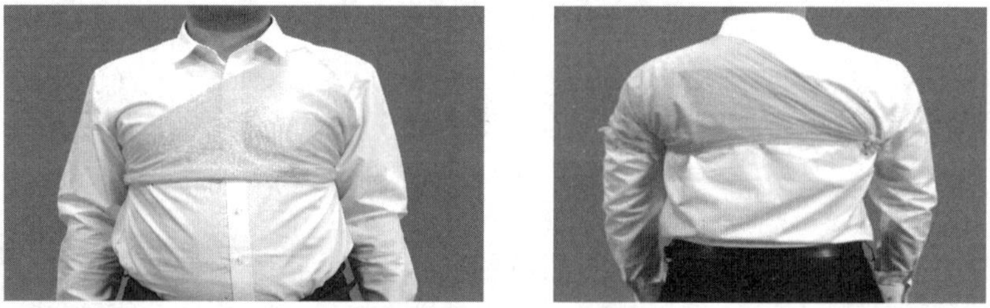

图 5 -3 -22　单肩包扎

双肩包扎如图 5 -3 -23 所示。

（1）三角巾折叠成燕尾式，两燕尾角相等，燕尾夹角约 100°。

（2）披在双肩上，燕尾夹角对准颈后正中部。

（3）燕尾角过肩，由前向后包肩于腋前或腋后，与燕尾底边打结。

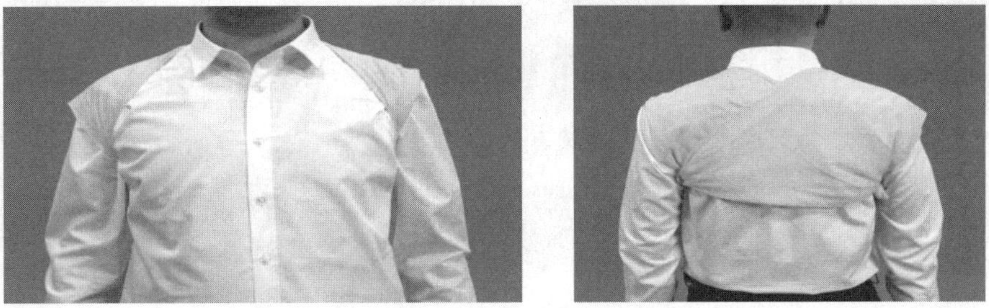

图 5 -3 -23　双肩包扎

3）胸部包扎

单胸包扎如图 5 -3 -24 所示。将三角巾顶角打在伤病员肩膀上，但不过肩缝。底角环绕伤病员肚子一周，在背部打结。顶角的系带穿过背部底角水平线，向上勾起“和自己打结”。

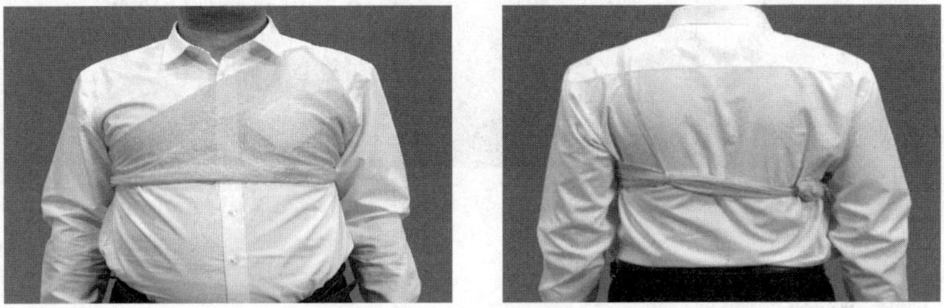

图 5 -3 -24　单胸包扎

双胸包扎如图 5 -3 -25 所示。将三角巾折叠成燕尾状，两尾角向上，底边向下并反折一道边横放于胸部，先将两尾角拉向颈后打结，再用顶角的带子绕至对侧腋下与燕尾底角打结固定。

4）腹部包扎

腹部包扎如图 5 -3 -26 所示。

（1）三角巾底边向上，顶角向下横放在腹部，顶角对准两腿之间。

（2）两底角围绕腹部至腰后打结。

（3）顶角由两腿间拉向后面与两底角连接处打结。

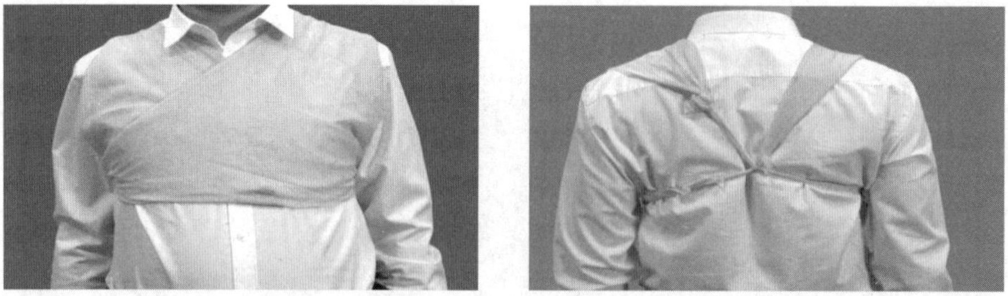

图 5－3－25　双胸包扎

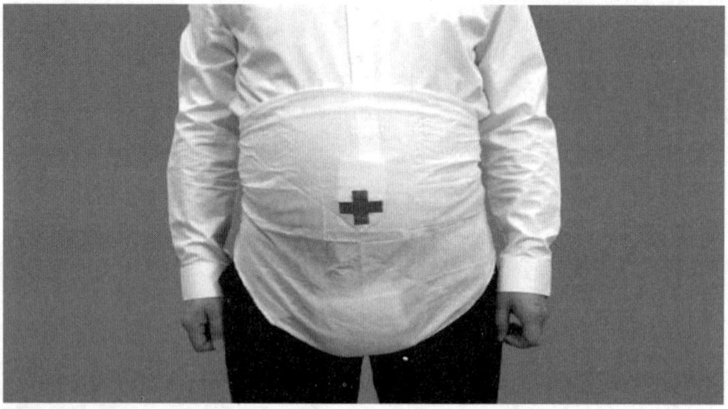

图 5－3－26　腹部包扎

5）膝、肘关节包扎

将三角巾折成宽带，盖住膝肘关节，在腘窝、肘窝交叉，两端返绕膝肘关节避开伤口打结，如图 5－3－27 所示。

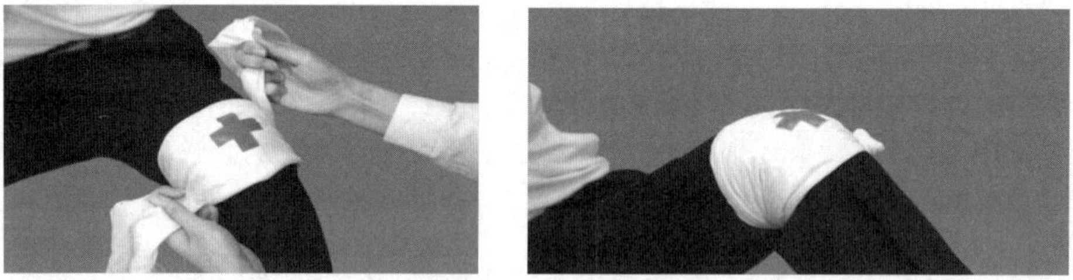

图 5－3－27　膝盖包扎

6）手足部包扎

三角巾平铺，手指（脚趾）对向顶角，将手（足）平放在三角巾的中央，底边横放于腕（踝）部。先将三角巾顶角向下反折，再将三角巾两底角向腕（踝）背部交叉围绕一圈，在腕（踝）背打结，如图5－3－28所示。

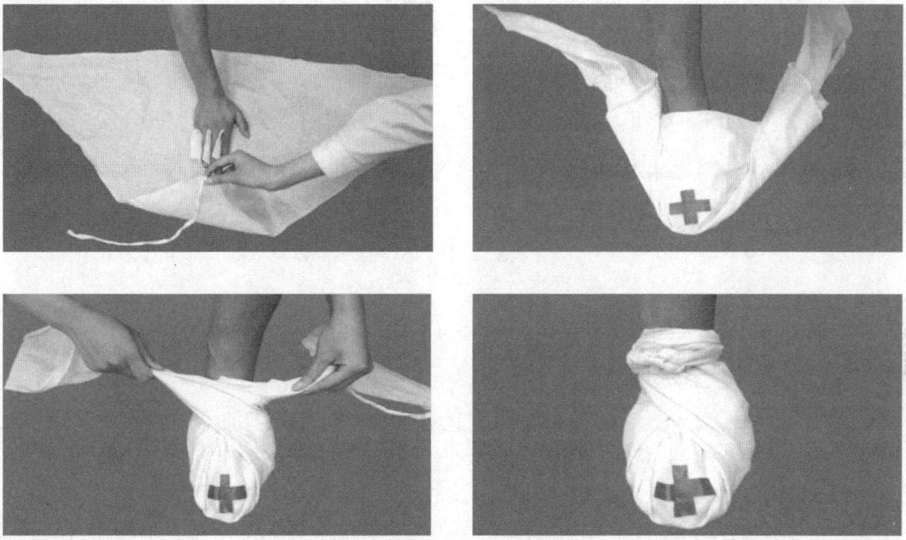

图5－3－28　手足部包扎

7）悬臂带包扎

小悬臂带用于上臂骨折及上臂、肩关节损伤，如图5－3－29所示。

（1）三角巾折叠成适当宽的条带。

（2）中央放在前臂的下1/3处或腕部。

（3）一底角放于健侧肩上，另一底角放于伤侧肩上。

（4）两底角绕颈在颈侧方打结。

（5）将前臂悬吊于胸前。

大悬臂带用于前臂、肘关节等的损伤，如图5－3－30所示。

（1）三角巾顶角对着伤肢肘关节，一底角置于健侧胸部过肩于背后。

（2）伤臂屈肘（功能位）放于三角巾中部。

（3）另一底角包绕伤臂反折至伤侧肩部。

（4）两底角在颈侧方打结，顶角向肘部反折，用别针固定或卷紧后掖入肘部，也可将顶角系带绕背部至对侧腋前线与底边相系。

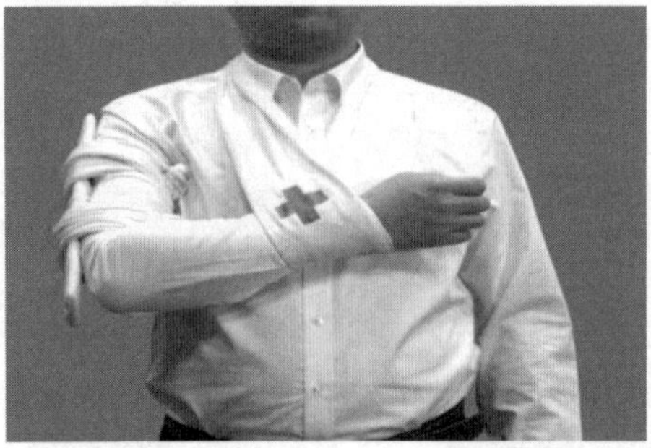

图 5-3-29　小悬臂

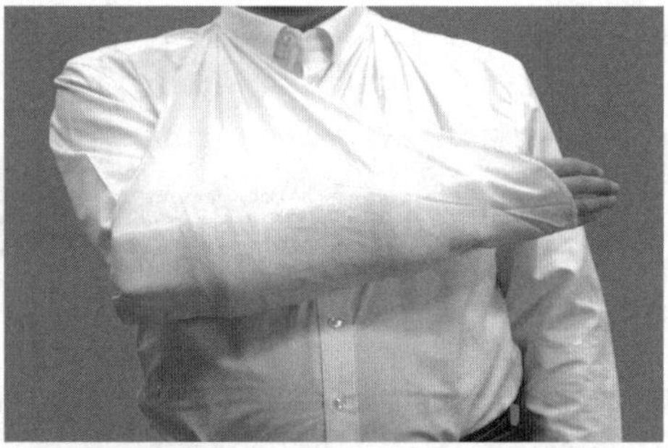

图 5-3-30　大悬吊

（5）将前臂悬吊于胸前。

（三）骨折固定急救技术

骨折固定可减少伤病员的疼痛，避免损伤周围组织、血管、神经，减少出血和肿胀，防止闭合性骨折转化为开放性骨折和便于搬运伤病员。

1. 前臂骨折的固定

前臂骨折的固定如图 5-3-31 所示。伤者手臂屈肘 90°，用两块夹板固定伤处，分别放在前臂内外侧，再用绷带缠绕固定；如果只有一块夹板，则将夹板放在外侧加以固定；固定好后，用绷带或三角巾悬吊伤肢。

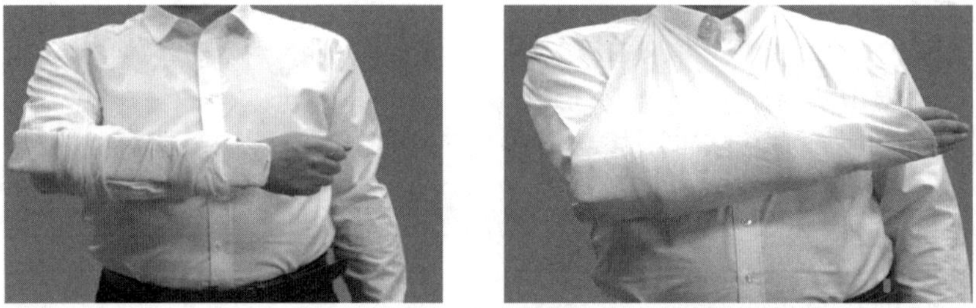

图 5-3-31　前臂骨折

2. 上臂骨折的固定

上臂骨折的固定如图 5-3-32 所示。伤者手臂屈肘 90°，用两块夹板固定伤处，一块放在上臂内侧，另一块放在外侧，然后用绷带固定。如果只有一块夹板，则将夹板放在外侧加以固定。固定好后，用绷带或三角巾悬吊伤肢。若无夹板，可先用三角巾悬吊，再用三角巾把上臂固定在身体上。

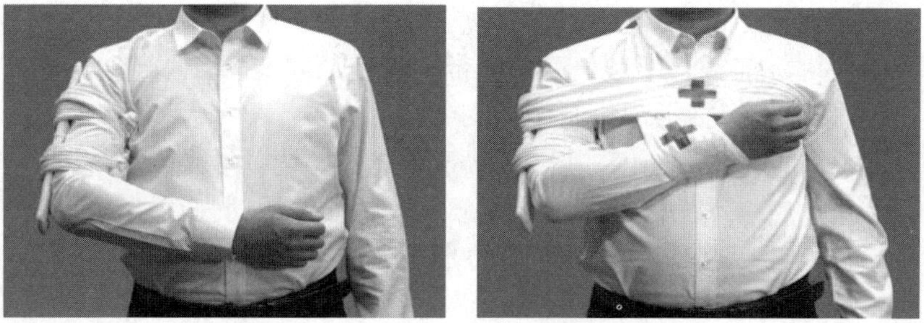

图 5－3－32　臂骨折

3. 锁骨骨折的固定

锁骨骨折的固定如图 5－3－33 所示。让伤病员坐下，将受伤一侧的手臂轻轻斜放于胸部。放软垫于受伤一侧的腋下，用小手挂承托起手臂。用宽带将受伤一侧的手臂连同小手挂固定在胸前。

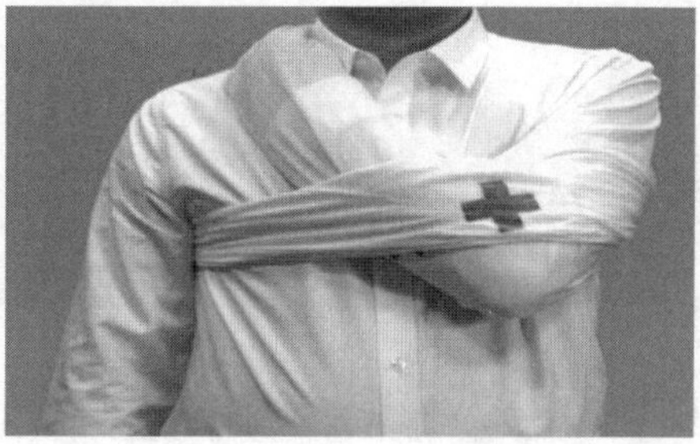

图 5－3－33　锁骨骨折

4. 颈椎骨折的固定

1）颈托

将受伤颈部尽量制动，保护受伤的颈椎免受进一步损害，防止损伤的颈椎伤及脊髓。颈托使用方法如下：

（1）伤病员坐位时，应急救援员位于伤病员的背后，用手固定伤病员头部为正中位。

（2）选择颈托。将五指并拢，测量伤病员锁骨至下颌角之间的宽度（颈部高度）。

（3）根据伤病员颈部的高度，调节颈托于合适宽度。

（4）固定颈托于下颌部，另一侧从颈后环绕，两端粘贴固定。

有条件的，可采用铝芯塑型夹板弯曲环绕颈部，固定颈椎；亦可采用脊柱板、头部固定器及固定带抢救脊柱受伤的伤病员；还可采用躯干夹板，保持伤病员的躯干、头部和脊柱处于正中位置。躯干夹板使用方法如下：

（1）带上颈托，确保颈部制动。

（2）将躯干夹板放于伤病员的背后，其正中位置紧贴脊柱。

（3）围住伤病员身体，上贴住腋窝。

（4）躯干夹板上的固定带绕过身体前面固定套在另一边扣上。

（5）依次绑好前额、下颌、胸前绑带，将髋部固定。

2）简易颈托、脊柱板现场制作

（1）简易颈托制作：用毛巾、衣物等卷成卷，内衬报纸、杂志等，从颈区向前围于颈部。自制颈托粗细以围于颈部后限制下颌活动为宜。

（2）简易脊柱板制作：表面平坦的木板、床板，以大小超过伤病员的人体高度为宜，配有绷带及布带用于固定。

5. 股骨骨折的固定

将伤腿伸直，外侧夹板长度上至腋窝、下过足跟，内侧夹板上过膝关节、下过足跟，再用绷带或三角巾固定，如图 5－3－34a 所示。如无夹板，可利用另一未受伤的下肢进行固定，如图 5－3－34b 所示。

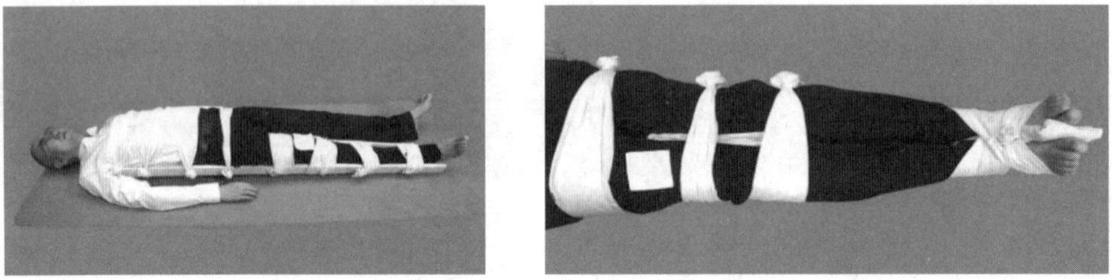

(a) 夹板固定　　(b) 健肢固定

图 5－3－34　股骨骨折的固定

6. 胫腓骨骨折的固定

将伤腿伸直，夹板长度上过膝关节、下过足跟，两块夹板分别放在小腿内外侧，再用绷带或三角巾固定，如图 5－3－35a 所示。如无夹板，可利用另一未受伤的下肢进行固定，如图 5－3－35b 所示。

7. 开放性骨折固定

（1）敷料覆盖外露骨及伤口。

（2）在伤口周围放置环形衬垫，绷带包扎固定。

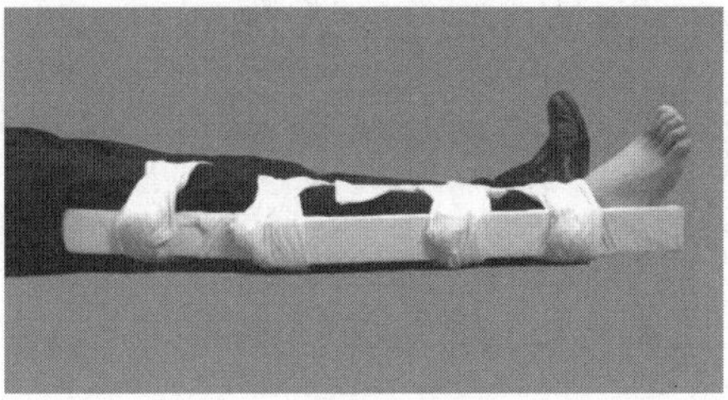

(a) 夹板固定

(b) 健肢固定

图 5－3－35　胫腓骨骨折的固定

（3）夹板或健肢、躯干固定骨折部位。

（4）如出血多需要采用止血带。

（5）不要将外露骨还纳，以免污染伤口深部，造成血管、神经的再损伤。

（四）搬运急救技术

搬运的作用主要在于使伤病员尽快脱离危险区，改变伤病员所处的环境，以利抢救，为进一步处置奠定基础。搬运方法主要包括徒手搬运和使用器材搬运。

1. 徒手搬运

徒手搬运法适用于伤病较轻、无骨折、转运路程较近的伤者。

1）单人徒手搬运法

（1）扶行法。适用于搬运单侧下肢有轻伤但没有骨折，两侧或一侧上肢没有受伤，在应急救援员帮助下能行走的伤病员，如图 5－3－36 所示。

① 应急救援员站在伤病员没有受伤的上肢一侧，将伤病员的上肢从应急救援员颈后绕到肩前。

② 应急救援员用一只手抓住自己肩前的伤病员的手，用另一只手扶住伤病员的腰部。

③ 应急救援员搀扶伤病员行走。

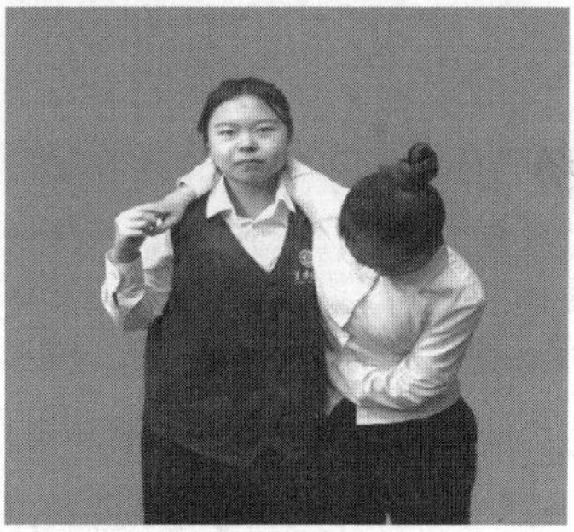

图 5－3－36　扶行法

（2）背负法。适用于搬运意识清醒、老弱、体型较小、体重较轻，两侧上肢没有受伤或仅有轻伤没有骨折的伤病员，如图 5－3－37 所示。

① 应急救援员背向伤病员蹲下，让伤病员将双臂环抱于应急救援员的胸前，双手紧握。

② 应急救援员用双手抓住伤病员的大腿，慢慢站起，然后前行。

（3）抱持法（手抱法）。适用于搬运伤病较轻或只有手足部骨折的伤病员，如图 5-3-38 所示。

① 应急救援员蹲在伤病员的一侧，面向伤病员。

② 应急救援员将一侧手臂放入伤病员的大腿下，用另一侧手臂环抱伤病员的背部。

③ 将伤病员轻轻抱起，然后前行。

图 5-3-37　背负法

图 5-3-38　抱持法

（4）拖行法。适用于在现场环境危险的情况下，搬运不能行走的伤病员。

① 腋下拖行法：将伤病员的手臂横放于胸前；应急救援员的双臂置于伤病员的腋下，双手抓紧伤病员对侧手臂；将伤病员缓慢向后拖行，如图 5-3-39 所示。

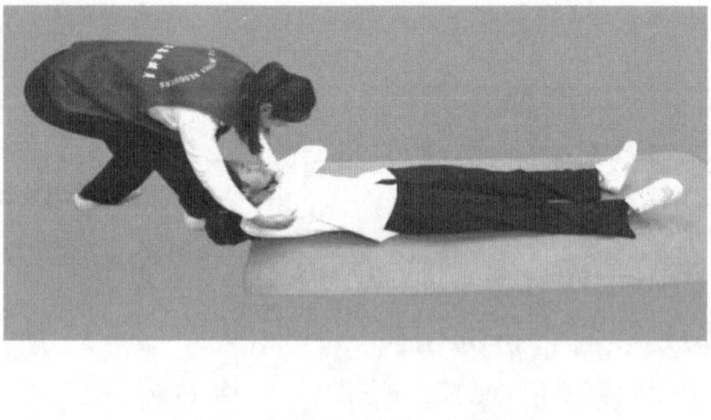

图 5-3-39　腋下拖行法

② 衣服拖行法：将伤病员外衣扣解开，衣服从背后反折，中间段托住颈部和头后；应急救援员抓住垫于伤病员头后的衣服缓慢向后拖行，如图 5 -3 -40 所示。

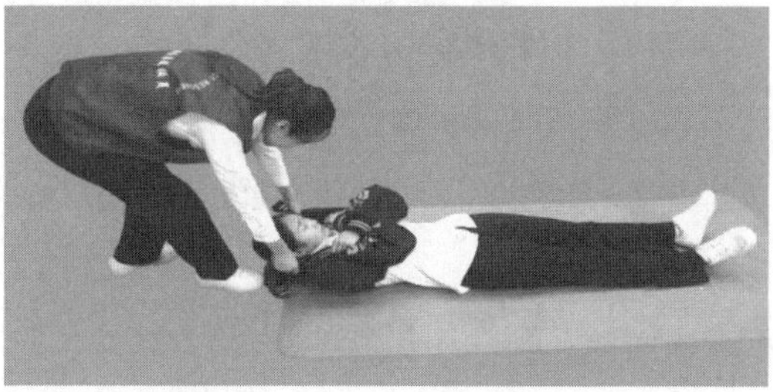

图 5 -3 -40　衣服拖行法

③ 毛毯拖行法：将伤病员放在毛毯上或用毛毯、被单、被罩等将伤病员包裹，应急救援员拉住毛毯、被单、被罩等缓慢向后拖行，如图 5 -3 -41 所示。

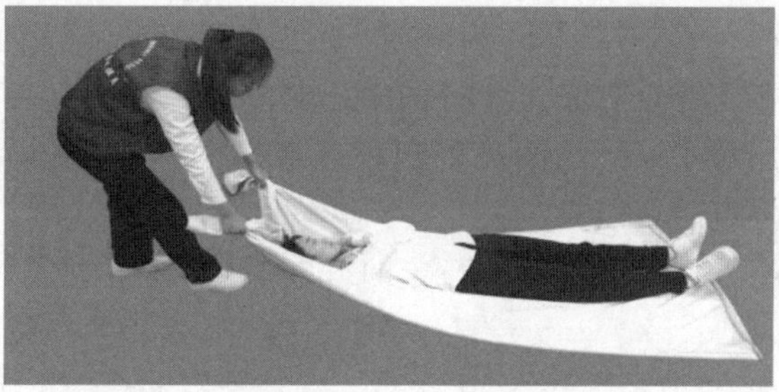

图 5 -3 -41　毛毯拖行法

④ 爬行法。适用于在空间狭窄或有浓烟的环境下，搬运两侧上肢没有受伤或仅有轻伤的伤病员，如图 5 -3 -42 所示。应急救援员用布带将伤病员双腕捆绑于胸前；骑跨于伤病员的躯干两侧，将伤病员的双手套在应急救援员颈部；用双手着地，或用一只手保护伤病员头颈部，用另一只手着地；抬头使伤病员的头、颈、肩部离开地面，拖带伤病员前行。

2）双人徒手搬运法

（1）轿杠式。适用于搬运无脊柱、骨盆及大腿骨折，能用双手或一只手抓紧应急救援员的伤病员，如图 5 -3 -43 所示。

图 5-3-42 爬行法

① 两名应急救援员面对面各自用右手握住自己的左手腕，再用左手握住对方右手腕。

② 应急救援员蹲下，让伤病员将两上肢分别（或一侧上肢）放到应急救援员的颈后（或背后），再坐到相互握紧的手上。

③ 两名应急救援员同时站起，行走时同时迈出外侧的腿，保持步调一致。

（2）椅托式。适用于搬运无脊柱、骨盆及大腿骨折，清醒但体弱的伤病员，如图 5-3-44 所示。

① 两名应急救援员面对面，各自伸出相对的一只手并互相握紧对方手腕。

② 应急救援员蹲下，让伤病员坐到相互握紧的两手上，其余两手在伤病员背后交叉后，抓住伤病员的腰带。

③ 两名应急救援员同时站起，行走时同时迈出外侧的腿，保持步调一致。

图 5-3-43 轿杠式

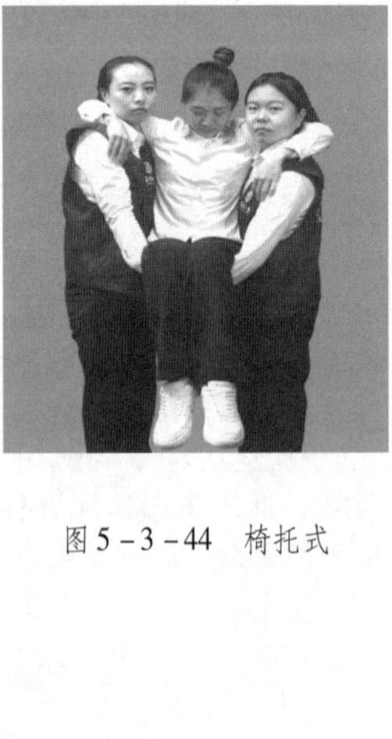

图 5-3-44 椅托式

（3）拉车式（前后扶持法）。适用于在狭窄地方搬运无上肢、脊柱、骨盆及下肢骨折的伤病员，或用于将伤病员移上椅子、担架，如图 5－3－45 所示。

① 扶伤病员坐起，将伤病员的双臂横放于胸前。

② 一名应急救援员在伤病员背后蹲下，将双臂从伤病员腋下伸到其胸前，双手抓紧伤病员的前臂。

③ 另一名应急救援员在伤病员腿旁蹲下，将伤病员两足交叉，用双手抓紧伤病员的踝部（或用一只手抓紧踝部，腾出另一只手拿急救包）。

④ 两名应急救援员同时站起，一前一后地行走。

⑤ 另一名应急救援员也可蹲在伤病员两腿之间，双手抓紧伤病员膝关节下方。两名应急救援员同时站起，一前一后地行走。

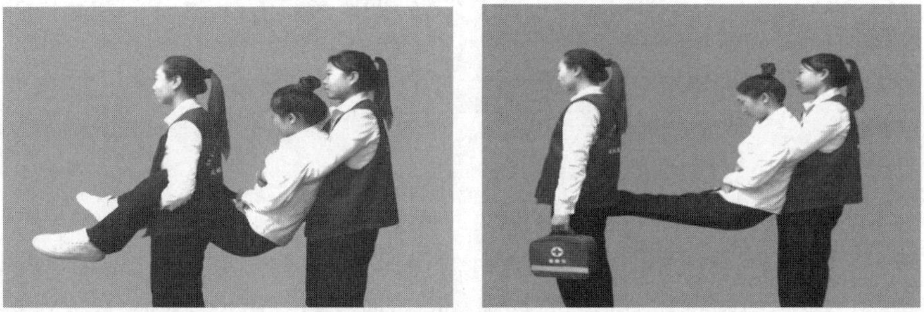

图 5－3－45　拉车式

3）三人徒手搬运法

（1）三名应急救援员单膝跪在伤病员一侧，分别在肩部、腰部和膝踝部将双手伸到伤病员对侧，手掌向上抓住伤病员，如图 5－3－46a 所示。

（2）由中间的应急救援员指挥，三人协调动作，同时用力，保持伤病员的脊柱为一轴线平稳抬起，放于应急救援员大腿上，如图 5－3－46b 所示。

（3）应急救援员协调一致将伤病员抬起，如图 5－3－46c 所示。如将伤病员放下，可按相反的顺序进行。

2. 使用器材搬运

使用器材搬运适用于伤病较重，不宜徒手搬运，且转运路程较远的伤者。担架是运送伤病员最常用的工具，担架种类很多。一般情况下，对肢体骨折或怀疑脊柱受伤的伤病员都需使用器材搬运，避免加重损伤。此节重点介绍脊柱（颈椎）损伤伤病员从担架上抬起或放入担架，以及短距离搬运的四人搬运方法。

(a)

(b)

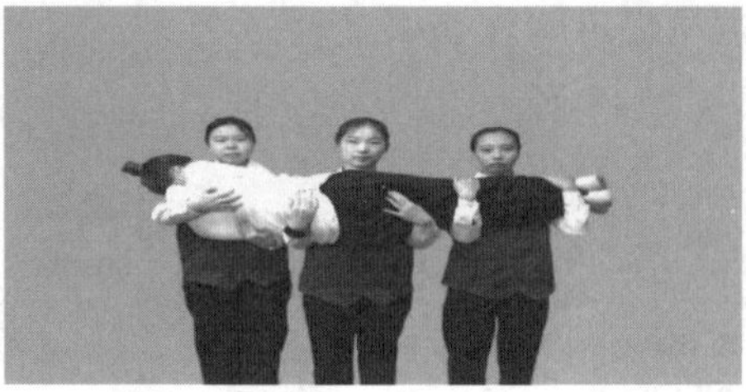

(c)

图 5-3-46　三人徒手搬运

（1）一名应急救援员单膝跪在伤病员的头侧，双手用头部固定方法（头锁）固定头颈部。有条件时使用颈托固定。

（2）其他三名应急救援员单膝跪在伤病员的同一侧，分别在伤病员的肩背部、腰臀部和膝踝部将双手伸到伤病员的对侧，手掌向上抓住伤病员。

（3）由伤病员头部的应急救援员指挥，四人协调动作，同时用力，保持伤病员的脊柱为一轴线，平稳抬起。如需将伤病员放下，可按相反的顺序进行。

（4）如需短距离搬运伤病员，则应急救援员应将伤病员抱至胸部，仍然保持伤病员的脊柱为一轴线，然后协调前行。

此方法是在没有颈托的情况下，不得已才采取的措施，应注意避免颈、腰椎的二次损伤。

四、心肺复苏急救

心肺复苏急救技术是针对骤停的心脏和呼吸采取胸外心脏按压、人工呼吸及自动体外除颤的抢救技术，目的在于促进血液流动和气体交换，使伤病员脑和心脏等重要器官有血流供应，以利于尽快恢复心跳、呼吸和意识。

（一）徒手心肺复苏

1. 摆放体位

将伤病员仰卧于硬板床或地上，且伤病员的头、颈、躯干平直无扭曲，双手放于躯干两侧；若伤病员在软床上，应在其身下垫硬木板或特制的垫，下肢可抬高 20°～30°。

如伤病员是俯卧位或侧卧位，则要使其各部分成一整体，小心地转为仰卧位，尤其要注意保护颈部，操作方法为：跪于伤病员肩颈侧，一手托住其颈部，另一手扶住其肩部，使其平稳地转为仰卧位。最好能解开伤病员的上衣，暴露胸部，或仅留内衣，如图 5－3－47 所示。

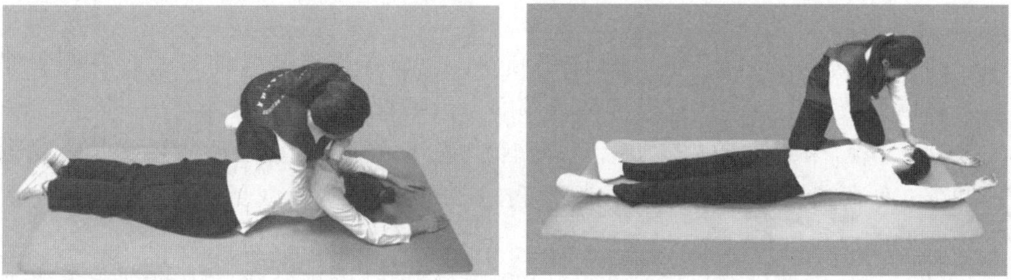

图 5－3－47　复苏体位

2. 清理异物

首先查看伤病员口中有无污物、呕吐物和义齿等异物，然后将伤病员头部偏向一侧，用手指抓住伤病员的舌和下颌拉向前，可部分解除阻塞，然后用另一手的食指伸入伤病员口腔深处直至舌根部，将异物清除干净。

3. 胸外心脏按压

（1）施救体位。肘关节伸直，以髋关节为支点，借助双臂和躯体重量向脊柱方向垂直下压，双肩在伤病员胸骨上方正中间。

（2）按压部位。伤病员胸骨中下 1/3 交界处。定位时操作者位于伤病员一侧，将一手的食指和中指沿肋弓下缘向上滑移至两侧肋弓交点处，即胸骨下切迹，中指定位于胸骨下切迹，食指紧贴中指，另一手的掌根紧贴第一只手的食指平放，定位之手放在另一手的手背上，两手掌根部重叠，手指并拢或互相握持，手指翘起离开胸壁。抢救者也可快速定位于两乳头连线中点。如图 5－3－48 所示。

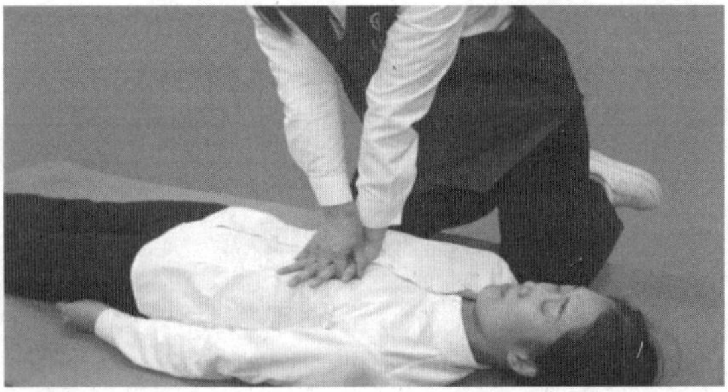

图5-3-48　按压部位

(3) 按压姿势。按压式，身体稍倾斜，双肩在伤者胸骨前方，双肩绷紧伸直，以髋关节为支点，依靠肩部和背部的力量垂直向下用力按压。

(4) 按压深度。成人按压幅度为胸骨下陷5~6 cm。按压后放松胸骨，使胸部回弹，便于心脏舒张，但手不能离开按压部位。待胸骨恢复到原来位置后再次下压，如此反复进行。

(5) 按压频率。按压频率100~120次/分。频率连续操作五个循环迅速观察判断一次，直至复苏为止。按压和放松时间比1∶1。

4. 开放气道

1) 仰头举颏法

施救者一手置于伤病员前额，手掌紧贴前额用力向后下压使头仰起，另一手的食指和中指放在下颌骨近下颌角处，将颏部向前抬起帮助头部后仰，气道开放，如图5-3-49所示。

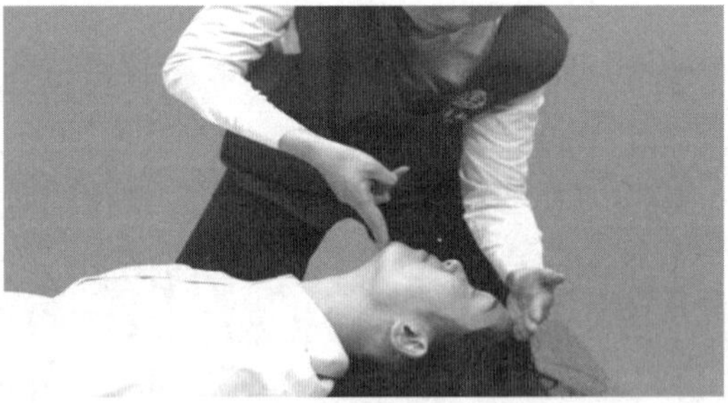

图5-3-49　仰头举颏法

2）仰头抬颈法

伤病员仰卧，抢救者一手抬起伤病员颈部，另一手以小鱼际侧下压伤病员前额，使其头后仰，气道开放，如图 5－3－50 所示。

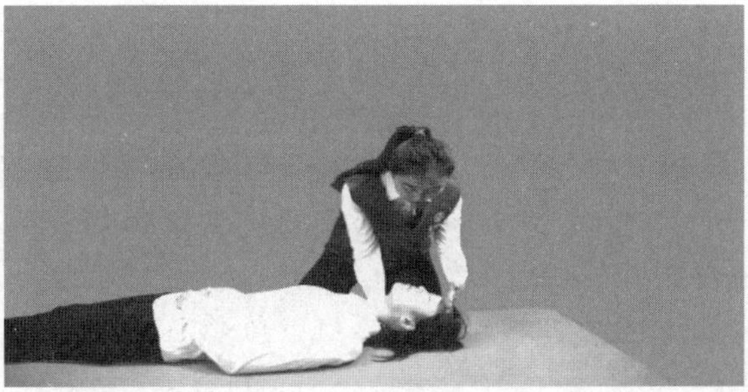

图 5－3－50　仰头抬颈法

3）双手抬颌法

伤病员平卧，抢救者用双手从两侧抓紧伤病员的双下颌并托起，使头后仰，下颌骨前移，即可打开气道。此法适用于颈部有外伤者，以下颌上提为主，不能将伤病员头部后仰及左右转动，避免加重脊髓损伤，如图 5－3－51 所示。

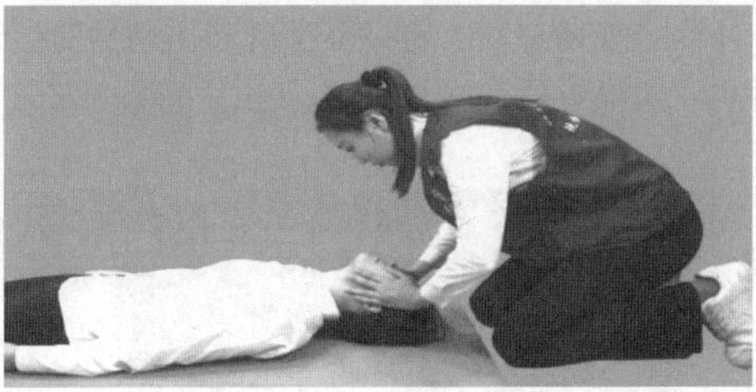

图 5－3－51　双手抬颌法

5. 人工呼吸

人工呼吸是将空气（氧气）从伤病员呼吸道吹送至肺部，气体在肺部交换后，利用胸廓和肺组织的弹性回缩力使肺内的气体自行排出而形成呼吸过程。主要包括口对口、口对鼻、口对口鼻、人工呼吸膜、人工呼吸面罩等人工呼吸等方法。

1）口对口人工呼吸

要确保伤病员气道开放通畅，用手捏住伤病员鼻孔，防止漏气，用口把伤病员口唇完全罩住，呈密封状，缓慢吹气，确保通气时可见胸廓起伏，如图 5－3－52 所示。吹气不可过快或者过度用力，以充分打开气道。

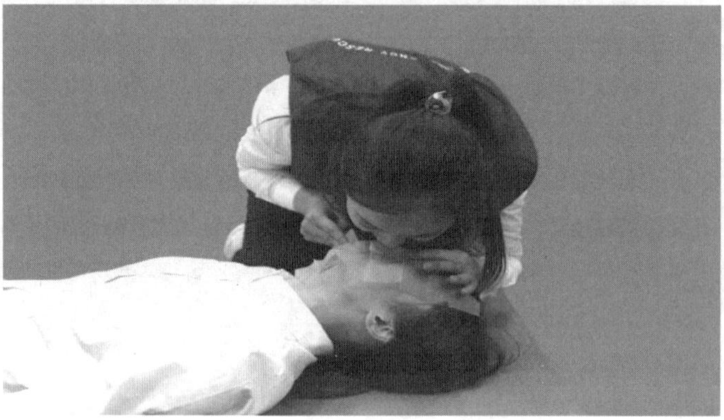

图 5－3－52　口对口人工呼吸

2）口对鼻人工呼吸

口对鼻人工呼吸适用于牙关紧闭、口唇创伤等无法进行口对口人工呼吸的伤病员，尤其适用于淹溺者现场急救。将一只手置于伤病员前额并后推，另一只手抬下颏，使口唇紧闭。用嘴封住伤病员鼻子，用力吹气，如图 5－3－53 所示。

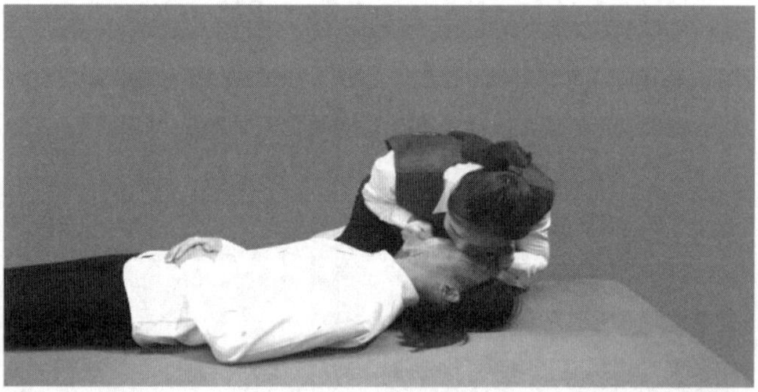

图 5－3－53　口对鼻人工呼吸

6. 终止复苏和复苏后处理

1）成功的指标

① 昏迷变浅，出现各种反射。

② 身体出现无意识的挣扎动作。

③ 自主呼吸逐渐恢复。

④ 触摸到规律的大动脉搏动。

⑤ 面色、口唇由发绀转为红润。

⑥ 双侧瞳孔缩小、对光反射恢复。

⑦ 血压收缩压在 60 mmHg 以上。

2）终止指标

① 病人已恢复自主呼吸和心跳。

② 确定病人已死亡。

③ 心肺复苏进行 30 min 以上，检查病人仍无反应、无呼吸、无脉搏、瞳孔无回缩。

④ 有专业急救人员接替抢救。

（二）自动体外除颤仪

自动体外除颤仪（以下简称 AED）是一种便携式医疗设备，能够自动识别伤病员心律是否失常，并可以实施电除颤的仪器。

1. 组成结构

自动体外除颤仪主要由主机和电极片组成。

2. 使用方法

（1）打开电源开关，仪器会发出语音提示，指导操作者进行以下步骤，如图 5－3－54 所示。

（2）将电极片粘贴在伤病员的胸部。在粘贴电极片前停止 CPR。标准的部位是一个电极片置于胸骨右缘锁骨正下方，另一个电极片置于左乳头下外侧，如图 5－3－55 所示。必须注意电极应该很好地分隔开，其间的导电胶等物质不能在胸壁上流出接触，因为这样可能会形成一个经胸壁的电流，而不流经心脏。

若伤病员出汗较多，应事先用衣服或毛巾擦干皮肤。若伤病员胸毛较多则会妨碍电极与皮肤的有效接触，可用力压紧电极片，若无效应剔除胸毛后再粘贴电极。

（3）急救人员和旁观者应确保不与伤病员接触，避免影响仪器分析心律，如图 5－3－56 所示。心律分析需要 5～15 s。如果伤病员发生室颤，仪器会通过声音报警或图形报警提示。

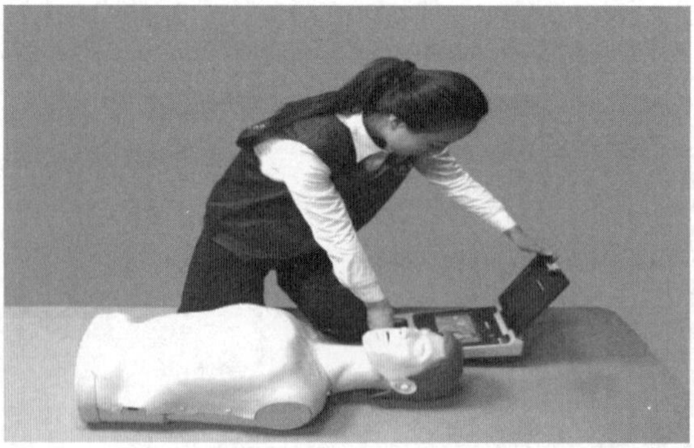

图 5－3－54　打开电源

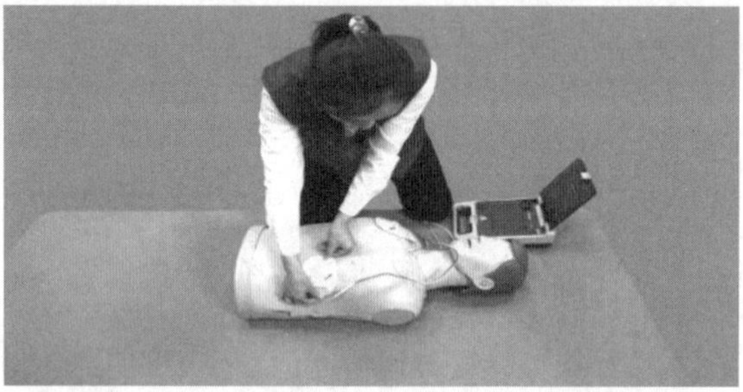

图 5－3－55　粘贴电极片

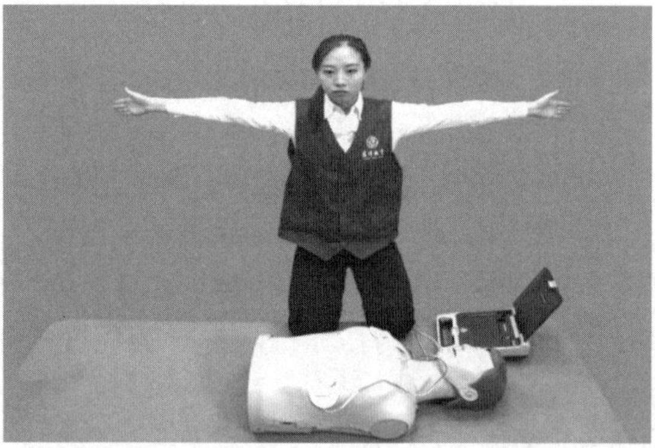

图 5－3－56　远离伤病员

(4) 当 AED 发出除颤建议时，切勿与伤病员接触，可根据提示按下半自动型体外除颤器的“放电”或“除颤”键进行除颤，应用全自动型体外除颤器则无须按键即可自动完成除颤，如图 5 - 3 - 57 所示。无论哪种型的 AED，电击前必须确定已无人接触病人。

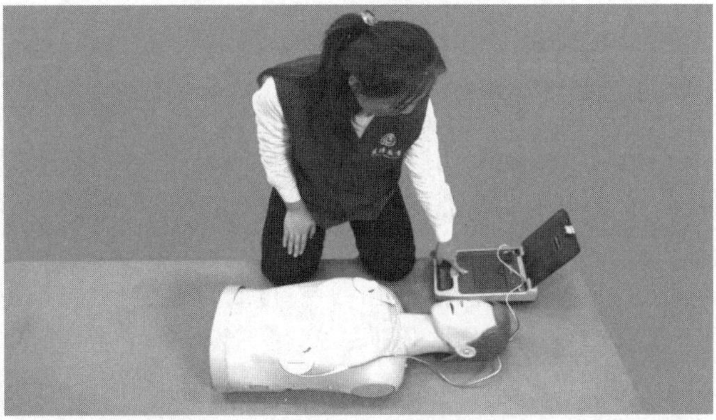

图 5 - 3 - 57　电击除颤

电击时，伤病员会出现突然抽搐。第一次电击后，先不要重新开始 CPR，AED 会手动或自动重新开始心律分析。若心律仍为室颤，AED 会发出提示并自动充电后进行第二次甚至第三次除颤。

五、心理急救

伤病员在经历灾变事故发生过程中，开展心理急救工作主要在冲击期和防御期，主要工作包括照顾伤病员的基本需要，安抚、支持和陪伴伤病员，运用心理技术开展心理治理。

(一) 照顾伤病员的基本需要

冲击期伤病员处于震惊、恐慌和不知所措阶段，思维混乱且缺乏理性分析，应急救援员应根据情况给予基本的决断和满足其一定的生理需求，适时适量向伤病员讲解急救现场情况和后续的进展情况。

(二) 脱离应激源

灾变事故发生后，伤病员所处现场均属于应激源，尤其是现场作业环境、鲜血等会加重伤病员的心理反应。因此，应第一时间将伤病员撤离至安全地带，脱离现场应激源；若暂时无法撤离，应对现场进行处理。

（三）安抚和陪伴

应急救援员通过一定的行为、语言表达对伤病员进行关心，使其有安全感。同时，应急救援员应注意伤病员的性别、年龄和文化背景等因素，与伤病员保持一定的身体距离，安抚不应使伤病员反感，可采用握手、轻拍肩膀和抚摸后背等。

（四）非评判性倾听

遇伤病员有言语欲望，希望有人与其沟通得到他人的理解和同情时，应急救援员应怀着同情心和同理心倾听伤病员倾诉。倾听是一个交流的过程，应急救援员不仅要从语言、肢体动作准确把握伤病员的感受，还要通过适当的言语回应引导出更多的信息。

需要注意的是，应急救援员在倾听时，态度要真诚，保持眼神交流，不时用“点头”“嗯”“是啊”给予回应。同时，尽量不发表自己的意见和看法，不打断伤病员的说话，不批评或否认其感受，不过多追问详细的受伤经历。

（五）运用心理技术

心理技术是心理急救的重要组成部分，尤其是对于情绪和躯体反应激烈的伤病员。常用的心理技术包括腹式呼吸法、肌肉松弛法和着陆法。

1. 腹式呼吸法

腹式呼吸法是一种控制节律的深度呼吸方法，通过采用稳定的、缓慢的深吸气和深呼气，达到放松的目的。

采用腹式呼吸法时，首先，将伤病员采取仰卧或舒适的坐姿，闭目养神；其次，将伤病员一只手放在腹部肚脐处，紧闭嘴唇，放松全身，再用鼻子做3～5 s深吸气，最大限度地向外扩张腹部，使腹部鼓起，胸部保持不动；最后，屏气1～2 s，缓慢呼气3～5 s，在呼气的同时，腹部收缩，直至将全部气体呼出。

如此往复循环，保持每次呼吸的节奏一致。一般要求连续呼吸20次以上，直至伤病员情绪稳定。

2. 肌肉松弛法

肌肉松弛法是指通过反复不断的肌肉绷紧、放松训练将不良情绪释放出来达到缓解心理创伤的方法。

（1）头部放松。用力皱紧眉头，保持5 s，然后放松；用力闭紧双眼，保持5 s，然后放松；皱起鼻子和脸颊部肌肉，保持5 s，然后放松；用舌头抵住下颚的门齿，口尽量张开，头向后抬，保持5 s，然后放松。

（2）颈部肌肉放松。头用力下弯，努力使下巴抵达胸部，保持5 s，然后放松。

（3）肩部肌肉放松。双臂平放身体两侧，尽量提升双肩向上，保持5 s，然后放松。

（4）臂部肌肉放松。双手掌心向上平放在座椅扶手上，握紧拳头，使双手及前臂肌肉保持紧张5 s，然后放松。侧平举张开双臂做扩胸状，体会臂部的紧张感5 s，然后放松。

（5）胸部肌肉放松。双肩向前收，使胸部四周的肌肉紧张，保持5 s，然后放松。

（6）背部肌肉放松。双肩用力往后扩，体会背部肌肉的紧张感5 s，然后放松。向后用力弯曲背部，努力使胸部弓起，挤压背部肌肉5 s，然后放松。

（7）腹部肌肉放松。尽量收紧腹部，好像别人向你腹部打来一拳，你在收腹躲避，保持收腹5 s，然后放松。

（8）臀部肌肉放松。夹紧臀部肌肉，收紧肛门，保持紧张5 s，然后放松。

（9）腿部肌肉放松。绷紧双腿，伸直上抬，腿离地面20 cm，保持5 s，然后放松。

（10）脚趾肌肉放松。将脚趾慢慢向下弯曲，仿佛用力抓地，保持5 s，然后放松。将脚趾慢慢向上翘，保持紧张5 s，然后放松。

连续完成以上从头到脚十部分的肌肉放松，伤病员可体会到肌肉结束紧张感后的舒适松弛的感觉，比如热、酸、软等感觉。每次可用15 ~ 20 s左右的时间来体会放松感。

3. 着陆法

着陆法是指把注意力从内心思考转回到外部世界，让其与现实接触的一种方法。

采用着陆法时，首先让伤病员说出五个能看到的让人不难过的物体。其次，说出五个能听到的不让人悲伤的声音。最后，说出五个能感觉到的不让人悲伤的事情。

第二部分　班组安全建设和管理

煤矿班组安全建设是煤矿企业为提高班组安全管理效能，通过制定和实施班组安全管理规章制度、流程和标准，推动实现班组安全生产、质量达标、职业健康绩效目标的管理工程。

煤矿（井）作为班组安全建设的责任主体，区队（车间）班组安全建设的直接管理层，应坚持自主管理、民主管理、人本管理的原则，培养安全型、知识型、技术型、创新型煤矿职工队伍，做到班组管理制度化、作业过程规范化、岗位操作标准化、工作步骤流程化、绩效考核数据化，切实提高班组安全建设的质量和水平。

煤矿（井）应围绕班组安全建设，强化煤矿安全基层基础管理，把班组建设纳入企业发展总体规划，建立健全班组安全建设组织体系，制定完善班组安全管理规章制度，推动实现班组规范化管理，落实安全生产责任制和岗位安全责任制。

第六章　班组安全建设

第一节　安全制度建设

制度泛指以规则或运作模式规范个体行动的一种社会结构，由社会认可的非正式约束、国家规定的正式约束和实施机制三个部分构成。

班组安全制度建设过程中，制度是以国家规定的正式约束（法律、法规、规章、规范性文件）为依据，以社会认可的非正式约束（班组发展、班组文化、班组安全）为基础，以实施机制（班组规章、班组计划、班组生产）为路径。

一、班组安全制度作用

（一）明确岗位安全生产责任制

通过制度的建立与实施，能够保障员工的个人工作与活动得以安全合理开展，使员工明确“谁该干什么”和“应该干什么”，避免班组工作互相推诿、扯皮等现象发生，实现各司其职、各尽其责。

（二）规范班组成员安全生产行为

通过制度的建立与实施，建立班组员工行为规范的格式，使员工明白“怎么干”，使班组长明白“怎么管”，既保证员工安全与利益，又保障班组长管理质量和行为，避免员工不安全行为，防止事故发生。

（三）建立和维护班组生产秩序

通过制度的建立与实施，建立班组安全生产秩序，通过“赏罚分明”的执行制度，使员工明白国家法律、法规，企业规章、制度力度，创建安全生产的约束机制，避免员工违章，创建安全生产条件。

二、班组安全制度组成

煤矿企业要围绕班组安全建设，强化煤矿安全基层基础管理，把班组建设纳入企业发展总体规划，建立健全班组安全建设各层级组织领导体系，推动实现班组规范化管理，制定完善班组安全管理规章制度、台账和标准等。

（一）制度

1. 班组长安全生产责任制

班组长安全生产责任制是指在班组生产过程中，以法律、法规、规章、企业制度等规定为依据，班组长对规划、安排、组织班组生产活动和组员工作活动的一种安全监护保障制度。

2. 班前、班后会和交接班制度

班前、班后会和交接班制度是指在工作前、班组与班组工作交接时、班组作业结束后三个时间点，对每班作业活动进行安排人员、组织生产、明确任务目标，生产过程信息接续和班组生产总结的一种固定的工作会议制度。

3. 班组工作例会制度

班组工作例会制度是确保班前、班后会和交接班制度正常实施的一种制度保障措施，同时也是进行生产过程诊断、生产总结、生产事故信息通报交流的一种形式。所有例会应设置会议记录，确保例会执行有效。

4. 班组安全生产标准化和文明生产管理制度

班组安全生产标准化和文明生产管理制度是指班组在生产中贯彻、落实生产标准化及文明生产，确保在生产过程中的人员、设备、物料、工作环境等处于安全、文明、有序的受控状态的一种工作制度。

5. 学习培训制度

学习培训制度是指确保员工知识更新、掌握生产变化、巩固技能知识的一种学习保障制度。

6. 安全承诺制度

安全承诺制度是指为强化全员安全意识、落实自身安全责任、提高遵章守纪觉悟、确保安全生产而制定的一种承诺制度。

7. 民主管理班务公开制度

民主管理班务公开制度是一种信息公开制度，确保班组个人或组织有权知悉并取得班组管理、薪酬、职责、落实情况的一种管理制度。

8. 安全绩效考核制度

安全绩效考核制度是指对班组的安全生产和个人的安全效率进行综合评价，并按照既定的管理目标进行量化考核的一项管理制度。

9. 班组工分（工资）分配制度

班组工分（工资）分配制度是指通过统计班组成员在约定时间内完成的工作量，从而实现量化分配利润的一种管理制度。

10. 安全风险分级管控制度

安全风险管控制度是指企业或班组（个人）对生产中潜在风险点进行科学分析、制定措施、综合控制的一种安全管理制度。

11. 隐患排查治理制度

隐患排查治理制度是指将企业或班组（个人）在生产过程中排查隐患、治理隐患的过程形成文字、信息资料并上报至企业管理层、管理部门的一项安全管理制度。隐患排查治理制度既是一种企业安全管理制度，也是一种行政部门的强制性管理制度。

12. 事故报告和应急处置制度

事故报告和应急处置制度是企业或班组处在事故状态时，对事故进行上报和应急处置的一种管理制度。

13. 特聘煤矿安全群众监督员管理制度

特聘煤矿安全群众监督员管理制度是指通过聘用、管理、使用群众监督员加强对群众安全生产监督员履职情况进行考核的一种制度。

14. 煤矿企业认为需要制定的其他制度

煤矿企业认为需要制定的其他制度是指企业或班组制定的其他类型的安全生产、管理等制度。

（二）台账

煤矿（井）应当监督班组建立完善风险分级管控和隐患排查治理、工程质量及验收、材料消耗、设备及工器具等工作台账和职工考勤、班组例会记录、业务学习等管理台账。

（1）风险分级管控和隐患排查治理。对班组风险点、隐患点的辨识、排查、管控、治理的过程进行信息化资料建设。

（2）工程质量及验收。对生产过程中施工项目的设计、施工、质量管理及技术验收进行信息化资料建设。

（3）材料消耗。用于记录生产中使用及更换零件、消耗的备品备件、大件装备等使用信息。

（4）设备及工器具工作台账。用于记录设备及工具周期性使用信息、工作状况、使用过程的记录材料。

（5）职工考勤。用于记录班组成员出勤情况。

（6）班组例会记录。对班组例会的参与人员、时间、地点、主要会议内容、会议结论进行记录。

（7）业务学习。用于记录班组成员参与业务学习和个人学习情况。

（8）其他台账。企业或班组制定的其他类型的安全生产、管理等台账。

三、班组安全制度建设机制

班组安全制度是对煤矿企业制度的一种补充和细化。煤矿（井）制定、修改班组安全管理规章制度时，应当以正向激励为主，处罚为辅，并由煤矿（井）分管领导组织班组安全建设管理机构与工会代表、区队长代表、班组长代表共同协商确定。协商确定时应坚持开展民主管理、实行例会制度、公开管理信息和鼓励改革创新等原则。

（一）开展民主管理

煤矿（井）应当建立班组民主管理机构，组织开展班组民主活动，执行班务公开制度，支持职工参与企业管理，维护职工合法权益。赋予职工在班组安全生产管理、规章制度制定、安全奖罚、班组长民主评议等方面的知情权、参与权、表达权、监督权，构建和谐劳动关系。

（二）实行例会制度

班组应当按规定召开班前会、班后会和班组工作例会，明确会议流程和内容。

班前会重点开展安全学习、工作安排、风险预控、不放心职工排查等工作，组织安全宣誓；班后会重点总结评议当班工作，分析存在问题，开展绩效分配等工作；班组工作例会每月至少组织召开一次，研究班组当月安全生产、成本管理、工资分配等工作。

当劳动组织、班组结构、班组长人选发生变化或调整时，要适时召开班组工作例会。

（三）公开管理信息

班组应当结合本区队实际，采用牌板、电子显示屏、微信公众号等多种方式建立管理信息公开园地。

管理信息要突出班组管理的核心要素，并与日常管理结合，包括班组的基本情况、安全目标、重点工作、绩效考核、安全文化、经典案例、工作创新、荣誉展示等。

（四）鼓励改革创新

煤矿企业要建立有利于员工开展工作创新的激励机制，鼓励建立创新工作室，鼓励以班组为单位开展课题攻关、经济技术创新和“五小六化”竞赛等活动。

第二节　安全文化建设

班组安全文化建设是矿井整体安全文化建设的重要组成部分，煤矿企业应建立班组安全建设核心价值和共同愿景，开展文化主题活动、建立文化宣传阵地、打造班组特色文化，提高职工责任意识、法治意识、安全意识和防范技能，发挥班组长带头、群众安全监督组织、家属协管的作用，促进班组内部和谐，增强班组安全生产的内在动力。

一、班组安全文化建设主要内容

（一）班组长能力建设

班组长作为班组安全建设的第一责任人，其个人素质对班组安全文化建设起着决定性作用。因此，班组长的岗位设置、聘任、选拔、职责、权利、义务及管理和培训等方面要统一规范，加强班组长的培养、选拔和管理，从而打造一支高素质的班组长队伍。

（二）班组作风建设

班组作风是班组从业人员在日常工作中形成的共同行为准则，能够体现一个班组的凝聚力和战斗力。班组作风能够使班组每名成员树立共同的安全理念，在工作中形成合力，实现班组安全生产。

班组作风建设的关键是培养班组的执行力，要采取长效机制确保各项安全措施落实到位、制度执行到位。因此，在班组安全文化建设中，要重点培养“班组精神”，通过班组管理制度化、作业过程规范化、岗位操作标准化、工作步骤流程化、绩效考核数据化等途径，形成过硬班风，创建标准化班组。

(三) 安全文化制度建设

班组必须结合自身实际形成一套具有科学性、实用性和可操作性的管理制度。在班组安全文化建设中，要通过健全制度、强化落实、严格考核，使班组安全文化建设可持续发展。

(四) 行为规范建设

抓班组安全文化建设最终是实现职工作业过程规范化。因此，必须抓好职工行为规范，特别是工作现场的操作规范。要向过程控制转变，抓住从班前会到井下工作现场全过程的职工行为管理，实现班组工作步骤流程化、岗位操作标准化。

在行为规范化建设中，要把班组全过程隐患排查作为每名职工的自觉行为，把隐患排查贯穿于入井前、开工前、工作中的班组工作全过程。同时，通过岗位流程卡、手指口述法等作业前的安全确认方法进一步规范职工行为。

(五) 职工素质建设

职工素质建设主要包括三个方面。第一，开展文化主题活动，建立文化宣传阵地，打造班组特色文化，提高职工责任意识、法治意识、安全意识和防范技能。第二，加强安全培训，提高班组安全生产知识和操作能力。通过多种形式的培训，使职工熟知安全知识，掌握操作技能，使班组长和职工队伍的整体素质不断提高。第三，强化作业现场安全管控，提高应急处置能力。加强作业现场应急处置及职业病危害防治等方面的培训与演练，筑牢煤矿安全生产第一道防线。

二、班组安全文化建设途径

(一) 普及“全员学习，终身学习”的学习理念

培养班组学习文化是提升班组综合实力，促进班组安全文化建设的有效途径。在班组安全文化建设中，要积极营造班组学习氛围，培养班组学习力，以学习促进创新。

(1) 形成班组共同愿景和学习力。在班组安全文化建设中，最大的障碍是

从业人员把学习当作一种负担，职工处于被动学习状态。因此班组必须建立共同愿景，职工必须建立个人愿景，愿景中要渗透个人安全理念和目标。在愿景的引领下，建立长期的学习目标和学习计划，坚持学习，循序渐进提高，形成班组团队学习的氛围。要把培养班组团队学习力作为重点，解决职工的学习态度问题，让职工在学习中受益，逐渐养成学习风气。应创新学习方式，在开展脱产或半脱产培训的同时，还应积极推广“班前会学一题”“班前会学一技”等学习形式。同时要通过事故案例教育、亲情感化等形式提高职工的学习意愿。

（2）提升职工安全技能和创新力。目前，班组学习只注重理论培训，没有很好地结合安全工作实际进行培训。班组安全文化建设最终是要把学习力转化为创新力，要在工作中学习，不断提高解决技术难题、开展技术创新、突破安全瓶颈的能力。应围绕安全生产实际，把开展技术攻关、探索先进操作法作为学习的重点，引导职工自主创新。同时，要通过学习，提高职工工作现场事前排查预防、事中应急处理、事后自救互保“三种能力”，使职工素质提升始终围绕安全生产实际进行，为安全生产注入活力。

（二）培养“令行禁止，精准执行”的执行文化

班组工作的好坏取决于班组成员的执行力。在班组安全文化建设工作中，班组往往把目标锁定在工作的绩效上，忽视了对班组执行力的培养。

班组应推行准军事化管理模式，在班组推行职工行为军事化、岗位工作流程化、岗位操作标准化，以此提高班组执行力。

（三）推行“区队放权，班组自主管理”模式

班组安全文化的核心就是要突出班组自己的安全管理特色，形成自己的安全管理理念和方法，使班组成员树立自律意识，班组由他治变为自治。

目前，班组的管理大都依靠区队，没有实现自主管理。要解决班组在安全管理中对区队的依赖性，培养班组的自主管理能力，就必须针对煤矿区队、班组的特点，着力抓好班组和职工从被约束向自我约束的转变。在班组安全文化建设中，形成“区队指导，班组自主管理”的模式。

（四）营造“亲情感化，群防群治”的工作氛围

通过开展文化主题活动，利用亲情感化法，使职工树立安全意识。班组可通过为每名职工制作亲情提醒卡，使职工入井前能看到家属的提醒，为班组制作“全家福”视频，班前会滚动播放，下井时全班对着“全家福”宣誓，做出发自内心的安全承诺，通过亲情感唤醒职工的安全意识。经常组织职工参观事故案例展，用鲜活的事故案例触及职工的灵魂；开展“危险时刻”回忆活动，让职工谈自己工作中遇到的危险事，使职工意识到违章给家庭带来的灾难，长鸣安全

警钟。

在井下作业现场设置安全提示、安全警句，开展读安全书、当一天安检员等活动，使职工举手投足之间都不忘安全。同时，签订互保联保合同，并对每天每班作业人员互保、联保合同进行动态管理。

发挥青岗员、群监员和家属协管员的作用，长期开展“防风险、除隐患”活动，在班组形成群防群治、齐抓共管的工作氛围，使安全文化融入每个人的实际行动中。

第三节 团 队 建 设

团队建设是指为实现团队绩效和产出最大化而进行的一系列结构设计及人员激励等团队优化行为。团队建设的成果象征着团队发展前景，代表了团队凝聚力和战斗力。

一、团队建设要求

（一）统一目标

目标是团队建设的前提，没有目标就称不上团队。团队目标的制定是团队目标管理的首要环节，要让团队的员工都认同团队的目标，并形成统一团队的目标，并为达成目标而努力工作。

（二）统一思想

思想是团队建设的灵魂，没有团队思想就没有良好的团队凝聚力，通过统一团队的思想，使员工拧成一股绳，形成合力。

（三）统一规则

规则是告诉团队成员该做什么，不该做什么。不能做什么是团队行事的底线，如果没有设定规则，一个不断突破行为规则的组织是不能称其为团队的。

（四）统一行动

行动统一有序，使各个岗位、各个公众的工作流程合理地衔接，确保每个细节都能环环紧扣。

（五）统一声音

团队在做出决策后声音一定要相同，在团队内部有观念的冲突是合理的，但在决定面前大家只能有一种声音。

二、团队建设重点

（一）优秀的组织领导

一个班组要想组织有力，使班组成员拥有较高的忠诚度，那么，班组长能力至关重要。一般应具有如下素养：①品德高。品德即人才，优秀的班组领导可以带领大家克服困难。②职业能力强。优秀的班组领导要具备职业专长，有突出的职业能力。③多带动，少管理。优秀的班组领导要发挥带动作用，摒弃“高压管理”带来的缺乏人性化的弊端。

（二）共同的事业愿景

共同的组织信念是让班组成员排除万难、风雨同舟的前提、班组事业愿景包含：①找到班组存在的价值和意义。班组价值的体现，可以包括阶段目标的实现，以及班组价值观念的表现。②实现合理的组织分工与责任。

（三）清晰的团队目标

团队制定了明确的愿景或者使命后，作为班组长，还要细化目标。①制定班组的生产目标，包含短期、中期、长期目标，甚至是更小组织单位的阶段目标。②体现个人的利益目标。团队成员的个人利益目标，是团队成员的“动力”目标之一，是组织目标实现的保障。

（四）互补的成员类型

要想保证班组团队的有效有力，组织成员的组成非常关键，互补型的成员类型，才是“黏合”组织的基础。①个性互补，可以保持班组活力和团队柔性。②能力互补，团队人才考虑能力组合，实现因材施用，因人制宜，团队才能产生“1 +1 大于 2”的效果。

（五）合理的激励考核

班组团队要想保持持久的动力与活力，就必须引入竞争机制，通过激励考核，实现优胜劣汰，奖优罚劣。①建立合理的薪酬考核体系，按贡献大小予以公平、公正、公开分配薪酬。②多奖励，少惩治。奖励是激扬人性，惩治是压抑个性；多规范，要用制度来管理与约束。要摒弃“人治”而走向“法治”，依靠流程、组织、制度来做管理。

（六）系统的学习提升

要避免“经验主义”，防止班组队伍“僵化”发展，就需要依靠系统地学习提升。①创建学习型组织。打造自上而下的学习型组织，保持决策的先进性、前瞻性。②打造学习型个人。想方设法为班组成员提供学习和成长的平台，打造学习的良好氛围。

三、团队建设阶段

（一）形成阶段

这个阶段是指确定班组目标与思想，并且被班组成员广泛接受的过程。在团队组建的初期，班组职能与班组的关系的建立是非常重要的。

（二）锤炼阶段

这个阶段班组成员们开始逐步熟悉和适应团队工作方式并且确定各自的存在价值的阶段。在这个阶段团队成员和班组领导矛盾比较凸显。班组长要将各种冲突公开化，并且学会倾听、理解和调整。

（三）规范阶段

这个阶段是解决矛盾后团队平静发展的阶段。这个阶段的主要任务是协调团队成员之间竞争关系，建立起流畅的合作模式。要让成员们意识到，团队的决策过程是大家共同参与的，应当充分尊重各自的差异，重视互相之间的依赖关系。

（四）运作阶段

这个阶段班组成员开始忠实于团队，逐步减少了对班组领导的依赖。班组长要鼓励团队员工积极提出自己的意见和建议，对他人提出意见和建议给出积极评价和迅速反馈。

（五）发展阶段

这个阶段班组成员认识到班组是有机联系的整体。

（六）推广阶段

班组应利用先进的团队建设经验，通过主动宣传，组织班组间交流、互动。

第四节　班组建设先进经验

近年来，国家有关部门制定了一系列加强班组建设的政策措施。2010 年，中华全国总工会、工业和信息化部、国务院国资委、中华全国工商业联合会印发《关于加强班组建设的指导意见》；2011 年，国家安全生产监督管理总局、国家煤矿安全监察局和中华全国总工会联合制定《煤矿班组安全建设规定（试行）》；2019 年，国家煤矿安监局转发《山西省煤矿班组安全建设规定》。

上述规定为煤矿班组建设指明了方向，涌现出一大批优秀的、先进的班组安全建设团体，如中国平煤神马集团白国周班组、六矿综采四队大学生采煤班组，大同煤矿集团忻州窑矿综采二队贾利班组，冀中能源峰峰集团黄沙矿郭兰印班组，郑煤集团白坪煤业机电二队蔡振国机修班组等，其先进经验已作为煤矿优秀班组经验进行了推广和应用，此处不再赘述。

本节重点介绍国家能源集团神东煤炭集团有限责任公司、中煤集团大同能源公司塔山煤矿班组长建设先进经验。

一、大柳塔煤矿班组建设先进经验

（一）班组长的聘任与选拔

班组长选拔采取“赛马＋相马”机制。“赛马”机制，是指通过公开竞聘的方式，由区队提出竞聘方案，经分管矿领导审核同意，由经营办指导、协助区队组织竞聘。“相马”机制，是指由区队组织本单位或班组员工民主推选班组长，区队对民主推选的人选提出初步意见，经区队分管矿领导审核认定。

采取“赛马＋相马”机制相结合聘任班组长，体现班组长选拔任用的公平、公正、公开，保证所选举班组长在职工中的影响力度，进一步提高了班组长在日常工作开展时的执行力。

根据《班组长选拔聘任管理办法》，明确班组长选拔资格，班组长年龄应在45周岁以下，生产及辅助生产岗位的班组长，应当具有中专（含技校）及以上学历，具有初级及以上专业技术职务任职资格或者高级及以上职业资格，同时要具备3年以上现场工作经历和一年以内无不安全行为发生。

（二）班组考核体系建设

班组考核体系包括班组及班组长两部分，具体内容见表6－1－1。

表6－1－1　班组考核体系

体　　系	体　系　内　容
班组	奖罚执行“罚款返还”激励体制
	工作任务风险管控评价体系
	“特色降本增效”考核评价体系
班组长	科学考核评价体系
	不安全行为管理积分考核机制

（1）班组奖罚执行“罚款返还”激励体制。班组建设月度考核中集体罚款额度超过3000元，个人罚款额度超过300元，在下月检查考核中，较上月每进

步一个名次，则返还罚款额度的 20%，连续 3 个月进步的单位，则返还剩余所有罚款额度。

（2）班组开展工作任务风险管控评价体系。班组内推行工作任务清单、作业风险问询观察等管理措施，要求班组每班作业前编写工作任务清单，井下 2 人以上小组作业前进行风险问询并对措施落实情况进行抽查考核，有效管控了工作任务中可能存在的隐患风险。要求编制基于危险源辨识和标准作业流程的安全技术措施，增强了安全技术措施的规范性和针对性。

（3）班组开展“特色降本增效”考核评价体系。在累计材料消耗节约 5% 以上的区队、班组中，根据全年经营综合得分取平均分，结合活动各个环节加减分项，由得分高低依次排名，排名前三的区队授予“降本增效示范单位”，排名第一的单位人均奖励 500 元，排名第二的单位人均奖励 300 元，排名第三的单位人均奖励 200 元；同时，激励员工积极修旧利废，按照年初修订的“修旧利废中奖励直接兑现给修旧的员工”的原则，全年共计修旧利废 89 项 2831 件/台，节约资金 732.64 万元，奖励员工 7.2 万元。

（4）班组长科学考核评价体系。班组长考核执行月度考核评价机制，由班组所在区队和机关业务部门每月对班组长进行考核一次，考核项目主要由生产综合考核，党员考核，不安全行为考核，星级班组考核，标准作业流程考核，ABC 等级员工考核，机电责任考核，事故、处分考核，各类先进、科技创新考核 9 项组成，每月根据班组长考评打分结果，考核得分超过 90 分的班组长，奖励 300 元；考核得分介于 60 分至 90 分之间的班组长不奖不罚；考核得分低于 60 分的班组长处罚 300 元。

考核得分低于 60 分的班组长，除进行处罚外，还由分管人员进行诫勉约谈，对于首月考核得分低于 60 分的班组长由所在区队队长进行约谈，对于年度内两次出现考核得分低于 60 分的班组长由分管矿领导进行约谈，对于年度内 3 次出现考核得分低于 60 分的班组长由矿长进行约谈，班组长日常管理考评表见表 6－1－2，对于 3 个月以上考核得分低于 60 分的班组长，提报矿班组建设领导小组，做出组织处理，直至免职，同时班组长的月度考核结果作为班组长晋升、评先的依据。

（5）班组长不安全行为管理积分考核机制。建立班组长不安全行为管理积分考核机制。矿井个人、班组不安全行为查处考核取消指标设置，改为积分考核，对班长以上管理人员采用积分累计的办法，每月考核，季度兑现。建立约谈制度，对积分累积到规定上限的管理人员进行约谈，对不合格班组长及时进行调整。全年有 11 名班组长因为积分超限而被约谈。建立不安全行为“一票否决”

制，发生不安全行为的班组长，取消参加矿内的评先树优、职务晋升和后备干部的选拔，旨在引起班组长的重视，提高认识。

表6－1－2　班组长日常管理考评表

<table>
<tr><th>得分/分</th><th>奖罚/元</th><th colspan="3">评　价　机　制</th></tr>
<tr><td>＞90</td><td>+300</td><td colspan="3">优先晋升、评先</td></tr>
<tr><td>60～90</td><td>不奖不罚</td><td colspan="3">积分</td></tr>
<tr><td rowspan="5">＜60</td><td rowspan="5">－300</td><td rowspan="5">诫勉约谈</td><td>出现次数</td><td>约谈人</td></tr>
<tr><td>1次</td><td>队长</td></tr>
<tr><td>2次</td><td>分管矿领导</td></tr>
<tr><td>3次</td><td>矿长</td></tr>
<tr><td>3次以上</td><td>组织处理</td></tr>
</table>

（三）班组安全文化建设

搭建“班组安全文化活动”申请平台。继续秉持“矿井搭台，区队唱戏”理念，鼓励班组自主开展形式多样的安全文化建设活动。根据单位提报的“班组安全文化活动”方案申请，矿内给予资金支持，鼓励班组自主开展形式多样的安全文化建设活动。2018年各班组累计开展活动95次，班组自主形成许多特色鲜明、接地气的班组安全文化。

搭建“互联网+”班组管理平台。推广应用“神东班组建设管理系统”，实现班组考核录入、自动积分、考核结果查询等功能。开发应用综采五队“企业微信班组自主管理模块”和“机电二队班组自主管理快表APP”，提升“互联网+班组建设”的管理水平。

进一步完善区队、班组人员工资结算体系。将量化包干工作分为矿、区队、班组三级管理，细化工作量和定员，做到多劳多得、少劳少得。通过将辅助区队员工平均出勤、平均入井时间与工资结算挂钩的方式，提高全员出勤率。建立网上请销假系统，提高员工办理请销假手续的效率，将入井定位、地面刷脸考勤系统、企业微信打卡信息三个系统整合，提高人员考勤的准确性。

（四）班组团队建设

强基础、补短板，实现机电业务保安。根据区队、班组人员、设备管理方面的短板，开展供用电、供排水、掘进带式输送机等专项整治工作，明确区队、班组检修重点及管理思路，规范了操作和检修人员的行为，进一步落实了现场作业人员及各级管理人员责任。

开展“我是党员，我承诺，我担当，我奉献，我监督”主题实践活动。在矿基层班组确立党员示范岗，统一制作党员示范岗胸章和桌牌，实行挂牌上岗。

开展走进“梁家河”主题活动。组织开展“梁家河”朗诵作品和读后感征集活动，评选出优秀朗诵作品和优秀读后感作品，并在矿各宣传媒体中进行了展播。

开展立足岗位践行“四个合格”活动。在班组创建设立党员安全环保示范岗和党员安全环保监督岗。

创建班组党员专属活动阵地。综连采等区队在井下设立党小组活动区，党的工作延伸到了生产第一线，与工作实践结合得更加紧密。建成了三个基层党员专属活动阵地。

（五）班组安全管理

加强班组信息化建设，大数据作用充分发挥。全年完成 5.7 万余条数据和 2.2 万数据点位的录入和更新。完成两井 4G“一网一站”建设，将原有系统逐步投入切换到新网内，上传至地面统一调度，为矿井安全生产提供可靠的通信保障。

班组工作任务风险管控更加有效。强化以“三项措施”为核心的工作任务风险管控工作，加大了为观察权重，建立作业现场逐级观察机制，实行区队计划观察和部门动态观察相结合的方式，稳步提高作业现场安全保障水平。

强化培训管理，助推标准作业流程落地执行。开展“标准作业流程 + 班组建设”活动，有效推广作业风险问询观察工作法和标准作业流程优秀管理法；积极组织参加了公司组织开展的“两创一争”岗位标准作业流程知识竞赛及第二届标准作业流程动漫大赛。

二、中煤大同能源公司塔山煤矿“人人都是班组长”三全管理模式

中煤集团大同能源公司塔山煤矿于 2008 年 8 月建成投产，生产能力 300 万 t/a。多年来，塔山煤矿以建设“安全精干高效”矿井为目标，深入探索实践并不断创新升级“人人都是班组长”管理模式，取得了明显成效。

（一）“人人都是班组长”管理模式的实施背景

塔山煤矿投产初期，技术装备先进，矿井地质条件、煤层赋存均较好，具备建成安全高效矿井的环境条件。但由于煤矿员工来自全国 13 个省，地域文化差异大，且多数为农民工转业至煤矿工作，基层员工普遍存在文化素质低、技术水平低，安全意识差、管理能力差的“两低两差”现象，特别是队伍很不稳定，

员工想干就干、想走就走，企业没有凝聚力，各类事故不断。

面对困局，塔山煤矿迎难而上，积极转变安全管理理念，统一认知，探索解决方案。明确一个观点，安全为了谁？依靠谁？安全不是为了领导干部的“票子”“面子”和“帽子”，是为了让职工群众能够享受安全健康美好的幸福生活，必须依靠全体干部职工的共同努力，充分发挥每一位员工在安全工作中的主力军作用。深挖一个痛点，即“不知道”与“知道做不到”。煤矿各项安全生产的规程、措施和制度对于煤矿高层、中层管理者而言“知道用不到”；对职工而言，“不知道”是技能低，“知道做不到”是素质低。无法彻底解决“不知道”“知道做不到”成为企业痛点。安全管理的基础包括流程、标准和人员素质，其中提高人员素质一直是安全管理工作的重中之重，即解决安全问题必须提升数量占到全矿职工人数80%的广大基层员工的技能和素质，从根本上激发广大员工自主安全的积极性。传统的解决方案一靠培训、二靠奖惩、三靠班组长，班组长强则班组强、班组长弱则班组弱，即“火车跑得快，全靠车头带”。

基于上述原因，2011年初，塔山煤矿果断决定摒弃传统做法，全面创新实施一种以人为本、充分发挥班组每一个成员作用、以轮值为核心的全员管理班组模式，即“人人都是班组长”（1.0版）全员管理班组模式，构成了人人参与、人人发力、人人负责、人人都是动力引擎的“动车组”良性管理系统。

2016年，塔山煤矿并入中煤集团，按照中煤集团班组建设的工作部署和建设“五型”班组的要求，特别是在中煤集团“三个一律”安全追责体系的高压下，为实现煤矿“本质安全、零死亡、零伤害”安全目标，塔山煤矿结合自身需求，全面升级班组建设理论体系和实践方法，经过两年半的探索与创新，提出了以全员、全方位、全过程安全管理为目标的“人人都是班组长”（升级2.0版）“三全”管理模式，开启班组自主安全管理新纪元，实现了员工由“要我安全”到“我要安全”再到“我能安全”的转变，实现了素质提升、技能提升、管理水平提升的“三提升”。

（二）“人人都是班组长”三全管理班组模式的内容

1. 升级轮值核心体制，打通全员管理路径，实现安全自主管理

班组轮值管理体制是在保留原有班组长的基础上，设立由一名轮值班组长和分别负责安全、学习、和谐、士气的四名轮值委员组成的轮值班委会。

四位轮值委员一起辅助正式班组长管理班组，人数较多的班组还增设由轮值委员领导的轮值管理小组，全班成员按一定周期进行轮流任职轮值班组长和轮值委员。班组轮值管理体制依托班长、轮值班长、轮值班委三方，打通了从依靠个

人管理到依靠全员管理的路径，构建形成以“三有三无”为核心的班组自主安全管理体系。

（1）责权利上实现“三有”。为激活每位员工的价值潜能，充分调动每一名轮值班组长和轮值委员的工作积极性，就需要明确划分并赋予轮值班组长和轮值委员相应职责、权限和利益，让轮值班长和轮值委员们在轮值过程中有责、有权、有利；一要有责，轮值班组长和轮值委员在轮值期间的生产任务、安全质量、团队协作以及培训学习和士气调动负相应的责任（正式班组长负主要责任）；二要有权，轮值班组长和轮值委员具有生产指挥、安全管理、考核分配、学习组织、工作协调权力；三要有利：轮值班组长轮值期间经评议合格，在轮值期间享受与正式班组长同等的薪酬待遇，轮值委员在轮值期间经评议合格也享受一定的奖励。

（2）管理目标上实现“三无”。为进一步提高轮值质量，增设班组“三无”目标，即“无隐患、无三违、无事故”。首先，无隐患，轮值班委组织班组全员班前查隐患、班中除隐患、班后不留隐患；其次，无“三违”，轮值班委推行“三违”责任连锁机制，即一人“三违”，班组成员责任连带，极大地降低了“三违”的次数；第三，无事故，班组之间开展无事故安全竞赛活动，提高班组全员安全意识，增强事故预防工作的吸引力，把事故预防在先，隐患消除在前。

“三有三无”为核心的轮值过程本质上是一种体验式培训学习。在轮值过程中，班组成员通过体验班组长角色，都有了参与班组管理的平台和机会，最大限度地激发了每位员工的内在动力，营造了换位思考、相互理解的和谐氛围，实现了由被管理者向管理者的角色转变；班组成员通过轮值讲案例、轮值讲小课、轮值做主持等工作，每个人都成为问题的发现者、改进者、创新者，班组成员由对班组管理不理解、不关心、不参与的被动状态转变为积极参与、主动担责、献计献策的自主管理状态，实现了人人担当、人人实践、人人创新、人人成长。

2. 组织赋能，升级动力系统，驱动班组建设长效运转

（1）教练赋能。让员工遇到最好的自己。传统班组管理中，班组长扮演着兵头将尾的工头角色，饱受上挤、下压、左搓、右揉，苦不堪言。轮值体制中正式班组长依然对班组管理负全责，但管理角色、管理风格发生了转变，由“工头”变成为了“教练”，工作中通过多提问、多激励、多指导，少说教、少批评、少干涉的教练式指导，用心发现每一位员工的特点、特长，帮助每一位员工成长；对员工开展讲一小课、做一辅导、提一方案、促一改善等活动时，采用说给他听、做给他看、让他做做看、让他反复修炼成习惯，完成对员工的专业技能、安全绩效赋能，激发了员工的工作热情和工作潜能。教练赋能促进了员工间

的关系再造，提升了员工对班组建设的整体认知水平，员工在参与班组建设的过程中一路成长，班组长本人在培养他人时成长为班组的团队领袖、非亲家长、灵魂牧师和制度规范者。同时，塔山煤矿根据班组成员的实际需求，建立了班组内训师队伍和专业技术教练员队伍，让班组原有的“技术能手”转变为“技术教练员”，通过“一帮一”“专业陪练”“定点培训”等形式，形成时时讲想法、处处说做法、场地不受限、时间不受限的内训氛围，最终帮助班组成员提高整体技能水平。

（2）文化赋能。打造班组命运共同体。当一个班组无愿景、无使命、无宗旨、无目标、无共同遵守的原则、无群体意识时，易被外在负能量干扰，造成员工情绪不稳定、班组安全工作无根基的状态。文化赋能是通过对照信念、对照目标、对照标杆等方式让人时刻唤醒内心，排除干扰，激发热情的一种内省机制。塔山煤矿各班组结合自身情况，首先，打造班组内部共同愿景，确定团队使命和团队精神，让员工明确目标和信仰，每个班组在班前（后）会上通过集体起立安全宣誓、喊口号等仪式，喊出精神、喊出士气、喊出斗志，创造了各具特色的区队和班组名称、愿景、LOGO、口号，班组成员自愿为团队奉献、为团队付出，班组凝聚力得到空前提升。其次，建立班组制度公约化，由班组全员讨论的方式制定班组制度，凡是班组职权范围之内的，皆可采用制度公约化的方式，经全员签字确认，以确保制度的全面性和可执行性，将班组的各项制度内化于心、外化于行，形成员工全员参与，推动了全员自主管理的组织行为。在公约机制下，班组长应充分认知员工的心理特征，引导班组全员，将一人担责转变为多人民主。第三，通过选拔标杆、鼓励标杆、利用蝴蝶效应和群体压力，以点带面、以少带多，通过开展人人都讲一小课、人人都讲一案例、人人担当一责任、人人都做一分享、人人都做一创新、人人都有一绝活等立标、对标、超标、创标相关活动，促动班组全员反思、高效反馈，最终建立了自组织、自驱动、自修复、自涌现、自赋能的新型自主管理班组。

（3）关系赋能。实现班组一家亲。人不仅仅是“经济人”，还是“社会人”，都渴望建立良好的人际关系，渴望被重视、被尊重。关系赋能致力于打造一个让每个人被关注、被发现、被激励、被尊重、被爱戴的管理环境，营造一个互敬、互帮、互促的良好人际关系氛围，化解劳资关系、干群关系、人与组织的关系冲突，让人在团队中感受到安全感、温暖感、归属感，以激发更多的潜在能量、创造更高的绩效水平。塔山煤矿通过关系赋能，改变员工之间、员工与班组、家庭之间的关系，有效稳定员工的情绪，改善员工的积极性，最终实现班组一家亲。第一，科学沟通，促使关系破冰。班队长或班组其他成员与员工深入交流和谈心，做到“六必访、七必谈”，即婚丧嫁娶必访、家庭发生矛盾必访、生病住院必访、家庭困难必访、缺勤旷工必访、本人和家庭发生重大变故必访；职工思想波动必谈、受到批评处分必谈、人际关系紧张必谈、工作变动必谈、新工人上岗必谈、完不成工作任务必谈、发生“三违”必谈。此外，班组间自发开展“早接班、早安全、早回家”活动，让员工重新审视自己、认知家庭、认可班组。第二，亲情化层层引导，帮助员工改善家庭关系。通过开展“亲情化”“枕边风”系列活动，邀请矿工家属来到企业、进入班组现场，参加迎接矿工出井、员工生日会，班组协管会等活动，让家属对员工的工作状态充分认知，让家属从思想上感化和引导员工，起到提升士气、缓减压力及和谐家庭的作用。关系赋能让员工思想行为发生质的改变，催生了员工对美好幸福生活的渴望，激发了员工追求“零伤害”的渴望，增强了对安全工作的责任担当。

（4）活力赋能。激发班组精气神。活力赋能是指通过自主分配、赛场、活动、娱乐、游戏、可视化管理等方式激活场域中的活力因素，使人们放松自我、解放思想。第一，自主分配，扩大班组的自主经营权。把工资分配权下放到班组，使班组成为经营的主体，实现自主管理，极大限度地提升了员工的创造性和积极性。班组长必须做到工分、工资分配全部透明公开，遵循按劳分配的激励原则，消除疑虑、促进和谐、创造价值。第二，围观效应，为员工搭建赛场，开展赛安全、赛创新、赛节约、赛技术、赛学习等活动。通过每日、每周、每月、每季、每年评出班组的安全之星、质量之星、学习之星、创新之星，即时鼓励、即时嘉奖，并命名荣誉称号，促使员工为了面子和尊严而战，不屈不挠不服输，内生驱动力，外生竞争力，充分发挥选拔人才、激活潜能、塑造品格的作用。通过激励活动、荣誉嘉许仪式、每日一歌、每日一笑内容提升班组活力；通过班歌、口号、宣誓展示班组的风采；通过体育活动、娱乐活动、聚餐活动、拓展活动、郊游活动等增强团队士气。活力赋能充分调动了班组成员的干劲，提升了班组整体战斗力，加强了班组成员之间的互动，激发了班组的精气神。

（三）升级班组管理平台，实现“三全”管理

例会平台就是班前会和班后会平台，在班前会完成工作计划、安全事项、学习措施、分配工作、提振士气等流程，并高度关注职工情绪；在班后会总结、评优、分析、表扬、批评。例会全部由轮值班组长主持，四名轮值委员重点发言，在这个平台上，轮值班组长和委员组织才能和业务素质得到充分展示，实现了充分的价值展现。

看板平台就是将班组日常管理以看板为载体和表现形式，将制度、考勤、绩效、工分、问题等诸多要素在看板上公布，达到时时提醒、时时对标、时时激励

的效果，实现了班组管理的公开、公正、公平。

案例平台就是采用“身边的人讲身边的事”的方式，以“说想法、说看法、说做法”为主要内容，通过人人写案例，分享案例，让每个人主动发现问题、解决问题、参与管理，提高员工对问题的敏感度和安全意识。

精细化管理平台就是为实现全员、全方位、全过程安全管理目标，把煤矿“三位一体”安全生产标准化体系落地到班组、落地到现场的系统。通过全员实施以“横向优化岗位职责、纵向优化操作标准”为主要内容的“一人一卡、一事一标、一岗一标”建设工作落地“标准化”体系，使基层班组的每件事、每个岗位、每项工作都能入脑入心，自觉遵章守纪、按章操作，实现了岗位操作达标、班组作业达标及现场动态达标。采掘区队每班都配备了专职验收员，负责每班的工程质量验收，实现了采煤刀刀达标，掘进排排达标。通过写我所干、讲我所写、干我所讲，实现人人写标准、人人讲标准、人人用标准的良性循环，编制各岗位的风险、隐患、规程、应急“四合一”卡，使人人主动辨识、评估、管控风险，人人自觉开展隐患自查自改，人人掌握应急处置本领、熟知避灾路线，遇到紧急情况井下任何人员都赋有停产撤人权利，保证了班组自主管理长期持续有效运行。

（四）“人人都是班组长”三全管理模式成效

“人人都是班组长”（2.0 版）三全管理模式，是在全员管理基础上，以“赋能”为核心，实现“全方位、全过程”安全管理，激活员工的潜能、激励员工参与，精准落地各项管理工作，是煤矿班组建设的一次体制创新、机制创新、实践创新，极大地推动了塔山煤矿各项工作的进步。

1. 基础建设水平明显提升

通过优化基层机构，强化基层管理能力，提高了区队长和班组长的安全管理水平，增强区队班子成员的凝聚力和战斗力。员工通过轮值管理，潜能得到激活，心智得到改善，工作作风发生了根本转变。变推卸责任为主动担当，变被动执行为创新思考，变消极等待为积极参与，变漠视问题为解决问题。

2. 员工素质明显提升

2011 年以来矿井 95% 以上的班组人员参与了轮值管理，50% 的人员具备了担任班组长的能力；原来技术一般的农民工多数成为煤矿专业的行家里手，多名班组长荣获“山西五一劳动模范”称号；班组在安全管理、现场管理方面有 300 余项改良措施，一大批创新成果以员工命名。

3. 综合绩效稳步提高

煤矿建成了“精干高效”的团队，煤矿职工 520 人，约为同等规模矿井人数的一半。生产效率从2010年的18 t/工增加到2017年的24.1 t/工；吨煤生产成本从2011年的120.9元/t降低到2017年的92.39元/t，达到了全国煤炭行业先进水平。

4. 安全形势持续稳定

安全生产标准化水平有了极大提升，“三违”现象明显下降，零星事故得到有效控制，截至2018年6月底，塔山煤矿已连续8年实现安全生产，安全生产天数达3000天，其中3年未发生轻伤及以上事故。

5. 社会效益逐渐显现

“人人都是班组长”班组建设模式推行以来，得到了原国家安全监管总局、国家煤矿安监局、中国煤炭工业协会、中国能源化学工会、山西省煤炭厅及中煤集团的充分肯定，先后获得创新成果奖、煤炭行业管理现代化创新成果（省部级）二等奖、全国企业管理现代化创新成果（国家级）二等奖，多次获得中华全国总工会“工人先锋号”，获得中华班组建设促进会班组建设高峰论坛“最佳实践超越奖”“班组建设最佳示范基地”等多个奖项，在煤炭、化工、电力、港口等40多家企业和山西省的100个重点煤矿推广应用，先后迎来全国各地不同行业的500余家企业共计5000余人次到塔山煤矿参观考察和学习交流，在地方和同行业中产生了极其深远的影响。

“人人都是班组长”三全管理模式，作为塔山煤矿科学发展、安全发展的助推器，是落实基础建设的最有效途径和根本保障。未来，塔山煤矿不忘初心，坚持不懈，向着一流的行业安全管理水平砥砺迈进。

第七章 班组安全管理

班组安全生产管理主要包括劳动定员与组织管理、班组绩效管理、安全自主管理、工伤认定与个人防护用品管理和安全生产教育培训等。

第一节 劳动定员与组织管理

一、劳动定员管理

劳动定员管理是煤矿企业安全生产管理的重要基础工作，是科学合理组织生产，优化企业劳动组织，提高劳动效率，减少入井作业人员，促进安全生产的基本保障。

引导和推动煤矿企业加强机械化、自动化、信息化、智能化建设，研发应用煤矿机器人，简化生产系统，优化劳动组织，减少井下作业人数，可以从源头上防控群死群伤事故风险，改善企业劳动组织，减轻工人劳动强度，减少事故的发生。

（一）劳动定员管理和标准编制的原则

（1）坚持保证安全生产的原则。劳动定员管理和劳动定员标准编制必须符合《安全生产法》《劳动法》和《煤矿安全规程》等法律、法规、规章的要求，符合煤矿客观实际，反映出合理和相对稳定的生产劳动组织结构及其变化，减人提效，保证安全生产工作的需要。

（2）坚持“以人为本”的原则。劳动定员管理和劳动定员标准编制必须立足于努力提高职工队伍素质，优化劳动力配置，挖掘各工种内部潜力、提高工时利用率，合理减少工人作业时间和降低工人劳动强度。

（3）坚持严格按定额定员管理的原则。劳动定员管理和劳动定员标准编制必须对凡有定额标准的作业项目都要按定额编制定员，凡是能够计算和考核工作量的班组或工种岗位都要有科学合理的劳动定额，实行定额定员管理，充分调动和提高工人劳动生产积极性，合理节约劳动生产力。

（二）劳动定员管理相关工作制度

（1）明确专人负责劳动定员管理工作。煤矿企业的人力资源或劳动工资部门应明确专人负责劳动定员管理，专职做好劳动定员标准编制及组织实施等工作。

（2）制定劳动定额定员标准。煤矿企业必须按照国家和地方人民政府有关劳动定额定员管理的规定和要求，制定科学、合理、平均先进和可操作的劳动定额定员标准。

煤矿企业制定的劳动定额定员标准每2～3年应修订一次。在遇有地质条件发生较大变化、生产设备和机械化程度发生重大改变、生产工艺和技术操作方法发生重大改进，以及发现劳动定额定员存在较大问题时，应及时予以修订。

（3）严格落实劳动定额定员标准。煤矿企业应严格按照劳动定额定员标准配备作业人员，严格按定员组织生产。煤矿企业对生产矿井、生产矿井对生产区队要层层建立劳动定额定员考核办法。

（4）健全完善有关工作制度。煤矿企业应根据国家有关要求和企业安全生产实际，制订和完善劳动定员管理工作的相关制度和规定，切实做好劳动定员原始记录、入井人员考勤和统计分析等工作，确保劳动定员标准得到认真贯彻落实。

（三）劳动定员基本要求

1. 矿井类型及采掘工作面范围的界定

（1）灾害严重矿井是指高瓦斯矿井、煤（岩）与瓦斯（二氧化碳）突出矿井、水文地质类型复杂极复杂矿井、冲击地压矿井。

（2）采煤工作面是指包括工作面及工作面进、回风巷在内的区域；掘进工作面是指从掘进迎头至工作面回风流与全风压风流汇合处的区域。采掘工作面限员人数不包括临时性进出的煤矿安全监管监察等执法人员、煤矿上级公司检查人员、煤矿矿级领导及职能部门巡检人员、巡回瓦斯检查员（当班专职瓦斯检查员除外）等，上述人员进入采掘工作面时，区别管理人员定位卡，严格控制时长，不得影响煤矿正常生产活动。

（3）露天煤矿是指进入坑下的所有人员。

2. 单班作业人数规定

井工煤矿单班入井作业人数要求见表7－1－1。

表7－1－1　井工煤矿单班入井作业人数要求

生产能力 K/（万 t·a^{-1}）	灾害严重矿井/人	其他矿井/人
$K\leqslant 30$	≤100	≤80
$30<K\leqslant 60$	≤200	≤100
$60<K<120$	≤300	≤180
$120\leqslant K<180$	≤400	≤200
$180\leqslant K<300$	≤600	≤280

表 7-1-1（续）

生产能力 K/(万 t·a^{-1})	灾害严重矿井/人	其他矿井/人
$300 \leqslant K < 500$	≤800	≤400
$K \geqslant 500$	≤850	≤450

井工采煤工作面单班作业人数要求见表 7-1-2。

表 7-1-2　井工采煤工作面单班作业人数要求

矿井类型	机械化采煤工作面/人		炮采工作面/人
	检修班	生产班	
灾害严重矿井	≤40	≤25	≤25
其他矿井	≤30	≤20	≤25

井工掘进工作面单班作业人数要求见表 7-1-3。

表 7-1-3　井工掘进工作面单班作业人数要求

矿井类型	综掘工作面/人	炮掘工作面/人
灾害严重矿井	≤18	≤15
其他矿井	≤16	≤12

露天煤矿单班入坑作业人数要求见表 7-1-4。

表 7-1-4　露天煤矿单班入坑作业人数

生产能力 K/(万 t·a^{-1})	剥采比 R/(m^3·t^{-1})	单班入坑作业人数/人
$K \leqslant 100$	$R < 6$	≤80
	$R \geqslant 6$	≤120
$100 < K \leqslant 400$	$R < 6$	≤200
	$R \geqslant 6$	≤250
$400 < K < 1000$	$R < 6$	≤300
	$R \geqslant 6$	≤400
$1000 \leqslant K < 2000$	$R < 6$	≤550
	$R \geqslant 6$	≤650
$2000 \leqslant K < 3000$		≤750
$K \geqslant 3000$		≤850

露天煤矿入坑通勤车最大乘坐人数不得超过29人，一个爆破区域（100 m范围内）作业人数不得超过9个人，采剥设备之间安全距离不得小于50 m，运输设备之间安全距离不得小于30 m。

煤矿应尽量缩短交接班时间，时间不得超过2 h，交接班期间井（坑）下瞬时人数不受限员规定限制，但瞬时总人数不得超过1000人。露天煤矿除坑下固定设备操作人员外，原则上在坑上交接班，不具备条件的应选择在稳定边坡区域交接班。

二、劳动组织管理

劳动组织是对全部生产经营活动在分工协作的基础上，从时间和空间上合理组织安排各工种人员的生产活动。主要内容包括劳动组织形式、工序及岗位人员配备和循环作业形式等。

劳动组织管理基本任务是根据企业生产经营计划，科学合理组织劳动分工和协作，正确处理作业过程中人员、设备之间的关系，不断提高劳动生产效率。

（一）劳动组织形式

劳动组织形式是劳动分工、协作和劳动力配备的具体表现形式。劳动分工、协作和劳动力配备的作用，通过劳动组织形式体现。

1. 区（队）劳动组织形式

区（队）是煤矿企业劳动组织的基本形式。区队是把某一生产环节中相应工作的各工序、岗位组织在一起的一个劳动集体。区（队）劳动组织形式包括专业化工作队、综合工作队和混合工作队。

由于煤矿是24 h生产、维修，劳动组织可细分为小班工作队和圆班工作队。

小班工作队仅包括统一作业地点的同一个工作班内进行工作的从业人员。圆班工作队指在同一地点三班制或四班制作业的全体从业人员。

煤矿企业劳动组织中，可根据矿井实际情况，混合使用小班和圆班工作队两种形式。

2. 生产班组劳动组织形式

区队班组劳动组织形式为集体形式，而生产班组劳动组织形式则按照时间原则进行组织。生产班制规定了昼夜工作的班数和各班在时间、工作内容上的关系。具体形式有单班制和多班制。

3. 工作时间组织

工作时间组织是指合理处理从业人员的作息和设备生产维护之间的关系形成

的、以生产班组为基本单元的组织形式。科学合理安排班组劳动组织，保障班组正常安全生产，定期倒换早班、中班、夜班，保障作业地点工作的正常进行。

（二）采煤班组劳动组织管理

1. 作业方式

作业方式包括两采一准或边采边准；两班半采煤，半班准备；三班采煤，一班准备；四班交叉等作业方式。

2. 循环作业组织措施

循环作业组织措施包括合理调动劳动力，各工种、各工序密切配合，提高工时利用率，提高开机率；加强机电设备的检查维修，充分利用检修时间，确保设备正常运转；严格执行交接班制度和岗位责任制，积极组织，搞好正规循环作业；坚持按规操作，搞好安全生产标准化，杜绝各类事故的发生；严格按正规循环作业图和工艺流程图施工，合理组织生产，实现正规循环作业。

3. 正规循环作业

根据工序安排，合理安排每班割煤、移架、推刮板输送机、放煤和检修等工作。某综放工作面正规循环作业劳动组织如图 7－1－1 所示。

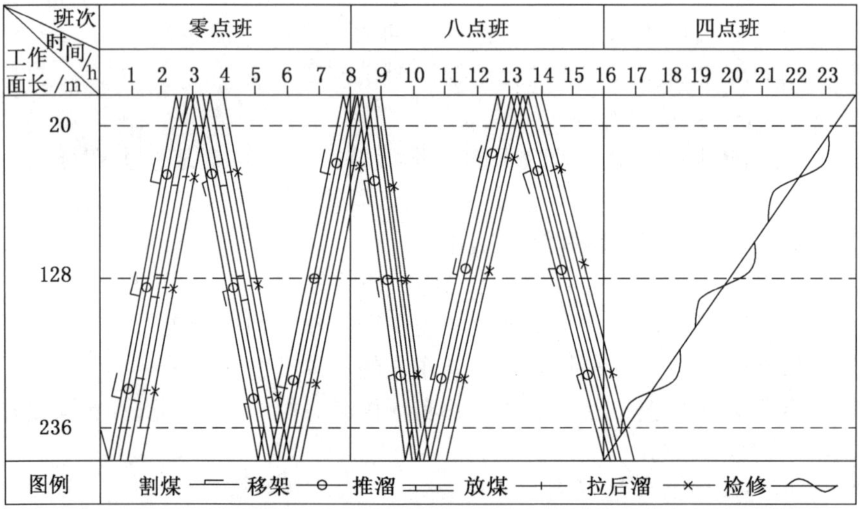

图 7－1－1　某综放工作面正规循环作业劳动组织

根据正规规循环作业配备各班班组长、采煤机司机、支架工、维修工、转载机司机、泵站司机、端头支护工等人员。

（三）掘进班组劳动组织管理

为保证正规循环作业的顺利实施，掘进工作面施工作业必须根据劳动组织配备，合理安排工序，工序和工序之间尽量做到交叉进行，平行作业，提高工时利用率。

1. 作业方式

根据巷道断面、地质条件、施工任务、施工技术水平和设备等因素选择巷道施工作业方式。目前，我国煤巷、半煤岩巷常用的作业方式为一次成巷多工序平行作业。岩巷常用作业方式以钻爆为主要工序的顺序作业。

2. 循环作业组织措施

施工人员的配备本着高效精简和按岗定员的原则进行劳动组合优化，尽量达到各班组施工人员和承担任务相吻合，以利于体现按劳分配、多劳多得的分配原则，充分调动施工人员的积极性，保障施工任务的完成。在实际工作中，既有分工，又有相互配合，共同完成生产任务。严格执行工种岗位责任制和交接班制度。

3. 正规循环作业

根据工序安排，合理安排每班破煤、清煤、支护和检修等工作。某综掘工作面正规循环作业劳动组织如图 7-1-2 所示。

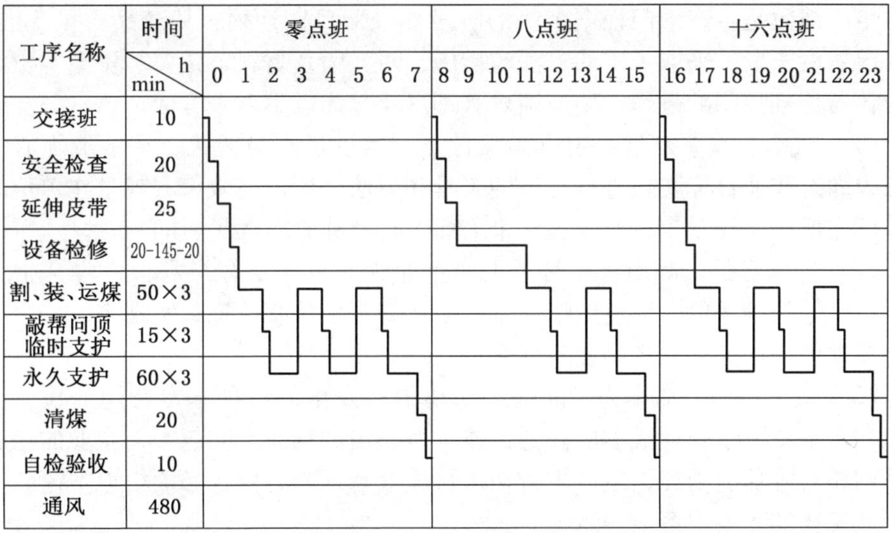

说明：割、装、运煤，敲帮问顶，临时支护，永久支护所标数字前面为时间，后面为循环数

图 7-1-2　某综掘工作面正规循环作业劳动组织

第二节　绩　效　管　理

绩效是指组织、团队或个人，在一定的资源、条件和环境下，完成任务的程度，是对目标实现及完成效率的衡量与反馈。绩效可以分为组织绩效、安全绩效和个人绩效。绩效管理有利于实现企业经营目标。绩效管理的目标是根据企业的发展战略来制定的，通过将企业的战略目标层层分解变为部门和员工的目标，在此基础上确定部门和个人的绩效目标，通过绩效评价，对员工的工作结果进行反馈，及时发现工作中存在的问题并进行修正，通过提升员工的业绩从而达成企业的业绩，实现企业的战略目标，使企业进入良性循环。

班组长绩效管理的目标首先是将抽象的工作转化为具象的可进行量化计分指标的过程；其次，根据对生产绩效、安全绩效、人员绩效的核心内容进行分值赋予，并在实际生产中对绩效指标的执行情况进行打分评价，对绩效评价结果进行反馈分析、整理、整改、完善，并将绩效结果应用于生产。

一、班组生产绩效管理

（一）生产绩效内容

生产绩效是生产部门根据企业的阶段性经营目标计划，从产品质量、数量、成本等角度出发，采取一定的方法与措施，对人力及材料、设备、资金等资源量化考核与合理控制的过程。生产绩效管理主要分为以下六个方面。

（1）效率。效率是指给定资源条件下，实现生产最大化、产出最优的评价方法，即对作业目标实现进行计量的工具和方法。所谓高效率，就是在单位时间里实际完成的工作量多，对组织和个人而言，意味着节约了时间。

（2）品质管控。品质管控是指生产企业为充分满足客户需求，集合企业智慧、经验等管理手段，通过组织体系、生产管理及持续改进，实现产品好、周期短、成本低、服务优的产品质量提升过程。

（3）成本控制。成本为产品生产活动中所发生的各种基本费用的集合。企业盈利水平取决于企业成本的高低，成本所挤占的利润空间越大，企业的净利润水平则相对降低。因此，生产主管在进行绩效管理的时候，必须把成本绩效管理作为其工作的主要内容之一。

（4）生产周期。生产周期指的是达到企业所需产品数量的时间，通常取决于企业供货目标，或客户需要目标。生产单元即使有先进的技术与良好的品质管理，但不能在生产周期内完成生产任务，将直接影响企业整体产量，损害企业商业活动。

（5）安全管理。安全管理是指为保护员工的安全与健康，保护财产免遭损失，安全生产，提高经济效益而进行计划、组织与指挥、协调和控制的一系列活动。安全生产对于任何企业来说都是非常重要的，一旦出现工作事故，不仅仅会影响产品质量和生产效率、生产周期，还会对员工个人、企业带来很大损失。

（6）员工士气。主要表现在三个方面：离职率、出勤率、工作满意度。高昂的士气是企业活力的表现，是取之不尽、用之不竭的宝贵资源。只有不断提高员工士气，才能充分发挥人的积极性和创造性，让员工发挥最大的潜能，从而为公司的发展做出尽可能大的贡献，从而使公司尽可能地快速发展。

班组生产绩效管理是指班组全体员工通过学习知识、提高技能、改善工作态度，创造良好的工作环境及生产条件，不断提高生产效率、改进生产工艺、降低生产成本以及实现安全生产的结果和行为。

（二）生产绩效考核指标

绩效考核，是企业绩效管理中的一个环节，是指考核主体对照工作目标和绩效标准，采用科学的考核方式，评定员工的工作任务完成情况、员工的工作职责履行程度和员工的发展情况，并且将评定结果反馈给员工的过程。班组生产绩效考核包括如下6个方面：

（1）积极性指标。考量班组是否具有积极奋进的团队精神，为搞好服务勇挑重担，竭尽全力；对员工反映的问题是否具有热情，是否真心诚意进行问题处理。

（2）创新性指标。班组是否具有创新精神，不断改进工作方式方法；是否善于运用新技术、新生产管理成果与方法，创造性地解决问题；是否善于以新技术、新方法指导帮助员工工作。

（3）责任性指标。班组责任制是否落实，勇于对生产行为及后果负责；班组是否对生产现场进行检查与指导。

（4）计划性指标。能否分优先级安排工作计划且计划是否具有灵活性和可操作性；计划安排是否基于企业发展全局观，能长期、有计划地为企业服务；能否及时掌握员工生产活动动态。

（5）有效性指标。能否快速找到问题真正的原因，并迅速采取措施后加以纠正；是否严格遵守公司预算管理和费用管理的有关规定，注重成本控制，合理规划投入产出比例，追求最大效益。

（6）合作性指标。是否愿意接受其他部门和班组职工各项意见和要求；是否易于与员工合作，共同研究解决问题；能否经常与员工进行沟通，交换意见，接受建议。

二、班组安全绩效

（一）安全绩效内容

安全管理是企业生产管理的重要组成部分，也是一门综合性的系统科学。安全管理的对象是生产中一切人、物、环境的状态管理与控制，是一种动态过程。安全绩效是指基于安全生产方针和预定安全管理目标，控制和消除风险取得的可测量结果。安全绩效包括如下五个方面：

（1）基础安全管理。基础安全管理是企业安全生产方针和目标实现的基础，是指在班组生产活动中，对安全生产责任制、安全技术标准、安全台账日志、安全教育培训、安全计划报表等落实情况的管理。

（2）安全检查和隐患治理。安全检查是对生产单元贯彻安全生产法律法规、安全生产环境、人员劳动条件、主要机械设备开展的周期性检查，其主要内容包括思想、制度、设备、设施、教育及培训、行为等。隐患治理是单位对事故隐患进行排查、登记、治理实施全覆盖、全过程的管理，隐患治理包含措施、责任、资金、期限、预案五个方面。

（3）现场安全管理。现场管理是指用科学的标准和方法对生产现场各生产要素，包括人（工人和管理人员）、机（设备、工具、工位器具）、料（原材料）、法（加工、检测方法）、环（环境）、信（信息）等进行合理有效的计划、组织、协调、控制和检测，使其处于良好的结合状态，以达到优质、高效、低耗、均衡、安全、文明生产的目的。

（4）班组应急管理。班组应急管理是在班组突发事件的事前预防、事发应对、事中处置和善后恢复过程中，通过建立应对机制，采取相应措施，应用技术、规划与管理等手段，保障公众生命、健康和财产安全的有关活动。

（5）班组职业健康管理。职业健康管理是生产中班组员工遵守职业健康规定要求、配置或佩戴职业病防护用品、职业病防治设备配备、职业危害因素监测监控、职业健康检查等项目。

（二）安全绩效考核指标

（1）安全目标指标。内容包含班组生产中不发生重伤事故、死亡事故、重大危化品事故、重大特种设备事故、重大交通事故等事故指标，或生产停滞事件、环境污染事件、安全隐患事件、整改未达标等生产指标。

（2）安全基础管理指标。内容包含班组各层级人员落实岗位安全责任、执行人员安全生产、生产安全台账齐全、记录真实完整，各项安全计划执行、总结上报，班组安全教育等基础指标。

（3）安全检查和隐患治理管理指标。内容包括班组按照规定要求的频次和项目进行安全检查工作，对发现的问题和隐患及时整改的实效；对上级下达的隐患整改项目责任制落实，对无法当即处理的隐患，制定可靠的监控措施和应急方案等内容。

（4）现场（作业）安全管理指标。现场（作业）安全管理内容包含班组作业审批，风险分析，控制措施，作业现场警示标识，安全防护用品（具）及消防设施与器材等管理，机械、环境项以及员工规范操作，无违章作业，无违反安全纪律、工艺纪律、劳动纪律和环保纪律等行为以及“工完、料尽、场地清”的生产项。

（5）职业卫生管理指标。职业卫生管理包含班组清洁文明生产，严防“跑、冒、滴、漏”，职业有害因素监测合格率，职业性健康检查，职业卫生设施进行定期检查等项目。

（6）应急管理指标。应急管理包含班组执行应急指挥与救援体系、应急职责、突发生产事故处置、班组应急救援物资储备、安全防护设施及定期检查、班组应急预案的制定、应急教育和演练等内容。

三、班组人员绩效管理

人员绩效管理是指班组领导与员工之间就目标与如何实现目标达成共识的基础上，通过激励和帮助员工取得优异绩效从而实现组织目标的管理方法。人员绩效管理的目的在于通过激发员工的工作热情和提高员工的能力和素质，以达到改善生产绩效的效果。

（一）员工绩效内容

（1）礼仪规范。礼仪规范从内容上包含上岗着装、出勤、文明交流、团队合作等；从对象上看有个人生产行为规范、公共场所规范、文明交往、道德品质等。礼仪规范是员工个人思想道德水平、文化修养、交际能力的外在表现。

（2）工作态度。工作态度包含班组员工对待工作岗位的责任心、积极性、原则性、协调性、纪律性等方面，工作态度反映出员工的道德品质、职业忠诚、工作热情、吃苦耐劳、积极上进的良好工作心态。

（3）工作能力。工作能力包含有班组成员的职业学习能力、专业知识能力、工作规划能力、本职业务能力、工作创新能力、职业判断能力、团队沟通能力等方面。

（4）工作业绩。工作业绩包含生产目标完成情况、工作质量、工作效率、领导满意度等方面。

（二）员工绩效指标

（1）礼仪规范指标。包含职工形象（工装、安全装置齐全良好）、迟到早退、关心同事、文明沟通、关心团队，积极响应团队或班组的生产活动或集体活动等指标。

（2）工作态度指标。包含团队关系的构建；对企业的忠诚度及爱护企业的行为；充分理解岗位责任和义务，不逃避、推诿责任，具有较强的执行力度；工作积极主动，愿意完成具有挑战性的工作；执行能力好，按时完成上级交办的任务；遵章守纪，服从命令，拒绝和制止违章行为；团队优先、生产优先等。

（3）工作能力指标。包含学习新知识能力（新工艺、新装备、新技术）；系统岗位专业理论知识水平，对岗位技能的理解程度；处理关键复杂业务问题的能力，服务班组生产；生产规划能力，提出独特见解；职业分析能力，接收顺畅；交流交谈能力，谈吐亲切，语言诙谐。

（4）工作业绩指标。包含工作目标达成情况；是否如期完成既定工作任务量；工作效率良好且完成质量高，岗位安全、卫生等条件执行到位。

第三节　安全自主管理

安全自主管理是指以员工良好的安全思想、技能、素质和文化以及高度的主人翁责任感为基础，以全面完成生产经营任务、提高企业经济效益、实现安全生产为目标，以自觉地、创造性地、高效地完成本职工作为主要内容，全体员工自我约束、自我控制、自我管理、自我完善的管理方式。

安全自主管理理论认为，人是生产力中最活跃的因素，制度约束是必要的基本保证，但不是最佳境界。只有实现从无序管理向严格制度管理迈进，并逐渐向自主管理过渡，才能使企业真正走上良性发展的道路。企业管理是这样，安全管理也如此。

一、创新班组组织机构

煤矿企业应创新班组组织机构，建立自主管理组织体系。在保留正式班组长的前提下，有条件的班组可设立轮值班组长，设立若干轮值委员协助班组长负责班组安全生产、学习创新、团队建设等工作，赋予轮值班组长及委员特定的责任和权利，班组成员通过体验班组长与委员角色，参与班组安全管理，通过班组组织结构优化，实现煤矿安全互保联保，变班组长一人管理为全员管理，从而调动员工积极性、主动性，激发员工创造力，实现自主安全管理。

二、创新班组绩效分配机制

煤矿企业应创新班组绩效分配机制，扩大班组的自主权。区队要把班组人员工资分配权下放到班组，班组工分、工资分配必须全部按劳分配、公开透明；班组要将材料、配件、水电等成本消耗和修旧利废、回收复用等内控指标逐步纳入核算内容，使班组成为自主管理的主体。区队要对班组进行监督指导。

三、建立自主保安机制

煤矿企业应建立自主保安机制，煤矿班组管理机构、区队要通过创新组织机构和绩效分配机制，建立班组“自保、互保、联保”工作机制，充分调动班组成员自主保安主观能动性，使人人主动辨识评估、管控风险，人人自觉开展隐患自查自改，人人具备应急处置技能，实现作业过程无隐患、无“三违”、无事故“三无”管理目标。

鼓励班组制度公约化，使班组管理从一人担责到多人民主，从被动管理到自主管理，利用班组工作例会，由班组长发起讨论议题，引导班组成员共同制定形成班组公约，达到全员共同遵守班组公约，实现员工自主管理、体现员工主人翁精神，提高团队凝聚力。

班组要通过严明组织纪律，进行自我约束，实现自主管理标准化，通过开展岗位操作达标、班组作业达标、作业动态达标，实现作业现场、操作岗位和班组全员从经验管理向标准化管理的转变。

四、自主开展监督检查活动

班组工会小组群众安全监督员和特聘煤矿安全群众监督员自主开展作业现场安全生产监督检查活动，煤矿企业各级、各部门要支持工会小组群众安全监督员和特聘煤矿安全群众监督员履行监督职责，认真对待所反映的问题，所反映的问题不得作为安全管理考核依据。

第四节　工　伤　预　防

工伤预防是指事先防范职业伤害事故以及职业病的发生，减少事故和职业病隐患，改善和创造有利于健康、安全的生产环境和工作条件，保护劳动者在生产、工作环境中的一切安全生产与事故预防措施。

工伤预防既包括国家制定的工伤预防法律法规、标准、规则、政策措施等内容，也包括企业所采取的规章制度，是安全生产的重要内容，与工伤救治、职业康复和工伤补偿一起构成工伤保险的四项基本功能。

一、工伤认定

工伤是指由工作引起并在工作过程中发生的事故伤害和职业病伤害。

（一）工伤认定对象

根据人力资源和社会保障部相关政策规定，工伤认定对象一般包括具备下列条件的从业人员：

（1）所在单位纳入了工伤保险制度的调整范围。

（2）存在受到伤害或患职业病的事实。

（3）与用人单位存在劳动关系，包括事实劳动关系。

（4）有相关的医疗诊断证明或职业病诊断证明。

（二）认定为工伤的情形

《工伤保险条例》规定，职工有下列情形之一的，应当认定为工伤：

（1）在工作时间和工作场所内，因工作原因受到事故伤害的。

（2）工作时间前后在工作场所内，从事与工作有关的预备性或者收尾性工作受到事故伤害的。

（3）在工作时间和工作场所内，因履行工作职责受到暴力等意外伤害的。

（4）患职业病的。

（5）因工外出期间，由于工作原因受到伤害或者发生事故下落不明的。

（6）在上下班途中，受到非本人主要责任的交通事故或者城市轨道交通、客运轮渡、火车事故伤害的。

（7）法律、行政法规规定应当认定为工伤的其他情形。

（三）认定为视同工伤的情形

《工伤保险条例》规定，职工有下列情形之一的，应当认定为视同工伤：

（1）在工作时间和工作岗位，突发疾病死亡或者在 48 h 之内经抢救无效死亡的。

（2）在抢险救灾等维护国家利益、公共利益活动中受到伤害的。

（3）职工原在军队服役，因战、因公负伤致残，已取得革命伤残军人证，到用人单位后旧伤复发的。

（四）不得认定为工伤或视同工伤的情形

《工伤保险条例》规定，职工有下列情形之一的，不得认定为工伤或视同工伤：

（1）故意犯罪的。

（2）醉酒或者吸毒的。

（3）自残或者自杀的。

二、个人防护

个人防护是工伤预防的重要措施之一，合理使用个人防护用品能使劳动者在劳动中抵御物理、化学、生物等外界因素等伤害。

（一）劳动防护用品分类

煤矿个人防护用品包括头部护具类、呼吸护具类、眼（面）护具类、肢体护具类、听力护具类、防护服装类、防寒用品类等。

（二）劳动防护用品发放管理

发放劳动防护用品是保证职工安全健康的一种预防性辅助措施，要与生活福利待遇相区别。

根据安全生产、防治职业伤害的需要，要根据不同工种、不同劳动条件发放劳动防护用品。

禁止将劳动防护用品折现发放给从业人员，发放的劳动防护用品不得转卖。

班组成员在领取、使用防护用品前，应检查其防护性能及外观质量，保证使用的劳动防护用品与防御有害因素相匹配；严禁使用过期或失效的劳动防护用品。

（三）头部护具类的正确使用

头部护具类包括橡胶安全帽、玻璃钢安全帽和塑料安全帽等。

1. 橡胶安全帽、玻璃钢安全帽

（1）使用范围。煤矿井下所有工种均应配备。

（2）使用期限。头部护具类使用期限30个月至36个月。

采煤工、综采工（机采工）、掘进工（砌工）、爆破工、锚喷工、充填工、巷道维修工、电机车司机和跟车工使用期限不超过30个月。

绞车司机，输送机司机，运搬运料工，钉道工，运搬工，机电维修工，机电安装工，采掘机电维修工，水泵司机，配电工，充电工，瓦斯检查员（测气工），接风筒工，通风密闭工，采样工，安全检查员，测量员，管子工，井下测尘工，井下保健员，井下钻探工，井下炸药发放工，井下送水送饭工，清洁工，井底信号工，验收员，管柱工，井筒维修工，井下其他辅助工，跟班生产采、掘区（队）长，采掘区队长，采、掘、基建、通、运、修区工程技术人员，其他下井技术人员及其他下井管理干部使用期限不超过36个月。

2. 塑料安全帽

（1）配备范围。煤矿井上、井下信号工和注浆工。

（2）使用期限。24 个月。

（四）呼吸护具类的正确使用

呼吸护具类主要包括防尘口罩。

（1）配备范围。煤矿井下接触粉尘所有工种，煤矿井上部分工种。

（2）使用期限。1 个月至 3 个月。

煤矿井下采煤工、综采工（机采工）、掘进工（砌工）、锚喷工及充填工使用期限不超过 1 个月。

煤矿井下爆破工、巷道维修工、输送机司机、瓦斯检查员（测气工）及井下测尘工使用期限不超过 2 个月。

煤矿井下运搬工，采掘机电维修工，通风密闭工，井下送水、送饭工，清洁工，验收员，管柱工及采掘区队长，采、掘、基建、通、运、修区工程技术人员使用期限不超过 3 个月。

（五）眼（面）护具类的正确使用

眼（面）护具类包括防冲击眼护具、焊接眼面防护具、化学护目镜等。

1. 防冲击眼护具

包括防冲击眼镜、眼罩和面罩。

（1）配备范围。煤矿、洗选煤厂部分工种。

（2）使用期限。6 个月至 24 个月。

煤矿井下采煤工、综采工（机采工）、掘进工（砌工）、爆破工及锚喷工使用期限不超过 6 个月。

煤矿井下充填工及巷道维修工使用期限不超过 12 个月。

2. 焊接眼面防护具

包括焊接护目镜、焊接面罩。

（1）配备范围。井工煤矿电焊工。

（2）使用期限。24 个月。

3. 化学护目镜

（1）配备范围。充电工、井下炸药发放工及火药管理工。

（2）使用期限。24 个月。

（六）肢体防护类的正确使用

1. 上肢防护类

上肢防护类包括布手套、线手套、浸胶手套、防振手套、绝缘手套等，使用范围及期限见表 7－4－1。

表7-4-1　上肢防护类使用范围及期限

手套类别	配备范围	使用期限
布手套	煤矿井下采煤工（薄煤层）、掘进工（砌工）、巷道维修工、通风密闭工、采煤工等	7天至2个月
线手套	煤矿井下测量员、井下炸药发放工、安全检查员等	15天至2个月
浸胶手套	煤矿井下采煤工、综采工（机采工）、掘进工（砌工）、充填工、巷道维修工、运搬运料工、钉道工、运搬工、井下钻探工等	3个月
防振手套	煤矿井下采煤工、掘进工（砌工）、井下钻探工等	3个月
绝缘手套	井工煤矿：机电维修工、采掘机电维修工、配电工等	3个月

2. 下肢防护类

下肢防护类包括胶面防砸安全靴、工矿靴、防护胶鞋、布袜等，使用范围及期限见表7-4-2。

表7-4-2　下肢防护类使用范围及期限

手套类别	配备范围	使用期限
防砸安全靴	采煤工、综采工（机采工）、掘进工（砌工）、爆破工、锚喷工、充填工、巷道维修工、运搬运料工、采掘机电维修工、瓦斯检查员（测气工）、管子工、井下钻探工等	6~12个月
工矿靴	煤矿井下：绞车司机、输送机司机、水泵司机、接风筒工、通风密闭工、采样工、测量员、井下测尘工、井下送水送饭工、清洁工等	6~12个月
防护胶鞋	煤矿井上绞车司机、井上电机车司机、压风司机、火药管理工、带式输送机选矸工、抽风机司机、毛煤验收工、井口电梯司机、煤质化验员、坑木收发工等	6个月
布袜	煤矿井下所有作业工种	1~2个月

（七）防护服装类的正确使用

包括矿工普通工作服、反光背心（或在工作服上加装反光条）、棉上衣、绒衣裤、秋衣裤、护腰、棉背心等，使用范围及期限见表7-4-3。

表7-4-3　防护服装类使用范围及期限

手套类别	配备范围	使用期限
矿工普通工作服	煤矿井下所有工种	6~18个月
反光背心（或在工作服上加装反光条）	煤矿井下作业所有工种	12~24个月
棉上衣	煤矿井下所有工种	24~36个月
绒衣裤	煤矿井下所有工种	12个月
秋衣裤	煤矿井下所有工种	6~9个月
护腰	煤矿井下采煤工、综采工（机采工）、掘进工（砌工）、爆破工及充填工	24个月
棉背心	煤矿井下所有作业工种	24~36个月

第五节　心　理　健　康

随着煤炭行业现代化、机械化建设进程的加快，煤炭生产面临着日新月异的变化，煤矿产量综合水平的提高带来的是煤矿安全事故的频频发生，生产事故对煤矿职工心理状态产生了不健康的影响，不健康的心理状态又可能带来新的安全隐患，如何开展职工的心理健康教育和心理疏导，减少事故的发生，是每个煤炭企业面临的问题，甚至是每个班组面临的问题。

一、煤矿从业人员常见的心理不健康状态

（一）自卑心理

由于煤炭行业生产较为粗放，一线职工学历水平及待遇相对较低，职业自卑感、压抑感明显。

（二）自负心理

由于煤矿管理、制度管理限制严格，特别是煤矿职工在工作量的分配上难以做到绝对公平。职工缺乏上进心、进取心，自负心理明显。

（三）抵触心理

煤炭行业一线职工往往从事重体力劳动，自身身体负荷较大，而且基层管理者中难免出现文化素质低、管理方法单一等客观现实，心理上便产生了对管理者的抵触情绪。

（四）矛盾心理

目前煤炭行业普遍实行的是“三班倒”制度，职工在处理工作、生活、婚恋、家庭、经济、人际关系等问题上，容易受到时间与空间的制约，产生矛盾。

（五）厌工情绪及恐惧心理

煤矿生产通常是在井下有限的空间内，井下的黑暗和单一的颜色容易使人产生心理不适和错觉，而且长时间的噪声能使人神经系统疲劳，在这种特殊情况下，职工的不适宜情况会加剧，容易产生厌工情绪；特殊情况下，例如亲眼看见工伤事故的发生，或者是经历过事故的职工也会存在恐惧心理。

二、心理健康教育的概念及意义

心理健康教育是通过对个体的情绪问题或发展困惑进行疏泄和引导，转变自我认知、工作认知、社会认知，使其具备自我调节和综合发展能力，从而提升个人的自我管理及人际关系水平。心理健康教育通常包括心理健康维护和心理行为问题矫正，具体为心理咨询和心理疏导，所以心理疏导既是一项社会技能，又是一项岗位技能，也是作为基层管理者的班组长必备的一项职业技能。

（一）心理疏导

广义的心理疏导包括了几乎所有心理咨询和治疗，而狭义的心理疏导是一种以人本主义心理学和认知心理学为基础理论，通过言语的沟通技巧进行“梳理、泄压、引导”，改变个体的自我认知，从而提高其行为能力和改善自我发展的心理疏泄和引导方法。

（二）心理咨询

心理咨询是指运用心理学的方法，对心理适应方面出现问题并寻求解决问题的求询者提供心理援助的过程。心理健康教育的意义在于：有效避免不良心理因素给安全带来的隐患；建立有效的心理干预治疗制度；缓解职工长期积攒的心理压力；及时发现超过心理问题的有精神病理的职工。

三、班组长心理健康教育方法

（一）建立心理干预治疗体系

班组长应着手建立和完善班组心理干预治疗制度，充分利用企业心理理疗室，作为心理医生领头人，同时要实现动态跟踪管理，掌握每个职工的心理，对心理有严重问题的职工及时给予干预、治疗、疏导。针对班组“三违”人员实施心理治愈，安排心理疏导员与“三违”职工谈心帮教，对其进行心理调适，帮助其分析违章原因，使违章职工真正认清“三违”的危害。

（二）加强政治思想工作

加强理论教育。可以采用民主、讨论、说服教育的方法，以理服人。

利用典型示范。要善于用先进典型来教育职工。

对症下药。根据不同的“病”情对“症”下药。

开展各项教育活动。开展感恩教育、爱国主义教育、岗位争优教育、以矿为家教育等活动，通过教育，使职工受到启发，以正确的心态安心本职工作，并能在平凡的岗位上做出突出的业绩。

树立典型，营造比、学、赶、帮、超的良好工作氛围，通过企业内部的大力宣传，并配合一定的物质及精神奖励，以此鼓励先进、鞭策后进。

（三）解决矿工的实际困难

针对家庭比较困难的职工，班组长应加强关注，帮助职工排除困难，解决工作、生活中存在的问题。注重心理调节的功能和作用，使班组职工有幸福感、归属感，从而更加体面和有尊严地工作与生活。

（四）转变工作境遇，提高职工认知程度

班组长应主动改善井下工作环境状态，利用直觉对环境的敏感性，增强职工刺激的强度感和对比性，在平时操作或事故的抢险救灾时，起到预防和保护作用。同时，应重视矿工的付出，根据人的生理和心理活动规律，改革不合理的工作制度，确定适宜劳动强度，减少工人劳动强度和作业时间，使职工有足够的时间休息，恢复体力。

综上所述，关注矿工心理，形成尊重矿工的氛围，不仅仅是煤矿单方面的事，必须社会各方面共同努力，才能使每一个职工都拥有阳光的心理。班组内部应尽量给矿工创造较好的生产生活环境外与工作环境，在矿工权益受到侵害时有所保障；而对于职工本人而言，要注重培养职业成就感，开展职工身心调节。

第六节　安全生产教育培训

“管理、装备、素质、系统”四并重，是我国煤炭战线广大职工在多年安全生产工作中不断总结经验、提高认识所得出的一个重要结论。班组素质提升是煤矿素质的重要组成部分，其落实的重要途径就是开展班组安全生产教育培训。

一、班组安全生产教育培训主要内容

班组安全生产教育培训主要内容包括班组安全建设和管理、班组安全生产知

识、班组安全生产技能等。

(一) 班组安全建设和管理

班组安全建设内容主要包括制度建设、安全文化建设、团队建设和先进经验分享等。

班组安全管理内容主要包括班组劳动定员、劳动组织管理、绩效管理、自主管理、班组安全生产标准化、学历和职业资格准入制度等。

《煤矿安全培训规定》规定，煤矿企业应严格执行班组长学历和职业资格准入制度，井工煤矿从事采煤、掘进、机电、运输、通风、地测等工作的班组长，任职前应当接受不少于72课时的专项安全培训并经考核合格方可上岗作业。班组长及班组成员每年必须进行专题安全培训，培训时间不得少于20学时，并经考核合格方可上岗作业。

班组特种作业人员应当经培训考核合格,持《特种作业人员操作资格证》上岗。

(二) 班组安全生产知识

班组安全生产知识包括安全生产法律法规、企业规章制度、安全生产技术、职业病危害防治和现场处置等。

(三) 班组安全生产技能

班组安全生产技能包括安全操作规程、岗位操作标准等。

二、班组安全生产教育培训方式

煤矿企业应当采用“请进来、走出去”“互联网+”等多种方式，以员工为中心对企业班组人员进行培训。

通过互动研讨、分享点评、实践演练、管理体验等形式，传授班组安全建设的新理念、新方法、新技术。

煤矿企业可建立班组安全建设内部培训讲师队伍，经常性地在各区队、各班组之间进行相互交流，通过讲认识、说做法、传经验，提升班组员工整体技能水平及对班组安全建设的认知水平。

班组应将碎片化学习和集中学习相结合，推行案例学习法，形成基于岗位的“工作学习化、学习工作化”的团队互动式学习模式。

三、班组安全生产教育培训的组织管理

(一) 制定安全生产教育培训计划

煤矿企业应当制定班组素质提升年度活动计划和班组年度培训计划。区队应根据企业年度活动计划、班组年度培训计划制定学习计划和方案。

在制定素质提升年度活动计划时，应体现技术比武、岗位练兵、案例分享、学习对标等主题活动，为员工搭建价值展示平台、才艺交流平台、技能提升平台。

班组年度培训计划应针对班组从事不同专业的人员，进行岗位培训需求分析，开展具有针对性的培训，以提高班组员工的安全知识、意识、技能与素养，培训对象应当覆盖到班组所有人员。

区队学习计划和方案应加强对国家安全生产法律、法规、政策的学习，根据实际工作需要开展的安全措施、作业规程、安全规程、职业健康、现场应急预案等应知应会的学习培训。

（二）加强组织实施

组织好班组成员参加区队的学习计划。按照区队学习计划和方案，抽调人员开展培训。正确处理好工学关系、当前和长远关系，统筹安排好学习人员，落实脱产培训，不以班前会、班后会学习代替投产培训和学习。

选派班组成员参加煤矿企业的培训。无论是班组长、一线操作人员，还是班组工会小组群众安全监督员和特聘煤矿安全群众监督员、安全检查人员，参加培训时，一定要严格要求，严肃纪律，不走过场，不走形式。

（三）开展效果评估

煤矿企业应对班组培训的组织实施过程，员工业务知识、专业技能、安全意识提升和应用效果进行评估。

评估可采用班组员工反馈、绩效改善、实操演练、现场应用和领导点评等方式进行。

（四）认真总结和改进

对班组安全生产教育培训工作要及时进行总结经验，找出短板和不足，针对存在的问题，及时研究改进措施，保障班组安全生产教育培训工作处于良性循环状态。

第八章　班组安全生产标准化

生产标准化是指在经济、技术、科学和管理等社会实践中，对重复性的事物和概念，通过制定、发布和实施标准达到统一，以获得最佳秩序和社会效益的一种行为标准。标准化是社会劳动生产率的量化体现，是企业绩效、管理的基本准则。

煤矿安全生产标准化是对生产标准化的升华，是注重安全生产的具象化表现，更是煤矿企业落实煤矿安全法律、法规、规章、规程的延展。

班组作为煤矿企业最基层的组织单元，在执行煤矿安全生产标准化时，更应侧重班组成员在作业过程、岗位操作方面的风险分级管控、隐患排查治理和现场管理等内容。

第一节　煤矿安全生产标准化建设

一、安全生产标准化主要内容

2020 年 5 月，国家煤矿安全监察局印发《煤矿安全生产标准化管理体系考核定级办法（试行）》和《煤矿安全生产标准化管理体系基本要求及评分方法（试行）》（以下简称《安全生产标准化》），自 2020 年 7 月 1 日起执行，2017 年颁布的《煤矿安全生产标准化考核定级办法（试行）》同时废止。

（一）管理体系及权重

煤矿安全生产标准化管理体系包括理念目标和矿长安全承诺、组织机构、安全生产责任制及安全管理制度、从业人员素质、安全风险分级管控、事故隐患排查治理、质量控制、持续改进等 8 个要素。

理念目标是指企业树立的安全生产基本思想，设定的安全生产目标和煤矿矿长向全体职工做出的安全事项承诺。理念和目标体现了煤矿安全生产的原则和方向，用于引领和指导煤矿安全生产工作。

矿长安全承诺主要涵盖安全生产、安全投入、保障职工权益等方面，是尊重客观规律，依法组织生产，落实主体责任的体现。由矿长做出表率，职工实施监督。

根据煤矿安全生产实际需要，建立健全煤矿安全生产的管理部门，为安全生产工作提供组织保障。

建立完善安全生产责任制及安全管理制度，明确全体从业人员的岗位职责，是开展各项工作的基本遵循。

从业人员素质是指通过严格准入、规范用工，开展安全培训，提高从业人员素质和技能，控制人的不安全行为，为煤矿安全生产提供人才保障。

安全风险分级管控是指对生产过程中发生不同等级事故、伤害的可能性进行辨识评估，预先采取规避、控制安全风险的措施，避免风险失控形成隐患，导致事故。

事故隐患排查治理是指对煤矿生产过程中安全风险管理措施和人的不安全行为、物的不安全状态、环境的不安全条件和管理的缺陷进行检查、登记、治理、验收、销号，避免隐患导致事故。

质量控制是指通过设定通风、地质灾害防治与测量、采煤、掘进、机电、运输等环节（露天煤矿为钻孔、爆破、采装、运输、排土、机电、边坡、疏干排水等环节）的质量和工作指标，以及调度和应急管理、职业病危害防治和地面设施等方面的管理标准，规范煤矿生产技术、设备设施、工程质量、岗位作业行为等方面的管理工作。

持续改进是指对管理体系运行情况的内部自查自评和对外部检查结果进行总结分析，评价管理体系运行情况，查找问题和隐患产生的原因，提出改进意见，提高体系运行质量。

井工煤矿、露天煤矿安全生产标准化管理体系评分权重表见表 8－1－1、表 8－1－2。

表 8－1－1　井工煤矿安全生产标准化管理体系评分权重表

序号	管理要素	标准分值	权重（a_i）
1	理念目标和矿长安全承诺	100	0.03
2	组织机构	100	0.03
3	安全生产责任制及安全管理制度	100	0.03
4	从业人员素质	100	0.06
5	安全风险分级管控	100	0.15
6	事故隐患排查治理	100	0.15

表8-1-1（续）

序号	管 理 要 素		标准分值	权重（a_i）
7	质量控制	通风	100	0.10
		地质灾害防治与测量	100	0.08
		采煤	100	0.07
		掘进	100	0.07
		机电	100	0.06
		运输	100	0.05
		调度和应急管理	100	0.04
		职业病危害防治和地面设施	100	0.03
8	持续改进		100	0.05

表8-1-2　露天煤矿安全生产标准化管理体系评分权重表

序号	管 理 要 素		标准分值	权重（b_i）
1	理念目标和矿长安全承诺		100	0.03
2	组织机构		100	0.03
3	安全生产责任制及安全管理制度		100	0.03
4	从业人员素质		100	0.06
5	安全风险分级管控		100	0.15
6	事故隐患排查治理		100	0.15
7	质量控制	钻孔	100	0.03
		爆破	100	0.07
		采装	100	0.07
		运输	100	0.08
		排土	100	0.05
		机电	100	0.05
		边坡	100	0.05
		疏干排水	100	0.03
		调度和应急管理	100	0.04
		职业病危害防治和地面设施	100	0.03
8	持续改进		100	0.05

（二）标准化等级划分及要求

煤矿安全生产标准化管理体系等级分为一级、二级、三级3个等级，其中一级为最高级。

煤矿安全生产标准化管理体系等级实行分级考核定级。一级标准化的煤矿由省级煤矿安全生产标准化工作主管部门组织初审，国家煤矿安全监察局组织考核定级。二级、三级标准化的煤矿的初审和考核定级部门由省级煤矿安全生产标准化工作主管部门确定。

二、安全生产标准化评定基本条件和原则

（一）基本条件

安全生产标准化管理体系达标煤矿应具备表8－1－3中的8项条件，有一项不符合的，不得参与安全生产标准化管理体系考核定级。

表8－1－3　安全生产标准化管理体系达标基本条件

序号	安全生产标准化管理体系达标基本条件
1	采矿许可证、安全生产许可证、营业执照齐全有效
2	树立体现安全生产“红线意识”和“安全第一、预防为主、综合治理”方针，与本矿安全生产实际、灾害治理相适应的安全生产理念
3	制定符合法律法规、国家政策要求和本单位实际的安全生产工作目标
4	矿长做出持续保持、提高煤矿安全生产条件的安全承诺，并做出表率
5	安全生产组织机构完备（井工煤矿有负责安全、采煤、掘进、通风、机电、运输、地测、防治水、安全培训、调度、应急管理、职业病危害防治等工作的管理部门；露天煤矿有负责安全、钻孔、爆破、采装、运输、排土、边坡、机电、地测、防治水、防灭火、安全培训、调度、应急管理、职业病危害防治等工作的管理部门），配备管理人员； 煤（岩）与瓦斯（二氧化碳）突出矿井、水文地质类型复杂和极复杂矿井、冲击地压矿井按规定设有相应的机构和队伍
6	矿长、副矿长、总工程师、副总工程师按规定参加安全生产知识和管理能力考核，取得考核合格证明
7	建立健全安全生产责任制
8	不存在重大事故隐患

（二）基本原则

安全生产标准化基本原则包括突出理念引领、发挥领导作用、强化风险意识、注重过程控制、依靠科技进步、加强现场管理和推动持续改进7项，各基本原则的内涵见表8－1－4。

表8-1-4　安全生产标准化基本原则及内涵

序号	基本原则	原　则　内　涵
1	突出理念引领	贯彻落实“安全第一，预防为主，综合治理”的安全生产方针，牢固树立安全生产红线意识，用先进的安全生产理念、明确的安全生产目标，指导煤矿开展安全生产工作
2	发挥领导作用	领导作用是煤矿安全生产管理的关键。煤矿矿长应发挥领导表率作用，具有风险意识，实施并兑现安全承诺，落实安全生产主体责任，提供必要的机构、人员、制度、技术、资金等保障，有效推动安全生产标准化管理体系运行，实现安全管理全员参与
3	强化风险意识	建立风险分级管控、隐患排查治理双重预防机制，增强煤矿矿长、总工程师等管理人员、专业技术人员的风险意识，实现安全生产源头管控，不断推动关口前移
4	注重过程控制	过程控制是煤矿安全生产管理的核心。建立并落实管理制度，强化现场管理，定期开展安全生产检查和管理行为、操作行为纠偏，实施安全生产各环节的过程控制
5	依靠科技进步	健全技术管理体系，开展技术创新，推广先进实用技术、装备、工艺，优化生产系统，推动煤矿减水平、减头面、减人员；努力提升煤矿机械化、自动化、信息化、智能化水平，升级完善安全监控系统，持续提高安全保障能力
6	加强现场管理	加强岗位安全生产责任制落实，强化现场作业人员安全知识与技能的培养和应用，上标准岗、干标准活，实现岗位作业流程标准化
7	推动持续改进	根据安全生产实际效果，强化目标导向、问题导向和结果导向，不断调整完善安全生产标准化管理体系和运行机制，推动安全管理水平持续提升

三、安全生产标准化主要特点及执行落实

（一）主要特点

（1）突出安全生产的主要地位。安全生产标准化，就是要求标准化的所有工作必须以安全生产为出发点和着眼点，紧紧围绕矿井安全生产来进行。

（2）强调安全生产工作的规范化和标准化。安全生产标准化要求煤矿安全生产行为必须是合法的和规范的，安全生产各项工作必须符合国家法律、法规、规章、规程的要求。

（3）体现安全与生产的紧密联系。讲生产必须讲安全，抓生产工作也必须抓安全标准化，任何时候都不能偏废。

（4）高标准、高起点。新形势下的煤矿安全生产标准化，必须要高标准、

高起点，满足职工群众日益增长的安全生产、文明生产的愿望。

（二）执行落实

（1）加强教育和培训。班组长应深刻理解安全生产标准化的内涵与意义，以安全生产法律、法规、规章、规程和安全生产技术知识武装自我，借鉴标准化工作先进典型的经验和做法，通过多种形式，广泛宣传，对班组成员开展标准化教育和培训，加强认识，提高全员的安全标准化水平，自觉做好安全标准化工作。

（2）完善班组安全标准化工作各项制度。班组长应在班组范围内建立安全标准化工作信用体系，既突出考核结果，又强调考核过程，将安全标准化工作诚信度作为个人经济、政治发展的重要依据。通过标准化工作引导宣传、动态检查，通过既定制度与技术要求的落实，有效推进班组安全生产标准化工作。

（3）推行精细化管理模式。班组长应结合实际，制定切实可行的实施细则，把每项工作具体细化、量化到生产全过程，精细到每一工种、每一岗位上，使每一条标准都具有较强的可操作性，达到“人人、事事、时时、处处”有科学、严谨、规范的制度去约束，以精细化的制度去实现精细化的行业、精细化的产出。

（4）加强安全标准化各项基础工作。班组长应将安全生产标准化看作班组工作的基础工作，如建立安全标准化工作责任制，制定工作规划，建立健全安全标准体系和考核、评比、奖惩等制度，完善井上下各项安全基础设施。

第二节　风险分级管控与隐患排查治理

一、风险分级管控与隐患排查治理机制来源

2015 年 12 月，习近平总书记在 127 次中央政治局常委会上指出，“对易发重特大事故的行业领域采取风险分级管控、隐患排查治理双重预防性工作机制，推动安全生产关口前移”。

2017 年 1 月，国家煤矿安全监察局印发《煤矿安全生产标准化考核定级办法（试行）》《煤矿安全生产标准化基本要求及评分方法（试行）》，在煤矿安全生产标准化里首次增加了安全风险分级管控与隐患排查治理两个专业的内容。

2020 年 3 月，山西省应急管理厅、山西煤矿安全监察局联合印发《山西省煤矿安全风险分级管控和隐患排查治理双重预防机制实施指南》，指导和规范山西省煤矿双重预防机制建设。

二、班组风险管控与隐患排查治理工作要求

（一）风险管控工作要求

风险管控要从管理层细化到岗位，即要求实现全员风险管控，班组作为安全管理工作的排头兵，重要性不言而喻，把风险管控延伸到岗位层级也是大势所趋，在全员风险告知和培训的基础上，加强岗位层级的风险管控，有利于真正实现安全管理关口前移，推动安全生产。

煤矿在完成风险辨识评估以后，可将安全风险等级划分为重大风险、较大风险、一般风险和低风险，分别对应红、橙、黄、蓝四种颜色标识。煤矿要根据风险辨识评估的结果，将煤矿风险点结合矿井图纸绘制安全风险四色图，风险点颜色依据该风险点下最高等级的风险确定。班组和岗位人员应根据矿井安全风险四色图明确和熟记工作区域内的风险分布情况。

班组和岗位人员在日常的生产作业过程中，应重点认知和熟记工作区域内的风险及管控措施，并在作业前进行相关的安全确认。通过岗位风险告知卡熟知岗位风险内容，在作业过程中随时关注和岗位相关安全风险的变化情况，发现问题立即上报。

（二）班组隐患排查治理工作要求

班组和岗位人员在日常的作业过程中应随时排查事故隐患，发现问题及时上报，并做好排查记录。

班组对于有条件立即治理的事故隐患，在采取措施确保安全的前提下，应当及时治理，并做好记录。记录可以当班或交接班时在井下现场登记，也可升井后在区队、班组进行补登。对于不能立即采取有效措施治理的事故隐患，煤矿应明确治理责任单位（责任人）、治理措施、资金、时限，并组织实施，其中需要资金进行治理的隐患应明确资金预算，不需要资金治理的隐患也应明确说明不需要资金；时限设定应合理，时限设定虽未有相关规定，但隐患整改应越快越好，不能因为按期整改而故意设定较长时限。对于煤矿重大事故隐患应由矿长按照责任、措施、资金、时限、预案“五落实”的原则，组织相关部门、班组、人员制定专项治理方案，并组织实施。

三、班组风险分级管控与隐患排查治理措施

（一）安全风险辨识

班组开工作业前应开展安全风险辨识，班组长对施工组织、作业人员及岗位操作进行安全风险辨识，分析可能存在的危险因素以及可能引发的安全事故，班

组人员要熟知现场各岗位的风险点、风险内容、风险级别和管控措施，在作业前应进行安全确认。经确认现场安全，班组长下达作业命令后，方可开始作业。

（二）现场隐患动态排查治理

班组要强化作业现场隐患动态管控，班组长要对作业环境、安全设施、生产系统进行巡回检查，对作业过程中重点环节、关键工序进行动态监控排查，及时治理现场隐患，隐患未消除前不得组织生产。

班组岗位人员要对岗位作业环境、设备设施进行逐项排查隐患，经安全确认后方可运转设备。岗位人员要严格按照岗位操作标准规范操作，杜绝不安全行为，实现班组岗位操作达标。

第三节　班组现场管理标准化

一、掘进现场管理标准化

（一）设备管理

1. 掘进机械基本要求

（1）掘进施工机（工）具完好。

（2）掘进机械设备完好，截割部运行时人员不在截割臂下停留和穿越，机身与煤（岩）壁之间不站人。

（3）综掘机铲板前方和截割臂附近无人时方可启动，停止工作和交接班时按要求停放综掘机，将切割头落地，并切断电源。

（4）移动电缆有吊挂、拖曳、收放、防拔脱装置，并且完好；掘进机、掘锚一体机、连续采煤机、梭车、锚杆钻车装设甲烷断电仪或者便携式甲烷检测报警仪。

（5）使用掘进机、掘锚一体机、连续采煤机掘进时，开机、退机、调机时发出报警信号，设备非操作侧设有急停按钮（连续采煤机除外），有前照明和尾灯；内外喷雾使用正常。

（6）安装机载照明的掘进机后配套设备（如锚杆钻车等）启动前开启照明。

2. 运输系统基本要求

（1）后运配套系统设备设施能力匹配。

（2）运输设备完好，电气保护齐全可靠。

（3）刮板输送机、带式输送机减速器与电动机实现软起动或软连接，液力偶合器不使用可燃性传动介质（调速型液力偶合器不受此限），使用合格的易熔塞和防爆片；开关上架，电气设备不被淋水；机头、机尾固定牢固；行人跨越处设过桥。

（4）带式输送机输送带阻燃和抗静电性能符合规定，有防打滑、防跑偏、防堆煤、防撕裂等保护装置，装设温度、烟雾监测装置和自动洒水装置；机头、机尾应有安全防护设施：机头处有防灭火器材；连续运输系统安设有连锁、闭锁控制装置，沿线安设有通信和信号装置；采用集中综合智能控制方式；上运时装设防逆转装置和制动装置，下运时装设软制动装置且装设有防超速保护装置；大于16°的斜巷中使用带式输送机设置防护网，并采取防止物料下滑、滚落等安全措施；机头机尾处设置有扫煤器；支架编号管理；托辊齐全、运转正常。

（5）轨道运输设备安设符合要求，制动可靠，声光信号齐全；轨道铺设符合要求；钢丝绳及其使用符合《煤矿安全规程》要求；其他辅助运输设备符合规定。

（二）工程质量与安全

1. 安全管控基本要求

（1）永久支护距掘进工作面距离符合作业规程规定。

（2）执行“敲帮问顶”制度，无空顶作业，空帮距离符合规程规定。

（3）临时支护形式、数量、安装质量符合作业规程要求。

（4）架棚支护棚间装设有牢固的撑杆或拉杆，可缩性金属支架应用金属拉杆，距掘进工作面10 m内架棚支护，爆破前进行加固。

（5）无失修巷道，运输设备完好、各种安全设施齐全可靠。

（6）压风、供水系统压力等符合施工要求。

2. 规格质量基本要求

（1）巷道净宽误差符合以下要求：锚网（索）、锚喷、钢架喷射混凝土巷道有中线的0～100 mm，无中线的－50～200 mm；刚性支架、预制混凝土块、钢筋混凝土弧板、钢筋混凝土巷道有中线的0～50 mm，无中线的－30～80 mm；可缩性支架巷道有中线的0～100 mm，无中线的－50～100 mm。

（2）巷道净高误差符合以下要求：锚网背（索）、锚喷巷道有腰线的0～100 mm，无腰线的－50～200 mm；刚性支架巷道有腰线的－30～50 mm，无腰线的－30～50 mm；钢架喷射混凝土、可缩性支架巷道－30～100 mm；裸体巷道有腰线的0～150 mm，无腰线的－30～200 mm；预制混凝土、钢筋混凝土弧板、钢筋混凝土有腰线的0～50 mm，无腰线的－30～80 mm。

（3）巷道坡度偏差不得超过±1‰。

（4）巷道水沟误差应符合以下要求：中线至内沿距离为－50～50 mm，腰线

至上沿距离为 -20 ~ 20 mm，深度、宽度为 -30 ~ 30 mm，壁厚为 -10 mm。

3. 内在质量基本要求

（1）锚喷巷道喷层厚度不低于设计值的 90%（现场每 25 m 打一组观测孔，一组观测孔至少 3 个且均匀布置），喷射混凝土的强度符合设计要求，基础深度不小于设计值的 90%。

（2）光面爆破眼痕率符合以下要求：硬岩不小于 80%、中硬岩不小于 50%，软岩周边成型符合设计轮廓。

（3）煤巷、半煤岩巷道超（欠）挖不超过 3 处（直径大于 500 mm，深度：顶大于 250 mm、帮大于 200 mm）。

（4）锚网索巷道锚杆（索）安装、螺母扭矩、抗拔力、网的铺设连接符合设计要求，锚杆（索）的间、排距偏差为 -100 ~ 100 mm，锚杆露出螺母长度为 10 ~ 50 mm（全螺纹锚杆为 10 ~ 100 mm），锚索露出锁具长度为 150 ~ 250 mm，锚杆与井巷轮廓线切线或与层理面、节理面裂隙面垂直，最小不小于 75°，抗拔力、预应力不小于设计值的 90%。

（5）刚性支架、钢架喷射混凝土、可缩性支架巷道偏差符合以下要求：支架间距不大于 50 mm、梁水平度不大于 40 mm、支架梁扭矩不大于 50 mm、立柱斜度不大于 1°，水平巷道支架前倾后仰不大于 1°，柱窝深度不小于设计值；撑（或拉）杆、垫板、背板的位置、数量、安设形式符合要求；倾斜巷道每增加 5° 支架迎山角增加 1°。

4. 材料质量基本要求

（1）各种支架及其构件、配件的材质、规格及背板和充填材质、规格符合设计要求。

（2）锚杆（索）的杆体及配件、网、锚固剂、喷浆材料等材质、品种、规格、强度等符合设计要求。

二、采煤现场管理标准化

（一）采煤工作面顶板控制

（1）液压支架初撑力不低于额定值的 80%，有现场检测手段；单体液压支柱初撑力符合《煤矿安全规程》要求。

（2）液压支架中心距（支柱间排距）误差不超过 100 mm，侧护板正常使用，架间间隙不超过 100 mm（单体支柱间距误差不超过 100 mm）；支架（支柱）不超高使用，支架（支柱）高度与采高相匹配，控制在作业规程规定的范围内，支架的活柱行程不小于 200 mm（企业特殊定制支架、支柱以其技术指标为准）。

（3）液压支架接顶严实，相邻支架（支柱）顶梁平整，无明显错茬（不超过顶梁侧护板高的2/3），支架不挤不咬；采高大于3.0 m或片帮严重时，应有防片帮措施；支架前梁（伸缩梁）梁端至煤壁顶板垮落高度不大于300 mm。

（4）支架顶梁与顶板平行，最大仰俯角不大于7°；支架垂直顶底板，歪斜角不大于5°；支柱垂直顶底板，仰俯角符合作业规程规定。

（5）液压支架（支柱顶梁）端面距符合作业规程规定。

（6）工作面“三直一平”，液压支架（支柱）排成一条直线，其偏差不超过50 mm。

（7）工作面伞檐长度大于1 m时，其最大突出部分，薄煤层不超过150 mm，中厚以上煤层不超过200 mm；伞檐长度在1 m及以下时，最突出部分薄煤层不超过200 mm，中厚煤层不超过250 mm。

（8）工作面内液压支架（支柱）编号管理，牌号清晰。

（9）工作面内特殊支护齐全；局部悬顶和冒落不充分的，悬顶面积小于10 m^2 时应采取措施，悬顶面积大于10 m^2 时应进行强制放顶。特殊情况下不能强制放顶时，应有加强支护的可靠措施和矿压观测监测手段。

（10）不随意留顶煤、底煤开采，留顶煤、托夹矸开采时，制定专项措施。

（11）工作面因顶板破碎或分层开采，需要铺设假顶时，按照作业规程的规定执行。

（12）工作面控顶范围内顶底板移近量按采高不大于100 mm/m；底板松软时，支柱应穿柱鞋，钻底小于100 mm；工作面顶板不应出现台阶式下沉。

（13）坚持开展工作面工程质量、顶板控制、规程落实情况的班评估工作，记录齐全，并放置在井下指定地点。

（二）安全出口与端头支护

（1）工作面安全出口畅通，人行道宽度不小于0.8 m，综采（放）工作面安全出口高度不低于1.8 m，其他工作面不低于1.6 m。

（2）工作面两端第一组支架与巷道支护间距不大于0.5 m，单体支柱初撑力符合《煤矿安全规程》规定。

（3）进、回风巷超前支护距离不小于20 m，支柱柱距、排距允许偏差不大于100 mm，支护形式符合作业规程规定。

（4）进、回风巷与工作面放顶线放齐（沿空留巷除外），控顶距应在作业规程中规定；挡矸有效。

（5）架棚巷道超前替棚距离，锚杆、锚索支护巷道退锚距离符合作业规程规定。

（三）机电设备管理

1. 支护装备（泵站、支架及支柱）基本要求

（1）支护装备（泵站、支架及支柱）满足设计要求。

（2）乳化液泵站完好，综采工作面乳化液泵压力不小于 30 MPa，炮采、高档普采工作面乳化液泵压力不小于 18 MPa，乳化液（浓缩液）浓度符合产品技术标准要求，并在作业规程中明确规定。

（3）液压系统无漏、窜液，部件无缺损，管路无挤压；注液枪完好，控制阀有效。

（4）采用电液阀控制时，净化水装置运行正常，水质、水量满足要求。

（5）各种液压设备及辅件合格、齐全、完好，控制阀有效，耐压等级符合要求，操纵阀手把有限位装置。

2. 生产装备基本要求

（1）生产装备选型、配套合理，满足设计生产能力需要。

（2）采煤机完好；有停止工作面刮板输送机的闭锁装置；设置甲烷断电仪或者便携式甲烷检测报警仪，且灵敏可靠；截齿、喷雾装置、冷却系统符合规定，内外喷雾有效；电气保护齐全可靠。

（3）刮板输送机、转载机、破碎机完好；刮板输送机机头、机尾固定可靠；减速器与电动机软连接或采用软启动控制，液力偶合器不使用可燃性传动介质（调速型液力偶合器不受此限），使用合格的易熔塞和防爆片；刮板输送机安设有能发出停止和启动信号的装置；刮板输送机、转载机、破碎机电气保护齐全可靠，电机采用水冷方式时，水量、水压符合要求。

（4）带式输送机完好，机架、托辊齐全完好，输送带不跑偏；电气保护齐全可靠；使用阻燃、抗静电输送带，有防打滑、防堆煤、防跑偏、防撕裂保护装置，有温度、烟雾监测装置，有自动洒水装置；机头、机尾固定牢固，机头有防护栏，有防灭火器材，机尾使用挡煤板、有防护罩。在大于16°的斜巷中带式输送机设置防护网，并采取防止物料下滑、滚落等安全措施；连续运输系统有连锁、闭锁控制装置，全线安设有通信和信号装置；上运式带式输送机装设防逆转装置和制动装置，下运式带式输送机装设软制动装置和防超速保护装置；安设沿线急停装置。

3. 电气设备基本要求

（1）电气设备满足生产、支护装备安全运行的需要。

（2）小型电器排列整齐，干净整洁，性能完好。

（3）机电设备表面干净，无浮煤积尘。

（4）移动变电站完好；接地线安设规范；开关上架，电气设备不被淋水；移动电缆有吊挂、拖曳装置。

三、通风现场管理标准化

（一）通风系统

1. 系统管理基本要求

（1）井下爆炸物品库、充电硐室、采区变电所、实现采区变电所功能的中央变电所有独立的通风系统。

（2）井下没有违反《煤矿安全规程》规定的扩散通风、采空区通风和利用局部通风机通风的采煤工作面；对于允许布置的串联通风，制定安全技术措施。

（3）采区专用回风巷不用于运输、安设电气设备，突出区不行人；专用回风巷道维修时制定专项措施，经矿总工程师审批。

（4）装有主要通风机的回风井口的防爆门符合规定，每 6 个月检查维修 1 次；每季度至少检查 1 次反风设施；制定年度全矿性反风技术方案，按规定审批，实施有总结报告，并达到反风效果。

2. 风量配置基本要求

（1）新安装的主要通风机投入使用前，进行 1 次通风机性能测定和试运转工作，投入使用后每 5 年至少进行 1 次性能测定；矿井通风阻力测定符合《煤矿安全规程》规定。

（2）矿井每年进行 1 次通风能力核定；每 10 天至少进行 1 次井下全面测风，井下各硐室和巷道的供风量满足计算所需风量。

（3）矿井有效风量率不低于 85%；矿井外部漏风率每年至少测定 1 次，外部漏风率在无提升设备时不得超过 5%，有提升设备时不得超过 15%。

（4）采煤工作面进、回风巷实际断面不小于设计断面的 2/3；其他通风巷道实际断面不小于设计断面的 4/5；矿井通风系统的阻力符合 AQ 1028 规定；矿井内各地点风速符合《煤矿安全规程》规定。

（二）局部通风

1. 装备措施基本要求

（1）掘进通风方式符合《煤矿安全规程》规定，采用局部通风机供风的掘进巷道应安设同等能力的备用局部通风机，实现自动切换。

（2）局部通风机的安装、使用符合《煤矿安全规程》规定，实行挂牌管理，不发生循环风；不出现无计划停风，有计划停风前制定专项通风安全技术措施。

（3）局部通风机设备齐全，装有消声器（低噪声局部通风机和除尘风机除外），吸风口有风罩和整流器，高压部位有衬垫；局部通风机及其启动装置安设在进风巷道中，地点距回风口大于10 m，且10 m范围内巷道支护完好，无淋水、积水、淤泥和杂物；局部通风机离巷道底板高度不小于0.3 m。

2. 风筒敷设基本要求

（1）风筒末端到工作面的距离和自动切换的交叉风筒接头的规格、安设标准符合作业规程规定。

（2）使用抗静电、阻燃风筒，实行编号管理。风筒接头严密，无破口（末端20 m除外），无反接头；软质风筒接头反压边，硬质风筒接头加垫、螺钉紧固。

（3）风筒吊挂平、直、稳，软质风筒逢环必挂，硬质风筒每节至少吊挂2处；风筒不被摩擦、挤压。

（4）风筒拐弯处用弯头或者骨架风筒缓慢拐弯，不拐死弯；异径风筒接头采用过渡节，无花接。

（三）通风设施

1. 设施管理基本要求

（1）及时构筑通风设施（指永久密闭、风门、风窗和风桥），设施墙（桥）体采用不燃性材料构筑，其厚度不小于0.5 m（防突风门、风窗墙体不小于0.8 m），严密不漏风。

（2）密闭、风门、风窗墙体周边按规定掏槽，墙体与煤岩接实，四周有不少于0.1 m的裙边，周边及围岩不漏风；墙面平整、无裂缝、重缝和空缝，并进行勾缝、抹面或者喷浆，抹面的墙面1 m^2 内凸凹深度不大于10 mm。

（3）设施5 m范围内支护完好，无片帮、漏顶、杂物、积水和淤泥。

（4）设施统一编号，每道设施有规格统一的施工说明及检查维护记录牌。

2. 密闭基本要求

（1）密闭位置距全风压巷道口不大于5 m，设有规格统一的瓦斯检查牌板和警标，距巷道口大于2 m的设置栅栏；密闭前无瓦斯积聚。

（2）所有导电体在密闭处断开（在用的管路采取绝缘措施处理除外）。

（3）密闭内有水时设有反水池或者反水管，采空区密闭设有观测孔、措施孔，且孔口设置阀门或者带有水封结构。

3. 风门风窗基本要求

（1）每组风门不少于2道，其间距不小于5 m（通车风门间距不小于1列车长度），主要进、回风巷之间的联络巷设具有反向功能的风门，其数量不少于2道；通车风门按规定设置和管理，并有保护风门及人员的安全措施。

（2）风门能自动关闭，并连锁，使2道风门不能同时打开；门框包边沿口，有衬垫，四周接触严密，门扇平整不漏风；风窗有可调控装置，调节可靠。

（3）风门、风窗水沟处设有反水池或者挡风帘，轨道巷通车风门设有底槛，电缆、管路孔堵严，风筒穿过风门（风窗）墙体时，在墙上安装与胶质风筒直径匹配的硬质风筒。

4. 风桥基本要求

（1）风桥两端接口严密，四周为实帮、实底，用混凝土浇灌填实；桥面规整不漏风。

（2）风桥通风断面不小于原巷道断面的4/5，呈流线型，坡度小于30°。

（3）风桥上、下不安设风门、调节风窗等。

（四）瓦斯管理

（1）矿长、总工程师、爆破工、采掘区队长、通风区队长、工程技术人员、班长、流动电钳工、安全监测工等下井时，携带便携式甲烷检测报警仪。瓦斯检查工下井时携带便携式甲烷检测报警仪和光学瓦斯检测仪。

（2）瓦斯检查符合《煤矿安全规程》规定；瓦斯检查工在井下指定地点交接班，有记录。

（3）瓦斯检查做到井下记录牌、瓦斯检查手册、瓦斯检查班报（台账）“三对口”；瓦斯检查日报及时上报矿长、总工程师签字，并有记录。

（4）采掘工作面及其他地点的瓦斯浓度符合《煤矿安全规程》规定；瓦斯超限立即切断电源，并撤出人员，查明瓦斯超限原因，落实防治措施。

（5）临时停风地点停止作业、切断电源、撤出人员、设置栅栏和警示标志；长期停风区在24 h内封闭完毕。

（6）停风区内甲烷或者二氧化碳浓度达到3.0%或者其他有害气体浓度超过《煤矿安全规程》规定不立即处理时，在24 h内予以封闭，并切断通往封闭区的管路、轨道和电缆等导电物体。

（7）采煤工作面不使用局部通风机稀释瓦斯。

四、爆破现场管理标准化

（1）爆破作业执行“一炮三检”“三人连锁爆破”制度，采取停送电（突出煤层）、撤人、设岗警戒措施。

（2）编制爆破作业说明书，并严格执行。

（3）现场设置爆破图牌板。

（4）爆炸物品现场存放、引药制作符合《煤矿安全规程》规定。

（5）残爆、拒爆处理符合《煤矿安全规程》规定。

（6）采用湿式钻孔或者孔口除尘措施，爆破使用水炮泥，爆破前后冲洗煤壁巷帮；炮掘工作面安设有移动喷雾装置，爆破时开启使用。

（7）实施爆破卸压时，装药方式、装药长度、装药量、封孔长度以及连线方式、起爆方式等参数应在设计中明确规定，并制定安全防护措施。

（8）煤层爆破作业的躲炮距离不小于300 m。

五、机电现场管理标准化

（一）主提升系统

1. 立斜井绞车提升基本要求

（1）提升系统能力满足矿井安全生产需要。

（2）各种安全保护装置符合《煤矿安全规程》规定。

（3）立井提升装置的过卷过放、提升容器和载荷等符合《煤矿安全规程》规定。

（4）提升装置、连接装置及提升钢丝绳符合《煤矿安全规程》规定。

（5）制动装置可靠，副井及负力提升的系统使用可靠的电气制动。

（6）立井井口及各水平阻车器、安全门、摇台等与提升信号闭锁。

（7）提升速度大于3 m/s的立井提升系统内，安设有防撞梁和缓冲托罐装置；单绳缠绕式双滚筒绞车安设有地锁和离合器闭锁。

（8）斜井提升制动减速度达不到要求时应设二级制动装置。

（9）提升系统通信、信号装置完善，主副井绞车房有能与矿调度室直通电话。

（10）上、下井口及各水平安设有摄像头，机房有视频监视器。

（11）机房安设有应急照明装置。

（12）使用低耗、先进、可靠的电控装置，有电动机及主要轴承温度和振动监测。

（13）主井提升宜采用集中远程监控，可不配司机值守，但应设图像监视，并定时巡检。

2. 钢丝绳牵引带式输送机提升基本要求

（1）提升运输能力满足矿井、采区安全生产需要，人货不混乘，不超速运人。

（2）各种保护装置符合《煤矿安全规程》规定。

（3）在输送机全长任何地点装设便于搭乘人员或其他人员操作的紧急停车

装置。

（4）上、下人地点设声光信号、语音提示和自动停车装置，卸煤口及终点下人处设有防止人员坠入及进入机尾的安全设施和保护。

（5）上、下人和装、卸载处装设有摄像头，机房有视频监视器。

（6）输送带、滚筒、托辊等材质符合规定，滚筒、托辊转动灵活，带面无损坏、漏钢丝等现象。

（7）机房安设有与矿调度室直通电话。

（8）使用低耗、先进、可靠的电控装置，有电动机及主要轴承温度和振动监测。

（9）宜采用集中远程监控，实现无人值守。

3. 滚筒驱动带式输送机基本要求

（1）提升运输能力满足矿井、采区安全生产需要。

（2）电动机保护齐全可靠。

（3）装设有防滑、防跑偏、防堆煤、防撕裂和输送带张紧力下降保护装置，以及温度、烟雾监测和自动洒水装置。

（4）上运输送机装设防逆转和制动装置，下运输送机装设有软制动装置且装设防超速装置。

（5）减速器与电动机采用软连接或采用软启动控制，液力偶合器不使用可燃性传动介质（调速型液力偶合器不受此限）。

（6）输送带、滚筒、托辊等材质符合规定，滚筒、托辊转动灵活，带面无损坏、漏钢丝等现象。

（7）倾斜井巷使用的钢丝绳芯输送机有钢丝绳芯及接头状态检测装备。

（8）钢丝绳芯输送机设有沿线紧急停车、闭锁装置，装、卸载处设有摄像头。

（9）机头、机尾及搭接处设有照明，转动部位设有防护栏和警示牌，行人跨越处设有过桥。

（10）在大于16°的倾斜井巷中应当设置防护网，并采取防止物料下滑、滚落等安全措施。

（11）连续运输系统安设有连锁、闭锁控制装置，沿线安设有通信和信号装置。

（12）集中控制硐室安设有与矿调度室直通电话。

（13）使用低耗、先进、可靠的电控装置，有电动机及主要轴承温度和振动监测。

（14）宜采用集中远程监控，实现无人值守。

（二）主通风机系统

（1）主要通风机性能满足矿井通风安全需要。

（2）电动机保护齐全、可靠。

（3）使用在线监测装置，并且具备通风机轴承、电动机轴承、电动机定子绕组温度检测和超温报警功能，具备振动监测及报警功能。

（4）每月倒机、检查1次。

（5）安设有与矿调度室直通的电话。

（6）机房设有水柱计、电流表、电压表等仪表，并定期校准。

（7）机房安设应急照明装置。

（8）使用低耗、先进、可靠的电控装置。

（三）压风系统

（1）供风能力满足矿井安全生产需要。

（2）压缩机、储气罐及管路设置符合《煤矿安全规程》《特种设备安全法》等规定。

（3）电动机保护齐全可靠。

（4）压力表、安全阀、释压阀设置齐全有效，定期校准。

（5）油质符合规定，有可靠的断油保护。

（6）水冷压缩机水质符合要求，有可靠的断水保护。

（7）风冷压缩机冷却系统及环境符合规定。

（8）温度保护齐全、可靠，定值准确。

（9）井下压缩机运转时有人监护。

（10）机房安设有应急照明装置。

（11）使用低耗、先进、可靠的电控装置，有电动机及主要轴承温度和振动监测。

（12）地面压缩机采用集中远程监控，实现无人值守。

（四）排水系统

1. 矿井及采区主排水系统基本要求

（1）排水能力满足矿井、采区安全生产需要。

（2）泵房及出口，水泵、管路及配电、控制设备，水仓蓄水能力等符合《煤矿安全规程》规定。

（3）有可靠的引水装置。

（4）设有高、低水位声光报警装置。

(5) 电动机保护装置齐全、可靠。

(6) 排水设施、水泵联合试运转、水仓清理等符合《煤矿安全规程》规定。

(7) 水泵房安设有与矿调度室直通电话。

(8) 各种仪表齐全，及时校准。

(9) 使用低耗、先进、可靠的电控装置，有电动机及主要轴承温度和振动监测。

(10) 采用集中远程监控，实现无人值守。

2. 其他排水地点基本要求

(1) 排水设备及管路符合规定要求。

(2) 设备完好，保护齐全、可靠。

(3) 排水能力满足安全生产需要。

(4) 使用小型自动排水装置。

(五) 瓦斯抽采及发电系统

(1) 抽采泵出气侧管路系统装设防回火、防回气、防爆炸的安全装置。

(2) 根据输送方式的不同，设置甲烷、流量、压力、温度、一氧化碳等各种监测传感器。

(3) 超温、断水等保护齐全、可靠。

(4) 压力表、水位计、温度表等仪器仪表齐全、有效。

(5) 机房安设有应急照明。

(6) 电气设备防爆性能符合要求，保护齐全、可靠。

(7) 阀门装置灵活。

(8) 机房有防烟火、防静电、防雷电措施。

(六) 供热降温系统

1. 热水锅炉基本要求

(1) 安设有温度计、安全阀、压力表、排污阀。

(2) 按规定安设可靠的超温报警和自动补水装置。

(3) 系统中有减压阀，热水循环系统定压措施和循环水膨胀装置可靠，有高低压报警和连锁保护。

(4) 停电保护、电动机及其他各种保护灵敏可靠。

(5) 有特种设备使用登记证和年检报告。

(6) 安全阀、仪器仪表按规定检验，有检验报告。

(7) 水质合格，有检验报告。

2. 蒸汽锅炉基本要求

（1）安设有双色水位计或两个独立的水位表。

（2）按规定安设可靠的高低水位报警和自动补水装置。

（3）按规定安设压力表、安全阀、排污阀。

（4）按规定安设可靠的超压报警器和连锁保护装置。

（5）温度保护、熄火保护、停电自锁保护以及电动机和其他各种保护灵敏、可靠。

（6）有特种设备使用登记证和年检报告。

（7）安全阀、仪器仪表按规定检验，有检验报告。

（8）水质合格，有检验报告。

3. 热风炉基本要求

（1）安设有防火门和栅栏，有防烟、防火、超温安全连锁保护装置，有一氧化碳检测和洒水装置。

（2）电动机及其他各种保护灵敏、可靠。

（3）出风口处电缆有防护措施。

（4）锅炉距离入风井口不少于20 m。

（5）有国家或者当地主管部门颁发的安全性能合格证。

4. 降温系统基本要求

（1）设备完好。

（2）各类保护齐全、可靠。

（3）各种阀门、安全阀灵活可靠。

（4）仪表正常，有检验报告。

（5）水质合格，有化验记录。

（七）地面供电系统

（1）有矿井供电设计及供电系统图，供电能力满足矿井安全生产需要。

（2）矿井供电主变压器运行方式符合规定。

（3）主要通风机、提升人员的绞车、抽采瓦斯泵、压风机以及地面安全监控中心等主要设备供电符合《煤矿安全规程》规定。

（4）各种保护设置齐全、定值合理、动作灵敏可靠，高压配出侧装设有选择性的接地保护。

（5）变电所有可靠的操作电源。

（6）直供电机开关或带有电容器的开关有欠压保护。

（7）高压开关柜具有防止误分合断路器、防止带负荷分合隔离开关、防止带电挂（合）接地线（接地开关）、防止带接地线（接地开关）合断路器（隔离开关）、防止误入带电间隔和通信功能。

（8）反送电开关柜加锁且有明显标志。

（9）矿井 6000 V 及以上电网单相接地电容电流符合《煤矿安全规程》规定。

（10）电气工作票、操作票符合《电力安全工作规程》的要求。

（11）防雷设施齐全、可靠。

（12）供电电压、功率因数、谐波参数符合规定。

（13）矿井主要变电所实现综合自动化保护和控制，实现无人值守。

（14）变电所有应急照明装置。

（15）矿井变电所安设有与电力调度及矿调度室直通电话，并有录音功能。

（八）井下供电系统

（1）各水平中央变电所、采区变电所、主排水泵房和下山开采的采区泵房供电线路符合《煤矿安全规程》规定，运行方式合理。

（2）各级变电所运行管理符合规定。

（3）矿井、采区及采掘工作面等供电地点均有合格的供电系统设计，符合现场实际。

（4）按规定进行继电保护核算、检查和整定。

（5）中央变电所安装有选择性接地保护装置。

（6）配电网路开关分断能力、可靠动作系数和动、热稳定性以及电缆的热稳定性符合规定。

（7）实行停送电审批和工作票制度。

（8）井下变电所、配电点悬挂与实际相符的供电系统图。

（9）调度室、变电所有停送电记录。

（10）变电所及高压配电点设有与矿调度室直通电话。

（11）变电所设置符合《煤矿安全规程》规定。

（12）采区变电所设专人值班或关门加锁并定期巡检。

（13）采用集中远程监控，实现无人值守。

六、运输现场管理标准化

（一）运输线路

1. 主要运输线路（主要运输大巷和主要运输石门、井底车场、主要绞车道，地面运煤、运矸干线和集中运载站车场的轨道）及行驶人车的轨道线路质量要求

（1）接头平整度：轨面高低和内侧错差不大于 2 mm。
（2）轨距：直线段和加宽后的曲线段允许偏差为 −2 ~5 mm。
（3）水平：直线段及曲线段加高后两股钢轨偏差不大于 5 mm。
（4）轨缝不大于 5 mm。
（5）扣件齐全、牢固，与轨型相符。
（6）轨枕规格及数量应符合标准要求，间距偏差不超过 50 mm。
（7）道砟粒度及铺设厚度符合标准要求，轨枕下应捣实。
（8）曲线段设置轨距拉杆。

2. 其他轨道线路不得有杂拌道（异型轨道长度小于 50 m 为杂拌道）质量要求

（1）接头平整度：轨面高低和内侧错差不大于 2 mm。
（2）轨距：直线段和加宽后的曲线段允许偏差为 −2 ~6 mm。
（3）水平：直线段及曲线段加高后两股钢轨偏差不大于 8 mm。
（4）轨缝不大于 5 mm。
（5）扣件齐全、牢固，与轨型相符。
（6）轨枕规格及数量符合标准要求，间距偏差不超过 50 mm。
（7）道砟粒度及铺设厚度符合标准要求，轨枕下应捣实。

3. 单轨吊车线路要求

（1）下轨面接头间隙直线段不大于 3 mm。
（2）接头高低和左右允许偏差分别为 2 mm 和 1 mm。
（3）接头摆角垂直不大于 7°，水平不大于 3°。
（4）水平弯轨曲率半径不小于 4 m，垂直弯轨曲率半径不小于 10 m。
（5）起始端、终止端设置轨端阻车器。

4. 道岔质量要求

（1）轨距按标准加宽后及辙岔前后轨距偏差不大于 +3 mm。
（2）水平偏差不大于 5 mm。
（3）接头平整度：轨面高低及内侧错差不大于 2 mm。
（4）尖轨尖端与基本轨密贴，间隙不大于 2 mm，无跳动，尖轨损伤长度不超过 100 mm，在尖轨顶面宽 20 mm 处与基本轨高低差不大于 2 mm。
（5）心轨和护轨工作边间距按标准轨距减小 28 mm 后，偏差 +2 mm。
（6）扣件齐全、牢固，与轨型相符。
（7）轨枕规格及数量符合标准要求，间距偏差不超过 50 mm，轨枕下应捣实。

5. 单轨吊道岔要求

（1）道岔框架4个悬挂点的受力应均匀，固定点数均匀分布不少于7处。

（2）下轨面接头轨缝不大于3 mm。

（3）轨道无变形，活动轨动作灵敏，准确到位。

（4）机械闭锁可靠。

（5）连接轨断开处设有轨端阻车器。

（二）运输设备

1. 架空乘人装置基本要求

（1）架空乘人装置正常运行；每日至少对整个装置进行1次检查。

（2）双向同时运送人员时钢丝绳间距不得小于0.8 m，固定抱索器的钢丝绳间距不得小于1.0 m；乘人吊椅距底板的高度不得小于0.2 m，在上下人站处不大于0.5 m；乘坐间距不应小于牵引钢丝绳5 s的运行距离，且不得小于6 m；各乘人站设上下人平台，平台处钢丝绳距巷道壁不小于1 m，路面应当进行防滑处理，上、下人员地点前方应装置人员到达语音提醒装置。

（3）运行坡度、运行速度不得超过《煤矿安全规程》规定；

（4）驱动系统必须设置失效安全型工作制动装置和安全制动装置，安全制动装置必须设置在驱动轮上。

（5）装设超速、打滑、全程急停、防脱绳、变坡点防掉绳、张紧力下降、越位等保护装置，安全保护装置发生保护动作后，需经人工复位，方可重新启动。

（6）沿线设有延时启动声光预警信号。

（7）各上下人地点装备通信信号装置，具备通话和信号发送接收功能。

（8）除采用固定抱索器的架空乘人装置外，应当设置乘人间距提示或者保护装置。

（9）减速器应设置油温检测装置，当油温异常时能发出报警信号。

（10）有断轴保护措施。

（11）钢丝绳安全系数、插接长度、断丝面积、直径减小量、锈蚀程度符合《煤矿安全规程》规定。

（12）倾斜巷道中架空乘人装置与轨道提升系统同巷布置时，必须设置电气闭锁，2种设备不得同时运行；倾斜巷道中架空乘人装置与带式输送机同巷布置时，必须采取可靠的隔离措施。

（13）巷道应当设置照明。

2. 机车基本要求

（1）制动装置符合规定，齐全、可靠。

（2）列车或者单独机车前有照明、后有红灯。

（3）警铃（喇叭）、连接装置和撒沙装置完好。

（4）同一水平行驶5台及以上机车时，装备机车运输集中信号控制系统及机车通信设备；同一水平行驶7台及以上机车时，装备机车运输监控系统。

（5）新建投产的大型矿井的井底车场和运输大巷，装备机车运输监控系统或者运输集中信号控制系统。

（6）防爆蓄电池机车或者防爆柴油机动力机车装备甲烷断电仪或者便携式甲烷检测报警仪。

（7）防爆柴油机动力机车装备自动保护装置和防灭火装置。

（8）机车、平巷人车、矿车、专用车辆完好。

3. 调度绞车基本要求

（1）安装符合设计要求，固定可靠。

（2）制动装置符合规定，齐全、可靠。

（3）钢丝绳安全系数、断丝面积、直径减小量、锈蚀程度以及滑头、保险绳插接长度符合《煤矿安全规程》规定。

（4）声光信号齐全、完好。

（5）滚筒钢丝绳排列整齐，绞车有钢丝绳伤人防护措施。

4. 卡轨车、无极绳连续牵引车、绳牵引卡轨车、绳牵引单轨吊车基本要求

（1）驱动部和牵引车制动闸齐全、灵敏可靠、使用正常。

（2）装备越位、超速、张紧力下降等安全保护装置，并正常使用。

（3）设置司机与相关岗位工之间的信号联络装置；设有跟车工时，应设置跟车工与牵引绞车司机联络用的信号和通信装置。

（4）驱动部、各车场设置行车报警和信号装置。

（5）钢丝绳安全系数、插接长度、断丝面积、直径减小量、锈蚀程度符合《煤矿安全规程》规定。

5. 单轨吊车基本要求

（1）具备2路以上相对独立回油的制动系统。

（2）设置既可手动又能自动的安全闸，并正常使用。

（3）超速保护、甲烷断电仪、防灭火设备等装置齐全、可靠。

（4）机车设置车灯和喇叭，列车的尾部设置红灯。

（5）柴油单轨吊车的发动机排气超温、冷却水超温、尾气水箱水位、润滑油压力等保护装置灵敏、可靠。

（6）蓄电池单轨吊车装备蓄电池容量指示器及漏电监测保护装置，且齐全、可靠。

6. 无轨胶轮车基本要求

（1）车辆转向系统、制动系统、照明系统、警示装置等完好可靠，车辆自带防止停车自溜的设施或工具。

（2）装备自动保护装置、便携式甲烷检测报警仪、防灭火设备等安全保护装置。

（3）行驶5台及以上无轨胶轮车时，装备车辆位置监测系统。

（4）装备有通信设备。

（5）运送人员应使用专用人车。

（6）载人或载货数量在额定范围内。

（7）运行速度，运人时不超过25 km/h，运送物料时不超过40 km/h，车辆不空挡滑行。

（8）井下无轨胶轮车应符合排气标准规定。

（三）运输安全设施

1. 挡车装置基本要求

挡车装置和跑车防护装置齐全、可靠，并正常使用。

2. 安全警示基本要求

（1）斜巷各车场及中间通道口装备有声光行车报警装置，并使用正常。

（2）斜巷双钩提升装备错码信号。

（3）弯道、井底车场、其他人员密集的地点、顶车作业区装备有声光预警信号装置，关键部位道岔装备有道岔位置指示器。

（4）各乘人地点悬挂有明显的停车位置指示牌。

（5）斜巷车场悬挂最大提升车辆数及最大提升载荷数的明确标识。

（6）无轨胶轮车运输巷道各岔口、错车点、弯道、车场等处设有行车指示等安全标志和信号。

（7）有轨运输与无轨运输交叉处、有轨运输行人通行处等危险路段设置有限速和警示装置。

3. 物料捆绑基本要求

捆绑固定牢固可靠，有防跑防滑措施。

4. 连接装置基本要求

保险链（绳）、连接环（链）、连接杆、插销、滑头及其连接方式符合规定。

第三部分 班组长安全生产管理能力

第九章 安全生产管理能力建设

第一节 安全生产管理能力含义

一、安全生产含义

（一）安全含义

说起安全，通常是指组织、设备、设施、时间段、空间范围等的状态是否安全。日常生活中所涉及的“无危则安，无损则全”即没有危险、没有损失的状态即为安全，但事实上，何为危，何为损，没有定量的含义，而完全的“无”也是不可能的。

已有教材中关于安全的常见定义为，“安全是人们免遭不可接受风险的状态”。而风险可用“事前指标”和“事后指标”进行衡量。煤炭行业现行“风险分级管控、隐患排查治理”即为事前指标，即没有事故及事故发生的可能性的状态。

根据研究范围不同，安全可分为生产安全、公共安全、职业安全等。

（二）安全生产含义

“安全生产”一词经常为煤炭行业人员提及，但它却无明确定义。根据已有记载，1952 年 12 月在北京召开的第二次全国劳动保护工作会议中，时任国家劳动部长提出“劳动保护工作必须贯彻‘安全为了生产，生产必须安全’的安全生产方针”。自此，“安全生产”一词沿用至今。

对于煤矿而言，安全生产基本上是指涉及灾害事故的学科、工作领域或者工作活动。

二、管理含义

管理的基本含义包括管理层、管理活动和行政管理。

（一）管理层

管理层是指社会组织内的管理人员，一般指组织内中层及以上领导。对于煤矿企业而言，包括煤矿企业的主要负责人及其安全生产管理人员。

煤矿企业班组长作为安全生产管理人员后备储备人才，班组现场管理第一责任人，应按照管理层相关标准要求。

（二）管理活动

管理活动是办理一个事项、完成一个项目的过程或者是方案及执行过程，包括计划、组织、指挥、协调及控制。

对于煤矿安全生产而言，班组管理活动一般包括安全生产法律法规的贯彻、班组安全建设和管理、安全生产知识的应用、职业病危害防治和现场应急处置等。

（1）法律法规类。《中华人民共和国安全生产法》《中华人民共和国职业病防治法》等的培训、考核、应用。

（2）班组安全建设和管理类。班组安全制度、安全文化、团队等建设；班组劳动定员与组织管理、班组绩效管理、班组安全自主管理、班组安全生产教育培训等。

（3）安全生产技术类。新工艺、新装备、新材料、新技术的推广应用。

（4）职业病危害防治类。职业病危害防治体系的构建、从业人员职业病防治措施、职业健康监护、诊断和鉴定等。

（5）现场应急处置类。主要灾害事故的安全避险与救灾、事故现场的应急救护等。

（三）行政管理

行政管理是指办理一个事项、完成一个项目所需要进行的组织之间、个人之间、人与组织之间的各种社会关系的协调手段。

班组行政管理包括班组安全生产标准建设工作，事故灾害的现场应急处置，班组绩效管理、自主管理等。

三、安全生产管理能力含义

1996 年，《中华人民共和国矿山安全法实施条例》关于矿长安全资格考核的规定，考核内容应当包括安全生产管理能力。安全生产管理能力一词自此首次纳入煤炭行业法律法规体系中。

2014 年，《中华人民共和国安全生产法》规定，生产经营单位的主要负责人必须具备与本单位所从事的生产经营活动相应的安全生产知识和管理能力。

2018 年，《煤矿安全培训规定》(国家安全生产监督管理总局令第 92 号）规定，煤矿企业主要负责人应当自任职之日起六个月内通过考核部门组织的安全生产知识和管理能力考核，并持续保持相应水平和能力。至此，“安全生产管理能力”工作正式进入煤炭行业的视野。

根据安全生产管理能力的前世今生，结合“安全生产”及“管理”的含义可知，班组长安全生产管理能力是指班组长在法律法规、班组安全建设和管理、安全生产技术管理、现场应急处置、职业病危害防治等工作中，从事管理活动和行政管理的能力。

第二节　安全生产管理能力体系构建

一、组织机构与职责

煤矿企业要加强对班组安全建设的组织领导，煤矿企业和煤矿（井）主要负责人要定期主持召开专题会议，研究班组安全建设工作，制定班组安全建设规划、目标和实施方案。

煤矿企业要围绕班组安全建设，强化煤矿安全基层基础管理，把班组建设纳入企业发展总体规划，建立健全班组安全建设各层级组织领导体系，确保机构健全、分工合理、职责明确、权责清晰，满足班组安全生产管理的需要。

二、规章制度与安全生产责任制

根据煤矿安全法律、法规、规章、规程、标准和技术规范，制定完善班组安全管理规章制度。

推动实现班组规范化管理，落实安全生产责任制和岗位安全责任制。

三、安全建设与安全管理

制定和实施班组安全管理规章制度、流程和标准，推动实现班组安全生产、质量达标、职业健康绩效目标。

坚持自主管理、民主管理、人本管理的原则，培养安全、知识、技术、创新型煤矿职工队伍，做到班组管理制度化、作业过程规范化、岗位操作标准化、工作步骤流程化、绩效考核数据化，提高班组安全建设的质量和水平。

强化煤矿安全管理，落实劳动定员与组织管理、班组绩效管理、安全自主管理、工伤认定与个人防护用品管理和安全生产教育培训。

四、安全生产标准化体系

通过实施理念目标和矿长安全承诺、组织机构、安全生产责任制及安全管理制度、从业人员素质、安全风险分级管控、事故隐患排查治理、质量控制、持续改进等 8 个要素的建设，使煤矿达到并持续保持安全生产标准化等级标准，保障班组安全生产。

五、安全生产技术管理

实施地质管理、巷道施工管理、开采管理、通风管理、爆破管理、运输和提升管理、供电管理，保障班组安全生产。

六、现场应急处置管理

制定班组作业现场应急处置预案，明确班组长应急处置指挥权及行使权利的具体情形，保障职工紧急避险逃生权。

按照煤矿作业现场应急处置方案，当作业现场出现瓦斯突出、瓦斯超限、透水、煤层自燃、顶板冒落、冲击地压、停风停电事故征兆或险情时，第一时间有序组织职工应急避险、撤出作业人员。

七、职业病危害防治管理

建立健全职业卫生档案；按规定开展煤矿职业病危害防治管理及职业病防治工作，对从业人员上岗前、在岗期间和离岗时进行职业健康检查，建立职业健康档案；结合实际开展煤矿职业卫生管理工作。

第三节　安全生产管理能力实施基本要求

一、班组长职业道德修养

职业道德是指在人类职业活动中符合职业特点所要求的行为操守、做人准则与工作品质的总和，是对人类在职业活动中行为的要求，和对社会所负的道德责任与义务，具有职业属性和道德属性。

职业道德修养，是指从事职业活动的人员，按照职业道德基本原则和规范，在职业活动中所进行的自我教育、自我改造、自我完善，使自己形成良好的职业道德品质，其本质是一种自律行为。

班组长职业道德修养是基于班组长“兵头将尾”的企业定位、管理定位、劳动定位而确定的，它可以反映工作中班组长个体的行为操守、做人准则与工作品质的行为表现，良好的职业道德修养既是班组长管理能力的要求，也是班组长领导力的基础。班组长的职业道德包含文明礼貌、遵纪守法、爱岗敬业、以德服人等。

（1）文明礼貌。文明礼貌是职业道德的重要规范，是所有职工上岗的首要条件和基本素质。

（2）遵纪守法。遵纪守法是班组长的基本工作要求，工作中班组长要做到带头守纪，拒绝违章，制止他人违章。

（3）爱岗敬业。班组长是班组生产中的“兵头”，主动接受脏活累活，刻苦钻研业务，熟练岗位技能。

（4）以德服人。班组长亦是班组生产中的“将尾”，要以技术过硬、人品拔尖为引领，以技服人、以理服人。

（5）团结互助。班组长应积极协调班组成员关系，凝聚团队，保持沟通、相互尊重、和谐生产。

（6）办事公道。班组长要处理好个人利益与企业整体利益的关系，做到行为准则清晰、做出公正评价。

（7）勤劳节俭。班组长要有强烈的成本意识，在生产环节上增产增效，降低成本，避免浪费。

（8）诚实守信。班组长踏实认真，实事求是。履行工作职责，确保班组按时完成所应承担的工作任务。

二、班组长心理素质

（1）强化自我认知，克服性格缺陷。不同班组长的管理方式各不相同，其主要原因是个人性格不同。班组长心理素质的构建，首先是要有一个明确自我认知（职业认知），发挥个人的性格优势以及职业特长，将良好的职业道德习惯融入班组管理的过程；同时，要做到认清自我，懂得克服或规避性格缺陷，通过恰当的管理方式，平衡个人发展与班组发展关系。

（2）疏解工作压力，强化心理调节。班组长既是一线战斗的组织者，命令和决定的执行者，也是班组的主心骨、带头人，其身处串联上下级工作的交汇点上，工作压力之大可想而知，所以班组长必须具备纾解工作压力的心理素质，面对工作，应以自我调节为基础，以科学管理为手段，善做规划、轻松组织，积极乐观、快乐工作，及时倾诉，娱乐自我。

（3）增强内在信心，诙谐幽默工作。班组长是一个班组的精神支柱，工作中除了必要的职业自信以外，还需要构建内在自信，具备克服困难的勇气，游刃有余地处理繁杂工作，通过自信表现，不断提高组员的凝聚力，鼓舞工作士气。同时，在工作中，要表现出诙谐幽默，主动化解成员矛盾，正确看待工作失误，接受下属错误。

（4）坚定自我意志，提升自我情商。班组长在生产中往往会面临许多的困难与挫折，有内在的也有外在的。工作中，应坚定意志，保持积极心态，特别是需要树立明确的生产目标，充分利用班组团队力量解决问题。同时，掌握要关心组员心理健康，观察组员情绪变化，利用有效沟通协调班组活动，强化班组向心力与执行力。

（5）勇于迎接挑战，善于抓住机遇。班组长是从基层成长起来的一线干部，任职后由于工作的繁复性与先天条件的差异性，往往职业升迁能力不足。工作中，应主动立足机遇挑战，构建诚实、谦恭、好学、担当的心态，强化管理能力，挖掘职业成长机遇，努力争取上升空间。

三、班组长领导力

（1）明确安全生产任务和目标的能力。煤矿班组长首先要明确安全生产任务和目标，对安全生产任务和目标有深刻了解。

（2）弄清楚问题的性质。对于问题首先要弄清楚问题的性质，看看这一问题是常见问题，还是纯属个案。如果是常见问题，就应做出规律性的解释以及用相应的政策来解决。

如果纯属个案就应具体情况具体处理。此外，还要分清楚有些事情属于常见问题的首次出现，还有些事情过去没有遇到，因此在规章制度中没有，现在第一次出现，以后可能还会重复地出现，此时就应对计划、规章制度进行重新修订。

（3）查找影响问题的主要原因。这一步骤称之为本部门进行诊断并确诊的过程。如果条件不具备，那么计划的标准可以适当地定得更切合实际一些，不要操之过急，否则欲速则不达。

（4）明确最终目标和阶段性目标。当任务或者目标不清楚时，及时与上级沟通，直至明确，当任务下达时，由于种种原因，班组长可能对于任务没有充分、透彻地了解。原因有可能是班组长由于自身原因没有明确任务，也有可能是因为上级没有充分地阐明任务，或两者兼有。对于这种没有明确任务的情况，应首先明确具体任务，避免南辕北辙，犯“任务是挖井，而执行却是盖烟囱”事件的发生。

（5）制定生产行动计划的能力。明确安全生产任务和目标之后就应该对任务进行初步计划，用所掌握的知识与多年经验相结合进行最优分配。

（6）组织团队的能力。根据任务和员工的能力对人员进行配置，如分组；确定各组负责人及其职责；给各组下达安全生产任务和目标；确认各组员工已经明确自己的任务；确认各组员工已经明确了操作规程；确认各组员工已经明确了危险因素和防范措施；确认各组员工已经明确了活动（班组的制度，如加减分办法）规则；激励和鼓舞员工的士气，在安全和高效的氛围中完成任务。

（7）指挥生产的能力。明确下达开始生产活动或暂停、结束生产活动的指令；监督各组严格按照计划来进行生产操作；遇到计划外的事情或者各组提出的新问题，及时果断地做出科学的决策；激励员工保持饱满的工作热情；协调各组及员工的工作进度；严格执行班组规章制度，对违规的人员进行批评教育，责令其立即纠正错误做法。生产过程中，要不断关注、跟进、紧盯；代表班组与上级领导、安检查人员等班组外的其他与安全生产有关的人员进行接洽和沟通。

（8）危险因素管控能力。掌握班组生产常见危险源，识别危险征兆经验丰富；了解班组职工事故心理；安全生产“三项制度”运用自如；班前安全教育（危险因素预知），班后安全经验总结。

班组长对于所从事的工序要有一定的了解。工程进行到哪一个工序，这个工序可能遇到的危险要有一定的了解，在班前会上应该予以强调。这样可以大大降低出错的概率，从而达到安全生产。

（9）群众威信和影响力。作为一名合格的煤矿企业班组长，要具有一定的团队精神，这样遇到危险的时候才会有一定的威信和影响力；要有领袖意识，毕竟一个班组必须有一个领导者，不能没有领袖意识；要无私宽广，树立良好的无私奉献精神和有宽广的胸襟才能令员工信服；要严加爱，班组长对班组内员工都应客观地评价和管理，对工作好的要表扬，干活不认真的要批评，不能一贯地当老好人，这样既不利于管理班组，也不利于开展班组生产等活动。

第四节　安全生产管理能力考核要求

一、考核依据

《中华人民共和国安全生产法》规定，生产经营单位的主要负责人和安全生产管理人员必须具备与本单位所从事的生产经营活动相应的安全生产知识和管理能力。

国家煤矿安监局关于印发《煤矿企业主要负责人安全生产知识和管理能力考核要求》《煤矿企业主要负责人安全生产知识和管理能力考试知识点》的通知（煤安监行管〔2018〕12 号）规定，以近 5 年来全国发生的部分煤矿瓦斯、水、火、顶板、冲击地压等较大及以上事故作为案例分析题目，对主要负责人的安全生产管理能力进行考核。

国家煤矿安监局办公室关于征求《煤矿企业安全生产管理人员安全生产知识和管理能力考核要求（征求意见稿）》意见的函（煤安监司函办〔2017〕59 号）中，关于煤矿企业安全生产管理人员安全生产管理能力做出了相关规定。

统筹考虑煤矿企业主要负责人、安全生产管理人员关于安全生产管理能力的要求，深层次领会“加强班组长后备队伍建设”“把班组长纳入区队管理人才培养计划”的内涵，此处列举 2015 年（含）以来全国发生的部分煤矿瓦斯、水、火、顶板、冲击地压等事故作为案例分析题目，对班组长的安全生产管理能力进行考核，具体见表 9－1－1。

表 9－1－1　2015 年（含）以来全国部分煤矿瓦斯、水、火、顶板、冲击地压事故

序号	时　　间	事故分类	事　故　名　称
1	2015 年 8 月 11 日	瓦斯	贵州省黔西南州普安县楼下镇政忠煤矿“8・11”重大煤与瓦斯突出事故
2	2016 年 10 月 31 日		重庆市永川区金山沟煤矿“10・31”瓦斯爆炸事故

表9-1-1（续）

序号	时　间	事故分类	事故名称
3	2016年12月3日	瓦斯	内蒙古自治区赤峰宝马矿业有限责任公司“12·3”特别重大瓦斯爆炸事故
4	2016年3月6日		吉林省吉煤集团通化矿业（集团）公司松树镇煤矿“3·6”重大煤与瓦斯突出事故
5	2017年2月27日		贵州省水城矿业股份有限公司大河边煤矿“2·27”较大瓦斯爆炸事故
6	2018年4月4日		黑龙江省龙煤鸡西矿业公司滴道盛和煤矿“4·4”较大煤与瓦斯突出事故
7	2018年5月9日		湖南省湖南宝电群力煤矿有限公司宝电群力煤矿“5·9”较大瓦斯爆炸事故
8	2018年8月6日		贵州省盘州市盘南煤业投资有限公司梓木嘎煤矿“8·6”重大煤与瓦斯突出事故
9	2018年12月24日		陕西省延安市华龙煤业有限公司贯屯煤矿“12·24”较大瓦斯爆炸事故
10	2019年3月14日		山西义棠煤业有限责任公司“3·14”较大瓦斯爆炸事故
11	2022年3月2日		贵州省贵阳市清镇市利民煤矿“3·2”较大煤与瓦斯突出事故
12	2020年6月10日		陕西韩城燎原煤业有限责任公司“6·10”较大煤与瓦斯突出事故
13	2020年10月20日		山西潞安集团左权阜生煤业有限公司“10·20”较大瓦斯爆炸事故
14	2020年11月4日		陕西铜川乔子梁煤业有限公司“11·4”较大煤与瓦斯突出事故
15	2021年3月25日		山西华阳集团石港煤业有限公司“3·25”较大煤与瓦斯突出事故
16	2023年8月21日		陕西延安延川县新泰煤矿“8·21”重大瓦斯爆炸事故

表 9-1-1（续）

序号	时　　间	事故分类	事　故　名　称
17	2015 年 4 月 19 日	水害	山西省大同煤矿集团姜家湾煤矿“4·19”重大水害事故
18	2015 年 6 月 21 日		山西昔阳运裕煤业有限责任公司“6·21”较大水害事故
19	2016 年 7 月 2 日		山西沁和能源集团中村煤业有限公司“7·2”较大水害事故
20	2017 年 5 月 22 日		山西美锦集团东于煤业有限公司“5·22”较大水害事故
21	2016 年 10 月 13 日		山西寿阳段王集团平安煤业有限公司“10·13”较大水害事故
22	2019 年 10 月 25 日		山西襄矿西故县煤业有限公司“10·25”较大水害事故
23	2020 年 11 月 29 日		湖南衡阳源江山煤矿“11·29”重大透水事故
24	2020 年 11 月 11 日		山西朔州平鲁区茂华万通源煤业有限公司“11·11”较大透水事故
25	2021 年 4 月 10 日		新疆昌吉州呼图壁县白杨沟丰源煤矿“4·10”重大透水事故
26	2015 年 11 月 20 日	火灾	黑龙江龙煤集团鸡西矿业公司杏花煤矿“11·20”重大火灾事故
27	2017 年 12 月 2 日		陕西陕煤韩城矿业有限公司桑树坪煤矿“12·2”较大火灾事故
28	2020 年 9 月 27 日		重庆能投渝新能源有限公司松藻煤矿“9·27”重大火灾事故
29	2020 年 12 月 4 日		重庆永川吊水洞煤业有限公司“12·4”重大火灾事故
30	2023 年 9 月 24 日		贵州省盘州市盘关镇山脚树煤矿“9·24”重大火灾事故
31	2023 年 11 月 16 日		山西永聚煤矿“11·16”重大火灾事故
32	2015 年 3 月 13 日	顶板	四川省龙泉煤矿有限公司邻水龙泉煤矿“3·13”较大顶板事故
33	2016 年 3 月 23 日		山西省大同煤矿集团同生安平煤业有限公司“3·23”顶板大面积垮落导致瓦斯爆炸重大事故

表9－1－1（续）

序号	时　间	事故分类	事　故　名　称
34	2017年3月9日	顶板	山西长治联盛长虹煤业有限公司“3·9”较大顶板事故
35	2017年6月2日		山西省中阳荣欣焦化有限公司高家庄煤矿“6·2”顶板事故
36	2017年7月6日		山西阳城皇城相府集团皇联煤业有限公司“7·6”一般顶板事故
37	2018年1月20日		山西蒲县蛤蟆沟煤业有限公司“1·20”一般顶板事故
38	2018年10月16日		阳泉市上社煤炭有限责任公司“10·16”顶板事故
39	2018年12月17日		山西平定汇能煤业有限公司“12·17”顶板事故
40	2019年6月19日		山西宁武大运华盛庄旺煤业有限公司“6·19”较大顶板事故
41	2020年2月29日		云南曲靖罗平县树根田煤矿“2·29”较大顶板事故
42	2021年8月14日		青海西海煤炭开发有限责任公司柴达尔煤矿“8·14”溃砂溃泥重大事故
43	2022年2月25日		贵州三河顺勋煤矿“2·25”重大顶板事故
44	2018年10月20日	冲击地压	山东省山东龙郓煤业有限公司“10·20”重大冲击地压事故
45	2020年2月22日		山东新巨龙能源有限责任公司“2·22”较大冲击地压事故
46	2023年11月28日		黑龙江双鸭山矿业公司所属双阳煤矿“11·28”重大冲击地压事故
47	2017年8月26日	有毒有害气体、窒息	山西省晋煤集团王台铺矿“8·26”较大窒息事故
48	2017年5月11日		山西榆次官窑永安煤业有限公司“5·11”较大CO中毒事故
49	2017年8月26日		山西晋城无烟煤矿业集团有限责任公司王台铺矿“8·26”较大窒息事故
50	2017年10月26日		大同煤矿集团同生同基煤业有限公司“10·26”较大窒息事故
51	2018年12月28日		福建省龙岩市永定区鲤坑煤矿有限公司鲤坑煤矿“12·28”较大窒息事故

表9－1－1（续）

序号	时　　间	事故分类	事　故　名　称
52	2017年2月14日	煤尘爆燃	湖南省娄底市涟源市祖保煤矿“2·14”跑车引发重大煤尘爆炸事故
53	2018年1月23日		黑龙江省双鸭山市宝山区原双矿公司七星煤矿“1·23”煤尘爆炸事故
54	2019年1月12日		陕西省榆林市神木市百吉矿业有限责任公司“1·12”重大煤尘爆炸事故
55	2020年8月20日		山东肥城矿业集团梁宝寺能源有限责任公司“8·20”较大煤尘爆炸事故
56	2017年6月2日	机电	中煤平朔集团有限公司井工一矿“6·2”机电事故
57	2018年9月17日		中煤昔阳能源有限责任公司黄岩汇煤矿“9·17”一般机电事故调
58	2017年11月10日		山西中煤华晋韩咀煤业有限责任公司“11·10”机电事故
59	2018年10月10日		山西乡宁焦煤集团申南凹焦煤有限公司“10·10”一般机电事故
60	2017年7月31日	运输	山西神州煤业有限公司“7·31”运输事故
61	2018年3月5日		山西煤炭运销集团四明山煤业有限公司“3·5”一般运输事故
62	2018年4月12日		山西中强福山煤业有限公司“4·12”一般运输事故
63	2018年6月8日		山西阳泉盂县石店煤业有限公司“6·8”运输事故
64	2018年12月15日		重庆市重庆能投渝新能源有限公司逢春煤矿“12·15”较大运输事故

二、安全生产管理能力实例

安全生产管理能力实例以水害事故为例进行讲解。

（一）实例选取依据

（1）国家煤矿安监局关于印发《煤矿企业主要负责人安全生产知识和管理

能力考核要求》《煤矿企业主要负责人安全生产知识和管理能力考试知识点》的通知（煤安监行管〔2018〕12 号）。

（2）《中华人民共和国安全生产法》。

（3）《中华人民共和国国务院令〈关于预防煤矿生产安全事故的特别规定〉》。

（4）《煤矿安全规程》。

（5）《中华人民共和国矿山安全法实施条例》。

（6）《生产安全事故报告和调查处理条例》。

（7）《煤矿重大事故隐患判定标准》。

（8）《煤矿安全生产标准化管理体系基本要求及评分方法（试行）》。

（9）《煤矿领导带班下井及安全监督检查规定》。

（10）《煤矿防治水细则》。

（二）典型事故案例

2015 年山西省大同煤矿集团姜家湾煤矿“4·19”重大水害事故（略）。

（三）安全生产管理能力考核试题举例

2015 年 4 月 19 日 18 时 50 分，大同煤矿集团有限责任公司姜家湾煤矿发生一起透水事故，造成 21 人死亡，直接经济损失 1724 万元。煤矿设立了由矿长为主要负责人的防治水领导机构，总工程师具体负责防治水技术管理工作，另配备有地测防治水副总工程师，地测科负责矿井防治水具体工作。4 月 19 日 14 时，工作面刮板输送机因故障停了下来，在机尾处作业的支架工袁某工作了一段时间后去 5446 风巷小便，刚小便完，突然听到工作面后方“轰隆”的顶板垮落声，并伴随着“哗哗”的水声，他回头看到水从工作面采空区翻腾奔涌出来，水面高过工作面刮板输送机尾 0.3 m 左右，他大喊“透水了，快跑”。接井下事故报告后，姜家湾煤矿立即下达撤人指令，并启动应急救援预案，核实被困人员，制定初步抢险救援方案，由生产矿长到井下现场指挥、组织撤人。事故发生后经查，矿领导及有关业务部门对 7 号煤层采空区、老巷道中积水给 8 号煤层工作面安全回采带来的严重威胁认识不足，对采空区水害分析、防治重视不够，给 8 号煤层安全开采埋下了隐患。

1. 判断题

（1）该矿防治水领导机构、防治水技术管理工作、总工程师任命及地测科设置符合《煤矿安全规程规定》。（√）

（2）接井下事故报告后，姜家湾煤矿撤人、启动应急救援预案及由生产矿长到井下现场指挥、组织撤人符合《煤矿安全规程规定》。（√）

2. 单选题

（1）该起事故是一起（B）。

A. 较大透水事故　　B. 重大透水事故　　C. 特别重大透水事故

（2）依据《煤矿重大事故隐患判定标准》，上述事故中，共有（A）重大事故隐患。

A. 1 处　　B. 2 处　　C. 3 处

3. 多选题

此起事故中，工作面出现后方“轰隆”的顶板垮落声，并伴随着“哗哗”的水声等情况时，应当（ABCD）。

A. 立即停止作业

B. 撤出所有受水患威胁地点的人员

C. 报告矿调度室，并发出警报

D. 在原因未查清、隐患未排除之前，不得进行任何采掘活动

第十章　安全生产事故案例分析

第一节　瓦斯（气体）事故案例分析

一、贵州省贵阳市清镇市利民煤矿“3·2”较大煤与瓦斯突出事故

2022 年 3 月 2 日 4 时 17 分，贵州强盛集团投资有限公司清镇市流长乡利民煤矿（以下简称利民煤矿）发生一起较大煤与瓦斯突出事故，造成 8 人死亡、13 人受伤，直接经济损失约 3369 万元。

（一）煤矿概况

利民煤矿位于贵州省贵阳市清镇市流长乡大园村，为兼并重组建设矿井，设计生产能力 45 万 t/a，隶属于贵州强盛集团投资有限公司。营业执照、采矿许可证均在有效期内。

（二）事故地点概况

事故地点位于回风斜井延伸巷掘进工作面，该巷从风井底联络平巷 23 m 处开口，以方位角 331°、坡度 +25°向上掘进，为全岩巷道，拟揭穿 9 号、8 号煤层。该巷设计长 158 m，净宽 4.6 m，净高 3.6 m，直墙半圆拱形断面，炮掘，采用锚索 + 锚网 + 喷浆联合支护，遇顶板破碎地段采用 U 型钢棚加强支护。该掘进工作面采用压入式供风，安设有 2 台 FBD№6.3 型对旋轴流式局部通风机，功率 2 × 15 kW，风筒直径 800 mm，风量 300 m^3/min，实现双风机、双电源、风电闭锁和甲烷电闭锁，未按规定设置反向风门。回风斜井延伸巷安设有 T1、T2 甲烷传感器，报警值、断电值设置符合规定。巷道内敷设有 DN200 mm 的瓦斯抽放管、DN80 mm 的压风管、DN80 mm 的供水管，距掘进工作面 50 m 处设置一组 6 个 ZY－J 型压风自救装置。起爆、撤人地点位于井底运输石门，距离工作面 190 m，未设置避难硐室和压风自救装置（《防治煤与瓦斯突出细则》第一百一十六条：井巷揭穿突出煤层和在突出煤层中进行采掘作业时，必须采取避难硐室、反向风门、压风自救装置、隔离式自救器、远距离爆破等安全防护措施。《防治煤与瓦斯突出细则》第一百一十八条第一款：在突出煤层的井巷揭煤工作

面进风侧，必须设置至少2道牢固可靠的反向风门)。回风斜井延伸巷掘进工作面自2021年12月1日开始掘进，至事故发生时，已掘进62.4 m，工作面迎头遇落差约2 m的逆断层，顶板破碎，除采用锚索+锚网+喷浆联合支护外，还采用U型钢棚加强支护。

（三）事故发生经过

3月1日17时，李某安、江某松主持召开调度会，叶某、涂某政（同时兼任瓦斯检查工、安全检查工、爆破工）等15人参加会议，安排井下掘进作业。17时30分至3月2日3时20分，各作业地点人员分批陆续入井，未专门组织召开班前会。

事故发生时，井下作业人员共计67人。其中，姜某掘进队的岳某课、徐某刚、仲某利、张某4人于3月1日17时30分入井，到7号煤层隐蔽区域的探煤上山二巷掘进工作面作业；带班领导叶某、回风斜井延伸巷掘进工作面涂某政于3月1日22时30分许入井；江某松掘进队的刘某虎、刘某山、徐某鑫、李某波4人于3月2日1时30分入井，到回风斜井延伸巷掘进工作面掘进作业；姜某掘进队的李某全、安某利、刘某保、杜某勇4人于3月2日3时20分入井，到7号煤层隐蔽区域的探煤下山一巷掘进工作面作业。带式输送机司机黄某明在探煤下山开带式输送机；带式输送机司机王某瑞在主斜井煤仓口放煤。

3月2日2时30分许，回风斜井延伸巷掘进工作面开始施工炮眼。3时30分许，施工完成20个炮眼，涂志政装药连线，并将人员撤至井底+1100石门转弯处。4时13分许，涂某政汇报调度室，收到同意爆破的指令。4时17分，涂某政启动发爆器。爆破后涂某政感受到明显冲击波，随即同4名工人往外跑。涂某政跑到主井底架空乘人装置机尾处，向调度监控室打电话说“回风斜井延伸巷突出了”，随即晕倒。经技术鉴定，事故突出煤量792 t，涌出瓦斯量76632 m^3，吨煤瓦斯涌出量96.75 m^3。当班调度员林某军、监控员许某发现回风斜井延伸巷掘进工作面T1、T2甲烷传感器断线报警，立即分别打电话向矿长李某安、监控主任李某汇报，并通知井下撤人，随后李某安、李某、江某松、谢某元等人赶到调度监控室。

（四）事故原因

1. 直接原因

事故地点9号煤层具有煤与瓦斯突出危险性，未按规定采取综合防突措施，煤层突出危险性未消除，爆破诱发煤与瓦斯突出。

2. 间接原因

（1）两个“四位一体”综合防突措施不落实，出现突出预兆后违章指挥工人冒险作业。未超前探测煤层厚度及地质构造情况，未施工地质探测钻孔，未测定煤层瓦斯压力及瓦斯含量等与突出危险性相关的参数，未按规定编制防突专项设计并组织实施。煤矿管理人员明知回风斜井延伸巷掘进工作面拟揭穿突出煤层，回风斜井延伸巷掘进至36.5 m时施工的27个探煤钻孔（兼瓦斯抽放钻孔）见煤并出现喷孔的突出预兆，未立即停止作业并落实石门揭煤措施，违章指挥工人冒险作业。

（2）隐瞒7号煤层隐蔽区域，蓄意逃避监管。采用隐蔽区域不上图、入井检身记录及调度台账等“两本账”、遇检查时隐蔽区域不上班等方式，隐瞒7号煤层隐蔽区域组织施工的事实。井下施工假密闭隐瞒7号煤层隐蔽区域出入口，用设置测风站、安设铁皮柜方式对密闭进行伪装，蓄意逃避监管。

（3）通风管理混乱。7号煤层隐蔽区域各作业点无独立的回风系统，无备用局部通风机，一台局部通风机为两个及以上掘进工作面供风。回风斜井延伸巷掘进工作面揭煤前未设置防突风门。为满足7号煤层隐蔽区域的用风，在回风侧设置调节风量设施，导致回风不畅，突出后瓦斯逆流波及井下全部巷道，造成伤亡扩大。

（4）安全生产管理混乱。一是煤矿安全生产管理机构不健全。二级安全生产管理科室专业人员配备不齐、特种作业人员配备不能满足井下建设需要，各作业面的瓦斯检查、安全检查、爆破由1人兼任。二是岗位责任制不明晰。书面任命的“五职矿长”与口头任命的实际负责矿长及施工队管理“两张皮”，造成现场管理失控。三是隐患排查治理和三年攻坚行动避重就轻、弄虚作假。四是矿长、总工程师等管理人员不按规定带班入井。五是两套监控系统分别对一期工程区域和7号煤层隐蔽区域进行监控，7号煤层隐蔽区域监控数据不上传。人为移动、包裹井下甲烷传感器，导致监测数据失真。六是安全培训走过场，安全培训学时和内容不符合要求。

（5）蓄意隐瞒生产安全事故。事故发生后，煤矿未按规定上报，采用非法转运遇难者遗体、销毁相关记录及串供等方式蓄意瞒报事故。

二、山西义棠煤业有限责任公司“3·14”较大瓦斯爆炸事故

2019年3月14日14时52分，山西义棠煤业有限责任公司010710进风巷反掘工作面发生一起瓦斯爆炸事故，造成3人死亡，5人受伤，直接经济损失560万元。

（一）煤矿概况

义棠煤矿隶属于山西义棠煤业有限责任公司，生产能力180万t/a，井田面积为17.7263 km^2。矿井采用斜井开拓方式，批准开采1号、2号、9号、10号

煤层，瓦斯等级为高瓦斯，水文地质类型属中等，通风方式为中央分列式。所采煤层自燃倾向性等级均为自燃，煤尘均有爆炸性。证照齐全。

（二）事故发生区域情况

本次事故中瓦斯爆炸地点为010710进风巷反掘工作面，瓦斯爆炸波及区域为020710备用工作面。

该矿1号煤平均厚度为0.9 m，2号煤平均厚度为1.5 m。1号、2号煤层间距为4~6 m。1号、2号煤采煤工作面采用联合布置、交替开采的方式，2号煤采煤工作面内错1号煤采煤工作面10 m布置。事故发生时，020710备用工作面已形成全负压通风系统。010710进、回风巷正在施工，共布置3个掘进工作面，分别是：010710进风巷、010710进风巷反掘、010710回风巷掘进工作面。

由020710进风巷与开切眼交汇处向上施工6号联络巷至1号煤，然后施工010710进风巷反掘工作面。010710进风巷反掘工作面掘进工艺为炮掘，事故发生时已掘进46 m，断面为矩形，设计宽×高为3.2 m×2.2 m，支护方式为锚网支护。

由020710进风巷距开切眼46 m处沿2号煤施工5号联络巷，5号联络巷设计长度为5.5 m。事故发生时5号联络巷已施工到位，正开始向上施工5号溜煤眼。5号溜煤眼将与010710进风巷反掘工作面贯通。5号溜煤眼设计深度为4.5 m，事故当班施工1.3 m。事故现场空间位置关系如图10－1－1所示。

（三）事故发生经过

3月14日7时30分，义棠煤业开掘一队队长温某鹏主持召开班前会。当班班长冯某武安排宋某兵、王某龙、孟某明、冯某富4人施工5号溜煤眼，李某生在020710进风巷开刮板输送机，焦某生在020710进风巷维护风、水管路，李某财在020710回风巷检修机电设备，程某在020710回风巷拆卸漏斗并封堵溜煤眼。

3月14日9时左右，工人到达各自作业地点。10时左右，当班组长宋某兵安排冯某富将010710进风巷反掘工作面的风筒从5号联络巷口处断开，将风筒接至5号联络巷，同时将010710进风巷反掘工作面甲烷传感器撤至6号联络巷开口下风侧10 m处。然后宋某兵、王某龙、孟某明、冯某富4人施工5号溜煤眼，共打设7个炮眼，最深的炮眼3.8 m。

14时52分，进行爆破作业。爆破产生的火焰通过爆破产生的裂隙进入010710进风巷反掘工作面，导致010710进风巷反掘工作面内瓦斯爆炸。瓦斯爆炸产生的冲击波、高温火焰及有害气体进入020710工作面巷道内，造成巷道内人员伤亡。

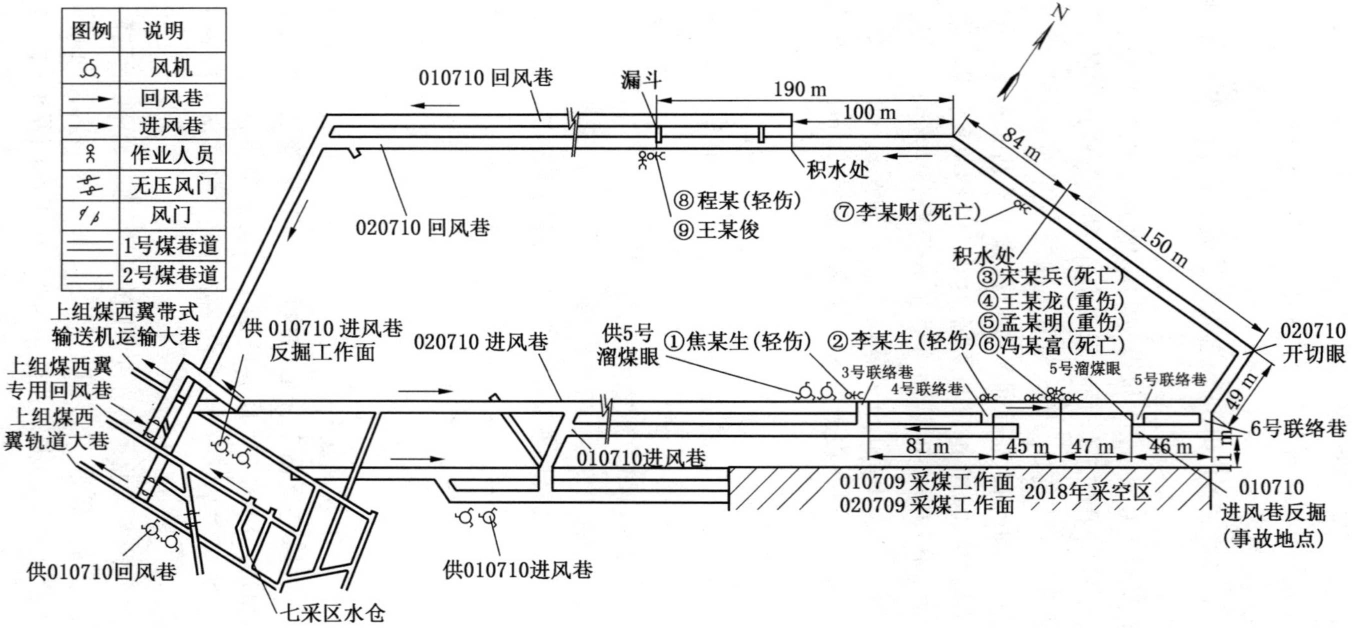

图 10-1-1　事故现场空间位置关系

（四）事故原因

1. 直接原因

义棠煤业开掘一队组长宋某兵违章指挥工人拆除 010710 进风巷反掘工作面的风筒，导致该工作面停风后瓦斯积聚。5 号溜煤眼爆破时产生的火焰通过爆破产生的裂隙进入 010710 进风巷反掘工作面，引爆该工作面内积聚的瓦斯，导致事故发生。

2. 间接原因

（1）矿井局部通风管理混乱。010710 进风巷反掘工作面和 5 号溜煤眼的风筒被工人擅自拆接，局部通风管理不到位。

（2）作业规程和安全技术措施执行不到位。未严格执行 5 号溜煤眼作业规程。5 号溜煤眼作业规程中规定 5 号溜煤眼炮眼最深为 2.2 m，实际施工时最深的炮眼为 3.8 m。未落实巷道贯通的安全措施。现场作业人员未严格执行爆破前检查瓦斯、撤人、设警戒、保持正常供风等贯通安全措施。

（3）事故发生前，工人违章将 010710 进风巷反掘工作面瓦斯传感器撤出。

（4）事故前 5 号溜煤眼爆破作业时，未执行“一炮三检”“三人连锁爆破”制度。

（5）工人安全素质差、违章作业，现场管理人员履职不到位。

（五）防范和整改措施及建议

（1）煤矿企业要加强矿井的通风管理工作。要进一步提高对通风管理工作重要性的认识，完善矿井通风系统，强化局部通风管理，加强通风设施的管理维护，巷道贯通前停掘的工作面必须保证正常供风，爆破作业必须严格执行“一炮三检”“三人连锁爆破”制度，加强井下安全监控系统管理，确保井下各作业地点风量充足、监控有效。各级通风管理人员要明确职责、严格履责，加强对瓦检员的管理，严格执行瓦斯检查制度。

（2）煤矿企业要强化技术管理和现场管理工作。

（3）煤矿企业要增强安全法治意识，规范事故报告工作。煤矿企业要深刻吸取事故教训，牢固树立安全“红线”意识，强化底线思维，坚持“以人为本、安全第一、生命至上”的安全发展理念。要强化法治意识，严格遵守国家法律法规，事故发生后要按规定及时、如实向有关部门报告事故情况，严禁迟报、谎报、瞒报。

（4）煤矿主体企业要切实履行管理职责。

（5）强化安全培训工作，提升员工素质。

（6）地方政府和部门要强化安全监管，严格事故举报核查工作。

三、山西晋城王台铺煤矿有限公司“8·26”较大窒息事故

（一）矿井概况

王台铺煤矿位于山西省晋城市城区北石店镇王台铺村，为国有重点矿井。井田面积为33.7032 km^2，批准开采3号、9号、15号煤层，核定生产能力260万t/a。矿井水文地质类型为复杂型，煤层均为不易自燃煤层，煤尘无爆炸性，为低瓦斯矿井。

矿井采用混合开拓方式，共计6个井筒，其中4个斜井、2个立井。矿井3号、9号煤层回采结束已封闭，15号煤层共划分为5个盘区，一、三、五盘区回收工作已结束并封闭，四盘区不具备开采条件未开拓，二盘区尚剩余部分排水、运输、供电等系统设备设施等待回收。通风方式为中央并列式，通风方法为机械抽出式。主斜井安设一部带式输送机，事故发生前已回收，井下各盘区带式输送机、刮板输送机、煤仓等设备设施也已回收。副斜井采用双滚筒缠绕式提升机，担负矿井辅助提升任务。辅助运输采用调度绞车、无极绳绞车两种牵引方式。矿井两个水平最大排水能力为2252.5 m^3/h，系统能够满足排水要求。

事故发生在主斜井井筒内。主斜井西侧上部为620 m水平大巷卸载绕道（以下简称卸载绕道），与主斜井投影面平行，水平间距10.8 m。主斜井西侧30 m为行人斜井，与主斜井平行，延伸至620 m水平大巷，两斜井在620 m水平通过联络巷连通。事故发生在主斜井井筒内，主斜井与620 m水平大巷联络巷交岔口（以下简称交岔口）下方103.8 m和137.6 m处。交岔口至主斜井井底水面处，长度约154 m，该处巷道为半圆拱砌碹支护，断面积为9.8 m^2，巷道左侧有行人台阶，中部铺有22 kg/m轨道，巷道左侧上方有8根DN200 mm钢管与卸载绕道连通用于通风，主斜井与卸载绕道之间设有两个煤仓。

（二）事故经过

2017年8月26日7时，综掘一队早班15人在队接班室召开班前会，由25日的队值班干部牛某主持召开，班长段某安排当班工作任务，主要是回收主斜井井底水仓3台水泵。当班工人拆卸完3台水泵并运输到620 m水平大巷后，于11时30分升井。15时，综掘一队下午班18人在队接班室召开班前会，由当日值班干部樊某主持召开，安排当班工作任务是回收行人斜井和主斜井底直排泵电缆，并强调了安全注意事项。随后跟班干部魏某、张某文带领当班人员入井作业。副队长魏某、张某文，班长成某，安检员吉某，电工刘某在仪器发放窗口领取便携式瓦检仪和便携式甲烷氧气两用仪时，因当班仪器发放工崔某脱岗，他们等了十余分钟未领取到仪器，就直接入井作业。

根据综掘一队不成文规定，队里值班干部须在前一天下井了解井下现场情况，27 日值班干部为副队长魏某富，其于 26 日下午班入井，入井时未向队值班室汇报，井下记工房登记其入井时间为 15 时 30 分。16 时许，成某班组在井下行人斜井记工房开展“零事故”教育活动后，机电副队长张某文带领电工刘某到记工房上方拆卸电缆接头。成某安排田某、马某、朱某在行人斜井摘挂钩上的电缆，赵某、郭某到主斜井配合副队长魏某排除绞车隐患、做绳头，张某兵、刘某和张某红到 695 m 水平巡查管路、看护电缆，其他人员在行人斜井拖电缆。魏某、赵某、郭某到达主斜井横川口绞车处，魏某让赵某操作绞车，他和郭某向主斜井底部方向拖钢丝绳。魏某、郭某拖着钢丝绳向主斜井底走了约 40 ~ 50 m 时，突然发现主斜井底有一盏矿灯光线不动，怀疑是一个人。魏某先是喊了几声，无应答，随后用小石块朝灯光处扔了过去，仍无反应，魏某与郭某就向上返。返回过程中，魏某边走边喊赵某，让他赶快打电话向队值班室和矿调度室汇报并告诉成某。赵某先跑到 620 m 水平变电所找电话，敲门无应答，就赶紧向行人斜井记工房跑，边跑边喊成某的名字。在行人斜井记工房下方约 100 m 处遇到成某，便告诉他：魏队长说主斜井下方有一盏灯不动，怀疑是个人晕倒了，不知道是不是咱队的人，他叫我去打电话汇报。说完就向记工房跑去。成某赶紧叫上本班工人向主斜井赶去，走到距 620 m 水平主水泵房上方 30 多米的地方遇到了魏某，魏某把主斜井底的情况告诉了成某后，就跑向记工房打电话汇报。在记工房，赵某和魏某分别向矿调度室和队值班室做了汇报。成某带领马某、田某、朱某、程某、牛某等人走到 620 m 水平主水泵房附近遇到了郭某，问他晕倒的人在哪并让他带路，但郭某未跟着走。成某他们走到主斜井横川口后未停留就直接向井底走去（未佩戴自救器）。马某走在最前面，田某、朱某、成某、程某、牛某跟着向下走。约走了 100 m，马某突然晕倒了，其他人见状赶紧往上返。在返回横川口的过程中，成某遇到了张某文，张某文得知马某晕倒后，他们一起返回到横川口，张某文用电话向队值班干部樊某进行汇报。成某组织韩某、李某、田某、朱某、谭某、程某、牛某等人佩戴好自救器，向主斜井底马某晕倒的地方走去。到达马某晕倒的地方后，韩某、李某、成某、田某、朱某抬起马某向上刚走了两三米，田某、朱某几乎同时晕倒了，其他人员见状就赶紧往上返，成某鼻夹掉落，打了个趔趄，迅速用手捏住鼻子，于最后一个返回到横川口。

该事故共造成 4 人死亡。

（三）事故原因分析

1. 直接原因

主斜井底应急水仓回撤水泵后，未对直排井水管口进行封堵，在大气压力和通风负压的共同作用下，地面排水沟里积存的有毒有害气体沿直排井水管涌入主斜井底；魏某贸然进入氧气浓度极低的有毒有害气体积聚区域，导致窒息事故发生；现场人员对险情处置不当，导致事故扩大，是造成此次事故发生的直接原因。

2. 间接原因

（1）王台铺矿井下现场管理存在漏洞。当班开工前，跟班干部、班长、安检工未对事故区域现场进行巡检，瓦检工对主斜井底区域瓦斯检查不认真、不全面，是造成事故发生的一个原因。

（2）王台铺矿安全管理不到位。措施审查不严密，在会审部门有缺席的情况下审查措施，且会审签字不严格；安检工、班组长、跟班队长入井未按规定携带便携式瓦检仪（瓦斯、氧气两用仪）；仪器发放室职工擅自脱岗；相关职能部室对井下作业动态掌握不清，是造成事故发生的又一个原因。

（3）王台铺矿应急救援预案制定不详细、不具体。应急预案中缺少窒息事故方面的内容，现场救援缺乏经验，也是造成事故发生的又一个原因。

（4）晋煤集团及五人小组对王台铺矿安全监督检查不严格，对王台铺矿关井回收工作监督检查不细致，也是造成事故发生的原因之一。

（四）事故防范措施

（1）王台铺矿要完善矿井关闭期间设备、材料回收的技术方案及安全技术措施。方案及措施中要增加关于预防窒息的措施及规定，有可能与地面连通的水泵、管路等设施拆除后要及时采取相应的安全技术措施。

（2）加强矿井“一通三防”管理。对井下通风不畅的作业地点要使用局部通风机通风，确保作业安全；完善矿井瓦斯检查计划图表，在图表中增加边远死角、无人作业区域等特殊地点的瓦斯及其他有毒有害气体的检查。

（3）煤矿企业要加强现场管理力度，特别是要加强零星作业地点现场安全管理。作业前，要对现场的通风、瓦斯、氧气、顶板等情况进行安全检查，确认安全后方可进行作业。

（4）职能部室要加强协调和沟通，及时掌握现场动态，准确通报现场相关情况；要加强现场监督检查和管理，对现场出现的异常情况及时做出安排、处理和跟踪落实。

（5）加强对各岗位工种人员值班、履职情况的监督检查。煤矿企业有关人员要按规定携带便携式甲烷检测报警仪，在回收水泵、清理水仓、边远地区等特殊地点作业时，必须指定专人携带瓦斯氧气两用仪以检查瓦斯和氧气浓度，并加强安全检查。

（6）补充矿井发生窒息事故时的应急救援预案，加强应急救援演练，提高现场人员的应急处置能力和水平。

（7）晋煤集团要加强对下属各矿井的管控力度，加大对下属各矿井的日常安全监督检查力度。

四、山西官窑永安煤业有限公司“5·11”较大 CO 中毒事故

2017 年 5 月 11 日 8 时 40 分许，晋中市榆次乌金煤炭投资有限公司下属的山西榆次官窑永安煤业有限公司发生一起较大 CO 中毒事故。造成 3 人死亡，3 人受伤，直接经济损失 910 万元。

（一）矿井概况

永安煤业位于晋中市，井田面积为 4.8778 km^2，为兼并重组整合矿井，设计能力 45 万 t/a，隶属于晋中市榆次乌金煤炭投资有限公司官窑子公司。永安煤业 2017 年春节期间停产放假，2017 年 3 月 10 日，节后复产签字程序履行完毕，2017 年 3 月 25 日榆次区安全生产监督管理局以榆安监发〔2017〕116 号文批准复产。

（二）事故区域作业地点情况

本起事故发生地点在 15 号煤三采区 1 号岩巷掘进工作面与三采区运输巷交岔口处。15 号煤三采区不属于 2017 年度采掘计划范围，与初步设计划分的三采区亦不符。

15 号煤三采区布置有 4 个作业地点，分别为 1 号岩巷掘进工作面、2 号煤巷掘进工作面、3 号煤巷掘进工作面、4 号维修巷。

（三）事故发生经过

1. 事故前 1 号岩巷掘进工作面作业情况

2017 年 5 月 9 日夜班，班长段某福带领 3 名工人到三采区 1 号岩巷掘进工作面作业。当班正常打眼爆破，进尺 1.5 m，未发现 CO 气体浓度超限等异常情况，夜班工人下班后，带式输送机司机兼局部通风机管理员王某生停止了局部通风机的运行。2017 年 5 月 10 日（农历十五）该矿公休，未安排人员下井。

2. 事故发生经过

2017 年 5 月 11 日 7 时 30 分左右，生产副矿长贾某武召开早班班前会，安排 35 人到三采区作业。当班带班队长为苏某奎，1 号岩巷掘进工作面带班班长为段某福，1 号岩巷掘进工作面安全员为张某平、瓦斯检查员为赵某科。

8 时左右，工人陆续入井。瓦检员赵某科在检查密闭墙（距事故地点 150 m 左右）前的瓦斯时，段某福、王某生、梁某钢本来行走在赵某科和张某平的后面，不听赵某科和张某平的劝阻继续前行，段某福、王某生还分别推了赵某科和

张某平一把，并说每天都这样，没事走吧，超过赵某科等继续往 1 号岩巷掘进工作面方向走去。

8 时 40 分左右，段某福、王某生、梁某钢到达三采区运输巷与 1 号岩巷交岔口处（事故地点），王某生开启了 1 号岩巷掘进工作面局部通风机，段某福、王某生、梁某钢三人相继晕倒。赵某科、冯某厚（4 号掘进工作面带班长）、张某平就过去抢救，此时冯某厚和赵某科的便携式 CO 检测仪超限报警，冯某厚安排赵某科向调度室打电话汇报，并呼叫其他工人过来救人，救人的刘某江、王某根和张某平约 2 min 后也都晕倒。此时，冯某厚把风筒撕开，向事故区域通风，招呼其他人员向外运送伤员。

8 时 50 分左右，矿长马某林接到调度室的事故汇报，安排总工程师冀某文入井和井下跟班副矿长贾某武组织救援，并安排拨打了 120，同时安排井下所有人员撤出。

（四）事故原因

1. 直接原因

永安煤业违规在计划外 15 号三采区 1 号岩巷掘进工作面爆破作业时，与采空区沟通，5 月 9 日夜班后停止了该工作面局部通风机供风，采空区内大量高浓度 CO 气体涌出集聚。

5 月 11 日早班，王某生违规启动了局部通风机后，将积聚在 1 号岩巷内的 CO 气体排至 15 号煤三采区带式输送机运输巷，致使行至此处的工人 CO 中毒。

2. 间接原因

（1）永安煤业擅自利用已关闭的原北山长安分公司主斜井、副斜井和原鑫窑公司主斜井（基建期间措施井），在 2017 年度采掘计划之外的 15 号煤三采区进行作业。

（2）15 号煤三采区安全设施不完善，未建立监测监控等安全生产系统。

（3）永安煤业安全管理混乱，掘进工作面随意停开局部通风机。

（4）职工安全意识差，安全防范意识不强。

（5）榆次区安监局在日常监管过程中检查不严不细，未能发现煤矿安全隐患。

（6）榆次国土分局在对已封闭井筒的日常巡查中不严不细，未能及时发现矿井启用已封闭井筒。

（五）防范及整改措施

（1）永安煤业要认真汲取事故教训，牢固树立安全生产“红线”意识，依法办矿，依法管矿，依法依规组织生产。

(2) 乌金投资公司、官窑子公司、永安煤业要加强矿井“一通三防”和地测防治水等基础管理工作，完善矿井各项管理制度，并严格落实。

(3) 永安煤业要加强对职工的全员培训，树立全体职工的安全意识，增强职工自保互保能力。

(4) 榆次区有关部门要增强安全生产责任感，严守安全生产“红线”和法律法规底线，进一步完善和改进煤矿安全监管工作体制机制，认真落实监管职责。强化对煤矿的日常安全监督检查工作，严厉打击煤矿违法违规生产行为。

(5) 榆次区党委、政府要认真贯彻落实党中央、国务院领导同志关于安全生产的指示精神，深刻反思，分析当前煤矿企业在经济效益下滑的背景下，安全工作中存在的问题，督促各有关部门转变工作作风和方式，有效防范类似事故的发生。

第二节　煤尘事故案例分析

2019 年 1 月 12 日 16 时 20 分，陕西省榆林市神木市百吉矿业有限责任公司（以下简称“百吉矿业”）发生一起重大煤尘爆炸事故，造成 21 人死亡，直接经济损失 3788 万元。

一、矿井概况

陕西神木百吉矿业为股份制民营企业，该矿位于神木市城区东北约 15 km 处，行政区划隶属于神木市永兴街道办事处。核定生产能力为 90 万 t/a。事故前，该矿证照齐全有效，属正常生产矿井。

井田东西长约 4 km，南北宽约 4.6 km，面积为 15.42 km^2，井田范围内仅 5－1 煤层可采，煤层倾角一般小于 1°，属近水平煤层；煤层厚度为 0.8～4.89 m，平均厚度为 3.37 m。煤层顶板岩性以厚层粉砂岩、细粒砂岩为主，底板岩性以粉砂岩、细粒砂岩和砂质泥岩为主；5－1 煤层为Ⅰ类容易自燃煤层，煤尘具有爆炸性，为低瓦斯矿井，水文地质类型为简单型，地温正常，无冲击地压现象。

矿井采用平硐单水平单盘区开拓，在工业广场内布置有主平硐、副平硐和回风平硐 3 条井筒。井下现有 3 个采掘工作面，分别是矿井北翼 507 综采工作面、515 运输巷综掘工作面和南翼 506 连采工作面。矿井采用中央并列式通风方式、抽出式通风方法，矿井总进风量为 42331 m^3/min，总回风量为 4274 m^3/min，507 综采工作面配风量为 1239 m^3/min，515 运输巷综掘工作面配风量为 802 m^3/min，506 连采工作面配风量为 923 m^3/min。

事故发生区域为矿井5－1煤层南翼506连采工作面和506连采工作面南部采空区延伸开采区内。2018年11月，神南产业受百吉矿业委托编制了《5－1煤层南翼连续采煤机短壁回采方案》(以下简称回采方案)，设计用连续采煤机回采504、506、508、510综采工作面采空区以南边角煤，分为4个区。一区为506连采工作面，位于506综采工作面以南；二区为连采探巷工作面，位于506和504综采工作面以南、一区进风巷以西边角区域，采用在一区进风巷向西探巷式掘进，后退式单翼采硐回采，局部通风机供风，爆破强制放顶，全部垮落法控制顶板；三、四区分别位于508、510综采工作面以南边角区域。事故发生时，百吉矿业正在一区回采，同时在二区以探巷方式回采。一区和二区的开采实为同一个工作面，在开采一区时，同步开采二区，即506连采工作面实为一区、二区合并而成。

二、事故经过

1月12日8时30分，连采队队长张某主持召开班前会，当班副队长屈某和班长李某安排具体工作，连采队当班出勤26人，其中：连采队管理人员3人（张某、屈某、李某）、连采机司机组人员4人、运煤车司机8人、铲车司机2人（杜某、陈某）、液压支架和单体支护工3人、锚杆支护工2人、512风门看护工1人、爆破作业3人。当班任务是在506连采面三支巷回采3个采硐，并进行运输、放顶、支护等工作，然后在二区掘进。

9时14分，当班人员先后从副平硐乘车入井。约9时45分到达506连采面，在三支巷组织回采。连采队队长张某现场安排完工作后，于10时36分升井。

13时50分，连采队开始爆破强制放顶，爆破结束后，班长李某和3名爆破工升井办理火工品退库手续。完成退库手续后，班长李某带领1名爆破工（马某）再次入井到506连采面作业。

16时24分，主平硐驱动机房带式输送机司机杭某发现主平硐口有黑烟喷出，电话汇报值班调度员王某。王某立即查看，发现安全监测监控系统和通信联络系统中506连采工作面信号中断，立即通知张某查明情况。张某安排蔡某驾车入井查看，蔡某约16时40分从副平硐入井，沿506回风巷向工作面前行，在距506回风巷约700 m处，追上驾驶第6趟入井的C09号运煤车的余某，两人均感到巷道内粉尘大、能见度极差，呼吸困难。两人停车熄火，弃车升井。

16时25分，井下带班矿领导杨某发现507综采工作面风流逆转，粉尘较大，电话汇报调度室后，到506连采面查看情况，发现506回风巷有两处密闭墙损坏，烟尘较大，于17时18分将情况汇报调度室。

17时35分，总工程师屠某到506连采工作面进风巷查看情况后汇报调度室：506连采面进风巷烟尘大、无法进入、情况不明。

17时40分，矿调度室请示矿长胡某后，通知井下所有作业人员撤离。

经核对全矿当班入井87人，66人安全升井，连采队有21人被困井下。

19时40分，先行到达的神木救护队分两组开展救援工作，一组11人从副井进入，前进至506连采面进风巷50 m左右，陆续发现19名遇难者，接近506连采面时因听到工作面方向有顶板垮落声，为防止次生事故发生，随即返回升井。另一组9人从512运输巷进入，前进到506回风巷发现1名遇难者，接近506连采面时工作面方向有顶板垮落声，随即升井。

13日4时15分，神东救护队入井侦察，在连采机右侧发现1名遇难者，至此506连采面21名遇难人员全部找到。

13日12时35分，21名遇难者全部升井，抢险救援工作结束。

三、原因分析

（一）直接原因

506连采工作面和开采保安煤柱工作面采空区及与之连通的采空区顶板大面积垮落，采空区气体压入与采空区连通的巷道内，扬起巷道内沉积的煤尘，弥漫506连采面，并达到爆炸浓度，在三支巷中部处于怠速状态下的无MA标志非防爆C17运煤车产生火花，点燃煤尘，发生爆炸，造成人员伤亡。

（二）间接原因

（1）违法进入采空区组织回采，开采采空区保安煤柱。一是回采方案和506连采工作面作业规程中设计的部分支巷位于采空区保安煤柱范围内。二是超出回采方案和作业规程中506连采工作面开采范围，违法组织开采采空区煤柱。

（2）使用国家明令禁止的设备和工艺。一是506连采工作面主、辅运输车辆均为无MA标志的非防爆柴油无轨胶轮车，主运输车辆由个人购买，自管自用。二是采用落后淘汰的巷道式开采工艺回采边角煤，以掘代采、以探代采。三是二区边角煤开采没有独立的进风巷，利用506进风巷作为进风巷，垂直于506进风巷掘进探巷，后退式单翼采硐回采，局部通风机通风，串联通风。四是506连采工作面采用每采2~3个采硐强制放顶方式，放顶后工作面只有1个安全出口，工作面风流通过冒落的采空区回风。

（3）井下采掘工程违规承包分包，现场安全管理失控。一是将井下采掘工程分别承包给山东鲁泰和炜源公司。二是将井下综掘和连采工作面承包给不具备安全生产条件和相应资质的炜源公司。三是百吉矿业、鲁泰公司百吉项目部、炜源公司共同隐瞒采掘承包真相。四是没有建立统一有效、合理健全的安全管理体系，管理体制混乱，职责相互交叉，责任不明确。五是炜源公司组织机构不健全，未设置安全管理机构。六是陕西鲁泰作为山东鲁泰在陕公司，并未将采掘承包情况向有关部门报告，对鲁泰百吉项目部部分管理人员在百吉矿业煤矿担任煤矿领导职务制止不力。

(4) 资料造假，蓄意隐瞒违法违规行为，逃避监管。一是506连采工作面开切眼东南部采空区内巷道及开采情况，没有出现在作业规程中，也没有填绘在采掘工程平面图上，图纸、资料等与实际不符。二是对专家“会诊”检查出的重大问题未落实整改。

(5) 矿井安全投入不足，职工培训不到位，现场管理混乱。一是百吉矿业和炜源公司未配备钻探设备和防爆运输车辆。二是职工安全意识差，安全教育培训不到位，有入井人员携带烟火现象。三是防尘设施不全。洒水管路未按规定延伸至所有作业地点；在进、回风巷未安设自动控制风流、净化水幕等设施。

(6) 对隐蔽致灾因素没有进行治理。一是对于已经探明的碳窑沟采空区存在的大面积悬顶等安全隐患未进行治理。二是掘进巷道9次打通采空区后，没有退回并未按规定构筑防爆防水密闭墙。

(7) 地方政府及煤矿安全监管部门监督管理存在漏洞。

四、事故防范措施

(1) 牢固树立安全发展理念，明确煤矿安全“红线”标准。政府要牢固树立安全发展理念，坚守“发展决不能以牺牲安全为代价”这条红线，要对近年来发生的多起重大事故（含涉险）教训进行梳理，举一反三，认真查找影响当前煤矿安全生产的主要问题，制定出符合榆林煤矿安全实际的、具体的、可操作的标准规定，作为全市煤矿必须遵守的安全“红线”。

(2) 开展专项整治行动，落实“红线”安全标准。各级政府要认真落实市政府制定的安全“红线”标准，持续开展专项整治，以钉钉子精神持续开展“采空区大面积悬顶”和“矿井周边明盘开采”等隐蔽致灾因素普查，采取有效措施进行治理。要始终保持对“非法违法承包分包”“采用国家明令淘汰的巷道式采煤方法采煤”“非防爆胶轮车入井”“超层越界乱采乱挖”等问题依法严惩的高压态势，坚持群众路线，畅通群众举报渠道，进一步加大举报奖励力度和宣传力度，有效发现明停暗开、偷挖盗采等违法行为，使暗藏的非法违法活动无容身之地。

(3) 提高政治意识，强化作风建设，落实责任，切实做好煤矿安全监管工作。各级煤矿监管部门要按照全面从严治党的要求，深刻反思事故暴露出的煤矿安全监管工作存在的形式主义、官僚主义、作风漂浮等问题，检视企业“五假五超”、假托管真承包、采空区开采煤柱、巷道式采煤、非防爆车辆入井，入井人员携带烟火等问题持续存在的根源，提高政治站位，转变工作作风，落实各级责任，扎实做好监管工作。

（4）加强对煤矿企业“关键人”的教育。地方监管部门要加强对煤矿企业实际控制人、董事长、总经理、矿长、总工程师等“关键人”的教育，组织学习安全生产方针、政策、法律法规，强化警示教育，定期组织对“关键人”的考核，提升煤矿“关键人”的安全“红线”意识、守法意识、诚信意识。

（5）中介机构依法依规服务煤矿企业。中介机构必须依法依规服务煤矿企业，吸取事故教训，严格遵守“独立、客观、公正、准确”的基本行业准则。设计部门要严格按国家标准、规范编制设计，以安全标准确定方案；评估、评价等机构要实事求是，坚持国家标准和法律底线，坚守职业操守，提升服务质量。

（6）煤矿企业依法管矿，依法治矿，建立诚信机制，落实煤矿企业主体责任。榆林市各煤矿企业要认真贯彻落实国家关于安全生产“安全第一、预防为主、综合治理”的方针，增强法治意识，遵法守法，诚实守信，严格按照国家法律法规和行业标准管理和经营，杜绝“非法违法承包分包”“采用国家明令淘汰的巷道式采煤方法采煤”“非防爆胶轮车入井”“超层越界乱采乱挖”等故意违法问题，建立健全风险分级管控、隐患排查治理和安全质量达标“三位一体”的煤矿安全生产管理体系，提高煤矿安全保障能力。

第三节　水害事故案例分析

一、山西大同煤炭集团有限公司大同地煤姜家湾煤矿“4·19”重大水害事故

2015 年 4 月 19 日 13 时 43 分，大同煤炭集团有限公司大同地煤姜家湾煤矿（以下简称姜家湾煤矿）发生一起重大水害事故，死亡 21 人。

（一）*矿井概况*

姜家湾煤矿位于大同市南郊区云冈镇姜家湾村，2003 年 12 月该公司划归同煤集团。姜家湾煤矿隶属于地煤公司，生产矿井，核定生产能力 1500 kt/a，矿井井田面积为 8.2799 km^2，采矿许可证批准开采侏罗系 2 号、3 号、7 号、8 号、9 号、11 号、12 号煤层，其中 9 号、12 号煤层不可采，2 号、3 号煤层已采完，

现主采7号、8号、11号煤层。

矿井为瓦斯矿井，现开采的7号、8号、11号煤层自燃倾向性等级为Ⅱ级，各煤层煤尘均具有爆炸性。矿井水文地质类型中等，矿井正常涌水量为58.33 m^3/h，最大涌水量为75 m^3/h。

矿井采用斜井单水平多煤层联合开拓方式，井下根据自然地质构造共划分为6个盘区：301、402、303、404、305和406盘区，现开采5个盘区，分别为7号煤层406盘区；8号煤层305、404盘区；8－2号煤层303盘区和11号煤层303盘区。发生事故的8446综采工作面位于8号煤层404盘区。采煤方法为倾斜长壁后退式，采用全部垮落法控制顶板。

矿井通风方式为对角式，通风方法为机械抽出式，井下中央水泵房安装3台200D43×7型主排水泵，一台运转、一台备用、一台检修。

事故地点8号煤层404盘区位于矿井西南翼，北与303盘区（已采完）相邻，南部、西部为矿界，东部以F1断层为界；以断层与大同市原姜家湾煤矿劳动服务公司一矿西一盘区（已报废）为界，盘区被F43断层分为东西两翼，西翼大部分已开采且已封闭，东翼原为弃采区。该区域整体地形为南高北低、西高东低。盘区大巷采用两巷布置，现北部8438、8440两个工作面已采完，南部布置有8446和8448两个工作面，8448工作面正在准备，由掘进一队掘进5448风巷，截至发生事故时已掘184 m；机掘二队掘进2448运输巷，截至发生事故时已掘144 m。该区煤层厚度为1.2～1.8 m，8446综采工作面煤层厚度为1.5 m。发生透水的8446综采工作面位于404盘区东翼，采用双巷布置，原设计2446运输巷长830 m，5446风巷长857.5 m。8446综采工作面上覆7号煤层采空区的积水情况，从矿井充水性图和其他资料均有反映，该矿在8446工作面回采前做了以下探放水工作：一是在工作面两巷道掘进期间每隔100 m由地测科进行一次直流电法超前物探，共探19次，物探结果均未发现异常。掘进期间实施钻探时按照顺煤层3孔扇形布设钻孔，保留30 m的安全距离进行超前钻探，共钻探86次，进尺约14000 m，没有发现异常。二是编制了掘进工作面探放水设计，包括对上覆7号煤层探放水设计，实施探上覆7号煤层采空区钻孔44个，排放上覆采空区积水共计12800 m^3，其中：进风巷2个钻孔排水12600 m^3，回风巷1个钻孔排水200 m^3，另外11个孔穿过采空区但未见水，30个孔打在了实体煤上。

（二）事故经过

2015年4月19日中午12点，袁某义与其他10名矿工开完班前会后入井，13点到达工作面。14点在工作面机尾部位开始向机头割煤，割完一刀煤采煤机返回机尾后；王某勇、王某东、张某成开始换截齿。袁某义与薛某飞顶支架，工作了一段时间后袁某义去5446回风巷小便。2015年4月19日18点50分，袁某义突然听到工作面后方有轰隆的顶板垮落声，并伴随着哗哗的水声。袁某义回头看水从采空区翻腾出来，高过刮板输送机机尾0.3 m左右。他就高喊："透水了，快跑！"他赶紧沿5446回风巷向外跑。最后从回风联络络巷跑了出来。与此同时，在转载机处的钟某兵、李某兴也察觉到了异常。听到工作面跟班队长的警报后，立即沿2446运输巷往经404盘区机轨合一巷跑出来。透水后8446综采工作面开切眼2446运输巷道全部及5446风巷距工作面31 m巷道全部过水，1032标高以下的巷道全部被淹。事故区域共有作业人员31人，其中7人安全撤离24人被困。4月21日13点11分，在被困近40 h后王某平、郝某宽和李某义3名矿工获救升井。4月23日抢险救援结束，21名矿工遇难。据事故分析，这次透水冲击力大。破坏力峰值高，透水强度大，达57000 m^3/h。

（三）原因分析

1. 直接原因

事故的直接原因是对8446综采工作面上覆采空区积水和回采过程中出现的透水征兆，未采取有效措施，而随着工作面继续回采，悬顶面积不断增大。在上覆岩体和7号煤层采空区水体共同压力作用下，顶板瞬间冒裂垮落，导致大量采空区积水突然溃出，造成事故发生。

2. 间接原因

（1）未严格执行《煤矿防治水规定》。矿井探放水设计不规范，审批把关不严格，措施不完善，对上覆采空区只设计用单一钻孔探查，存在漏探区域，对8446综采工作面上覆7号煤层采空区的积水未探测到位的情况下，没有制定加强探测措施和补充探查方法；探放水人员数量不足，没有实现探掘分离；探放水孔施工验收制度不规范。

（2）职工安全意识淡薄，水害辨识、防治能力差。安全培训不到位，日常培训针对性不强；技术管理人员专业素质不高，对水害威胁认识不足；职工水害防范意识淡薄，对透水征兆认识不足，辨识能力差；现场应急处置技能、自救互救能力不强。

（3）矿井日常管理混乱。未严格落实矿领导带班下井制度，19日事故发生当班无矿领导带班上岗；未执行同煤集团及地煤公司关于采煤工作面安全准入规定，8446综采工作面未经地煤公司安全准入验收自行组织生产；安全管理制度不健全，安监部门对各部门、各专业安全工作监督不力，综采安全准入、探放水验收、安全隐患排查治理落实不到位；4月14日二班发现8446综采工作面出水异常后，只是进行停止生产、更换水泵加大排水，15日二班继续组织生产。

（4）地煤公司日常检查不认真，安全管理制度落实不到位，安全管理存在盲区。

（5）同煤集团对下属子公司及其所属矿井日常安全管理不到位。

（四）事故防范措施

（1）全面落实企业安全生产责任制。

（2）切实加强煤矿水害的防治工作。

（3）进一步做实防治水害基础工作。建立健全水害防治“一矿一策、一面一策”编制、审查、审批和防治水方案、防治水设计，以及水害预测预报、隐患排查治理、预案应急演练、安全投入等制度。强化现场管理工作，地测部门负责探放水设计的编制和“两单”（探放水通知单和允许掘进通知单）发送，探放水队组按照探放水设计和探水通知单负责探水作业，开掘队组按照允许掘进通知单施工，地测、安监部门组织现场检查验收，实现探掘分离、循环作业。对采掘过程中出现的异常出水，要及时到有资质的化验机构进行水质化验。要保障防治水专项资金投入，严格按年度计划、中长期规划进行资金安排，优先安排防治水隐患治理资金计划。

（4）扎实开展煤矿安全隐患大排查。重点是资源整合煤矿要进行水患全面排查，强制查明煤矿水害方面隐蔽性致灾因素，进行水文地质补充勘察，查明水文地质条件；受采空区水威胁的煤矿要通过小窑调查、地面勘察、钻探验证等综合手段，摸清矿区范围及周边采空区水、小窑水、采空区水的位置和水量，做到掘前、采前水害资料清晰。对排查出的重大水害隐患，要在精细勘查和预测评价的基础上，进行分类定级，挂牌督办，制订专门治理计划，落实治理责任、方案、资金、人员、物资、期限和安全预案等，实行挂牌督办，确保整改到位。

（5）加强技术创新和职工培训工作。

二、山西襄矿西故县煤业有限公司“10·25”较大水害事故

（一）矿井概况

西故县煤业隶属于襄矿集团，地方国有企业，为兼并重组整合保留矿井，生产能力为90万t/a，井田面积为9.2437 km^2。批准开采3号~15号煤层。保有储量6222万t，可采储量3705万t。低瓦斯矿井，水文地质类型中等。3号煤层属不易自燃煤层，煤尘均具有爆炸性。矿井正常涌水量为12.75 m^3/h，最大涌水量为74.61 m^3/h。因3号煤层资源接近枯竭，2018年2月21日批准15号煤层水平延深项目开工建设，事故前正在进行15号煤层的水平延深。证照齐全有效，属持证建设矿井。

（二）事故发生区域情况

事故地点位于3－30113运输巷延伸段3号巷采面迎头。3－30113运输巷延伸段区域（以下简称“事故区域”）位于井田北部的3－3011采区，平均埋藏深度为126 m。3号巷采面东北部为3号煤层疑似CK4采空区、东部与原东故县煤矿相邻，南部为3－30113采煤工作面、西部与3－30113运输巷延伸段垂直相连。3号巷采面沿煤层底板掘进，长度为28 m，锚网索支护，矩形断面，宽3 m，高2.8 m，断面积为8.4 m^2。顶板向东倾斜，与周边地层倾向明显不同，为前方岩层受构造影响所致。

10月25日零点班，3号巷采面掘进至28 m处遇到破碎带，停止掘进，25日八点班开始回采，事故当班进行过爆破扩帮作业。

（三）事故发生经过

25日四点班，共有104人入井作业，其中3－3煤层70人，15号煤层34人。14时30分，掘进二队副队长赵某勤组织四点班工人召开班前会，共17名工人参加，会上安排班组长曾某勇、支护工黄某江、采煤工陈某友、羊某斌和张某四5人到3－30113运输巷延伸段作业；其余12人到15号煤15101回风巷掘进工作面掘进作业。3－30113运输巷延伸段的安全监护和爆破工作由安全员李某意负责，瓦斯检查由瓦检员申某明负责。

15时30分，工人下井后，根据班前会安排拖电缆到15号煤15101回风巷掘进工作面，然后曾某勇等5人到3－30113运输巷延伸段作业，曾某勇和黄某江负责巷道支护，陈某友和羊某斌负责打眼、出煤，张某四负责开刮板输送机及巷道清煤。18时左右，曾某勇等5人到达3－30113运输巷延伸段开始作业。曾某勇和黄某江在2号巷采煤工作面打锚杆、锚索，陈某友和羊某斌在3号巷采煤工作面右帮打眼，20时左右，李某意进行了爆破。待炮烟吹散后，曾某勇和黄某江进入3号巷采煤工作面打锚索，陈某友和羊某斌进入2号巷采煤工作面打迎头爆破孔，22时30分左右，李某意进行了爆破。炮烟吹散后，曾某勇和黄某江再次进入3号巷采煤工作面打锚索，陈某友和羊某斌进入2号巷采煤工作面打滑轮眼，张某四在刮板输送机附近清煤，李某意到3－30113运输巷查看带式输送机能否开启。

22时45分左右，在3号巷采煤工作面作业的曾某勇和黄某江看到工作面迎头顶板掉渣、出水，就向外跑，边跑边喊“透水了，快跑”。

（四）事故原因

1. 直接原因

西故县煤业在邻近采空积水区和断层区域违法违规组织生产，未按规定进行探放水；3 号巷采煤工作面爆破作业后，在采空区水压力作用下造成断层破碎带松动垮塌导通采空区，导致已整合关闭煤矿的采空区水溃入矿井，是造成本起事故的直接原因。

2. 间接原因

（1）西故县煤业主体责任不落实。该矿法制意识淡薄，在事故区域违法采用国家明令淘汰禁止的巷道式采煤工艺采煤，以掘代采；在煤尘具有爆炸性的情况下采用国家明令禁止使用的钢丝绳牵引耙装机出煤；图纸作假、隐瞒采掘作业地点。

（2）西故县煤业现场安全管理混乱。人员定位卡管理不严格，事故当班下井 104 人，其中 31 人未佩戴人员定位卡；使用真假两套调度台账、调度会议记录、入井检身记录；矿领导日常带班下井不在井下现场交接班。

（3）西故县煤业安全培训不到位。事故当班入井 104 人，11 人未经培训；施工队伍部分新入矿人员未经培训直接上岗；井下特种作业人员配备不足，6 名探放水工中只有 4 人持有效证件；井下爆破工数量不足，安全员兼职爆破工。

（4）西故县煤业施工队伍管理混乱。事故发生时，西故县煤业共有 4 支施工队伍，只有陕西德源矿业投资有限公司具备施工资质、签订了施工合同，进行了（中标）备案；浙江华越矿山有限公司具备施工资质，但未签订施工合同；掘进二队和开拓二队不具备施工资质；矿方违规将井下巷道维修作业劳务承包。

（5）襄矿集团主体企业责任不落实。

（6）襄垣县委、县政府及部门监管责任不落实。

（五）防范和整改措施

（1）西故县煤业要强化主体责任落实。矿井要增强法制意识，做到依法办矿、守法经营。要依法依规组织生产，严禁采用国家明令淘汰、禁止使用的生产工艺及设备组织生产。严禁图纸作假、隐瞒采掘工作面等行为。

（2）西故县煤业要加强防治水工作。矿井要深刻汲取本起事故教训，严格执行《煤矿防治水细则》，强化“可采区”“缓采区”“禁采区”分区管理，严格落实防治水“三专两探一撤”规定。尤其要通过“一查全、二探清、三放净、四验准”四步工作法抓好采空区水害防治。

（3）西故县煤业要加强现场安全管理。矿井要加强人员出入井管理，入井人员必须携带人员定位卡。安全管理人员要认真履行职责，发挥好安全员、跟班队组领导和带班下井矿领导的管理作用，加强对重点作业场所的安全检查，遇到险情时必须立即停止作业，及时撤出井下人员。

（4）西故县煤业要加强施工队伍管理。矿井要加强施工队伍管理，严格施工项目（中标）备案，严禁将工程承包给不具备施工资质的单位，严禁将井下采掘工作面和井巷维修作业对外承包。规范用工管理，按要求签订劳动合同。

（5）西故县煤业要加强职工安全培训。矿井要按照规定对井下作业人员进行安全生产教育和培训，未经安全生产教育和培训或者教育和培训不合格的人员不得上岗作业。特种作业人员必须经培训合格，持证上岗。

（6）西故县煤业要规范事故上报工作。矿井要加强对安全生产相关法律、法规的学习，发生事故后要严格按规定及时、如实上报，不得迟报、漏报、谎报和瞒报。

（7）襄矿集团要认真履行主体企业责任。

（8）襄垣县委、县政府及部门要严格落实监管职责。

第四节　火灾事故案例分析

2017 年 12 月 2 日 7 时 12 分，陕西陕煤韩城矿业有限公司桑树坪煤矿（以下简称桑树坪煤矿）3109 开切眼掘进工作面发生一起较大火灾事故，涉险人员 15 人，其中 3 人死亡，事故直接经济损失 1395 万元。

一、矿井概况

桑树坪煤矿隶属陕西陕煤韩城矿业有限公司，位于陕西省韩城市东北方向、韩城矿区北部，距韩城市直线距离约 35 km，国有重点煤矿，矿井设计能力为 300 万 t/a，核定生产能力为 165 万 t/a，属生产矿井。井田范围内含可采煤层 3 层，即 2 号、3 号和 11 号煤层，均为突出煤层，且 2 号和 11 号煤层属Ⅱ类自燃煤层。

区内含可采煤层 3 层，即 2 号、3 号和 11 号煤层，均为突出煤层。其中 3 号、11 号煤层为全区可采煤层，2 号煤层为局部可采煤层。目前 2 号煤层已经停采，3 号煤层为主采煤层，11 号煤层作为 3 号煤层的下保护层进行开采。桑树坪煤矿井田范围内 2 号和 11 号煤层属Ⅱ类自燃煤层，3 号煤层属Ⅲ类不易自燃煤层，2 号、3 号、11 号煤层最短自然发火期分别为 63 天、76 天、55 天；煤尘均具有爆炸危险性，水文地质类型极复杂，地温正常，无冲击地压现象。

以凿开河为界将全井田划分为南、北翼两个采区，即北一采区和南一采区。井下布置有 2 个综采工作面，分别为 3312 综采工作面、3110 综采工作面；7 个掘进工作面，分别为 3317 底板瓦斯抽放巷、南一 11 号煤层运输下山、3109 开切眼、3312 二期回风巷、3312 二期运输巷、北一 3 巷回风下山、4321 回风巷。

矿井采用分区式通风方式，抽出式通风方法。11 号煤层赋存情况：11 号煤层位于石炭系太原组中下部，为中厚煤层，上距 3 号煤层间距 50.7 ~ 58.07 m，平均 54.4 m。下距奥灰岩间距 8.73 ~ 18 m，平均 13.4 m。工作面煤厚 0 ~ 3.5 m，平均 2.4 m。11 号煤层属Ⅱ类自燃煤层，11 号煤层最短自然发火期为 55 天；煤尘具有爆炸危险性。

事故发生在南一采区 11 号煤层 3109 开切眼掘进工作面。3109 工作面煤层埋深 +270 ~ +460 m，设计仰斜上山开采，开切眼长度为 180 m，巷道长度为 1067 m。于 2017 年 3 月份开始掘进，运输巷已按设计掘进到位，开切眼自 3109 运输巷开口，截至 12 月 2 日已掘进 35 m。3109 开切眼设计为矩形断面，净断面积为 12.8 m^2（4.6 m × 2.8 m），采用锚网梁配合点柱支护，帮部采用锚杆加护帮竹笆支护。

二、事故经过

2017 年 12 月 1 日 21 时 30 分，掘进二队副队长卢某主持召开 2 日零点班班前会，当班共出勤 13 人（跟班副队长陈某、班长庞某、辅助工刘某、贾某等），安排正常掘进。班前会后，掘进二队跟班副队长陈某带领 12 名工人更衣入井，22 时 40 分左右，到达 3109 开切眼掘进工作面，准备掘进的前期工作。

1 日 22 时 30 分，瓦检队副队长郭某主持召开零点班班前会，安排何某负责 3109 开切眼掘进工作面瓦斯检查工作；安检队队长郝某主持召开零点班班前会，安排安检员田某负责 3109 开切眼掘进工作面安全检查工作。23 时 40 分左右，零点班安检员田某和瓦检员何某相继到达 3109 开切眼掘进工作面，经检查确认，发现规定的允许进尺已到位，随即停止掘进二队零点班掘进工作，并汇报通风调度，要求零点班按照通风调度的安排施工区域预测钻孔。随后，陈某将零点班工作任务进行了重新安排调整，安排工人刘某和贾某配合抽放队 1 名钻工打钻，其余人员维修挡车器、接风水管路、运送材料等。

2 日 0 时 30 分左右，抽放队副队长黑某（队长李某工伤休假）接到通风调度电话通知：掘进二队 3109 开切眼掘进工作面零点班需要施工区域预测钻孔。黑某安排钻工窦某到 3109 开切眼掘进工作面施工区域预测钻孔（窦某本应上八点班，临时叫来上零点班），同时，要求通风调度通知掘进二队安排两名工人配合窦某打钻。

抽放队钻工窦某接到副队长黑某电话，就从家里赶到队部，经黑某安排完工作后，更衣入井。3 时左右，抽放队钻工窦某到达 3109 开切眼掘进工作面，当时，掘进二队工人刘某和贾某正在移钻机。5 时左右，钻机安装调试好，钻工窦某在刘某和贾某配合下开始施工3109开切眼掘进工作面2号区域预测钻孔（贾某清理钻屑、刘某接钻杆）。钻进约3 m时，钻机油管脱落，窦某停钻进行处理，6时左右，钻机修好后，继续钻进约3 m（共钻进6 m），钻机出现了压风小、风排煤渣不畅、卡钻（未夹死）等情况。窦某采用钻机反复正反转解除卡钻，将孔内钻具退出约2 m停钻。6时40分左右，窦某向抽放队值班室汇报钻进过程中出现的异常情况，夹钻已处理好，准备与掘进二队工人一同下班。当班瓦检员何某和安检员田某同时对工作面安全进行了最后一次检查，均未发现安全隐患，并将检查结果分别向通风调度和矿调度室进行了汇报。瓦检员何某和安检员田某汇报完后，与抽放队钻工窦某、掘进二队副队长陈某等最后一批离开3109开切眼掘进工作面。7时15分左右，瓦检员何某和安检员田某在3109上联巷巷口（第三部带式输送机机头）等待八点班瓦检员和安检员交接班，抽放队钻工窦某和掘进二队零点班工人已离开3109工作面全部升井。

2日5时30分，掘进二队副队长汪某主持召开八点班班前会，当班共出勤25人。班前会上，汪某安排跟班副队长汪某带领刘某、赖某等11名工人下井到3109运输巷施工第六部绞车硐室、检修刮板输送机、接风水管路、清理浮煤、洒水消尘和继续配合抽放队施工区域预测钻孔等工作，其余人员地面干活。6时30分左右，汪某带领工人更衣入井。7时40分左右，汪某等12人进入3109运输巷及开切眼掘进工作面，安排工人朱某和何某从开切眼口向里接风水管路，刘某和赖某良在第五部带式输送机机尾附近施工绞车硐室，其他人员检修刮板输送机、清理浮煤。

2日6时30分，瓦检队书记唐某主持召开八点班班前会，安排董某盈（师傅）和李某喜（徒弟）负责3109开切眼掘进工作面瓦斯检查工作；安检队班长朱某主持八点班班前会，安排安检员董某忠负责3109开切眼掘进工作面安全检查工作。7时30分左右，安检员董某忠、瓦检员董某盈和李某喜分别与零点班安检员田某、瓦检员何某在3109上联巷巷口（第三部带式输送机机头）交接班。交接班后，安检员董某盈，瓦检员董某盈、李某喜和掘进二队电工陆某一起去3109开切眼掘进工作面局部通风机处进行风机切换试验。试验完成后，安检员董某忠先行离开进入3109运输巷。8时10分左右，董某忠走到3109运输巷第五部带式输送机机头附近时，看见一名工人（董某芳）突然栽倒，他以为是疾病发作，立即上前将其扶靠到巷道帮部，并询问了有关情况，8时15分，董某忠用3109运输巷第五部带式输送机机头附近电话分别向安监队值班室和矿调度室汇报："3109运输巷第五部带式输送机机头有人晕倒了，原因不明。"矿调度室立即安排董某忠救人，董某忠向3109运输巷第五部带式输送机机尾打电话，无人接听，随即，董某忠向工作面走去，走到第五部带式输送机机尾时，发现跟班副队长汪某带着 H_2S 防毒面具靠在带式输送机架子上，用手拍打架子，示意董某忠赶紧去开带式输送机，董某忠发现附近还有几名工人斜躺在巷道内，感觉事态严重，立即呼喊正在开切眼内接风水管的朱某和何某赶快撤离，董某忠戴上自救器向外跑，到第五部带式输送机机头处，将带式输送机开启，并用电话把工作面情况汇报矿调度室，请求立即救援（8 时 35 分）。这时，瓦检员董某盈和李某喜走到第五部带式输送机机头处，董某忠让他们赶紧检查是怎么回事，随后掘进二队电工陆某也走到带式输送机机头，董某忠让陆某出去开第四部带式输送机。董某盈和李某喜检查附近瓦斯浓度为 0.26%，继续向里走，遇到 3 名晕倒工人，并将其抬到带式输送机上，董某盈和李某喜感到身体不适，分别戴上自救器就赶紧向外走出，在第五部带式输送机机头扶着董某忠一起向外撤离。陆某走到第四部带式输送机机头后，开启带式输送机，拉出 1 人后，突然停电，自己也感到身体不适，就赶紧往外走，走到风门处时，遇到救援人员。

董某忠、董某盈和李某喜 3 人走了几十米后，董某忠走不动了，就停了下来，李某喜扶着董某盈继续向外走了一百多米，董某盈也走不动了，李某喜将董某盈扶到带式输送机上，把风筒割了一个口，用风吹着董某盈，自己继续向外走，走过第四部带式输送机机头后，失去知觉，随后被救援人员救出。

三、原因分析

（一）直接原因

3109 开切眼掘进工作面区域预测钻孔施工过程中，违规处理夹钻，孔内煤粉与钻具摩擦产生热量并积聚，导致孔内煤粉升温，形成阴燃产生大量 CO；职工违规进入 CO 浓度超限区域作业。

（二）间接原因

1. 矿井安全管理存在漏洞

现场安全管理存在漏洞。对安检员、瓦检员管理不严不细，在工人进入 3109 运输巷及开切眼工作面前，安检员、瓦检员和班组长未按照《桑树坪煤矿关于“三员”采掘工作面安全确认制度》的规定进行安全确认，安检员、瓦检员未按《交接班制度》在规定地点交接班。

技术管理存在漏洞。3109 工作面掘进作业规程和钻孔施工安全技术措施，缺少煤层自燃安全风险管控和预防应急处置措施；未按《煤矿安全监控系统及检测仪器使用管理规范》的规定在 3109 运输巷内带式输送机滚筒下风侧 10 ~ 15 m 处安设 CO 传感器；未按《煤矿井下紧急避险系统建设管理暂行规定》在 3109

运输巷内设计建设临时避难硐室，且审批不严。

矿井安全监督检查不到位。安全管理人员未能排查安检员、瓦检员不在规定地点交接班，安全技术措施不完善及安全设施不健全等隐患。

矿井劳动组织不合理。现场安全监督检查人员与区队工人上下班时间不一致。

矿井违反《煤矿重大生产安全事故隐患判定标准》的规定将 3109 工作面掘进工程承包给外委队伍。

2. 职工安全培训教育不到位

现场作业人员对火灾事故处置能力不足，缺乏对事故的判断，未在火灾事故发生的第一时间使用自救器和压风自救装置开展自救、互救。

3. 韩城矿业公司安全监督不到位

未认真督促桑树坪煤矿严格落实安全生产责任制，对桑树坪煤矿“一通三防”、安全管理和事故隐患排查治理监督检查不到位。

四、事故防范措施

（1）加强煤层钻孔施工管理。煤层钻孔施工采用压风排渣工艺时，避免选用外平钻杆，减少摩擦产热；选用外平钻杆压风排渣工艺，应采用风水联动，便于及时处置孔内的温度异常；应采取专用压风管路或稳定风压的措施，提高排渣效率；在钻孔施工地点应配备防灭火器材，如沙箱和灭火器等；应加强风力排渣钻孔施工时的火灾监测，应在钻孔孔口下风侧附近悬挂 CO 便携仪或安装 CO 传感器。

（2）加强安全监测监控系统管理。严格按照《煤矿安全监控系统及检测仪器使用管理规范》（AQ 1029）规定，井下所有带式输送机滚筒下风侧 10 ~ 15 m 处应设置一氧化碳传感器。

（3）加强技术管理，发挥科技引领作用，从根本上减少和预防事故。

① 加强安全技术措施、施工设计的编制和审批，安全技术措施要对施工中可能出现的致灾因素制定有针对性的防控措施。

② 加强 11 号煤层的防突、防治水、承压开采和有毒有害气体的防治工作，组织专家进行会诊，尽快完成 11 号煤层区划工作，依据区划结果制定灾害防治措施。

（4）强化现场安全管理，加强安全培训教育，提高企业安全管理水平。

① 加强施工队伍管理工作，及时清退外委承包队伍，完善矿井用工制度管理。

② 加强劳动组织管理，合理安排职工入井时间；严格现场交接班制度，加强班组建设，夯实“三员”（安检员、瓦检员、班组长）责任，确保安检员、瓦检员、班组长现场确认制度落实到位。

③ 加强矿井火灾防治相关技术培训，增强职工对事故应急处理能力。

（5）加强安全监督管理，督促所属煤矿严格落实安全生产责任制。韩城矿业公司要以瓦斯、水害、火灾为重点，进一步加强煤矿隐蔽致灾因素普查，落实包联盯守责任制。

（6）理顺监管关系，确保监管责任落实到位。

第五节　顶板事故案例分析

一、贵州省黔西南州贞丰县三河顺勋煤矿“2·25”重大顶板事故

2022 年 2 月 25 日 7 时 37 分，贵州省黔西南州贞丰县三河顺勋煤矿（以下简称三河顺勋煤矿）发生一起重大顶板事故，造成 14 人死亡，直接经济损失 2288.47 万元。

（一）事故单位基本情况

三河顺勋煤矿位于贵州省黔西南州贞丰县龙场镇龙山村，2020 年 2 月 17 日，开工备案经黔西南州能源局同意后，煤矿自行组织 30 万 t/a 的开工建设，无施工监理。2021 年 12 月 7 日，煤矿向贵州省能源局备案后开始进入联合试运转。事故发生时，矿井处于 30 万 t/a 技改建设状态。

（二）事故地点情况

事故地点位于 11302 隐蔽采面。该采面布置在矿井一采区东翼矿区边界，部分巷道超过矿界且无设计，未编制作业规程和安全技术措施。

2021 年 12 月 23 日，按照曹某能安排，郭某政、杨某组织熊某森队开始施工隐蔽采面开切眼，采用炮掘工艺，DW18－30/100 单体液压支柱配合 HJDA－1200 型铰接顶梁“二・三”排管理顶板。开切眼施工至 130 m 后，开切眼边向前掘进，边以扩帮形式沿煤层走向后退推采出煤。2022 年 1 月 4 日，熊某森队开始掘进隐蔽采面上顺槽（11302 上平巷，下同）。2 月 18 日，隐蔽采面上顺槽与开切眼贯通，采取上顺槽进风，下顺槽（隐蔽采面运输巷，下同）回风形成该采面全负压通风。

构成的隐蔽采面工作面长度 150 m，走向长度 110 m，煤层厚度平均 1.6 m（中部含约 0.6 m 泥岩），煤层倾角平均 22°。直接顶为粉砂岩，平均厚度 1.4 m。

直接顶上有一层发育较稳定的不可采煤层，厚0.6 m。基本顶为粉砂岩及细砂岩。煤层底板多为粉砂质泥岩、泥质粉砂岩。基本底为石英质砂岩、局部地段为粗砂岩。

隐蔽采面采用炮采工艺，全部垮落法管理采空区，先回后支，柱距0.7～1.8 m不等，多为单梁单柱，顶梁未铰接，单体液压支柱未采取防倒措施，下出口采用“四组八梁”支护，未设特殊支护和超前支护，单体液压支柱入井前未进行压力试验，采面无备用支护材料。2022年2月4日，隐蔽采面下出口处采空区侧顶板垮塌，砸倒下出口“四组八梁”中靠采空区侧的8棵单体液压支柱，现场用5棵单体液压支柱支护基本顶，2棵单体液压支柱斜支撑直接顶。2月23日中班和24日中班爆破落煤后，现场多棵单体液压支柱被崩倒或歪斜，未处理。2月24日中班，隐蔽采面顶板沿煤壁出现切顶现象后，未采取加强支护措施。

（三）事故发生经过

2022年2月24日中班，赵某进带领王某、龙某、苗某军、陈某才、陈某付、徐某、钟某海打开M22密闭到隐蔽采面爆破落煤，部分单体液压支柱被崩倒或歪斜，未重新打设，采面煤壁处顶板大部分沿采面倾斜方向断裂，未加强支护。2月24日21时30分许，陈某学、黄某林带领邹某全采煤队15人、运输队4人共21人从主平硐入井。22时许，人员到达隐蔽采面。陈某学与赵某进交接班后，赵某进、王某二人升井，中班其余6名作业人员继续在隐蔽采面下段进行爆破落煤并于2月25日0时许完成爆破作业后升井。夜班作业人员从采面机尾自上向下出煤，陈某学、邹某全等人在采面攉煤、支护，蒋某军等4人负责运输系统保畅。

2月24日23时30分许，夜班带班矿领导唐某林、当班安全检查工陈某兴、瓦斯检查工张某波自副平硐入井巡查。2月25日1时许，唐某林和陈某兴到达隐蔽采面，发现隐蔽采面大部分铰接顶梁未铰接，上段约40 m区域的部分单体液压支柱失效，顶板破碎，随即安排陈某学进行整改。1时30分许，唐某林、陈某兴离开隐蔽采面到井下其他地点巡查。6时10分许，唐某林、陈某兴再次到隐蔽采面巡查，在下出口往上约40 m处发现顶板掉落一块矸石，长约1.5 m、宽约1.2 m、厚约0.8 m，陈某学现场安排采取裸露爆破的方式对掉落矸石进行了处理，随后唐某林、陈某兴离开采面。7时许，黄某林到下出口处查看采面刮板输送机运行情况，陈某学、邹某全等14人在采面继续作业。7时37分，采面垮塌，蒋某军等4人均认为只是采面下出口垮塌，随即升井。黄某林也认为只是采面下出口垮塌，就到23301开切眼与11302下顺槽岔口处电话向黄某尧汇报了下出口垮塌的情况并在此等候。下出口垮塌后李某军随即经隐蔽采面下顺槽、

23301 开切眼、隐蔽采面上顺槽到隐蔽采面上出口查看情况，发现采面除上出口往下 10 m 段外，全部垮塌，确认采面作业人员被困，立即返回，在 23301 开切眼与 11302 运输巷岔口处遇到黄某林，遂告知黄某林："采面上段也垮了，赶紧汇报，下来救人"。7 时 49 分，黄某林电话向黄某尧报告了事故情况。8 时 41 分，瓦斯检查工崔某克到达隐蔽采面下出口发现顶板垮塌后电话向煤矿调度室汇报了事故情况。

（四）事故原因

1. 直接原因

超出矿界范围布置的隐蔽采面支护强度不足，导致复合顶板离层、断裂，支柱稳定性不够造成顶板推垮，酿成事故。

2. 间接原因

（1）三河顺勋煤矿未依法管矿，安全生产主体责任不落实。

（2）正地公司未履行安全生产管理职责。

（3）黔越公司履职能力不足，安全管理不到位。

（4）中介机构出具虚假的储量动态核实报告。

（5）贞丰县自然资源局、能源局等部门履职不到位。

二、山西宁武大运华盛庄旺煤业有限公司"6·19"较大顶板事故

2019 年 6 月 19 日 15 时 10 分左右，山西宁武大运华盛庄旺煤业有限公司（以下简称"庄旺煤业"）50206 回风巷发生一起较大顶板事故，造成 6 人死亡，直接经济损失 891 万元。

（一）矿井概况

庄旺煤业位于宁武县，矿井井田面积为 6.8455 km^2，批准开采 2～5 号煤层，生产能力为 150 万 t/a。矿井水文地质条件为中等；属低瓦斯矿井；煤尘具有爆炸危险性；自燃倾向性等级为Ⅱ类自燃。

（二）事故发生区域情况

事发的 50206 回风巷位于井田南部 502 采区，北距井底车场约 2450 m，其北部 20 m 为已经形成但尚未开采的 50205 采煤工作面的运输巷，距离已经于 2014 年采空的 50204 工作面约 200 m；50206 运输巷尚未掘进，南部为正在开采的 50207 工作面未回采区域；东部偏南距离正在开采的 50207 工作面约 1000 m；西部为 502 采区猴车巷、回风巷、运输巷和轨道巷。

50206 回风巷上部 56 m 为正在开采的 3 号煤层 30102 采煤工作面，与 50206 回风巷平行布置，采煤工作面推进已超过事故地点约 100 m，采空区边缘距

50206 回风巷平面约 60 m。

50206 回风巷沿 5 号煤层底板布置，5 号煤层厚度为 11.7 ~ 14.3 m，平均 12.9 m，倾角为 3° ~ 10°，普氏硬度系数为 2 ~ 2.5，视密度为 1.38t/m^3。地面标高为 +1567 ~ 1669 m，井下标高为 +1222 ~ 1257 m。

原巷道为矩形断面，净高 3.2 m，净宽 4.0 m，净断面 12.8 m^2，采用锚网索联合支护。

（三）事故发生经过

2019 年 6 月 19 日约 6 时 30 分，像往常一样，综掘二队班长柳某军召集智某丰、柳某江、郝某雷、张某同、武某玉、王某杰、王某辉在其宿舍开班前会，安排工作任务是继续对 50206 回风巷进行加固维护作业，强调了安全注意事项。

7 时 10 分左右，上述 8 人开始下井，8 时左右到达 50206 回风巷。首先进行清浮煤割底作业，智某丰、张某同在巷口负责开带式输送机和刮板输送机，班长柳某军负责驾驶综掘机割底，柳某江负责给柳某军打信号，郝某雷、武某玉、王某杰、王某辉到综掘机后方 3 ~ 5 m 处清浮煤，清浮煤和割底工作完成后拉机尾，智某丰、张某同在巷口负责松输送带，柳某军负责开综掘机，柳某江负责给柳某军观察，其余 4 人负责其他辅助工作。10 时左右，这些工作结束后开始进行支护作业，平常一个班可以完成三排锚索钢梁组合支护。当班发现前方待维护区片帮严重，班长柳某军安排先进行扩刷帮护帮作业。两帮同时进行作业，

作业顺序为：先剪开旧网，拆掉锚杆托盘，溜煤铲煤、扩刷帮，然后铺帮网、上锚杆托盘、打锚索、装钢梁、紧锁具。智某丰和柳某军负责备料，武某玉、王某辉、柳某江在巷道左帮作业，张某同、王某杰、郝某雷在巷道右帮作业，帮部基本控制住后，柳某江和郝某雷去右帮打了 4 根顶锚杆，14 时后，锚杆搅拌器损坏，班长柳某军安排智某丰升井取搅拌器，然后继续作业，柳某江、郝某雷准备将位于右帮的锚杆机移到左帮打锚索眼，这时水管长度不够，两人开始找水管接水管，然后开始打顶板锚索眼，两帮人员继续紧固帮锚索，左帮支护了 4 排锚索，右帮支护了 6 排锚索。

15 时 10 分左右，柳某江、郝某雷在打顶板第一个锚索眼时，砰的一声，50206 回风巷距离巷口 369 ~ 377 m 范围内巷道顶部突然垮落，将现场作业的柳某军、郝某雷、张某同、武某玉、王某杰、王某辉 6 人埋压，柳某江腿部被埋，他挣扎出来跑向带式输送机机头，用固定电话向生产调度指挥中心进行了汇报。

（四）事故原因

1. 直接原因

现场作业人员在对 50206 回风巷修复过程中，违反由上向下、逐排推进的作

业顺序、一次性扩帮进尺过大，执行巷道维护安全技术措施不到位，造成局部巷道顶部锚杆、锚索破断失效，顶板失稳，瞬时冒落，是造成这起事故的直接原因。

2. 间接原因

（1）庄旺煤业技术管理不到位。综掘二队安排班长代替技术人员（请假）向7名作业人员贯彻学习《50206回风巷掘进巷道维护安全技术措施》，没有学习记录，现场作业人员没有掌握正确的施工顺序；技术科对《50206回风巷掘进巷道维护安全技术措施》的执行情况监督不严格，未发现现场作业人员一直存在的错误施工顺序。

（2）庄旺煤业安全管理不到位。综掘二队队领导对作业人员班前教育缺失，安排班长在宿舍简单召开班前会；50206回风巷作业人员无上岗证，入井不登记，没有佩戴人员定位识别卡，这些现象没有得到检查制止；安全管理人员对50206回风巷安全检查流于形式，未发现现场作业人员一直存在的错误施工顺序并加以制止和纠正；安全员工作失职，未掌握巷道加固维护安全技术措施，跟班期间安全检查不到位，发生事故时，已脱离岗位。

（3）庄旺煤业劳动用工不合规、安全教育培训不规范。招聘不符合准入条件的工人，招录新工人用工手续不完备；新招录人员先上岗后培训，一直未取得上岗证，违反规定安排入井作业，隐藏不符合规定用工的信息。

（4）钜盛集团未认真落实主体企业安全生产管理责任，对庄旺煤业安全生产工作管理存在盲区。未发现庄旺煤业措施贯彻、现场施工、安全教育培训、劳动用工等方面存在的隐患和问题。

（5）宁武县应急管理局（县地方煤矿安全监督管理局）督促企业落实安全生产主体责任不到位，对庄旺煤业安全生产监管不到位；宁武县委、县政府领导煤矿安全生产工作不力。

（五）防范和整改措施

（1）完善技术体系，优化采掘接替方案，尽可能避免和减缓采掘活动的多重扰动叠加。从矿井采掘接替现状分析，5号煤层回采煤量约5年，建议将50206回风巷暂时封闭，以后根据接替需要再适时启封。要加强与相关科研院所的合作，进一步开展矿压监测、支护研究等工作。

（2）加强顶板控制。在破碎围岩条件进行掘进、维修巷道等施工作业时，要事先评估稳定性状况，预测可能的风险形式及危险性大小；进行必要的支护方案研究，确定恰当的支护方式；制定有针对性的安全技术措施，尤其是超前和临时支护措施，必要时进行超前注浆加固；进行必要的巷道变形、支护受力等矿压观测研究工作，及时掌握巷道稳定性状况，适时进行支护加固工作。

（3）加强现场管理，确保安全管理人员认真履行职责，发挥好安全员、安检员、跟班队组领导和矿领导的管理作用。做好隐患排查工作，杜绝违章指挥、违章作业行为。

（4）加强用工管理，规范劳动用工，招聘符合准入条件的工人，严格办理劳动用工手续。井下不得使用临时工。要加强新工人岗前培训，严格做到持证上岗，培训不合格不得上岗。

（5）钜盛集团要认真履行企业安全生产主体责任，健全安全管理机构，充实管理人员。加强对所属矿井的安全管理工作，做实做细隐患排查治理工作，确保矿井安全生产。

（6）宁武县要深刻汲取本次事故教训，加大煤矿安全监管工作力度，确保机构改革后煤矿安全监管、行业管理、劳动用工等部门职能到位和人员配备到位，加强五人包保小组的管理，切实发挥五人包保小组的监管作用；督促煤矿企业切实落实安全生产主体责任，认真开展隐患排查治理活动，严防类似事故再次发生。

三、河南省许昌市禹州神火华伟矿业有限公司“9·15”一般顶板事故

2019 年 9 月 15 日 16 时 07 分，河南省许昌市禹州神火华伟矿业有限公司（以下称为华伟煤矿）新主斜井上段掘进工作面发生一起顶板事故，造成 2 人死亡、2 人重伤，直接经济损失 287.34 万元。

（一）矿井概况

华伟煤矿位于禹州市坞山镇闵庄村境内，为兼并重组煤矿，由河南神火煤电股份有限公司下属的禹州神火小煤矿区域管理公司管理。该矿为建设矿井，设计生产能力 21 万 t/a，采用斜井开拓方式，通风方式为中央并列式，主斜井进风，副斜井回风。新主斜井为建设工程，采用局部通风机压入式通风方式。矿井开采二Ⅰ煤层，瓦斯等级为低瓦斯矿井，水文地质条件为中等：煤层自燃倾向性为Ⅲ类不易自燃煤层，煤尘具有爆炸危险性。

矿井只有一个采区 11 采区，布置有 11010 和 11040 两个备用采煤工作面。新主斜井建设项目布置有新主井上段、中段、下段 3 个掘进工作面。事故发生前，矿井只有新主斜井上段、中段、下段 3 个掘进工作面正常施工。事故发生在新主斜井上段掘进工作面。

（二）事故经过

2019 年 9 月 15 日 6 时 30 分，施工队副队长吴某学组织八点班班前会，安排

当班先维修迎头两架棚，再向前架两架棚。当班施工队共出勤 8 人，分别为副队长吴某学，班长宋某峰，班组人员宋某锋、黄某进、全某朝、全某桥、叶某国、陈某猛。

7 时 30 分，班长宋某峰带领作业人员到达作业地点。按照任务安排施工。至 16 时维修 2 架棚，又向前架设了 2 架棚。事故发生前，宋某峰在迎头紧固卡缆，黄某进和全某朝拆卸迎头工作台，宋某锋、全某桥、叶某国、陈某猛在迎头后方整理工具，做升井准备，吴某学（约 15 时下井）在迎头后方 20 m 处补风筒。16 时 07 分，自迎头后方 3.5 ~ 11.5 m 范围内巷道突然冒顶，宋某峰、黄某进、全某朝、宋某峰、全某桥、叶某国、陈某猛 7 人被困。吴某学随即赶到迎头后方 30 m 处躲避硐，用电话向矿调度室汇报：新主斜井上段掘进工作面发生冒顶，7 人被困。

（三）事故原因分析

1. 直接原因

事故地点临近采空区，顶板受到破坏；巷道顶部煤矸脱落，支护不接顶；维修和架棚扰动，顶部大块岩石失稳突然下沉垮落，摧垮支架，导致事故发生。

2. 间接原因

（1）现场管理不到位。一是施工队未按照初步设计和安全设施设计规定的倾角和棚距施工。二是巷道工程质量差，顶板支护不严不实。三是架棚后未及时喷浆。

（2）技术管理不到位。一是施工队编制的作业规程未按初步设计和安全设施设计的要求确定新主斜井倾角和棚距，华伟煤矿审批时未纠正。二是新主斜井工作面接近采空区，施工队和华伟煤矿未制定针对性措施。三是巷顶煤层垮落，施工队和华伟煤矿未采取有效措施。

（3）安全教育培训不到位。职工安全意识差，违章冒险作业。施工队未组织施工人员认真学习作业规程。施工队副队长、当班班组长均未取得安全资格证书。

（4）安全主体责任不落实。一是河南富顺实业集团有限公司仅出让工程资质给施工队，未实施管理。二是施工队重施工进度、轻安全管理，巷道顶板支护不严不实的隐患未处理就继续施工，长达 100 m 巷道未按规定喷浆。三是华伟煤矿未对施工队实施有效监督管理，对施工队未按照初步设计和安全设施设计规定的施工倾角和棚距施工、未按规定喷浆进行制止，对巷道顶板存在支护不实不严问题未督促整改，在无工程监理的情况下擅自组织新主斜井工程建设。四是施工队和华伟煤矿未认真开展隐患排查治理和风险评估管控工作，事故隐患长期存在。

（5）上级公司安全管理不到位。

（6）地方安全监管不到位。

（四）事故防范及整改措施建议

（1）河南神火煤电股份有限公司及其所属煤矿要立即开展建设项目专项检查，排查建设项目存在的事故隐患及违法违规行为，对未按照批准的初步设计及安全设施设计进行施工的建设项目一律停止施工进行整改。

严格履行建设单位安全生产主体责任，加强对建设项目施工单位安全生产责任制落实情况、隐患排查治理、现场安全管理、技术管理的监督检查。对未按规定委托工程监理和施工单位挂靠施工资质的建设项目要立即停止建设。

（2）严格建设项目施工队伍现场安全管理。华伟煤矿要加强建设项目双重预防体系建设工作，真正做到把安全风险管控放在隐患前面，把隐患排查治理放在事故前面。要强化对施工单位现场隐患排查和工程质量检查验收，督促施工单位认真排查、整改现场安全生产隐患，加强顶板控制，严格按照批准的初步设计和安全设施设计组织施工，严禁违章指挥、冒险作业。

（3）加强技术管理工作。河南神火煤电股份有限公司及其所属煤矿一是要组织对建设项目采掘工作面作业规程及安全措施进行审查，修改不符合规定的内容。二是当井巷施工接近或通过采空区和断层、褶曲等地质构造带时，要制定切实有效的针对性措施。

（4）加强安全教育培训。河南神火煤电股份有限公司及华伟煤矿要强化对建设项目施工单位人员安全教育培训工作的监督检查，加强对施工人员的安全教育培训，真正提高安全意识和安全技能。施工人员必须经安全培训并考核合格，方可上岗作业。

（5）地方监管部门要认真吸取事故教训，切实履行安全监管职责，加强对辖区矿井建设项目的安全监管工作，加大现场监督检查力度，及时查处存在的事故隐患和违法违规行为。

第六节　机电运输事故案例分析

一、山西乡宁焦煤集团申南凹焦煤有限公司“10·10”一般机电事故

（一）矿井概况

申南凹焦煤矿井采用立井开拓；通风方式为中央并列式；通风方法为机械抽

出式；供电系统实现了双回路供电；矿井瓦斯等级为低瓦斯，绝对瓦斯涌出量为7.47 m^3/min，相对瓦斯涌出量为3.72 m^3/t，二氧化碳绝对涌出量为3.76 m^3/min、相对涌出量为1.87 m^3/t；煤层自燃倾向性鉴定为Ⅱ级自燃煤层；安全监控系统完善，运行正常。

（二）事故工作面（20102综采工作面）情况

20102综采工作面开切眼沿2号煤层倾向布置，巷道沿2号煤层走向布置，均沿煤层顶板掘进成巷。两巷均为矩形断面，采用锚网配合锚杆、锚索、梯子梁联合支护；巷道长度为1286 m，工作面长度为180 m，煤层厚度为2.65～4.95 m，平均采高4.2 m；设计可采期为17个月。从2017年3月开始回采，目前正在进行铺网、上绳收尾作业。工作面采用走向长壁后退式采煤方法，全部垮落法控制顶板。

工作面主要设备包括MG300/730－WD型采煤机1台，ZZG6000/22/47型液压支架124架，SGZ－764/500型可弯曲刮板输送机1部，SZZ－764/132型转载机1部，PLM1000型破碎机1台，DSJ100/40/2×200型可伸缩带式输送机1部，BRW－400/31.5型乳化液泵站2台，BPW315/10型喷雾泵2台，矿用隔爆兼本质安全型负荷中心2台。

运输巷、回风巷各设置2部固定电话。乳化液泵站、工作面刮板输送机机头、工作面每10架支架各安设1部KJC－YJ语音打点通信控制预警机，用于相互传递语音信息。

液压支架操作有关规定。液压支架上配备一套操作阀组，立柱及各部位千斤顶的升降和伸缩通过阀组中对应的片阀来控制。片阀采用“三位四通”结构，其中控制支架护帮板的片阀，手把向左扳动收回护帮板、向右扳动伸出护帮板。《20102综采工作面作业规程》《20102综采工作面收尾、回撤安全技术措施》规定：铺网、上绳作业时，刮板输送机、采煤机应处于闭锁状态，支架操作阀必须打到零位，并进行闭锁。

（三）事故经过

2018年10月10日6时40分，队长秦某强主持召开综采队早班班前会，安排了文明生产、设备检修、工作面连网、打眼注浆等工作。当班跟班副队长王某进行了具体分工：班组长王某峰与柴某红加密1～50号支架的网片连接，李某龙等9人去50～124号支架连网，苏某勤等3人搞文明生产，袁某伟等6人缩40T中部槽，杨某柱开泵站，徐某祥修刮板输送机，刘某兵验收产量。

班前会后24人陆续下井，8时许，到达工作面各地点开始工作。泵站工杨某柱到达现场时两台乳化液泵处在停止状态。9时许，因工作面支架操作需要，开启乳化液泵。13 时许，因拆除管路，停止运行乳化液泵。大约半小时后，负责拆除管路的苏某勤到泵站告知杨某柱“管路改好了”。（这期间 5 号支架作业的柴某红见王某峰进行了支架操作，随后跨过挡煤板进行网片连接。）14 时 10 分，王某峰正在 3 号支架煤壁处连网作业，90 号支架处的李某龙通过语音装置喊话要求开乳化液泵，杨某柱通过语音装置回复“开泵了，注意安全”。此时，跟班副队长王某正从运输巷行至工作面输送机机头处，听到有人“啊”了一声，发现 3 号支架护帮板把人挤压住了。

（四）事故原因

1. 直接原因

王某峰违反《20102 综采工作面作业规程》和《20102 综采工作面收尾、回撤安全技术措施》，操作支架后未将该支架的操作阀手把归至“零”位，乳化液泵开启时该支架护帮板突然打开，挤伤在 3 号支架护帮板下正在连网的柴某红头部，导致其死亡。

2. 间接原因

（1）现场安全监督管理不到位，事发当班该工作面没有安全员现场盯班或巡查。

（2）安全教育培训不到位，职工自保、互保意识差，安全观念淡薄，作业规程及安全技术措施现场落实不到位。

（3）山西乡宁焦煤集团、乡宁县有关部门安全管理及安全监督检查不到位。

（五）防范和整改措施

（1）申南凹焦煤要深刻反思事故教训，强化安全生产管理，加强职工安全教育培训，教育职工遵守安全规章制度，熟练掌握岗位安全操作技能，不断提高职工素质和安全意识，增强职工自保和互保能力；加大反“三违”力度，杜绝违章作业行为。

（2）申南凹焦煤要严格落实安全生产责任制。按照安全生产管理权限，层层落实、责任到人，做到每项工作都有责任人负责监督管理，形成从上到下层层负责的模式，消除安全管理上的漏洞。

（3）乡宁县人民政府和安全生产监督管理局要组织全县煤矿企业结合本次事故开展一次警示教育活动，进一步落实企业风险点预控和岗位风险防控“双预控”管理，完善相关管理措施，切实履行政府监管职责，督促企业落实安全生产主体责任，有效防范和遏制生产安全事故。

二、山西中强福山煤业有限公司“4·12”一般运输事故

2018 年 4 月 12 日 16 时 10 分许，山西中强福山煤业有限公司（以下简称福

山煤业）井下9+10号层南翼轨道大巷发生一起运输事故，造成1人死亡，直接经济损失139.1万元。

（一）矿井概况

福山煤业核定生产能力90万t/a，批准开采2~10号煤层，设计服务年限18.2年，矿井为低瓦斯矿井，水文地质类型中等，地质条件简单。矿井采用斜-立井混合开拓，矿井通风方式为中央分列式，通风方法为机械抽出式。2015年8月正式转为生产矿井。

（二）事故经过

2018年4月12日6时30分，运输队队长赵某生主持班前会。班长张某喜安排运输班工作：无极绳绞车司机张某旗和把钩工李某负责在南翼轨道大巷用2号无极绳绞车运输物料；调度绞车司机任某红和把钩工陈某亮负责向2号车场运输从中央水仓清理出来的煤泥车。

16时，任某红把南翼轨道250 m处南侧阻车器打开，将中央水仓处的最后2辆煤泥矿车（共6辆，一钩2车，这是最后一钩）提到南翼轨道250 m北侧阻车器处停车，将JD-2.5型调度绞车制动，把南翼轨道南侧的阻车器关闭后回到JD-2.5型绞车位置，等待陈某亮上来配合挂钩放煤泥车。16时01分，发现轨道内的无极绳绞车钢丝绳由南向北运转。16时10分许，任某红看到李某开梭车上来，在梭车未停止的情况下就去连接矿车，之后听见李某大叫了一声。

任某红赶快跑到JD-2.5型绞车往北15 m处的无极绳固定信号按钮处打铃停无极绳绞车，然后跑到煤泥矿车处，看见两个煤泥矿车和梭车都已掉道，李某蹲在梭车和矿车中间的空隙处，嘴里发出痛苦的声音，就从后面抱住李某的腰，把他放到轨道边水泥台上。这时，陈某亮和张某喜走了上来，看到车辆掉道，任某红告知张某喜李某受伤了，张某喜就到JD-2.5型绞车处打电话汇报矿调度和运输队值班队长唐某峰，并电话通知张某旗到附近的避险硐室拿担架。张某旗拿来担架后，与张某喜、任某红、陈某亮把李某抬上担架送往副斜井井底，换乘挂担架的猴车升井。

（三）事故原因

1. 直接原因

把钩工李某违反《辅助运输作业规程》和《运输煤泥安全技术措施》，违章操作，在梭车运行情况下挂钩，导致梭车与装有煤泥的矿车相撞掉道将其挤伤致死是事故发生的直接原因。

2. 间接原因

（1）现场安全监管不到位，未按照《运输煤泥安全技术措施》安排专门的安全负责人进行现场跟班，也无专人现场协调无极绳绞车与调度绞车的运输作业，当班安全员也未到现场监督是事故发生的主要原因。

（2）安全培训不到位，职工自保、互保意识差，安全观念淡薄，作业规程及措施现场落实不到位是事故发生的又一主要原因。

（3）山西中强煤化有限公司、浮山县有关部门安全管理及安全监督检查指导不到位，是事故发生的重要原因。

（四）防范和整改措施

（1）福山煤业要深刻反思事故教训，牢固树立“装备保安”理念，强化井下运输管理，提升装备保安水平；加强职工安全教育培训，教育职工遵守安全规章制度，熟练掌握岗位安全操作技能，不断提高职工素质和安全意识，增强职工自保和互保能力；加大反“三违”力度，杜绝违章作业行为。

（2）福山煤业要严格落实安全生产责任制。按照安全生产管理权限，层层落实、责任到人，做到每项工作都有责任人负责监督管理，形成从上到下层层负责的模式，消除安全管理上的漏洞。

（3）浮山县人民政府和煤炭工业局要组织全县生产企业结合本次事故开展一次警示教育活动，进一步落实企业风险点预控和岗位风险防控“双预控”管理，完善相关管理措施，切实履行政府监管职责，督促企业落实安全生产主体责任，有效防范和遏制生产安全事故。

参 考 文 献

［1］丁百川．我国煤矿主要灾害事故特点及防治对策［J］．煤炭科学技术，2017，45（5）：109－114．

［2］李华．煤矿岗位作业流程标准化的推广意义与实施方法［J］．中国石油和化工标准与质量，2019，39（21）：128－129．

［3］赵红泽，原江涛，韦钊，等．煤矿班组隐患排查系统构建技术［J］．煤矿安全，2017，48（1）：228－230，234．

［4］姚耀斌．煤炭企业班组安全文化建设的思考［J］．陕西煤炭，2019，38（5）：186－189，173．

［5］田冬梅，姚建，徐慧．煤矿班组安全文化建设途径［J］．华北科技学院学报，2014，11（1）：94－98．

［6］季大奖．煤矿班组安全共享心智模式研究［D］．阜新：辽宁工程技术大学，2012．

［7］尹志华．煤矿班组安全管理现状分析及对策［J］．矿业安全与环保，2001（5）：41－43．

［8］刘玉坤．煤矿班组安全自主管理研究与应用［D］．青岛：山东科技大学，2011．

［9］程德林．班组长的职业道德建设［J］．现代班组，2011（4）：10－11．

［10］范玉凯．煤矿班组安全文化的评价与建设［D］．西安：西安科技大学，2010．

［11］吴华峰．煤矿企业班组长胜任力模型研究［D］．淮南：安徽理工大学，2010．

［12］关清林．基于群体动力理论的煤矿班组安全管理研究［D］．阜新：辽宁工程技术大学，2008．

［13］刘超．煤矿班组安全建设系统工程理论与方法研究［D］．北京：中国地质大学，2007．

［14］徐培忠，马正喜．对煤矿安全文化建设的考核与评估［J］．中国煤炭工业，2007（2）：71－72．

［15］柳晨．新时代我国煤矿职业病防治探讨［J］．内蒙古煤炭经济，2018（6）．

［16］彭景跃．浅议煤矿安全生产标准化达标方法［J］．煤，2017（12）．

［17］曹富荣．严细标准 对标管理 推进安全生产标准化达标创建［J］．中国煤炭工业，2019（5）．

［18］樊东坡，程伟．现阶段煤矿安全生产标准化达标创建中存在的问题与对策［J］．内蒙古煤炭经济，2017（Z2）．

［19］马龙．5G设备煤矿井下电源供电技术［J］．煤矿安全，2020，51（5）：111－113．

［20］刘冰，郗存根．煤矿智能主运输控制系统的设计［J］．煤矿机械，2020，41（3）：1－3．

［21］朱炎铭，郭英海，曾勇，等．煤矿地质学［M］．徐州：中国矿业大学出版社，2016．

［22］杜计平，孟宪锐．采矿学［M］．徐州：中国矿业大学出版社，2009．

［23］王小林，于海森．煤矿事故救援指南及典型案例分析［M］．北京：煤炭工业出版社，2014．

[24] 魏景生，吴淼．中国现代煤矿掘进机［M］．北京：煤炭工业出版社，2015.
[25] 张文．绿色矿山理论与实践［M］．北京：煤炭工业出版社，2015.
[26]《煤矿班组长安全培训教材》编委会．煤矿班组长安全培训教材（综合本）［M］．徐州：中国矿业大学出版社，2018.
[27] 国家安全生产监督管理总局宣传教育中心．煤矿班组长安全培训教材（综合本）［M］．北京：中国工人出版社，2017.
[28] 法律出版社法规中心．2018 新编中华人民共和国法律法规全书［M］．11 版．北京：法律出版社，2018.
[29] 袁亮，杨大明，窦永山，等．煤矿安全规程解读（2022）［M］．北京：煤炭工业出版社，2016.
[30] 周连春，赵启峰．《煤矿安全规程》专家释义［M］．徐州：中国矿业大学出版社，2016.
[31] 国家煤矿安全监察局．《煤矿安全生产标准化基本要求及评分办法》基本要求及评分方法［M］．北京：煤炭工业出版社，2017.
[32] 王茂林．综掘工作面实用技术［M］．北京：煤炭工业出版社，2013.
[33] 王茂林．综采工作面实用技术［M］．北京：煤炭工业出版社，2013.
[34] 袁亮．煤矿总工程师技术手册［M］．北京：煤炭工业出版社，2010.
[35] 廉战军．矿井通风与安全［M］．太原：山西人民出版社，2010.
[36] 贺高旺．矿井通风［M］．太原：山西人民出版社，2010.
[37] 刘德政．煤矿“一通三防”实用技术［M］．太原：山西科学技术出版社，2010.
[38] 王德明．矿井通风与安全［M］．徐州：中国矿业大学出版社，2009.
[39] 俞启香．矿井瓦斯防治［M］．徐州：中国矿业大学出版社，1992.
[40] 张国枢．矿井实用通风技术［M］．北京：煤炭工业出版社，1992.
[41] 谭允祯．矿井通风系统管理技术理论［M］．北京：煤炭工业出版社，1998.
[42] 吴昌友，于辉．矿山固定机械及运输设备［M］．北京：交通大学出版社，2013.
[43] 毛君．煤矿固定机械及运输设备［M］．北京：煤炭工业出版社，2006.
[44] 宋彤菊．矿山固定机械与运输设备［M］．太原：山西人民出版社，2010.
[45] 刘用中，段浩钧．煤矿电工学（煤矿机电专业用）［M］．北京：煤炭工业出版社，2006.
[46] 全国煤炭技工教材编审委员会．煤矿电工学［M］．北京：煤炭工业出版社，2002.
[47] 王红俭，王会森．煤矿电工学［M］．北京：煤炭工业出版社，2005.
[48] 法律出版社法规中心．职业病防治、鉴定、赔偿法律全书（实用版）［M］．北京：法律出版社，2012.
[49] 山西省煤矿工会．特聘煤矿安全群众监督员工作手册［M］．北京：中国工人出版社，2020.
[50] 牛克洪．新时期煤矿区队班组建设［M］．北京：煤炭工业出版社，2008.

［51］王虹桥，谢涛，乔明翰．煤矿班组经验选编——班组建设与班组管理［M］．徐州：中国矿业大学出版社，2012.
［52］曹庆仁，王良洪，王虹桥．煤矿班组长管理知识读本［M］．徐州：中国矿业大学出版社，2012.
［53］张伟．职业道德与法律［M］．3版．北京：高等教育出版社，2018.
［54］韦建华．班组长管理基础知识［M］．北京：中国劳动社会保障出版社，2013.
［55］安德鲁·杜布林．领导力［M］．7版．北京：中国人民大学出版社，2017.
［56］李润宽，梁琲，等．煤矿企业主要负责人安全生产知识和管理能力考试手册［M］．北京：煤炭工业出版社，2018.
［57］张瑞华．煤矿电工学［M］．太原：山西人民出版社，2010.